Die Entwicklung der industriellen Kostenstrukturen
im Verarbeitenden Gewerbe der Bundesrepublik Deutschland
zwischen 1977-1993

Europäische Hochschulschriften
Publications Universitaires Européennes
European University Studies

Reihe V
Volks- und Betriebswirtschaft

Série V Series V
Sciences économiques, gestion d'entreprise
Economics and Management

Bd./Vol. 2387

PETER LANG
Frankfurt am Main · Berlin · Bern · New York · Paris · Wien

Michael Leinwand

Die Entwicklung der industriellen Kostenstrukturen im Verarbeitenden Gewerbe der Bundesrepublik Deutschland zwischen 1977-1993

Ein Beitrag zur Diskussion um den Wirtschaftsstandort Deutschland

PETER LANG
Europäischer Verlag der Wissenschaften

Die Deutsche Bibliothek - CIP-Einheitsaufnahme

Leinwand, Michael:

Die Entwicklung der industriellen Kostenstrukturen im Verarbeitenden Gewerbe der Bundesrepublik Deutschland zwischen 1977-1993 : ein Beitrag zur Diskussion um den Wirtschaftsstandort Deutschland / Michael Leinwand. - Frankfurt am Main ; Berlin ; Bern ; New York ; Paris ; Wien : Lang, 1999
(Europäische Hochschulschriften : Reihe 5, Volks- und Betriebswirtschaft ; Bd. 2387)
Zugl.: Heidelberg, Univ., Diss., 1997
ISBN 3-631-32597-5

D 16
ISSN 0531-7339
ISBN 3-631-32597-5

Danksagung

Zeit zählt zu einem der knappsten Güter, über die wir Menschen im Leben - mehr oder weniger - verfügen dürfen. Es war für mich daher keine einfache Entscheidung, nach dem Abschluß des Studiums mit einer „zeitraubenden" Dissertation zu beginnen, zumal diese als berufsbegleitende Arbeit stattfand. Diese Zeit ist nicht wiederzuholen, daher bin ich vielen Mitmenschen für ihre Geduld mit und ihr Interesse an meiner Arbeit, für den fruchtbaren Austausch und ihre aufmunternden Worte und Gesten dankbar.

Mein ganz besonderer Dank gebührt Herrn Prof. Sangmeister für seine engagierte Unterstützung während der gesamten Arbeit und für seine Anregungen, die ich in Gesprächen mit ihm erhalten habe. Ebenso möchte ich auch Frau Prof. Terberger herzlich danken, da sie die arbeitsintensive Aufgabe des Koreferates übernahm und zentrale Aspekte aus der Sicht der Betriebswirtschaft betrachtet hat. Für alle statistischen Detailfragen war mir Herr Hennchen vom Statistischen Bundesamt immer ein sehr hilfsbereiter Ansprechpartner, dem ich ebenfalls herzlich für seine bereitwillige Auskunft zu jeder Zeit danke.

Vor allem aber ist eine solche Arbeit nicht ohne private Unterstützung zu erstellen. Besonders herzlich danken möchte ich meinen Eltern für Ihre Unterstützung und ihre vielen Ermutigungen in den letzten Jahren. Auch möchte ich meinen Geschwistern, Anverwandten und Freunden Dank sagen für ihr Verständnis, wenn ich Einladungen leider das eine oder andere Mal ausschlagen mußte.

Mein liebevoller Dank gilt meiner Frau und meinem Sohn. Bei Dir, liebe Susi, möchte ich mich für Deine aufmunternde Unterstützung und Deinen Rückhalt während meiner gesamten Studienzeit bedanken. Dein außergewöhnlicher „Blick fürs Wesentliche" und Deine Klarheit im Denken haben mir viele neue Ideen, Stringenz und den Mut zum Neuen gegeben - ohne Dich wäre diese Arbeit nicht entstanden. Lieber Moritz, Dir möchte ich für Deine Geduld - vor allem auf unseren gemeinsamen Wegen zur Uni - danken; ich werde jetzt wieder mehr Zeit zum Spielen haben.

INHALTSVERZEICHNIS

TABELLENVERZEICHNIS

VERZEICHNIS DER ABBILDUNGEN

1. TEIL: EINFÜHRUNG

1.1. Einleitung

Ausgelöst durch eine Verlangsamung der Produktions- und Investitionstätigkeit ist der Wirtschaftsstandort Deutschland zu Beginn des Jahres 1992 wieder in den Mittelpunkt der öffentlichen und wissenschaftlichen Diskussion geraten. In Untersuchungen zu den Ursachen der Wachstumsschwäche der deutschen Wirtschaft und der damit zusammenhängenden Arbeitslosigkeit bilden die hohen Produktionskosten am Standort Deutschland einen zentralen Punkt. Der verschärfte internationale Wettbewerb macht es offensichtlich zunehmend schwerer, die in Deutschland anfallenden Produktionskosten im Preis zu überwälzen. Dadurch bleibt vielen Unternehmen oftmals nur ein Abbau von Arbeitsplätzen im Inland und eine Verlagerung von Produktionsstätten ins Ausland.

Standortdiskussionen, wie in den frühen neunziger Jahren, erlebte die Bundesrepublik bereits in den konjunkturellen Abschwungphasen der Jahre 1975/76, 1981/82 und 1987/88. Im Vordergrund dieser Debatten stand jedesmal die Frage, ob die deutsche Wirtschaft die Talsohle wieder verlassen und die Arbeitslosigkeit reduziert werden könne. Zur langfristigen Schaffung von zusätzlichen international wettbewerbsfähigen Arbeitsplätzen bedarf es vor allem neuer Investitionen, da sie die Höhe und Zusammensetzung des gesamtwirtschaftlichen Produktionspotentials bestimmen[1]. Daher ist die Standortdiskussion im Kern eine Debatte über die Investitionsbedingungen in der Bundesrepublik Deutschland.

Im allgemeinen werden Investitionen von rational handelnden Unternehmen auf Basis ihrer Lage- und Zukunftseinschätzungen an dem Standort vorgenommen, der die attraktivsten Voraussetzungen bietet[2]. Die Qualität der Bundesrepublik als internationaler Produktionsstandort scheint sich jedoch auf den meisten - für Investitionsentscheidungen relevanten - Gebieten ver-

---

[1] Vgl. z.B. R. Büscher, J. Homann, 1989, S. 237; H. Henzler, 1993, S.5; L. Hoffmann, S. 1993, S. 371.

[2] Empirische Untersuchungen weisen allerdings darauf hin, daß Unternehmer ihre Standortwahl nicht ausschließlich nach ökonomischen Gesichtspunkten treffen. Beispielsweise können persönliche Faktoren (z.B. Tradition) eine nicht zu unterschätzende Rolle bei der Entscheidung für einen Produktionsstandort spielen. Vgl. H. Brede, 1971, S. 39 und 111 ff. sowie die dort angeführten Untersuchungen.

schlechtert zu haben. In der wirtschaftspolitischen Debatte wird jedenfalls seit einigen Jahren lebhaft und kontrovers über eine Verschlechterung der Investitionsbedingungen hierzulande diskutiert. Allerdings wurde und wird die Entwicklung der Standortqualität unterschiedlich beurteilt. So häuften sich auch in der letzten Zeit wieder die Schlagzeilen, von denen die einen den Standort Deutschland in Gefahr sahen, und andere den Industriestandort Deutschland immer noch für gut hielten[3].

Die Standortdiskussion in der Bundesrepublik Deutschland

Trotz jahrelanger Diskussion besteht in der Wissenschaft bislang noch keine Einigkeit darüber, was unter dem Begriff „internationale Wettbewerbsfähigkeit einer Volkswirtschaft“ tatsächlich zu verstehen ist und wie diese indiziert oder gemessen werden kann[4]. Die Schwierigkeit einer Definition für das Konzept „internationale Wettbewerbsfähigkeit einer Volkswirtschaft“ liegt vor allem an der Komplexität und Aggregationsebene des Untersuchungsgegenstandes. Zur Definition des Begriffs der „internationalen Wettbewerbsfähigkeit einer Volkswirtschaft“ wird zumeist Rückgriff auf den Begriff „Wettbewerbsfähigkeit eines Unternehmens“ genommen. Ein Unternehmen gilt nach herrschender Meinung dann als „wettbewerbsfähig“, wenn es ihm gelingt, sein Güterangebot unter Konkurrenzbedingungen am Markt abzusetzen und langfristig „hohe“ Realeinkommen zu erzielen[5]. Auf diesem Konzept aufbauend wird die Wettbewerbsfähigkeit eines Sektors oder einer Volkswirtschaft dann als die aggregierte Wettbewerbsfähigkeit ihrer Unternehmen definiert[6].

---

[3] Vgl. o.V. Süddeutsche Zeitung Nr. 172, 28.7.1992, S. 21; o.V. Frankfurter Allgemeine Zeitung Nr. 98, 27.4.1992, S. 17.

[4] Standortqualität und internationale Wettbewerbsfähigkeit werden im folgenden weitgehend synonym behandelt. Auf die Unterscheidung zwischen einem Wettbewerb der Produktionsstandorte um mobile Ressourcen und der Fähigkeit, aufgrund eines guten Standortes und damit einer guten Ausstattung mit immobilen Produktionsfaktoren, wettbewerbsfähige Produkte anzubieten, wird nicht näher eingegangen. Vgl. R. Zeppernick, 1990, S. 51.

[5] Vgl. H. Schelbert-Syfrig, 1982, S. 13.

[6] Vgl. D. Orlowski, 1982, S. 11.

Neben den theoretischen Problemen wird die Meinungsvielfalt in dieser Debatte dadurch begünstigt, daß der Begriff "Wettbewerbsfähigkeit" theoretischer Natur und damit nicht direkt quantifizierbar ist. Aussagen im Sinne des „Messens“ oder „Zählens“ sind über theoretische Phänomene aber nicht direkt möglich. Quantitative Aussagen können vielmehr nur auf indirektem Weg durch eine Annäherung an das jeweilige theoretische Konstrukt gewonnen werden. Dazu wird eine überprüfbare Indikatorenhypothese zugrundegelegt, die das unbeobachtbare theoretische Phänomen einerseits und zähl-, bzw. meßbare Indikatoren andererseits in einen logischen Zusammenhang bringt[7]. Inwieweit die quantitativen Ergebnisse dann valide und reliable Aussagen darstellen hängt letztendlich davon ab, inwieweit durch die gewählten Indikatoren eine sachlogische Annäherung an das theoretische Phänomen gelingt.

Zur Messung der „internationalen Wettbewerbsfähigkeit einer Volkswirtschaft“ ist bei der Auswahl geeigneter Indikatoren vor allem zu berücksichtigen, daß in einer international verflochtenen Volkswirtschaft immer einige Unternehmen und Wirtschaftszweige an komparativen Vorteilen verlieren und schrumpfen, während andere Unternehmen expandieren und ihre individuelle Position verbessern. Zur Annäherung an den Begriff bedarf es daher eines Konzeptes, das diese relativen Verlagerungen berücksichtigt und bewertet[8]. Zur Abgrenzung eines allgemeinen Maßstabes zur Messung der Wettbewerbsposition der deutschen Wirtschaft wird im Rahmen der Standortdiskussion häufig darauf verwiesen, daß letztlich die Investoren über einen Standort urteilen würden und die Vornahme oder die Unterlassung von Investitionen somit das zuverlässigste Signal für den Auf- oder Abstieg eines Standortes seien[9].

---

[7] Vgl. H. Sangmeister, 1994, S. 422. Eine methodische Darstellung des zugrundeliegenden Adäquationsproblems findet sich in allgemeiner Form auch bei H. Hartwig, 1956, S. 252-266; R. Schnell, P.B. Hill, E. Esser, 1988, S. 119 ff.; R. Zwer, 1986, S. 43.

[8] Vgl. Sachverstädigenrat, 1988, Tz. 147; R. Zeppernick, 1990, S. 51; H.-D. Westerhoff, 1992, S. 47; G. Fels, 1993, S. 438; H. Flassbeck, 1988, S. 255-267; H. Flassbeck, 1992, S. 5-27; T. Gries, C. Hentschel, 1994, S. 416-422.

[9] Vgl. W. Engels bei H.-D. Westerhoff, 1992, S. 47. Dieser Auffassung liegt die Hypothese zugrunde, daß bei internationaler Mobilität des Produktionsfaktors Kapital und gewinnmaximierendem Verhalten der Anleger Investitionsströme in jene Regionen der Welt fließen, an denen die höchste Rentabilität des Kapitals zu erwarten sei.

Bei der Entwicklung der Investitionstätigkeit ist festzustellen, daß die Quote der Bruttoinvestitionen[10] am realen Bruttoinlandsprodukt in den letzten beiden Jahrzehnten stark gesunken ist. Während die Investitionsquote im Jahre 1970 noch 26,8 Prozent betrug, reduzierte sie sich in den Folgejahren stetig bis auf weniger als 20 Prozent im Jahre 1984. Nach einem temporären Aufleben der Investitionstätigkeit im Zuge der Wiedervereinigung ermäßigte sich diese Quote jedoch wieder auf zuletzt 22,4 %.

Parallel zur rückläufigen inländischen Investitionstätigkeit ist seit 1975 eine negative Entwicklung bei den Direktinvestitionen zu beobachten. Insbesondere seit Mitte des vergangenen Jahrzehntes hat sich die Schere zwischen den Investitionen deutscher Unternehmen im Ausland und den Investitionen ausländischer Unternehmen in Deutschland immer weiter geöffnet.

Abb. 1: Investitionsquote und Saldo der Direktinvestitionen

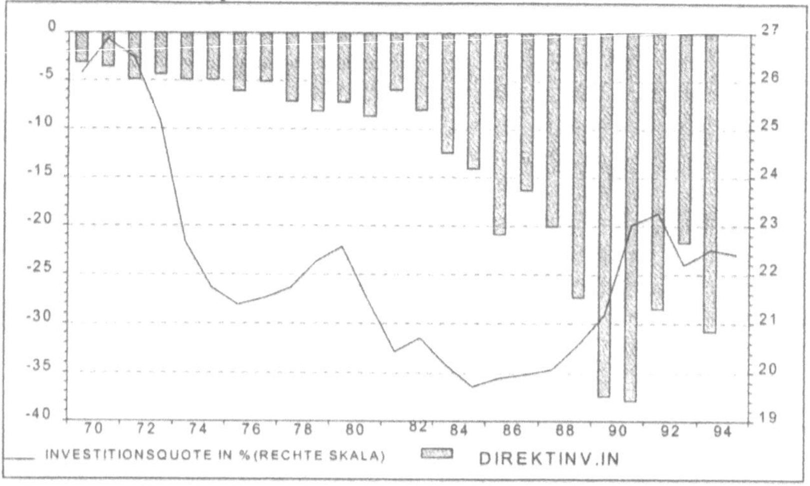

[10] Die Bruttoinvestitionen errechnen sich aus Bauten und Ausrüstungen. Eine Berücksichtigung der Vorratsinvestitionen führt zu geringfügigen, für den Aussagewert jedoch vernachlässigbaren Ergebnissen.
Die folgenden Zahlenangaben wurden entnommen aus: Sachverständigenrat zur Begutachtung der gesamtwirtschaftlichen Entwicklung (im folgenden: Sachverständigenrat), 1994, S. 361 und 410. Die Investitionsquote bezieht sich ausschließlich auf das frühere Bundesgebiet, während die Angaben zu den Direktinvestitionen seit Beginn der Währungsunion am 1.7.1990 auch die neuen Bundesländer berücksichtigt.

Betrug der Überschuß der Direktinvestitionen der heimischen Wirtschaft im Ausland über die ausländischen Direktinvestitionen in der Bundesrepublik zwischen 1970 und 1979 noch 22,1 Mrd. DM, so hat sich dieser Saldo auf 121,4 Mrd. DM in den achtziger Jahren erhöht. Allein im Jahr 1991 erreichte der Überschuß der Auslandsinvestitionen der deutschen Wirtschaft den Rekordbetrag in Höhe von 37,1 Mrd. DM. Zurückzuführen ist diese Expansion in erster Linie auf einen kräftigen Anstieg der Exporte von Realkapital, während sich ausländische Investoren in der Bundesrepublik merklich zurückhielten und ihr Investitionsverhalten nur unwesentlich veränderten. Hinter diesem Ungleichgewicht standen in erster Linie die hohen deutschen Leistungsbilanzüberschüsse, die den Aufbau von Unternehmerkapital jenseits der Landesgrenze erlaubten. Spätestens seit sich die deutsche Leistungsbilanz im Zuge der Wiedervereinigung passivierte, hätte sich der Kapitalstrom an Unternehmensanteilen aber umkehren müssen, zumal die neuen Bundesländer unter Einschluß der vielfältigen staatlichen Investitionsförderung ein attraktives Umfeld auch für ausländische Investoren boten.

Diejenigen, die die Wettbewerbsposition Deuschlands in Gefahr sehen, weisen darauf hin, daß die rückläufige Investitionsquote und die defizitäre Direktinvestitionsbilanz ein Indiz dafür sei, daß die Standortqualität der Bundesrepublik als nicht sehr hoch einzuschätzen ist. Dieser Auffassung werden im wesentlichen jedoch folgende Argumente entgegengehalten: Zum einen könne aus einer nachlassenden Investitionstätigkeit nicht zwingend geschlossen werden, daß der Standort Bundesrepublik von in- und ausländischen Investoren gemieden wird, da Bruttoinvestitionen und Direktinvestitionen auch Komponenten beinhalten, die nicht den Aufbau von Produktionskapazitäten bezweckten[11]. Zum anderen könnten steigende Direktinvestitionen im Ausland zwar eine Standortschwäche im Herkunftsland anzeigen, doch sei diese Schlußfolgerung keineswegs zwangsläufig. Empirische Untersuchungen belegen vielmehr, daß die Direktinvestitionen deutscher Unternehmen im wesentlichen die Konsequenz einer zunehmenden internationalen Arbeitsteilung sind[12] und in den meisten Fällen der Sicherung und

[11] Westerhoff schlägt vor, anstelle der Bruttoinvestitionen die Ausrüstungsinvestitionen und statt der gesamten Direktinvestitionen die Anlageinvestitionen heranzuziehen, weil diese Komponenten am ehesten die Errichtung von Produktionskapazitäten widerspiegeln. H.-D. Westerhoff, 1992, S. 48-52. Demgegenüber empfiehlt Donges die Nettoinvestitionen als Maß für die Standortqualität zu wählen. J.B. Donges in: M. Bangemann, 1988, S. 56.

[12] Zu den Motivkategorien von Direktinvestitionen: Vgl. J.H. Dunning, 1989, S. 108 ff.; H.G. Preuße, 1991, S. 219 ff.; E. Reuter, 1990, S. 819-829; H. Krist, 1985; J. Wagner, C. Schnabel, 1992; M.O. Moore, 1993, S. 120-138; R. Jungnickel, 1993, S. 317-324.

Erschließung ausländischer Absatz- und Beschaffungsmärkte dienten[13]. Durch Investitionen in den Vertrieb und Kooperationen mit dort ansässigen Firmen versuchen die deutschen Investoren, bestehende Absatzkanäle und die Kenntnis des relevanten Marktes der Unternehmen vor Ort zu nutzen. Dementsprechend transferieren deutsche Unternehmen Investivkapital vornehmlich in die Hauptabsatzmärkte ihrer Exporte.

Abb. 2: Deutsche Exporte und Direktinvestitionen im Ausland 1995 nach Regionen

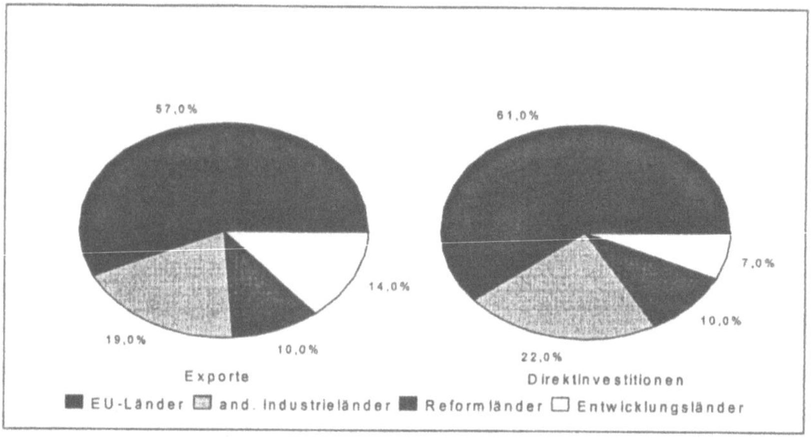

Maßgeblich für den steilen Anstieg deutscher grenzüberschreitender Eigenkapitaltransfers war auch das verstärkte Auslandsengagement deutscher Dienstleister. Einer Verdoppelung des Bestandes an Direktinvestitionen des Verarbeitenden Gewerbes in den letzten zehn Jahren steht mehr als eine Vervierfachung im Dienstleistungsbereich (Handel, Banken, Versicherungen etc.) gegenüber. Insofern sind das hohe Defizit im Saldo der Direktinvestitionen und die rückläufige Investitionsquote differenziert zu betrachten.

Diese Aufführungen mögen erklären, weshalb die „internationale Wettbewerbsfähigkeit der Bundesrepublik“ so kontrovers diskutiert wird und in der

[13] Vgl. J. Beyfuß, H.-J. Kitterer, 1990, S. 44; R. Büscher, J. Homann, 1989, S. 237. Weitere empirische Untersuchungen zum Thema Direktinvestitionen finden sich u.a. bei: J. Beyfuß, 1992; W. Oesterheld, M. Wortmann, 1987; Bundesverband der Deutschen Industrie e.V., 1990; J.O. Lorz, 1993, S. 149-166; E. von Pfeil, 1985; H. Flassbeck, 1992, S. 170-173; J.P. Agarwal, A. Gubitz, P. Nunnenkamp, 1991.

wirtschaftspolitischen Debatte häufig von Gruppeninteressen gelenkt wird. Trotz der unterschiedlichen Beurteilung sind sich die Beteiligten jedoch weitgehend darüber einig, daß Standortindikatoren (allenfalls) ex post Aussagen über die Wettbewerbsfähigkeit eines Landes zulassen. Allerdings geben sie keinen Aufschluß über die exogenen Ursachen, die ihnen als beeinflussende Faktoren vorgelagert sind und damit für die Wettbewerbsposition eines Landes als verantwortlich zu betrachten sind. Ursächlich für das Gelingen der heimischen Unternehmen, sich in der Konkurrenz mit ausländischen Anbietern zu behaupten, sind neben unternehmensspezifische Faktoren[14] wie beispielsweise Organisationsform, Führungsqualitäten und Wettbewerbsstrategien vor allem gesamtwirtschaftlichen Faktoren ab, da diese die allgemeinen Rahmenbedingungen für die unternehmerische Tätigkeit setzen.

Im allgemeinen erhöhen diejenigen Rahmenbedingungen, die geringere betriebswirtschaftliche Folgekosten verursachen, die relative Attraktivität eines Standortes. Innerhalb der Standortfaktoren wird dieser Punkt umso wichtiger, je geringer die Transaktionskosten durch technologische Fortschritte im Transport- und Kommunikationswesen werden, da die Produktionsfaktoren Arbeit und Kapital demzufolge immer mobiler werden[15]. Innerhalb der gesamtwirtschaftlichen Standortfaktoren lassen sich solche finden, die zumeist als standortbelastend und solche, die überwiegend als förderlich für den Investitionsstandort Deutschland angesehen werden.

Zu den Faktoren, die am häufigsten als positive Standortfaktoren der Bundesrepublik genannt werden, zählen die große Zahl der Patentanmeldungen[16], die gute Verkehrsinfrastruktur[17], der hohe Stand der Aus- und Wei-

---

[14] Vgl. z.B. H.G. Köglmayr, 1990; H. Krallmann, 1987; H. Albach, 1992, S. 123-136; K. Bleicher, 1991; U. Arnold, 1989, S. 14-28; M. Kotabe, 1987; H. Meffert, J. Bolz, 1992; M. E. Porter, 1989; R. Berger, 1991; H. Simon, 1990, S. 875-890; E. Dichtl, 1986, S. 103-113; J. Roxin, 1992; H. Voß, 1989; K. Bleicher, 1993, S. 77-98; H.G. Hilpert, 1992; K. Ohmae, 1992; J.M Stopford, 1992; S. Müller, 1991; K. Backhaus, 1989, S. 465-487; P.J. Buckley, C.L. Pass, K. Prescott, 1992; H. Simon, 1988.

[15] Vgl. R. W. Jones, 1980, S. 235-259.

[16] Vgl. M. Kotabe, E.P. Cox, 1993, S. 57-64; F. Meyer-Krahmer, 1991, S. 11-42; W. Gerstenberger, 1988, S. 3-11; P. Hocks, H.-P. Pfeifer, 1985, S. 805-808; K. Faust, 1992, S. 11-20.

terbildung im bewährten und international vorbildlichen dualen System der Berufsausbildung[18] und schließlich günstige wirtschaftliche und gesellschaftliche Rahmenbedingungen, wie eine niedrige Inflationsrate oder das hohe Maß an sozialem Konsens. Demgegenüber werden andere Faktoren als belastend für den Standort Deutschland angesehen. Neben der Klage über eine übermäßige Regulierung[19] in der Bundesrepublik, wird auf die Kostenbelastung der einheimischen Unternehmen hingewiesen.

Aus betriebswirtschaftlicher Sicht sind Standortentscheidungen für Unternehmen immer Investitionsentscheidungen und deshalb im Hinblick auf den quantitativen Aspekt grundsätzlich nach den Kriterien der Investitionsrechnung zu beurteilen[20]. Als optimal wird nach der betriebswirtschaftlichen Standorttheorie jener Standort bezeichnet, bei dem langfristig die Differenz zwischen standortabhängigen Erlösen und Kosten am größten ist und der die höchste Rentabilität verspricht[21]. Dabei müssen die für die jeweilige Entscheidungssituation relevanten Daten herangezogen und ihre Auswirkungen auf Erlöse, Kosten und Ergebnis beurteilt werden. In einer umfassenden Standortanalyse sollten daher nicht nur kostenorientierte, sondern auch absatzorientierte und teilweise auch nicht quantifizierbare Größen Standortrelevanz besitzen.

Tatsächlich aber wird die öffentliche Standortdiskussion vorwiegend an einer kostenorientierten Betrachtungsweise ausgerichtet, während typische absatzorientierte Faktoren weitgehend unberücksichtigt bleiben. Dabei werden insbesondere zu hohe Lohn- und Energiekosten sowie die im Vergleich zum

---

[17] Vgl. J. Blazejczak, U. Voigt, 1985, S. 310-320; B. Preißl, 1988; Aktionsgemeinschaft Rationeller Verkehr, 1988; C.-F. Laaser, 1991. Zur Verkehrsinfrastruktur allgemein vgl. B. Bjelicic, 1990; B. Heinsch, 1986.

[18] Vgl. R. Neubäumer, 1993, S. 104-131; R. Baur, H. Wolff, P. Wordelmann, 1991; R. Hensel, H.-D. Reuschel, 1993, S. 181-189; J. Wagner, W. Lorenz, 1992, S. 115-131; H.-P. Blossfeld, 1991; R. v.Bardeleben, R. Beicht, R. Stockmann, 1991; W. Lenske, 1988; G. Fels, 1993(a); W. Schlaffke, 1992; L Späth, 1991, S. 71-85.

[19] Vgl. W. Harders, 1988; P. Röthig, 1989; W. Kitterer, 1989; R. Soltwedel et al., 1986; R. Soltwedel et al., 1987; P. Hector, 1988; R. Soltwedel, 1990; W. Dichmann, R. Hickel, 1989; B. Jahn-Thielicke, 1990; G. Fels, 1993(b); R. Stober, 1990; M. Krakowski, 1988, S. 90-97; A. Held, 1993, S. 215-220; J. Basedow, 1991, S. 151-169.

[20] Vgl. M. Bierich, 1988, S. 832; H. Henzler, 1993, S. 5.

[21] Vgl. K.C. Behrens, 1961, S.7-46; H. Brede, 1971, S. 40.

Ausland hohen Umweltschutzauflagen und die steuerliche Belastung der Unternehmen als negative Standortfaktoren angeführt. Nicht nur die Steigerungsraten dieser Kosten, sondern auch ihr hohes absolutes und relatives Niveau im Vergleich zu konkurrierenden Standorten werden als Ursachen angeführt, die einer spürbaren Expansion der Beschäftigung entgegenstehen[22].

Die Arbeitskosten im internationalen Vergleich

Den weitaus wichtigsten Einfluß auf das Kostenniveau einer Wirtschaft hat die Entwicklung der Arbeitskosten. Zwar ist der Anteil der Arbeitskosten an den Gesamtkosten einzelwirtschaftlich vergleichsweise gering, doch können Vorleistungen aus gesamtwirtschaftlicher Sicht als vorgetane Arbeit bezeichnet werden[23].

Wie die vom Institut der deutschen Wirtschaft für das Jahr 1993 ermittelten Werte ausweisen, waren die gesamten Personalkosten im Verarbeitenden Gewerbe - verstanden als Bruttolohn zuzüglich der gesetzlichen und tariflichen Personalzusatzkosten - mit rund DM 43 in Deutschland so hoch wie in keinem anderen Land[24]. Gliedert man die Personalgesamtaufwendungen in Stundenlöhne und Personalnebenkosten, ergibt sich folgende Konstellation:

Die durchschnittlichen Stundenlöhne sind mit umgerechnet DM 27,24 in Dänemark am höchsten und in Spanien , Italien und Frankreich mit weniger als DM 15 am niedrigsten. Mit einem Direktentgelt von DM 23,44 liegt Deutschland zwar im oberen Drittel, ist aber im internationalen Vergleich als durchaus konkurrenzfähig anzusehen. Demgegenüber stand die Höhe der

---

[22] Zu der wissenschaftlichen Theorie, die die Ursache für Arbeitslosigkeit in einem überhöhten Kostenniveau sieht: Vgl. J. Sachs, 1983; J.R. Artus, 1984.

[23] Vgl. L. Hoffmann, 1993, S. 373.

[24] Vgl. zu den verschiedenen Ansätzen und Methoden von Personalkostenuntersuchungen: E. Hemmer, 1981; T. Zuleger, 1993, S. 13-19; Deutsche Bundesbank, 1994, S.47-60.
Personalkostenuntersuchungen wurden u.a. durchgeführt von: Statistisches Amt der Europäischen Gemeinschaften, 1991; M. Kaiser, H. Werner, 1989, S. 44-74; C. Friede-Mohr, 1987; R. Clemens, H. Wollrab, 1981; H.-D. Westerhoff, 1991; D. Schumacher, 1992, S.121-124; S. Herten, 1992; G. Schmid, K. Schömann, 1993, S. 48-51.

deutschen Personalnebenkosten[25] in den letzten Jahren besonders im Zentrum der Diskussion. Mit DM 19,22 hatten die Unternehmen in Deutschland die höchsten Personalzusatzkosten zu entrichten. Die große Bedeutung der Lohnnebenkosten für die Standortattraktivität eines Landes zeigt sich am Beispiel Dänemark. Unter den ausgewiesenen Industrieländern zahlt die dänische Industrie zwar die höchsten Direktentgelte. Aufgrund der niedrigen Personalzusatzkosten liegt Dänemark beim Arbeitskostenvergleich jedoch nur im Mittelfeld.

Tab. 1: Arbeitskosten je Arbeiter-Stunde in der Verarbeitenden Industrie 1993 in DM

Länder	Arbeitskosten je Stunde insgesamt	Durchschnitts-stundenlohn	Personalzusatz-kosten je Stunde	Personalzusatz-kosten in % des Direktentgelts
Deutschland	42,67	23,44	19,22	82
Schweiz	39,55	26,05	13,50	52
Japan	37,30	21,34	15,96	75
Belgien	36,34	18,83	17,51	93
Norwegen	36,31	24,05	12,26	51
Niederlande	34,70	18,86	15,74	83
Österreich	33,28	17,07	16,21	95
Dänemark	33,02	27,24	5,78	21
Frankreich	28,50	14,71	13,78	94
USA	27,84	19,46	8,39	43
Italien	27,13	13,54	13,58	100
Großbritannien	22,15	15,65	6,50	42
Spanien	20,72	11,32	9,40	83

Quelle: C. Schröder, in: iw-trends 2/94, Köln 1994, S. 63.

Bemerkenswert ist, daß die Lohnzusatzkosten in Deutschland zwar absolut, nicht jedoch relativ am höchsten sind. Gemessen an der Höhe des Direktentgeltes waren die Lohnnebenkosten in Italien (100%), Österreich (95%) und Frankreich (94%) am höchsten[26].

---

[25] Vgl. Deutsche Bundesbank, 1986, S. 17-25; E.M. Lipp, 1989, S. 359-376; E. Hamer, W. Schierbaum, 1991; E. Hamer, 1993.

[26] Diese Werte deuten auf länderspezifisch unterschiedliche Vergütungssysteme hin. Während die Unternehmen in Ländern mit einem hohen relativen Personalzusatzkostenanteil (Italien, Österreich, Frankreich) maßgeblich an der Finanzierung des Vorsorge- und Versicherungssystem beteiligt sind, weisen niedrigere

Für die betriebswirtschaftliche Kalkulation und damit für die Wettbewerbsfähigkeit eines Unternehmens ist die Aufteilung auf Direktentgelte und Personalzusatzkosten allerdings unerheblich. Für die Kostenseite der Unternehmen ist vielmehr die Höhe der gesamten Personalaufwendungen für einen Arbeitnehmer von Bedeutung. Wie die oben aufgeführten Zahlen zeigen, sind die absoluten Kosten des Faktors Arbeit in der Bundesrepublik höher als bei den wichtigsten Konkurrenten. Dies könnte auf den Weltmärkten zu einem Wettbewerbsnachteil führen, da die Konkurrenten Waren mit einer geringeren Entlohnung des Faktors Arbeit produzieren können.

Entgegengehalten wird dieser Argumentation häufig, daß sich Deutschland dieses hohe Lohnniveau leisten könne, da die Arbeitsproduktivität[27] hierzulande viel höher liege, als an den meisten Konkurrenzstandorten. Durch ein entsprechendes Produktivitätsgefälle würde der aus den hohen Arbeitskosten resultierende Wettbewerbsnachteil tendenziell gemildert. Eine Veränderung der Arbeitskosten könne somit nur im Zusammenhang mit der Produktivitätsentwicklung gesehen werden. Demnach seinen die Lohnstückkosten einer Wirtschaft die umfassendste Meßgröße für die Veränderung der Arbeitskostenbelastung. Zentrale Bedeutung für die Beurteilung der Wettbewerbsfähigkeit eine Landes haben vor allem die Lohnstückkosten der Verarbeitenden Industrie, da der Warenhandel der Industrieländer überwiegend aus Erzeugnissen des Verarbeitenden Gewerbes besteht[28].

Relationen (Dänemark, Japan, USA) auf höhere Vorsorge- und Versicherungsaufwendungen der Arbeitnehmer hin. Vgl. R. Clemens, H. Wollrab, 1981, S. 18; C. Schröder, 1994, S. 63.

[27] Die Arbeitsproduktivität reflektiert neben der Qualifikation und Leistungsfähigkeit des Arbeitnehmers die Kapitalausstattung des Arbeitsplatzes und die durch die Forschungs- und Entwicklungsausgaben in der Vergangenheit begründete Modernisierung des Kapitals. Vgl. H. Klodt, 1984; K.-D. Schmidt, 1986, S. 53-73. Untersuchungen zur Produktivitätsentwicklung finden sich u.a. bei A. Neef, J. Thomas, 1988, S. 27-33; J.W. Kendrick, 1990, S. 42-54; S. Nakamura, 1989, S. 75-89; J.E. Hight, 1993, S. 57-65; G. Erber, 1992, S. 385-411; G. Nicoletti, L. Reichlin; 1993.

[28] Vgl. Bank für internationalen Zahlungsausgleich, 1994; Marsh, Tokarich, 1994; Turner, Van´t dack, 1993. Eine andere Position bezieht demgegenüber die Deutsche Bundesbank, 1994, S. 47-60.

Tab. 2: Lohnstückkosten im Verarbeitenden Gewerbe ausgewählter Länder

		in nationaler Währung (Änderung in %)		**auf DM-Basis (Änderung in %)**	
Land	Niveau 93	1989/93	1980/93	1989/93	1980/93
Deutschland-W	100	16,0	47,3	16,0	47,3
Norwegen	97	8,4	87,3	-7,2	18,7
Großbritannien	95	13,3	64,9	-8,7	-3,1
Dänemark	93	6,8	75,0	5,9	38,4
Belgien	92	11,1	19,9	11,4	-7,7
USA	92	4,9	24,6	-7,8	13,6
Frankreich	87	11,0	68,7	10,0	14,5
Niederlande	86	13,0	12,0	13,5	9,0
Japan	84	18,7	16,5	29,9	115,9
Italien	80	19,4	129,7	-8,3	13,8

Quelle: F.J. Link, in: iw-trends 3/94, Köln 1994, S. 5-17.

In nationaler Währung gerechnet war der Anstieg der Lohnstückkosten für Güter des Verarbeitenden Gewerbes zwischen 1980 und 1993 nur in vier Konkurrenzländern (Belgien, USA, Niederlande und Japan) geringer als in Westdeutschland. In der aktuelleren Teilperiode schneidet Deutschland sogar noch ungünstiger ab, da die Lohnstückkosten hierzulande seit Anfang der 90er Jahre stärker stiegen als bei den meisten Konkurrenten. Nur in Italien und Japan gab es auf Nationalwährungs-Basis höhere Zuwachsraten als in Westdeutschland.

Im Rahmen eines internationalen Standortvergleichs ist allerdings zu berücksichtigen, daß Wechselkursschwankungen die Lohnsteigerungen erheblich beeinflussen können. Dabei macht sich jede Abwertung der Währung eines Landes wie eine Lohnsenkung und jede Aufwertung wie eine Lohnsteigerung bemerkbar, auch wenn sich die Lohnstückkosten in jeweils nationaler Währung nicht verändert haben. Bedingt durch die Stärke der D-Mark stiegen die Lohnstückkosten auf DM-Basis zwischen 1980 und 1993 nur in Japan schneller als hierzulande. Für Westdeutschland errechnet sich ein Anstieg von rund 50 Prozent. Die britischen und belgischen Lohnstückkosten sind dagegen wechselkursbedingt sogar gesunken. Die Teilperiode 1989/93 bietet ein noch kontrastreicheres Bild: Der Abstand Deutschlands zu Japan hat sich deutlich reduziert, und die Zahl der Länder mit sinkenden Lohnstückkosten stieg auf vier an[29]. Insgesamt konnte der Lohnanstieg in Deutschland nicht durch die Produktivitätsentwicklung kompensiert werden. Vor allem seit Beginn der 90er Jahre hat sich die westdeutsche Wettbewerbsposition seitens der Lohnkosten gegenüber wichtigen Konkurrenten verschlechtert. Wie Tabelle 2 ausweist, hat die Entwicklung der Lohnstückkosten insgesamt dazu geführt, daß die westdeutsche Industrie (West-Deutschland = 100) im internationalen Vergleich das höchste Lohnstückkostenniveau besitzt. Der Abstand zu Italien betrug 1993 20 Prozent, die beiden Hauptkonkurrenten auf den internationalen Märkten USA und Japan verfügen über einen Kostenvorteil von 8 bzw. 16 Prozent.

Die Energiekosten im internationalen Vergleich

Neben der Kritik über die Höhe und Entwicklung der Arbeitskosten wird, insbesondere von der umwelt- und energieintensiven Grundstoff- und Produktionsgüterindustrie, der Vorwurf erhoben, daß die deutschen Unternehmen einen kostenbedingten Wettbewerbsnachteil besäßen, da die Umweltschutzauflagen in Deutschland strenger seien als in anderen Ländern[30]. Daher seien die Aufwendungen für Energie und Umweltschutz für die deutschen Unternehmen weit höher, als an den meisten Konkurrenzstandorten. In der Tat wurden in keinem anderen Land ähnlich umfangreiche nationale Programme zur Reduzierung der Luftschadstoffe durchgeführt wie in der Bundesrepublik. Auch die in internationalen Konventionen zur Luftreinhaltung festgelegten Umweltstandards liegen unter dem deutschen Niveau[31].

Wie Tabelle 3 ausweist, investieren die USA zwar absolut gesehen am meisten in den Umweltschutz. Setzt man die absoluten Zahlen aber in Rela-

---

[29] Angesichts dieser Ergebnisse kommt Wohlers zu dem Schluß, daß die "Wechselkursentwicklung der eigentliche Auslöser der Standortdebatte" ist und das Lohnkostenargument nicht überbewertet werden sollte. Vgl. E. Wohlers, 1988, S. 29.

[30] Vgl. W. König, 1984, S. 70; o.V. in: Stromthemen, 1988, S. 1; H.-S. Ziervogel, H.-J. Gohlke, 1987, S. 15; J. Blazejczak, 1993(a); K. Löbbe, J. Walter und M. Wenke, 1993, S. 245-256; J. Blazejczak, 1993(b), S. 199-206; R. Kurz, 1993, S. 317-337; W. Ressing, 1993, S. 299-306.

[31] Vgl. U. Braatz, 1987, S. 169-171; o.V. in: Energie Spektrum, 1989, S. 6; J.C. Bongaerts, D. Heinrichs, 1986, S. 151-163; M. Motta, J.-F. Thisse, 1993; S. Demiral, 1990.

tion zur Größe der jeweiligen Volkswirtschaft, so zeigt sich, daß die Intensität des Umweltschutzes 1994 in Dänemark mit

Tab. 3: Umweltschutzausgaben ausgewählter Industrieländer

Land	Millionen US-Dollar			Anteile am BIP in vH		
	1980	1990	1994	1980	1990	1994
W-Deutschl.	8.750	11.146	14.424	1,5	1,6	1,7
Dänem.	777	966	1.237	1,5	1,5	1,9
Frankr.	4.241	6.040	7.746	0,9	1,0	1,1
Großbt..	6.368	6.934	8.837	1,5	1,3	1,4
Niederl.	1.339	2.036	2.254	1,1	1,4	1,3
Österre.	722	1.145	1.130	1,2	1,6	1,3
Schweden	263	1.305	1.948	0,3	1,2	1,5
Japan	16.136	20.842	26.035	1,4	1,2	1,3
USA	52.661	68.719	80.446	1,5	1,5	1,6

Quelle: G. Voss, in: iw-trends 2/94, Köln 1994, S. 51.

einer Quote von 1,9 Prozent am höchsten war. Westdeutschland lag mit 1,7 Prozent an zweiter Stelle. Im Rahmen der vielfältigen Umweltschutzauflagen der letzten Jahre sind insbesondere die Einführung der emissionsmindernden Großfeuerungsanlagen-Verordnung (GfAVO) zu nennen, die den Großkraftwerksbetreibern erhebliche Investitionen zur Nachrüstung ihrer Kraftwerke auferlegte[32] sowie die langen Genehmigungsverfahren im Bereich des Immissionsschutzes[33]. Zu einer Steigerung der Energieerzeugungskosten trug auch die Tatsache bei, daß die deutsche Elektrizitätswirtschaft aus sozialpolitischen Gründen die aufgrund ungünstiger Abbaubedingungen teure deutsche Stein- und Braunkohle zur Stromerzeugung einsetzen muß. 1990 wurden 48,2% der deutschen Stromerzeugung[34] durch den Einsatz der deutschen Kohle gedeckt.

---

[32] Vgl. H. Kesberg, 1989, S. 25-41. Ausführlich dargestellt und kommentiert wird die GfAVO bei: P. Davids und M. Lange, 1984. Um allein den mit der Einführung der GfAVO verbundenen Anforderungen des Gesetzgebers nachzukommen, prognostizierten die Großkraftwerksbetreiber für die Nachrüstung ihrer Kraftwerke bis zum Jahr 1993 einen Investitionsbedarf von rund 22 Mrd DM. Vgl. o.V. in: Stromthemen, 1988, S. 1.

[33] Vgl. S.M. Deis, 1993, S. 1-28; E. Harder, 1987; IHK Hannover-Hildesheim, 1988; B. Busch, 1990.

[34] Die nachfolgenden Zahlenangaben zur Stromerzeugung finden sich bei G. Lang, 1992, S. 693-697.

Insgesamt führten diese Aspekte dazu, daß in der Bundesrepublik ein vergleichsweise hohes Strompreisniveau herrscht (vgl. Tabelle 4). So waren die Industriestrompreise in Deutschland im Jahre 1993 so hoch wie in keinem anderen Land der Europäischen Union. Vor allem gegenüber Dänemark, Frankreich und Belgien ist der Unterschied beträchtlich. Aufgrund liberaler Gesetze darf in Dänemark billige Steinkohle uneingeschränkt importiert werden (1990: 95% der dänischen Stromerzeugung). In den Niederlanden hat billiges heimisches Erdgas einen kostensenkenden Einfluß. In Frankreich ist der Kernenergieanteil (1990: 79,2% der Stromerzeugung) etwa doppelt so hoch wie in Deutschland (1990: 38,5%). Auch Belgien verfügt über einen hohen Anteil an kostengünstiger Kernenergie (1990: 62,7%).

In Deutschland hingegen hat sich die Elektrizitätsversorgung weitgehend von Öl und Erdgas als Stromerzeugungsgrundlage gelöst (1990: 8,3%), um Abhängigkeitsrisiken zu vermeiden. Dies hat sich in den vergangenen Jahren angesichts der rückläufigen Preise für Importenergien nachteilig auf die Erzeugungskosten ausgewirkt. Dementsprechend konstatierte der Sachverständigenrat, daß für international tätige Unternehmen mit hohem Kohleeinsatz und starkem Stromverbrauch die Bundesrepublik ein ungünstiger Standort ist[35].

Andererseits darf nicht übersehen werden, daß die Umweltschutzmaßnahmen eine Verbesserung der ökologischen Situation in Deutschland erreichen und die Attraktivität für moderne Produktionszweige erhöht wird. Damit kann aus dem kurzfristigen, kostenbedingten Nachteil ein langfristiger Wettbewerbsvorteil resultieren[36].

---

[35] Vgl. Sachverständigenrat, 1988, Tz. 171, S. 115.

[36] Vgl. L. Hoffmann, 1993, S. 375; C. Thoben, 1993, 4-10; H.-J. Budde, 1993, S. 590-596. Seitens der Industrie wird zur Finanzierung des Umweltschutzes allerdings vorgeschlagen, das kostenintensive Vorsorgegebot durch ein standortverträglicheres, geschlossenes Klimakonzept auszufüllen. Vgl. P. Oligmüller, 1993, S. 2 ff.

Tab. 4: Industriestrompreise für einen repräsentativen Abnahmefall (500 KW bei 2500 Jahresbenutzungsstunden) in der EU in Pf/kWh (ohne MwSt)

	Januar 1992		Januar 1993	
Land	Pf/kWh	in %	Pf/kWh	in %
Deutschland	21,9	100	23,2	100
Frankreich	14,9	68	15,1	65
Belgien	16,7	76	17,1	74
Italien	25,2	115	20,4	88
Großbritannien	17,7	81	15,1	66
Niederlande	13,0	59	16,6	72
Dänemark	9,7	44	8,8	38
Irland	16,3	75	16,2	70
Luxemburg	16,6	76	16,9	73
Griechenland	15,2	70	13,2	57
Spanien	21,5	98	19,4	84
Portugal	20,7	95	21,0	91

Quelle: G. Lang, 1992, S. 696; H.-J. Budde, 1993, S. 594; eigene Berechnungen.

Die Steuerbelastung von Unternehmen im internationalen Vergleich

Unternehmen prognostizieren bei Investitionsentscheidungen Erträge und Aufwendungen zur Ermittlung einer Bruttorendite vor Steuern. Trotz aller Unsicherheiten, die naturgemäß mit diesen Prognosen verbunden sind, ergibt sich letztlich eine als wahrscheinlich angenommene Bruttorendite oder eine Bandbreite von erwarteten Bruttorenditen bei unterschiedlichen Szenarien. Von dieser Bruttorendite wird vom Unternehmen die Steuerlast abgezogen, so daß in der Ermittlung der Nettorendite - bei gleicher prognostizierter Bruttorendite - eine unterschiedlich hohe Besteuerung des Vermögens und des Ertrages voll zum Tragen kommt[37].

Daher ist die Höhe der Steuerbelastung im Vergleich zu Ländern mit ähnlichem Entwicklungsniveau ein weiteres wichtiges Kriterium für potentielle Investoren[38]. Ihre Bedeutung wird darin gesehen, daß durch eine

[37] Vgl. M. Mellwig, 1985, H. Albach, 1970.

[38] Vgl. K. Esser, 1990, S. 162; E. Janeba, 1993, S. 86-89; R. Dücker, 1986, S. 713-720; W. Leibfritz, 1993, S. 3-7; F. Klein, 1990, S. 390-396; M. Schleiter, 1985.

geringe steuerliche Belastung Anreize geschaffen werden, die die Investitions- und Innovationstätigkeit anregen und dadurch die Wettbewerbsfähigkeit der Unternehmen stärken. Im Umkehrschluß kann eine hohe Steuerbelastung auch dazu führen, daß inländisches Kapital abwandert und ausländisches Kapital nicht zufließt bzw. reimportiert wird[39]. Der Gesetzgeber war sich über diese Problematik bewußt und vertrat die Auffassung, daß gewichtige Gründe wie die Schaffung günstiger Investitionsbedingungen und damit die langfristige Sicherung von Arbeitsplätzen eher für eine abnehmende als für eine zunehmende Steuerbelastung sprachen[40].

Unter dem Eindruck, daß die Vollendung des Europäischen Binnenmarktes ohnehin eine europäische Harmonisierung der direkten Steuern erfordert, wurden in den vergangenen Jahren verschiedene Vorschläge zur Änderung des Steuerrechtes unterbreitet. Diese einzelnen Empfehlungen lassen sich im wesentlichen zwei Richtungen zuordnen. Zum einen sollte die Belastung der Unternehmensgewinne gesenkt werden. Zum anderen gab es weitergehende Vorschläge, die sich weniger um Fragen der Steuerentlastung bewegten als vielmehr um eine grundlegende Reform der Unternehmensbesteuerung[41].

Bislang konnte sich der Gesetzgeber aber noch nicht entschließen, den grundlegenden Empfehlungen zu folgen. Nur wenige Anregungen wurden bisher in einer zweistufigen Steuerreform umgesetzt. Zu den wesentlichen Steuerrechtsänderungen[42] zählte, daß in der Bundesrepublik Anfang 1994 für Kapitalgesellschaften die Steuersätze für einbehaltene Gewinne von 50 Prozent auf 45 Prozent herabgesetzt wurden, nachdem dieser Steuersatz bereits Anfang 1990 von 56 Prozent auf 50 Prozent reduziert wurde. Für ausge-

---

[39] Vgl. z.B. W. Ritter, 1993, S. 297-304; H. Klodt, K.-D. Schmidt et al., 1989, S. 160.

[40] Vgl. Jahreswirtschaftsbericht 1989 der Bundesregierung, in: Bundestags Drucksache 11/3917 vom 25.1.1989.

[41] Diese Reformvorschläge beruhten auf der Erkenntnis, daß die deutsche Unternehmensbesteuerung in ihrer Struktur verfehlt sei. Vgl. W. Ritter, 1989, S. 319; D. Schneider, 1989, S. 328; B. Knobbe-Keuk, 1989, S. 1303; M. Korth, 1990, S. 126; M. Rose, 1990, S. 1; D. Schneider, 1990, S. 621 ff. An dieser Stelle sei auf folgende Empfehlungen zur Reform der Besteuerung verwiesen: J. Lang, 1990, S. 107-129.

[42] Gesetz zur Verbesserung der steuerlichen Bedingungen zur Sicherung des Wirtschaftsstandorts Deutschland im Europäischen Binnenmarkt. Bundesminister der Finanzen (BMF), 1993, S. 127-133. Vgl. hierzu auch: o.V. in Deutsches Institut für Wirtschaftsforschung, 1993, S. 75-81.

schüttete Gewinne wurde der Steuersatz von bisher 36 Prozent auf 30 Prozent ermäßigt.

Ob die Bundesrepublik durch diese Maßnahmen ihre relative Wettbewerbsposition spürbar verbessern konnte, ist jedoch strittig, zumal die meisten Konkurrenzländer bereits in der Vergangenheit ihre steuerlichen Rahmenbedingungen verbessert haben[43]. Zudem sind eindeutige internationale Steuerbelastungsvergleiche nur eingeschränkt möglich, da hierbei grundsätzliche Unterschiede in den Steuersätzen und Unterschiede in den Vorschriften zur Ermittlung der jeweiligen Bemessungsgrundlagen zu berücksichtigen sind. Problematisch ist bei derartigen Vergleichen vor allem, daß insbesondere die Vorschriften zur Ermittlung der jeweiligen Bemessungsgrundlagen in den wichtigen Industrieländern im Detail sehr unterschiedlich sind. Insofern konzentrieren sich internationale Steuerbelastungsvergleiche häufig auf einen Steuersatzvergleich, zumal sich die Bemessungsgrundlagen seit den achtziger Jahren in den meisten Ländern angenähert haben[44]. Einbezogen werden müssen dann jedoch - auch in ihrer Verzahnung und Bedingtheit - alle Steuern auf den Gewinn[45]. Eine verstärkte Aufmerksamkeit wird in derartigen Vergleichen den Grenzsteuersätzen für thesaurierte Gewinne gewidmet, denn gerade den einbehaltenen Gewinnen kommt im Wachstumsprozeß eine besondere Bedeutung für die Innovationskraft der Unternehmen zu, werden doch innovative Investitionen vornehmlich selbst finanziert[46]. Wie Tabelle 5 zeigt, übersteigt der in der Bundesrepublik geltende Körperschaftsteuersatz bei Gewinnthesaurierung die Sätze aller in den Vergleich einbezogenen Länder.

---

[43] Vgl. A. Boss, 1988; H.-D. Westerhoff, 1991, S. 54 ff.

[44] Vgl. A. Boss, 1988; W. Leibfritz, R. Parsche, 1988; W. Fuest, R. Kroker, 1987.

[45] Vgl. H. Klodt, K.D. Schmidt et al. 1989, S. 160; Sachverständigenrat, 1988, Tz. 174, S. 116. Zur Problematik, die mit internationalen Steuerbelastungsvergleichen, insbesondere Steuersatzvergleichen, verbunden ist: K. Barth, 1989, S. 1237-1241; D. Schneider, 1988, S. 281-291; H.G. Napp, B. Rahmann, 1989, S. 303-315; L. Fischer, 1987, S. 137-172; W. Fuest, R. Kroker, 1987; D. Schneider, 1990, S. 534.

[46] Vgl. Sachverständigenrat, 1978, Tz.380; 1979, Tz.352 und 354; 1988 Tz. 173. Kritisch stehen dieser Auffassung gegenüber: D. Schneider, 1986, S. 2293; 1987(a); 1987(b); R.H. Schmidt, 1981(a); 1981(b).

Tab. 5: Steuerlast einer Kapitalgesellschaft 1992 in Prozent des einbehaltenen Gewinnes

Land	Körperschaftsteuersatz	Gesamtsteuerlast	Gesamtsteuerlast (Differenz 1988-1992)
Deutschland[1)]	45	62,3	-4,6
Deutschland	50	66,2	-0,7
USA	34	45,3	0
Japan	37,5	59,2	-4,9
Großbritannien	33	33	-2,0
Frankreich	33,33	52,2	-8,7
Österreich	30	49,2	-27,1
Niederlande	35	35	0

1) nach Standortsicherungsgesetz seit Anfang 1994

Quelle: Institut der deutschen Wirtschaft: iw-trends 3/93, Köln 1993, S. 51; BMF 1993, S.131; eigene Berechnungen.

Die Steuerreformen der Jahre 1990 und 1994 haben somit zwar zur Reduzierung der steuerlichen Grenzbelastung der Gewinne inländischer Unternehmen von 56 auf 45 Prozent beigetragen. Allerdings fällt die steuerliche Besserstellung der deutschen Unternehmen erheblich geringer aus, wenn man auf die Gesamtsteuerbelastung von Kapitalgesellschaften bei Gewinnthesaurierung abstellt. Demnach hat sich die gesamte Grenzsteuerbelastung nur von 66,2 auf 62,3 Prozent reduziert, so daß Westdeutschland im internationalen Vergleich nach wie vor die höchsten Unternehmenssteuern besitzt. Das Standortsicherungsgesetz kann somit nur als erster Schritt zur Verbesserung der relativen Wettbewerbsposition Deutschlands bewertet werden, zumal in wichtigen Konkurrenzländern bereits neue Steuersenkungen angekündigt worden sind[47].

Auch wenn die „Standortqualität der deutschen Wirtschaft" nicht abschließend zu beurteilen sein dürfte, so haben die vorstehenden Aussagen gezeigt, daß das Niveau wichtiger Faktorkosten in der Bundesrepublik über dem in den meisten Konkurrenzländern liegt und die Entwicklung der letzten Jahre dieses Gefälle noch weiter verstärkt hat. In diesem Zusammenhang konstatierte die Deutsche Bundesbank, daß die internationale Wettbewerbsfähigkeit der deutschen Unternehmen in den frühen neunziger Jahren schweren

[47] Vgl. W. Fuest, R. Kroker, 1993, S. 68; W. Leibfritz, 1993, S. 7.

Belastungen ausgesetzt war, die im wesentlichen auf das hohe Kostenniveau der deutschen Wirtschaft zurückzuführen waren[48].

Neben diesem Kostengefälle erschwerte ein tiefgreifender Strukturwandel auf den internationalen Gütermärkten die Bemühungen der deutschen Unternehmen, Wettbewerbsvorteile am Markt zu erzielen und zu behaupten[49]: Seit einigen Jahren sind viele Märkte durch stagnierende oder schrumpfende Wachstumsraten, gleichzeitig aber auch durch eine wachsende Konkurrenz gekennzeichnet. Diese Tendenzen bewirkten letztendlich eine zunehmende Komplexität, Dynamik und Diskontinuität der Unternehmensumwelt, die insgesamt in einem gestiegenen Wettbewerbsdruck zum Ausdruck kommen. Daher gingen die Bemühungen der Unternehmen in den letzten Jahren immer mehr dahin, durch vielfältige - und in der Öffentlichkeit kontrovers diskutierten - Rationalisierungsbemühungen auf die Verteuerung der Produktion hierzulande zu reagieren und die eigene Wettbewerbsposition zu verbessern. Diese Entwicklungen haben alle Bereiche der Unternehmen berührt und erhebliche Veränderungen im Absatz-, Produktions-, Beschaffungs- und Personalbereich bewirkt.

An dieser Stelle der gesellschaftlichen Diskussion knüpft die vorliegende Arbeit an. Bislang wird in Untersuchungen, über die Auswirkungen der veränderten innerbetrieblichen Arbeitsprozesse und Rationalisierungen im Hinblick auf die Kostensituation der Unternehmen, vornehmlich auf die Kostenhöhe bzw. das Kostenniveau abgestellt. So kam beispielsweise die Deutsche Bundesbank zu dem Ergebnis, daß die Rationalisierungs- und Reorganisationsmaßnahmen zu erheblichen Kostensenkungen in den Unternehmen geführt haben[50]. Wesentlich seltener als auf das Niveau der Kosten wird im Rahmen der Standortdiskussion auf die Kostenstruktur verwiesen[51]. Dies ist um so erstaunlicher, als bereits Ende der 20er Jahre von Schmalenbach auf die Bedeutung der Kostenstruktur - insbesondere in Zeiten einer rückläufigen Beschäftigung - verwiesen wurde und auch in jüngster Zeit ver-

---

[48] Vgl. Deutsche Bundesbank, 1994, S. 47.

[49] Vgl. z.B. J.B. Donges, K.-D. Schmidt et al. 1988, S. 9 ff und die dort angeführte Literatur.

[50] Vgl. Deutsche Bundesbank, 1994, S.47.

[51] So forderte beispielsweise H. Henzler beim Technologie-Forum des BDI für die europäische Industrie „Kostenstrukturen von Weltklassen. Vgl. o.V. in, Frankfurter Allgemeine Zeitung Nr. 282, 5.12.1991, S. 15.

schiedene Publikationen aus dem Bereich der Kostenrechnung zu diesem Themenkomplex erschienen sind. Bislang findet sich jedoch keine Untersuchung, die einzelwirtschaftliche und gesamtwirtschaftliche Aspekte zugleich beleuchtet und diese auf empirische Relevanz analysiert. Diese Lücke soll die folgende Arbeit schließen, indem zentrale innerbetriebliche sowie gesamtwirtschaftliche Determinanten betrachtet werden, die in den letzten Jahren maßgeblichen Einfluß auf die Kostenstrukturen der deutschen Unternehmen ausübten.

1.2. Einordnung in die Literatur

Ein Blick über die bereits vorhandene Literatur zum Themenkomplex „Kostenstruktur“ zeigt, daß einige ältere Arbeiten existieren, die sich mit wettbewerbspolitischen und -theoretischen Fragestellungen beschäftigten. Bei neueren Monographien konzentriert sich die Betrachtung hingegen auf Fragestellung des einzelwirtschaftlichen Rechnungswesens. Zur Einordnung der vorliegenden Arbeit seien an dieser Stelle die wichtigsten Arbeiten kurz erwähnt, die bislang zum Themenkomplex „Kostenstruktur“ erschienen sind. Im Zentrum der älteren Untersuchungen standen zumeist Fragestellungen aus den Bereichen Textilindustrie und Landwirtschaft. Da sich diese Erhebungen auf den betreffenden Wirtschaftszweig bzw. ausgewählte Unternehmen dieses Sektors beschränkten, ist die Repräsentanz dieser Untersuchungen generell jedoch äußerst eingeschränkt.

Mit der "Kostenstruktur, Wirtschaftlichkeit und Einkommensverhältnisse in Weinbaubetrieben unter verschiedenen Standortbedingungen"[52] setzt sich die 1959 erschienene Schrift von Krayer auseinander. Diese Arbeit untersucht die Kostenstruktur und die Einkommensverhältnisse in 20 ausgewählten Weinbaubetrieben und zeigt darauf aufbauend Möglichkeiten zur Verbesserung der wirtschaftlichen Lage der Betriebe dieses Wirtschaftszweiges auf.

Das Problem des wirtschaftlichsten Kapitaleinsatzes im Zusammenhang mit der Betriebsgröße in Weinbaubetrieben untersucht Behnke in seiner 1961 vorgestellten Monographie[53]. Der Verfasser überprüft anhand der Kosten-

---

[52] Vgl. A. Krayer: Kostenstruktur, Wirtschaftlichkeit und Einkommensverhältnisse in Weinbaubetrieben unter verschiedenen Standortbedingungen, 1959.

[53] Vgl. H.-J. Behnke: Kapitalbesatz und Kostenstruktur der Winzergenossenschaften in Abhängigkeit von Betriebsgröße und Vermarktungsstufe, 1961.

struktur von 90 Winzergenossenschaften unterschiedlichster Kapazität, welche Betriebsgröße im Hinblick auf den Kapitaleinsatz angestrebt werden sollte und welche Vermarktungsform sich für unterschiedliche Betriebsgrößen als optimal erweist.

Auf "Die Kostenstruktur der westdeutschen Obst- und Süßmostgetränkeindustrie"[54] konzentriert sich die 1961 veröffentlichte Arbeit von Roller. Zur Erfassung der Kostenstruktur der Obstgetränkeindustrie untersuchte der Verfasser 21 Betriebe auf ihre Kosten und deren Bestimmungsgründe. Darauf aufbauend unternahm Roller den Versuch, anhand der Kostenstruktur die Struktur- und Absatzprobleme dieses Wirtschaftszweiges zu beleuchten und Möglichkeiten von Rationalisierungen in dieser Branche aufzuzeigen.

In seiner 1964 erschienenen Arbeit über "Die Kostenstruktur des westdeutschen Braugewerbes"[55] stellt sich Kunze die Aufgabe anhand der Kostenstruktur von 13 Brauereien einen Einblick in die Kostengestaltung des westdeutschen Braugewerbes zu geben. Darauf aufbauend zeigt er die Möglichkeiten von Rationalisierungen auf und leitet daraus preispolitische Folgerungen für diesen Wirtschaftszweig ab.

In seiner 1969 veröffentlichten Monographie versucht Schütz[56] anhand der Kostenstruktur ausgewählter Industriezweige und durch die Formulierung eines Modells die Beziehungen zwischen Wachstum und Kostenstruktur in Industriebetrieben zu analysieren. In einem zweistufigen Ansatz untersuchte er einmal, welche Veränderungen ausgewählte Kostenstrukturen bei unterschiedlichen Wachstumsvorgängen erfahren und zum anderen den Einfluß der Kostenstruktur auf das Wachstum bei unterschiedlichen Wettbewerbssituationen.

Mit Beginn der siebziger Jahre hat das Interesse an kostenstrukturrelevanten Fragestellungen sichtbar nachgelassen. Erst in der jüngeren Vergangenheit, die von Nachfragerückgängen in fast allen Branchen und erheblichen Unsicherheiten in der Marktentwicklung gekennzeichnet war, haben Aspekte, die

---

[54] Vgl. G. Roller: Die Kostenstruktur der westdeutschen Obst- und Süßmostgetränkeindustrie, 1961.

[55] Vgl. J. Kunze: Die Kostenstruktur des westdeutschen Braugewerbes, 1964.

[56] Vgl. W. Schütz: Die Beziehung zwischen Wachstum und Kostenstruktur in Industriebetrieben, 1969.

mit der einzelwirtschaftlichen Kostenstruktur verbunden sind, wieder an Bedeutung gewonnen. In verschiedenen Publikationen und Monographien aus dem Bereich des Rechnungswesens wurden in der jüngeren Vergangenheit betriebswirtschaftliche Fragestellungen betrachtet[57]. Es findet sich jedoch keine empirische Untersuchung, die sich in aktueller Betrachtungsweise branchenübergreifend mit der Entwicklung der Kostenartenstruktur industrieller Unternehmungen befaßt und dabei versucht, neben einzelwirtschaftlichen Aspekten auch gesamtwirtschaftliche Entwicklungstendenzen in die Analyse zu integrieren. Diese Lücke versucht die vorliegende Untersuchung zu schließen.

1.3. Problemstellung und Gang der Untersuchung

Im Mittelpunkt der vorliegenden Untersuchung steht die Frage, wie sich die Kostenstrukturen der industriellen Unternehmen des Verarbeitenden Gewerbes zwischen 1977 und 1993 entwickelt haben und welche spezifischen Bestimmungsgründe als Ursachen herangezogen werden können. Zur Beantwortung dieser Frage wird auf die Daten der jährlichen Kostenstrukturerhebung des Statistischen Bundesamtes zurückgegriffen, da diese sämtliche Voraussetzungen hinsichtlich Repräsentativität und Disaggregation erfüllen. Im Ablauf orientiert sich die Untersuchung an der Einteilung der Arbeitsphasen statistischen Arbeitens, wie sie Menges beschreibt: „das Spezifizieren, das Beobachten oder Experimentieren, das Verarbeiten, das Beschreiben und/oder Analysieren, das Schätzen und/oder Prüfen und/oder Prognostizieren, das Entscheiden, das Präsentieren und das Abschätzen der Fehler“[58].

Nach der Einführung erfolgt in Teil 2 eine definitorische und theoretische Grundlegung. In diesem Rahmen wird auch der verwendete Kostenstrukturbegriff erläutert. Daneben werden unternehmensinterne und unternehmensexterne Bestimmungsgründe erörtert, die in den vergangenen Jahren maßgeblich die Kostenstrukturen der Unternehmen beeinflußt haben dürften. Im Anschluß daran wird untersucht, wie diese Entwicklungen aus Sicht der Unternehmen zu beurteilen sind. Hierzu wird auf die Effizienz der Unternehmen eingegangen, wobei die Zusammenhänge zwischen neuen Techno-

---

[57] Vgl. z.B. S. Funke, 1995; J. Platt, 1987.

[58] G. Menges, 1982, Vorwort Seite V.

logien und Effizienz einerseits sowie zwischen Unternehmensgröße und Effizienz andererseits beleuchtet werden.

Im anschließenden dritten Teil der Untersuchung wird eine Operationalisierung des zuvor erarbeiteten Bezugsrahmens vorgenommen. Im ersten Kapitel wird dazu auf die Datenquelle der empirischen Untersuchung, die Kostenstrukturstatistik des Statistischen Bundesamtes, eingegangen. Die Inhalte der Kapitel 2 und 3 sind durch die Zielsetzung der eigentlichen empirischen Untersuchung determiniert. Im zweiten Kapitel wird das methodische Konzept des eher deskriptiven Untersuchungsteils sowie die Operationalisierung der dazu relevanten Begriffe behandelt. Im einzelnen erfährt dabei die Komponentenanalyse eine grundsätzliche methodische Würdigung. Diese ist ein in der empirischen Wirtschaftsforschung eingesetztes statistisches Verfahren, das es ermöglicht, eine interessierende Untersuchungsgröße in sie determinierende, definitorisch-tautologische Größen zu zerlegen. Im dritten Kapitel werden die im analytischen Teil zum Einsatz kommenden statistischen Verfahren sowie die zu prüfenden Hypothesen vorgestellt.

In Teil 4, dem eigentlichen Hauptteil der Untersuchung, soll der grundlegende Befund zur Entwicklung der Kostenstrukturen ermittelt werden. Dazu werden verschiedene Variablentypen betrachtet, die je einen anderen Erkenntniswert aufweisen. Zunächst wird in Kapitel 1 gezeigt, wie sich die Kostenstrukturen im Verarbeitenden Gewerbe - nach Größenklassen disaggregiert - im Betrachtungszeitraum entwickelt haben. Im Anschluß daran soll anhand einer entsprechenden summarischen Maßzahl aufgezeigt werden, mit welchem Tempo sich die Kostenstrukturen im Zeitablauf verändert haben. Der deskriptive Abschnitt der Kostenstrukturuntersuchung endet mit einer Abschätzung des Beitrages sektoraler Sonderentwicklungen im Hinblick auf die Veränderung der Kostenartenanteile. Im analytischen Teil der Untersuchung wird eine Verbindung zwischen dem theoretischen Bezugsrahmen und den zuvor erarbeiteten empirischen Befunden zur Kostenstrukturentwicklung hergestellt. Dazu soll anhand verschiedener Zusammenhangsanalysen untersucht werden, ob sich die erarbeiteten Thesen bezüglich der Kostenstrukturentwicklung im Lichte der empirischen Ergebnisse bestätigen. Im Anschluß an die Kostenstrukturuntersuchung wird anhand geeigneter Rentabilitätskennzahlen die Veränderung der Effizienz der Unternehmen betrachtet. Dabei wird versucht, maßgebliche Bestimmungsgründe der Effizienz herauszuarbeiten und die Bedeutung der Kostenstrukturentwicklung in diesem Zusammenhang herauszustellen.

Teil 5 schließlich dient einer Zusammenfassung der wesentlichen Ergebnisse.

1.4. Konzeption des Bezugsrahmens

Als Methodik zur Konzeption des theoretischen Bezugsrahmens wird in der vorliegenden Untersuchung eine „heuristische" Vorgehensweise gewählt. Diese ist zu verstehehen als „methodische Gewinnung neuer Erkenntnisse durch [das Zugrundelegen bestimmter] Modelle und Annahmen (Arbeitshypothesen) ...., [die] selbst nicht Begründung, aber der Gewinnung dieser Erkenntnisse bedürfen[59].

Ein sog. heuristischer Bezugsrahmen hat allgemein die Aufgabe, Aussagen über ein Untersuchungsobjekt in einen theoretischen Zusammenhang zu stellen und damit zur Beschreibung und Erklärung von nicht genügend verstandenen oder beherrschten Phänomenen beizutragen[60]. Dabei kann hinsichtlich logischer Konsistenz und Operationalität naturgemäß nicht den strengen Anforderungen entsprochen werden, die von Theorien zu fordern wären[61]. Der heuristische Bezugsrahmen umfaßt allgemein gehaltene Hypothesen, die tendenzielle Zusammenhänge abbilden[62]. Er liefert damit in erster Linie ein als Orientierungshilfe zu beurteilendes Erklärungsmodell zur Beschreibung komplexer Phänomene. Ein heuristischer Bezugsrahmen zur Darstellung der Kostenstrukturentwicklung in den Unternehmen des Verarbeitenden Gewerbes soll vor allem folgende Funktionen erfüllen[63]:

- Entwicklung einer einheitlichen Terminologie als Hilfsmittel zur begrifflichen Abgrenzung der Kostengesamtheit sowie der Einzelelemente für den weiteren Gang der Untersuchung;

---

[59] zitiert aus: dtv-Brockhaus-Lexikon, 1989, S. 97.

[60] Vgl. H. Kubicek, 1977, S. 17.

[61] Vgl. zum Theoriebegriff W. Eichhorn, 1979, S. 80 ff.; P. Ulrich, W. Hill 1979, S. 185 f.; B.G. Zinn 1976, S. 31 ff.

[62] Vgl. W. Kirsch, 1981, S. 193.

[63] Vgl. zur grundsätzlichen Vorgehensweise zum Aufbau eines heuristischen Bezugsrahmens: H. Kubicek, 1977, S. 18 f.

- Ermittlung wesentlicher Einflußgrößen, die die Veränderungen der Kostenstrukturen maßgeblich bestimmten;

- Darstellung von theoretischen Konzepten, die einen Bezug zur untersuchten Problematik besitzen und als Beurteilungskriterien herangezogen werden können.

Dabei ist stets zu berücksichtigen, daß die Konstruktion eines heuristischen Bezugsrahmens nie völlig voraussetzungsfrei sein kann, da durch subjektiv vorhandene Erfahrungen und Annahmen die Auswahl des Untersuchungsbereiches und mögliche Ansatzpunkte der Untersuchung teilweise bereits „ex ante“ bestimmt werden[64].

---

[64] Vgl. R. Perillieux, 1987, S. 25, Fn. 6.

2. TEIL: METHODISCHER UND THEORETISCHER BEZUGSRAHMEN DER UNTERSUCHUNG

Im Mittelpunkt dieser Arbeit steht die Analyse der Entwicklung der industriellen Kostenstrukturen im Verarbeitenden Gewerbe der Bundesrepublik Deutschland zwischen 1977 und 1993. Die empirische Analyse setzt zunächst voraus, daß Aussagen darüber getroffen werden, welche Determinanten die Kostenstrukturen in den letzten Jahren maßgeblich beeinflußt haben. Ausgehend von der Erkenntnis, daß in den vergangenen Jahren sowohl Exorbitant Einflüsse als auch interne Rationalisierungsbemühungen der Unternehmen auf die Kostenstrukturen einwirkten, wird in Kapitel 2 dieses Teiles versucht, eine Gliederung der möglichen kostenstrukturbestimmenden Einflußgrößen in unternehmensexterne und unternehmensinterne Determinanten vorzunehmen. Zuvor werden jedoch in Kapitel 1 die im Rahmen dieser Arbeit notwendigen kostentheoretischen Gesichtspunkte beleuchtet und eine einheitliche Terminologie für den weiteren Gang der Untersuchung gegeben. Die Durchführung einer Analyse zur Beurteilung der Kostenstrukturentwicklung stellt das zweite Anliegen der vorliegenden Untersuchung dar. Hierzu wird im dritten Kapitel der Begriff der Kosteneffizienz vorgestellt und erläutert, welchen Einfluß der gegebene Bezugsrahmen auf die Kostenstruktur ausübt.

1. DARSTELLUNG DER KOSTENSTRUKTUR

Während im Kapitel 2 dieses Teils der theoretische Bezugsrahmen der Kostenstrukturuntersuchung gelegt wird, wird in diesem Kapitel die Terminologie der empirischen Untersuchung vorgestellt. Da in der Literatur zur Kostenrechnung der Begriff der Kostenstruktur nur selten vorkommt, erfolgt in diesem Kapitel eine Definition und Abgrenzung des in dieser Arbeit verwandten Kostenstrukturbegriffs. Zunächst bedarf es jedoch einiger grundlegender Vorbemerkungen.

1.1 Kostentheoretische Vorbemerkungen

Bei der Interpretation des Kostenbegriffes stellte Heinen fest, daß er "zu den vielseitigsten und schwierigsten Grundbegriffen der betriebswirtschaftlichen Theorie"[1] gehört. In der Literatur zum Thema "Kosten" finden sich fast so

---

[1] Vgl. E. Heinen, 1978, S. 41.

viele verschiedene Begriffsdefinitionen wie Abhandlungen zu diesem Komplex erschienen sind. Auch heute bestätigt sich, daß es trotz intensiver definitorischer Bemühungen noch keinen allgemein anerkannten Kostenbegriff gibt[2]. Letztendlich sollte sich der Begriff der Kosten aus den Untersuchungszielen ergeben, da er, wie die meisten Grundbegriffe der Wirtschaftswissenschaften, zweckabhängig ist[3].

Die einzelwirtschaftliche Kostenrechnungsliteratur[4] unterscheidet zwischen dem allgemeinen Kostenbegriff und speziellen Kostenbegriffen. Letztere enthalten neben den Merkmalen der allgemeinen Kostendefinition noch bestimmte zusätzliche Kennzeichen[5] (beispielsweise Plankosten). Da diese zusätzlichen Kriterien in der weiteren Untersuchung keine Relevanz besitzen, wird im Rahmen dieses Abschnitts der allgemeine Kostenbegriff erörtert. Bezieht man sich auf den heutigen Stand der betriebswirtschaftlichen Diskussion, so sind zwei Interpretationen des Kostenbegriffs hervorzuheben: die wertmäßige und die pagatorische Interpretation.

Der auf Schmalenbach zurückgehende wertmäßige Kostenbegriff definiert Kosten als bewertete sachzielbezogene Güterverbräuche eines Unternehmens in einer Periode, wobei der Wertansatz auf dem (monetären) Grenznutzen basiert[6]. Die meisten Autoren, die den Kostenbegriff wertmäßig interpretieren, implizieren zumeist einen Realgüterverbrauch, so daß die Kosten vorwiegend den Verbrauch von realen Wirtschaftsgütern beinhalten[7]. Probleme bereitet bei einer solchen, auf reale Faktorverbräuche ausgerichteten Betrachtung, die Einbeziehung des Nominalgüterverbrauchs (beispielsweise Zinsen und Steuern). So definiert Gutenberg nicht den Begriff Wertverzehr,

---

[2] Grundsätzliche Ausführungen zur Bildung betriebswirtschaftlicher Begriffe finden sich u.a. bei: N. Szyperski, 1964, S. 351 ff.; H. Koch, 1959, S. 8 ff.; E. Kosiol, 1958, S. 7 ff.

[3] Vgl. K. Mellerowicz, 1963, S. 3.

[4] Da die vorliegende Untersuchung überwiegend einzelwirtschaftlicher Natur ist, wird auf die Erörterung des volkswirtschaftlichen Kostenbegriffs nicht näher eingegangen. Vgl. hierzu z.B. J. Schmidberger, 1992, S. 436 ff. und die dort angegebene Literatur.

[5] Vgl. S. Menrad, 1970, Sp. 870-879, hier Sp. 871.

[6] Vgl. J. Kloock, G. Sieben, T. Schildbach, 1981, S. 29.

[7] Vgl. E. Kosiol,1958, S. 12.

sondern bedient sich statt dessen einer Aufzählung seiner Erscheinungsformen[8]. Unabhängig von solchen Abgrenzungsfragen bleibt allerdings das wesentliche Merkmal des wertmäßigen Kostenbegriffs, daß das Entstehen von Kosten den Untergang von Gütern bedingt. Hierüber existieren zwischen den Vertretern des wertmäßigen und des pagatorischen Kostenbegriffs fundamentale Unterschiede.

Im Gegensatz zum wertmäßigen Kostenbegriff stellt der pagatorische Kostenbegriff nicht auf den Güterverbrauch, sondern auf Ausgaben ab. Koch, als einer der Hauptvertreter des pagatorischen Kostenbegriffs, versteht unter Kosten die mit der Herstellung und dem Absatz einer Erzeugniseinheit bzw. einer Periode verbundenen, nicht kompensierten Ausgaben[9]. Diesem Kostenbegriff wird allerdings die generelle Eignung für kostenrechnerische Zwecke aberkannt, da es in der Kostenrechnung anzusetzende Güterverbräuche gibt, die nicht mit Ausgaben verbunden sind, wie etwa der Ansatz von kalkulatorischen Zinsen auf das eingesetzte Eigenkapital. Die daraus resultierenden Schwierigkeiten gestehen selbst die Verfechter des pagatorischen Kostenbegriffs ein. Deshalb wurden Hypothesen und Prämissen in die Kostenrechnung eingeführt[10], durch die sich die Kostendefinition beim Güterverbrauch im Ergebnis dem wertmäßigen Kostenbegriff nähert. Beispielsweise wird durch die Einführung der Prämisse, daß alle Unternehmen ausschließlich mit Fremdkapital finanziert seien, die Berücksichtigung von Eigenkapitalzinsen gewährleistet[11].

Die bisherigen Ausführungen weisen darauf hin, daß die pagatorische Kostendefinition einem betriebswirtschaftlichen Zweckbegriff, der vom allgemeinen Sprachgebrauch losgelöst[12] ist, nur bedingt gerecht wird. Daher hat sich in der Kostenrechnung der auf Schmalenbach zurückgehende wertmäßige Kostenbegriff durchgesetzt. Die Begriffsbestimmung im Rahmen einer empirischen Untersuchung sollte aber nicht von der konzeptionellen Enge des pagatorischen Kostenbegriffs abhängig sein, sondern vielmehr zweck-

---

[8] Vgl. E. Gutenberg, 1983, S. 338.

[9] Vgl. H. Koch, 1958, S. 361 f.

[10] Vgl. H. Koch, 1959, S. 13.

[11] Vgl. H. Koch, 1966, S. 38.

[12] Vgl. E. Schmalenbach, 1963, S. 7.

mäßig in Abhängigkeit des analytischen Ansatzes sowie der statistischen Notwendigkeiten und der Datenverfügbarkeit vorgenommen werden.

Für die Durchführung der vorliegenden Untersuchung standen die Daten der Kostenstrukturerhebungen des Statistischen Bundesamtes zur Verfügung. Die Datengrundlage dieser Statistik besteht im wesentlichen aus den Bilanzen und den Gewinn- und Verlustrechnungen der befragten Unternehmen[13]. Dabei sind von den Unternehmen nur die auf das Geschäftsjahr der Befragung entfallenden Kosten anzugeben. Außerordentliche sowie betriebsfremde Aufwendungen und Erträge werden in die Erhebung nicht einbezogen, so daß sich die Ergebnisse auf die typische und spezifische Leistungserstellung der Unternehmen beziehen. Im Rahmen dieser Arbeit sind daher unter Kosten alle Aufwendungen, die mit der Herstellung und dem Absatz der für das Unternehmen typischen Erzeugnisse entstanden und der betrachteten Periode zuzurechnen sind, zu verstehen.

Dies hat für die vorliegende Untersuchung zur Konsequenz, daß der zugrundeliegende Kostenbegriff weder mit dem aus der Betriebswirtschaftslehre bekannten wertmäßigen noch mit dem pagatorischen Kostenbegriff deckungsgleich ist. Da die zugrundeliegende "Kostendefinition" nicht auf den Güterverbrauch, sondern eher auf die Ausgabenwirksamkeit abzielt, kommt sie aus kostentheoretischer Sicht allerdings der pagatorischen Ausrichtung recht nahe. Aufgrund der Problematik, daß Aufwendungen und Ausgaben nicht immer deckungsgleich sind[14], vermag diese Kostendefinition jedoch nicht alle möglichen Erscheinungsformen von ausgabenwirksamen Rechenelementen aufzunehmen und ist daher nicht mit dem zuvor beschriebenen pagatorischen Kostenbegriff synonym.

1.2. Zum Begriff der Kostenstruktur

In der Ökonomie gibt es verschiedene Methoden, die Begriffe "Struktur" und "Strukturänderung" zu definieren und zu interpretieren[15]. Eine Mög-

---

[13] Vgl. J. Kaiser, 1986, S. 989.

[14] Ausgaben, die keinen Aufwand darstellen, sind z.B. der Einkauf von Rohstoffen, die erst in einer späteren Periode verbraucht werden. Aufwendungen, die keine Ausgaben darstellen, sind z.B. Abschreibungen einer früher gekauften Maschine.

[15] Vgl. F. Machlup, 1958, S. 280 ff.

lichkeit besteht darin, zwischen dem Strukturbegriff des Statistikers und dem des Ökonometrikers zu unterscheiden[16]. Während die Strukturanalyse des Statistikers vor allem auf die Berechnung von Verhältniszahlen abzielt, steht aus der Sicht des Ökonometrikers die Beziehung von Modellvariablen untereinander im Vordergrund der Analyse. Das Ziel der vorliegenden Untersuchung besteht darin, die Entwicklung der Kostenstrukturen in der verarbeitenden Industrie darzustellen und mögliche Kosteneinflußgrößen zu ermitteln. Da jedoch selbst bei einer umfassenden Analyse nicht alle Meß- und Zurechnungsprobleme gelöst werden können, kann es aber nicht um eine exakte Quantifizierung aller kostenstrukturbestimmender Determinanten gehen. Daher entspricht der Begriff der Kostenstruktur in der vorliegenden Untersuchung eher dem Strukturbegriff des Statistikers.

In Anlehnung an Menges läßt sich der allgemeine ökonomische Strukturbegriff als das Ordnungsschema von Strukturelementen einer durch Merkmale eindeutig abgegrenzten Gesamtheit definieren[17]. Die Übertragung dieser allgemeinen Definition auf die Problemstellung der vorliegenden Arbeit erfordert die Zerlegung der Gesamtkosten in einzelne Elemente. Bei der Zerlegung liegt es nahe, sich an der wichtigsten Grundlage der Kostenstrukturerhebung des Statistischen Bundesamtes, den Kostenarten zu orientieren[18]. Diese können nach übergeordneten Gesichtspunkten auch zu Gruppen zusammengefaßt werden. Als Kostenstruktur wird dann die anteilige Zusammensetzung der Gesamtkosten aus Kostengruppen bzw. Kostenarten bezeichnet[19]. Dabei können die Anteile der einzelnen Kostenarten bzw. der verschiedenen Kostengruppen an den Gesamtkosten als Strukturelemente aufgefaßt werden. Kommt es zu einer Änderung der anteiligen Zusammensetzung der Gesamtkosten, so ändert sich auch das Ordnungsschema der Kostengesamtheit und folglich auch die Kostenstruktur.

Zur rechnerischen Ermittlung der relativen Anteile der einzelnen Kostengruppe an den Gesamtkosten ist die Operationalisierung der Gesamtkosten erforderlich. Dazu kann der absolute Betrag der betreffenden Kostengruppe

---

[16] Vgl. G. Bombach, 1964, S. 11 ff.

[17] Vgl. G. Menges, 1964, S. 989.

[18] Diese sind zugleich auch die wichtigste Grundlage der Betriebsabrechnung. Vgl. K. Mellerowicz, 1974, S. 234; W. Kilger, 1976, S. 69.

[19] Vgl. B. Hartmann, 1959, S. 95.

grundsätzlich auf den Umsatz, als Ausdruck der vom Markt vergüteten Leistung oder auf den Bruttoproduktionswert, als Ausdruck der gesamten Produktionsleistung[20], bezogen werden. Letzterer wird im Gegensatz zum Umsatz nicht explizit in der Kostenstrukturerhebung ausgewiesen, sondern kann nur durch Addition verschiedener Leistungskomponenten ermittelt werden. Den Ansatzpunkt zur Ableitung des Bruttoproduktionswertes bildet das formalisierte Produktionskonto eines Unternehmens. Entsprechend dem Schema der betriebswirtschaftlichen Gewinn- und Verlustrechnung werden in diesem Konto Aufwendungen und Erträge eines Unternehmens gegenübergestellt[21].

Die linke Seite des Produktionskontos ist dadurch gekennzeichnet, daß sämtliche Aufwendungen nach Aufwandsarten gegliedert einschließlich des erwirtschafteten Überschusses[22] bzw. Defizits vollständig angesetzt werden. Sie stellen den Gesamtaufwand dar, der im Rahmen der Produktionstätigkeit des Unternehmens in der entsprechenden Periode entstanden ist. Im Gegensatz hierzu bezieht sich der üblicherweise größte Ertragsposten, die Umsatzerlöse, auf die abgesetzte Menge, die aufgrund von Bestandsveränderungen zum Teil wesentlich von der produzierten Menge abweichen kann.

---

[20] Dieser Leistungsbegriff stellt nicht auf ein Tun bzw. eine Tätigkeit ab, sondern sieht in der Leistung das Ergebnis der unternehmerischen Tätigkeit. Vgl. K. Küting, 1980, S. 44.

[21] Das Konto wird als formalisiertes Aufwands- und Ertragskonto bezeichnet, weil einzelne Positionen nicht immer mit den Begriffen und Werten des betrieblichen Rechnungswesens übereinstimmen. Vgl. hierzu im einzelnen J. Kaiser, 1986, S. 989. Werden die Positionen des Produktionskontos bei allen Unternehmen eines Wirtschaftszweiges addiert, so stellt diese Summation vom Grundsatz her das formalisierte Produktionskonto des betreffenden Wirtschaftszweiges dar.

[22] Der als Residualgröße zu ermittelnde Überschuß umfaßt neben der Grundrente für den Produktionsfaktor Boden, die Verzinsung für das Eigenkapital, bei Personengesellschaften den Unternehmerlohn für die Tätigkeit des Unternehmers im eigenen Unternehmen und den Gewinn im engeren Sinne.

Abb. 3: Formalisiertes Produktionskonto eines Unternehmens aus den Daten der Kostenstrukturerhebung

AUFWAND	ERTRAG
Vorleistungen • Vorleistungen für die Produktion (Verbrauch an Roh-, Hilfs- und Betriebsstoffen; Einsatz von Handelsware; Kosten für Lohnarbeiten) • Sonstige Vorleistungen (Kosten für sonstige industrielle und handwerkliche Dienstleistungen; Mieten und Pachten; sonstige Kosten)	Umsatztätigkeit • Umsatz aus eigenen Erzeugnissen und aus industriellen bzw. handwerklichen Dienstleistungen • Umsatz aus Handelsware • Umsatz aus sonstigen nichtindustriellen bzw. nicht-handwerklichen Tätigkeiten
• Verbrauchsteuern und sonstige indirekte Steuern abzgl. Subventionen	• Selbsterstellte Anlagen (soweit aktiviert)
Personalkosten • Löhne und Gehälter (Bruttolöhne, Bruttogehälter, Bruttoentgelte für Heimarbeiter); Sozialkosten (gesetzliche, sonstige)	Bestandsveränderungen • Bestandsveränderungen an unfertigen Erzeugnissen aus eigener Produktion • Bestandsveränderung an fertigen Erzeugnissen aus eigener Produktion
Kapitalkosten • Abschreibungen • Fremdkapitalzinsen	
Überschuß	

Wegen dieses in der Regel ungleichen Mengengerüsts ist eine Anpassung der beiden Seiten des Produktionskontos erforderlich. Dabei werden zwei Korrekturposten in die rechte Seite des Produktionskontos aufgenommen: die Bestandsveränderungen, die sowohl positiv (Bestandserhöhung) als auch negativ (Bestandsverminderung) sein können, berücksichtigen die erwähnte Differenz zwischen produzierter und abgesetzter Menge der jeweiligen

Periode. Der zweite Korrekturposten - das sind die selbsterstellten und aktivierten Anlagen - soll alle nicht als Bestandsveränderungen erfaßbaren aktivierten Posten im Produktionskonto neutralisieren. Nach diesen Korrekturen nehmen Aufwendungen und Erträge nunmehr auf das gleiche Mengengerüst Bezug[23].

Aufgrund dieser Systematik kann der Bruttoproduktionswert nicht nur als umfassender Leistungsbegriff, sondern auch als geeignete Kostengesamtheit interpretiert werden. Da der Bruttoproduktionswert in seiner Definition von der Aufwandsseite her der Summe aller Positionen der linken Seite des Produktionskontos entspricht, besitzt er gegenüber dem Umsatz, als alternativer Ausdruck einer Kostengesamtheit, den Vorzug, daß er neben den Kosten für die umgesetzten Leistungen auch die Kosten für Bestandsveränderungen an eigenen Erzeugnissen und für selbsterstellte Anlagen berücksichtigt. Im Rahmen dieser Untersuchung werden daher unter den Gesamtkosten die normalen betriebs- und periodenbedingten Aufwendungen verstanden, wobei der Bruttoproduktionswert die geeignete Kostengesamtheit darstellt.

1.3. Kostenarten und Kostenstrukturen

Im Mittelpunkt der vorliegenden Untersuchung steht die Frage, welche Auswirkung die Veränderung der innerbetrieblichen Arbeitsprozesse und Rationalisierungen auf die Kostenstrukturen der Unternehmen in den letzten Jahren ausübten. Die Arbeiten, die bislang zu diesem Themenkomplex erschienen sind, konzentrieren sich hauptsächlich auf theoretische Fragestellungen aus den Gebieten der Kostenrechnung und der Unternehmensführung. Zur Durchführung dieser Untersuchungen wurde die theoretische Betrachtungsweise bisweilen durch quantitative Aussagen bzw. empirischen Erhebungen auf Basis unternehmensinterner Daten gestützt. Insbesondere bestanden die Untersuchungsziele der vorhandenen Arbeiten darin, Mißverhältnisse bzw. Unausgewogenheiten zwischen einzelnen Kostengruppen aufzudecken[24]. Auf dieser Datengrundlage wurde versucht, effizientere Instrumente der Entscheidungsfundierung für die Unternehmensführung zu ent-

---

[23] Durch die Einführung dieser Korrekturposten werden die Erträge an das Mengengerüst der Aufwendungen angepaßt. Im betrieblichen Rechnungswesen korrespondiert dieses Verfahren mit der Aufstellung der Gewinn- und Verlustrechnung nach dem Gesamtkostenverfahren. Vgl. hierzu § 275 (2) HGB.

[24] Vgl. M. Reiß, H. Corsten, 1992, S. 1484.

wickeln und dadurch eine wirksamere Kontrolle der Wirtschaftlichkeit zu unterstützen[25].

Im Gegensatz zu diesen Untersuchungen setzt sich die vorliegende Arbeit das Ziel, auf externer Datenbasis die Kostenstrukturentwicklung der vergangenen Jahre in empirischer Weise zu beobachten und zu interpretieren. Insofern weicht auch die in dieser Untersuchung gewählte Art der Einteilung und Darstellung der Kostenstruktur von der Kostenstrukturierung in den bislang durchgeführten Untersuchungen ab. Bevor jedoch ausführlich auf die in dieser Arbeit gewählte Kostenkategorisierung eingegangen wird, erfolgt zunächst eine Darstellung der bisher untersuchten Strukturphänomene.

1.3.1. Kostenstrukturierung nach Art der Abhängigkeit vom Beschäftigungsgrad

Gerade in der jüngeren Vergangenheit, die von Nachfragerückgängen in fast allen Branchen gekennzeichnet war, haben sich die Risiken, denen Unternehmen bei einer zunehmenden Automatisierung ihrer Produktionsprozesse ausgesetzt sein können, besonders deutlich gezeigt. Die sich daraus für die innerbetrieblichen Kostenstrukturen ergebenden Implikationen wurden zuletzt in verschiedenen Untersuchungen beleuchtet. Von besonderer Bedeutung innerhalb der Kostenrechnung ist die Analyse der Kosten nach ihrem Verhalten bei Beschäftigungsänderungen.

Nach diesem Verhalten können Kosten in fixe und variable Kosten unterteilt werden. Variable Kosten sind diejenigen Kosten, die von der Beschäftigung, von der Ausnutzung der Kapazität und von der Produktionsmenge abhängig sind. Dagegen besteht bei den fixen Kosten im allgemeinen keine Beziehung zwischen Beschäftigung und der jeweiligen Produktion. Sie entstehen, um betriebliche Kapazitäten aufzubauen und diese für eine gewisse Zeit aufrechtzuerhalten; man nennt sie auch Bereitschaftskosten, da sie solange in gleicher Höhe bestehen, bis eine Kapazitätsveränderung erfolgt[26].

---

[25] Vgl. C. Berlinger, J.A. Brimson, 1988, S. 3; E. Herzog, 1989, S. 316.

[26] Vgl. zur Differenzierung von variablen und fixen Kosten z.B. E. Kosiol, 1979, S. 158 f.; S. Hummel, W. Männel, S. 68 ff.; E. Schmalenbach, 1963, S. 47 ff.; H.K. Weber, 1972, S. 10.

Die durchgeführten Untersuchungen kamen übereinstimmend zu dem Ergebnis, daß der Anteil der fixen Kosten absolut und relativ zu den Gesamtkosten in den Unternehmen zugenommen hat[27]. Für diese Tatsache waren mehrere Trends verantwortlich[28]. Aufgrund veränderter Tätigkeitsfelder (Reduzierung manueller Arbeitsaufgaben, zunehmender Bezug auf Planungs-, Überwachungs- und Kontrolltätigkeiten) ist im Personalkostenblock eine verstärkte Zeitlohnorientierung erkennbar, während variable Lohnkostenanteile (Leistungslöhne) an Bedeutung verlieren. Die mit zunehmender Flexibilität in der Fertigung verbundenen hohen Investitionen sowie die fortschreitende Integration von Produktionsmitteln bedingen immer größere Kapazitätsquanten, die große, meist unteilbare Fixkostenblöcke darstellen. Hinzu kommt, daß die Fixkosten auch zeitlich meist nur noch in verhältnismäßig großen Intervallen disponiert werden können.

Als Folge dieser Entwicklungen entstehen in zunehmendem Maße unbewegliche Kostenstrukturen, die auf längere Sicht festgelegt sind und in der Produktionsphase kaum noch beeinflußt werden können[29]. Dadurch steigt die Abhängigkeit der Unternehmen von der Kapazitätsausnutzung und damit die Empfindlichkeit gegenüber wirtschaftlichen Schwankungen. Um den Problemen, die mit dieser Entwicklung im Falle niedriger oder sinkender Wachstumsraten verbunden sein können, entgegenzutreten, stehen den Unternehmen drei Vorgehensweisen zur Verfügung[30]: erstens die Umwandlung von fixen in variable Kosten, zweitens die Fixkostenumlastung, indem Fixkosten verursachende Produktionsfaktoren aus einem unausgelasteten Bereich einer Unternehmung in einen anderen besser ausgelasteten Bereich transferiert werden, und schließlich eine technologiebasierte Wachstumspolitik. Insgesamt wird durch diese drei Steuerungsmöglichkeiten versucht, einer stetigen Erhöhung des Anteils der Fixkosten an den Gesamtkosten entgegenzuwirken und damit eine höhere Erfolgsstabilität zu erreichen.

---

[27] Beispielsweise hat sich der Fixkostenanteil in der Investitionsgüterindustrie seit den 70er Jahren von 39 Prozent auf 48 Prozent in den 90er Jahren erhöht. Vgl. R. Burkhardt, 1992, S. 20.

[28] Vgl. M. Reiß, H. Corsten, 1992, S. 1478; W. Männel, 1992, S. 113.

[29] Vgl. W. Männel, 1990a, S. 134.

[30] Vgl. M. Reiß, H. Corsten, 1992, S. 1484 f.

1.3.2. Kostenstrukturierung nach Art der Verrechnung

Aus der tendenziellen Zunahme des Fixkostenblocks resultieren nicht nur die zuvor skizzierten Unternehmensrisiken, sondern auch Schwierigkeiten innerhalb der Kostenrechnung. Als ein Teilgebiet des betrieblichen Rechnungswesens[31] besaß die Kostenrechnung ursprünglich die Aufgabe der Erfassung und Bewertung des leistungsbezogenen Verzehrs an Produktionsfaktoren[32]. Darüber hinaus hat sich die Kostenrechnung seit einigen Jahren zu einem wichtigen Instrument des Managements weiterentwickelt[33]. Obgleich die Literatur versucht, die in den Unternehmen installierten Kostenrechnungssysteme den Anforderungen der Praxis anzupassen bzw. entsprechend weiterzuentwickeln[34], zeigte sich immer deutlicher, daß die traditionellen Kostenrechnungssysteme diesen gewandelten Anforderungen offensichtlich nicht mehr gerecht werden konnten[35]. Daher wurden in den vergangenen Jahren Wege aufgezeigt, wie die unterschiedlichen Kostenrechnungssysteme den kostenrechnungsrelevanten Anforderungen neuer Produktionstechnologien besser gerecht werden können. Zur Untermauerung dieser Vorschläge wurden verschiedene Untersuchungen durchgeführt, wobei die innerbetrieblichen Kosten nach Art der Zurechenbarkeit auf einzelne Bezugsgrößen analysiert wurden.

Hinsichtlich der Zurechenbarkeit auf einzelne Bezugsgrößen bzw. Kalkulationsobjekte lassen sich Kosten in Einzel- und Gemeinkosten unterteilen. Vom Grundsatz her werden Kosten nach dem Verursachungsprinzip direkt verrechnet. Diese Kosten nennt man Einzelkosten, weil sie von einem einzigen Kostenträger verursacht werden und diesem daher direkt zugeordnet werden kann. Einzelkosten variieren direkt bei Veränderungen der Bezugsgröße, auf die sie sich beziehen.

---

[31] Vgl. W. Kilger, 1980, S. 11 ff; K. Mellerowicz, 1974, S. 1 ff.

[32] Vgl. E. Heinen, 1975, Sp. 2314.

[33] Vgl. J. Weber, 1990, S. 54. Seit einigen Jahren wird in Veröffentlichungen neben der Bezeichnung "Kostenrechnung" zunehmend der Begriff "Kostenmanagement" verwendet. Vgl. hierzu: Ch. T. Horngren, G. Foster, 1991, S. 4; C.C. Freidank, 1991, S. 94; J.A. Miller, 1992, S. 42; M. Reiß, H. Corsten, 1990, S. 390.

[34] Vgl. H. Steinecke, 1985, S. 13-18; H. Gruber, 1989, 106-129; R. Cooper, 1989, S. 78 f.; R.S. Kaplan, Th. Johnson, 1987.

[35] Vgl. J. Weber, 1990, S. 71 f.

Alle Kosten, die keine Einzelkosten sind, werden unter den Begriff Gemeinkosten subsumiert. Die Bezeichnung verdeutlicht, daß die Kosten nicht nur von einem Kostenträger, sondern von mehreren Kostenträgern gemeinsam verursacht werden. Gemeinkosten lassen sich nur Produktgruppen oder dem gesamten Produktionsprogramm, nicht jedoch dem einzelnen Produkt zuordnen. Die Zuweisung des Gemeinkostenanteils der betreffenden Kostenart auf die Kostenträger erfolgt daher indirekt mit Hilfe von Schlüsseln. Gemeinkosten unterscheiden sich in echte und unechte Gemeinkosten. Echte Gemeinkosten (z.B. die Kosten eines Kuppelproduktionsprozesses) lassen sich auch bei Anwendung genauester Rechenmethoden nicht als Einzelkosten einzelnen Kalkulationsobjekten zurechnen. Bei unechten Gemeinkosten verzichtet man aus wirtschaftlichen bzw. technischen Gründen auf die Erfassung und Verrechnung bestimmter Kosten als Einzelkosten[36].

Die Ergebnisse der zu dieser Problemstellung durchgeführten Untersuchungen verdeutlichen[37], daß das Angebot zunehmend individuellerer und komplexerer Produkte sowie die Zunahme von Dienstleistungsprozessen zu einem Rückgang der direkt zurechenbaren Kosten geführt haben. Während die eigentlichen Bearbeitungszeiten der Produkte zurückgehen, wird immer mehr Zeit für die vorbereitenden, planenden, steuernden und überwachenden Tätigkeiten in den Bereichen Forschung und Entwicklung, Beschaffung und Logistik, Produktionsplanung, Qualitätsprüfung sowie Auftragsabwicklung, Vertrieb und Service benötigt[38]. Hinzu kommt, daß der vermehrte Einsatz kostenintensiver Produktionsanlagen einen Anstieg der nicht direkt zurechenbaren Technologiekosten (für Abschreibung, Zinsen, Energie, Wartung der Produktionsanlagen) bedingt[39].

Bei Verwendung von Kostenrechnungssystemen, die nicht auf die Gegebenheiten und Anforderungen der veränderten Produktionsstrukturen zugeschnitten sind, kann es dazu führen, daß die Verrechnung der Gemeinkosten

---

[36] Vgl. z.B. W. Kilger, 1976, S. 14 f.

[37] Vgl. J.G. Miller, Th.E. Vollman, 1985 für die amerikanische Industrie; A. De Meyer, K. Ferdows, 1991, bei einer Befragung von 224 europäischen Maschinenbauunternehmen; J.A. Hendricks, 1988, bei 168 amerikanischen Technologie-Unternehmen aus sieben Branchen; A. De Meyer, 1987, bei 500 Maschinenbauunternehmen in Europa, Nordamerika und Japan.

[38] Vgl. R. Mayer, 1990, S. 74; G. Laßmann, 1984, S. 4.

[39] Vgl. J.A. Brimson, 1989, S. 48.

auf Produkte, die mit neuen Fertigungstechnologien (und niedrigeren Fertigungslöhnen) hergestellt werden, zu niedrig ausfällt, während Produkte, deren Fertigung auf konventionellen Maschinen und Anlagen erfolgte, mit zu hohen Gemein- und damit Gesamtkosten belastet werden[40]. Für das Unternehmen können sich hieraus falsche Signale in der Produktpolitik ergeben, die zu strategischen Fehlsteuerungen im Unternehmen führen können[41].

Ansatzpunkte zur Lösung dieser Probleme bieten sich den Unternehmen erstens durch eine Steuerung und zweitens durch eine Umwandlung der Gemeinkosten[42]. Die Gemeinkostensteuerung hat zum Ziel, die Fixkosten[43] verursachenden Ressourcen (z.B. Fuhrpark) von den einzelnen Produktbereichen als Pool zu nutzen, wobei auf Basis geeigneter Steuerungsinstrumente (z.B. Preissystem) eine optimale Nutzung der Ressourcen angestrebt wird. Dagegen versucht die Umwandlung von Gemeinkosten in Einzelkosten, beispielsweise durch eine dezentrale Strukturierung, einen prozentual möglichst geringen Gemeinkostenanteil bzw. einen möglichst hohen Einzelkostenanteil zu erreichen.

1.3.3. Die Strukturierung der Kostenarten in der vorliegenden Untersuchung

Wie die bisherigen Ausführungen andeuten, besitzen Kostenstrukturuntersuchungen, die auf unternehmensinterner Datenbasis durchgeführt werden, den Vorteil, daß sich je nach Auswertungszweck unterschiedliche Kostengliederungen durchführen lassen. Die Ergebnisse solcher Erhebungen sind jedoch nur unter großen Einschränkungen generalisierbar, da die Ableitung allgemein gültiger Kostenentwicklungen an der spezifischen Ausgestaltung der Fertigungstechnologien und der daraus resultierenden mangelnden Vergleichbarkeit der Kostenwirkungen scheitert[44]. Eine repräsentative Direkter-

---

[40] Vgl. Th.H. Johnson, R.S. Kaplan, 1987, S. 189 f.

[41] Vgl. N.M. Brunton, 1988, S. 23; J.A. Brimson, 1989, S. 47; A.G. Coenenberg, Th.M. Fischer, 1991, S. 23.

[42] Vgl. M. Reiß, H. Corsten, 1992, S. 1485 f.

[43] Für Fixkosten gilt, daß sie stets Gemeinkostencharakter besitzen. Diese Aussage trifft jedoch nicht in ihrer Umkehrung zu. Vgl. E. Heinen, 1978, S. 922.

[44] Die große Bandbreite in der Zusammensetzung betrieblicher Kostenstrukturen wurde in einer Untersuchung von 70 amerikanischen Industrieunternehmen nachgewiesen.

hebung müßte daher Unternehmen verschiedener Größe und Branche einbeziehen sowie deren unterschiedliche Produktionssysteme berücksichtigen. Die dazu erforderlichen umfangreichen Einzeluntersuchungen würden aber über den Rahmen der vorliegenden Arbeit hinausgehen. Ferner ist zu bemerken, daß die benötigten internen Daten einem externen Analytiker im Regelfall nicht zugänglich sind. Selbst bei Veröffentlichung dieser Informationen wäre nicht gewährleistet, daß jedes Unternehmen, insbesondere kleinere und mittlere Unternehmen, die benötigten Daten in die für die Untersuchung erforderliche einheitliche Darstellungsweise umschlüsseln könnte[45].

Daher mußte für die vorliegende Untersuchung eine Methode der Kostenerfassung und -darstellung gefunden werden, die sowohl unternehmensgrößenspezifischen als auch branchenspezifischen Besonderheiten möglichst vieler Unternehmen gerecht wird. Sie muß einen Kompromiß darstellen zwischen der Forderung, detaillierte Daten von heterogenen Unternehmen zu erfassen, gleichzeitig aber den strengen Anforderungen der Ökonometrie an empirische Untersuchungen gerecht zu werden[46]. Um einen hinreichenden Einblick in die Entwicklung der Kostenstrukturen gewähren zu können, sind daher verschiedene Anforderungen an das Datenmaterial zu stellen.

Im Rahmen der vorliegenden Untersuchung sollte das Datenmaterial insbesondere:

- repräsentative Ergebnisse zulassen und zur Ermittlung von Kostendaten geeignet sein;
- eine Disaggregation der Daten nach Wirtschaftszweigen und Unternehmensgrößenklassen ermöglichen;
- nahe an die Gegenwart heranreichen und damit aktuelles Verhalten und zeitnahe Entwicklungen widerspiegeln;

Beispielsweise verursachen Lohneinzelkosten bei der Hälfte der einbezogenen Unternehmen weniger als 10 Prozent der gesamten Produktionskosten, während sie bei 12 Prozent der befragten Unternehmen noch mehr als ein Viertel der Produktionskosten ausmachen. Vgl. J.R. Emore, J.A. Ness, 1991, S. 37.

[45] Trotz des in den letzten Jahren zugenommenen Einsatzes moderner Datenbankkonzepte und der vielfältig auswertbaren Standardsoftware dürfte noch nicht jedes Unternehmen über eine vollständig ausgebaute Kostenrechnung verfügen. Vgl. G.H. Gross, 1976, S. 266; A. Schmoll, 1978, S. 103-108.

[46] Vgl. hierzu P. Atteslander, 1969, S. 230.

- mehrere konjunkturelle Zyklen einschließen und somit eine hinreichende Zahl von Beobachtungszeitpunkten bieten.

Veröffentlichte Daten, die allen Anforderungen genügen, sind im deutschsprachigen Raum nicht zu finden. Als besonders geeignet - gerade auch für die Berücksichtigung kleinerer und mittlerer Unternehmen - erweisen sich jedoch die Daten der Kostenstrukturstatistiken des Statistischen Bundesamtes[47]. Sie sind sowohl nach Branchen als auch nach Unternehmensgrößenklassen disaggregiert und repräsentativ. Insgesamt können aus der Kostenstrukturerhebung 14 Kostenarten herausgefunden werden, wobei die wichtigsten Kostenarten im Fertigungsbereich eines Unternehmens Berücksichtigung finden. Da die Kostenstrukturstatistik für das frühere Bundesgebiet seit 1977 jährlich Daten in einheitlicher Form ausweist, erfüllt sie die wesentlichen Anforderungen an das zugrundeliegende Datenmaterial. Ein Nachteil liegt jedoch in der Aggregationsebene, da die Daten nicht auf Unternehmensebene vorliegen, sondern zu Unternehmensgrößenklassen aggregiert sind. Trotz dieses konzeptionellen Nachteils erfüllen die Daten der Kostenstrukturerhebung aber weitestgehend die grundsätzlichen Anforderungen, die im Rahmen der vorliegenden empirischen Untersuchung zu erfüllen sind.

Um Aussagen über das Verhalten der Kosten im Rahmen neuer Produktions- und Organisationsstrukturen machen zu können, ist eine diesem Zweck angepaßte Strukturierung der Kostenarten erforderlich. Wie die vorstehenden Ausführungen gezeigt haben, können für die Gliederung der Kosten verschiedene Einteilungskriterien unterschieden werden. Da sich die Daten der Kostenstrukturerhebung jedoch nicht nach den erwähnten Kriterien gliedern lassen, muß die Strukturierung im Rahmen dieser Arbeit nach einem

---

[47] Denkbar wäre auch, die folgende Untersuchung auf Basis veröffentlichter Jahresabschlüsse von Aktiengesellschaften oder anhand der Jahresabschlußstatistik der Deutschen Bundesbank durchzuführen.
Zwar stehen Jahresabschlüsse von Aktiengesellschaften über verschiedene Datenbanken bzw. Börsenführern zur Verfügung. Aktiengesellschaften sind zumeist jedoch große Unternehmen, so daß sich eine Unterrepäsentanz der kleinen und mittleren Unternehmen ergeben würde.
Die Deutsche Bundesbank wertet Jahresabschlüsse aus, die ihr im Zusammenhang mit dem Rediskontgeschäft übergeben wurden. Da die Deutsche Bundesbank jedoch bestimmte Anforderungen an die Bonität der anzukaufenden Handelswechsel stellt, würde sich eine Überrepräsentanz von Unternehmen mit relativ günstigen Bilanz- und Ertragsstrukturen ergeben. Außerdem sind Branchen besonders stark vertreten, in denen Handelswechsel als Finanzierungsinstrument von Bedeutung sind.

anderen aussagekräftigen Kriterium vorgenommen werden. Dazu bietet sich eine faktororientierte Einteilung der Kostenarten an, da diese Unterteilung als einfach und ursprünglich[48] gelten kann und sich die zugrundeliegende Kostenstrukturuntersuchung in einigen Bereichen an diese Einteilung an˙lehnt[49]. Hierbei entsprechen den Produktionsfaktoren menschliche Arbeitsleistung, Betriebsmittel und Werkstoffe die drei Kostenartenhauptgruppen Arbeitskosten[50], Kapitalkosten sowie Materialkosten und bezogene Leistungen. Die übrigen Kostenarten werden der vierten Kostenartenhauptgruppe "sonstige Kosten" zugeordnet.

Die Ermittlung des Anteils einzelner Kostenarten an den Gesamtkosten dient der Charakterisierung der gesamten Kostenstruktur des betreffenden Wirtschaftszweiges. Aus den sich ergebenden überwiegenden Kostenanteilen läßt sich zum einen ableiten, welche typischen Kostenstrukturen (arbeits-, material- oder kapitalintensiv) heute in den einzelnen Branchen und Unternehmensgrößenklassen bestehen. Darüber hinaus läßt sich anhand dieser typischen Kostenstrukturen nachvollziehen, ob sich in den letzten Jahren ein Wandel ergeben hat. Diese möglichen Strukturveränderungen können nach verschiedenen Aspekten beleuchtet werden. So wird untersucht, ob ein Wandel zwischen einer material-, personal- oder kapitalintensiven Fertigung zu beobachten war oder ob - und gegebenenfalls wann - sich die Bedeutung einzelner Kostenarten erheblich verändert hat. Die Ergebnisse der Kostenstrukturuntersuchung lassen dann Rückschlüsse auf unternehmerische Risiken, die sich in Abhängigkeit von der Kostenintensität ergeben, zu. Ist beispielsweise aus den Ergebnissen der Kostenanalyse ein Übergang von einer material- zu einer kapitalintensiven Fertigung zu erkennen, so ist zu vermuten, daß ein Übergang von Preis- und Mengenrisiken der Beschaffung, Lagerung und des Absatzes hin zu Beschäftigungsrisiken stattgefunden hat[51].

---

[48] Vgl. K. Mellerowicz, 1974, S. 238.

[49] Da die Hauptaufgaben der Kostenstrukturstatistik im wesentlichen darin zu sehen sind, eine Datengrundlage für die Volkswirtschaftliche Gesamtrechnung zu schaffen sowie den Datenbedarf für die Erstellung von Input-Output-Tabellen zu decken, differiert die Darstellung der Kostenarten im Rahmen der amtlichen Statistik jedoch von der hier gewählten Untergliederung in verschiedenen Punkten.

[50] In neueren Veröffentlichungen wird statt der Bezeichnung "Arbeitskosten" der Begriff "Personalkosten" verwandt. In dieser Arbeit wird der Terminologie der Kostenstrukturerhebung gefolgt und der Begriff "Personalkosten" verwandt.

[51] Vgl. J. Platt, 1987, S. 137 ff.

Im einzelnen wird bei der Zuordnung der einzelnen Kostenarten auf die vier Kostenartenhauptgruppen (Materialkosten und Kosten für bezogene Leistungen; Personalkosten; Kapitalkosten; Sonstige Kosten) folgende Einteilung vorgenommen[52].

1.3.3.1. Materialkosten und Kosten für bezogene Leistungen

Für die Interpretation der Ergebnisse der empirischen Kostenstrukturuntersuchung ist die exakte Abgrenzung der einzelnen Kostenarten von besonderer Bedeutung. Dies gilt vor allem für die Gliederung des Materialaufwands, da diese Kostenartenhauptgruppe aufgrund ihrer Heterogenität im besonderen Maße durch exogene Einflüsse und eigene Rationalisierungsanstrengungen beeinflußt wird. Da viele Unternehmen in den vergangenen Jahren ihre betriebsbedingte Dienstleistungstiefe reduzierten, kommt den Kosten für verschiedenartige Fremdleistungen Dritter eine wachsende Bedeutung zu. Diesem Trend wird durch die Unterscheidung in Materialkosten und Kosten für bezogene Leistungen Rechnung getragen. Im einzelnen setzt sich diese Kostenartenhauptgruppe wie folgt zusammen:

1. Kosten für Rohstoffe, Hilfs- und Betriebsstoffe

Kosten für Rohstoffe, fremdbezogene Vorprodukte, Hilfs- und Betriebsstoffe, die entweder im Unternehmen be- oder verarbeitet, verbraucht oder an Dritte zur Be- oder Verarbeitung weitergegeben werden. Darin sind auch Materialien für die Herstellung selbsterstellter Anlagen enthalten. Der Materialverbrauch ist zur Bestimmung der Materialkosten zunächst mengenmäßig aus den Jahresanfangs-, Jahresendbeständen und Bestandsveränderungen zu erfassen und anschließend mit den Anschaffungskosten zu bewerten.

2. Kosten für Energieverbrauch

Die Kosten für Energieverbrauch (Kosten für Brenn- und Treibstoffe, Elektrizität, Gas, Wärme u.ä.) werden innerhalb der Kosten für Materialverbrauch gesondert ausgewiesen, da der Energieverbrauch in vielen Sektoren ein wesentlicher Kostenfaktor ist und vor dem Hintergrund der Standortdiskussion auch von wirtschaftspolitischer Bedeutung ist. Für die Kostenerfassung der fremdbezogenen Energie bilden die Abrechnungen der Energieversorgungsbetriebe die Grundlage.

---

[52] Die Strukturierung der Kostenarten erfolgt in Anlehnung an den BDI. Vgl. hierzu BDI (Hrsg.): Empfehlungen zur Kosten- und Leistungsrechnung, 1991, S. 33 ff.

3. Kosten für den Einsatz an Handelsware

Die Kosten für den Einsatz an Handelsware beinhalten die Aufwendungen für Erzeugnisse fremder Herkunft, die ohne Weiterbearbeitung und ohne fertigungstechnische Verbindung mit Erzeugnissen des betreffenden Unternehmens weiterverkauft werden. Die Bestände und Eingänge an Handelsware sind zu Anschaffungspreisen zuzüglich Anschaffungsnebenkosten abzüglich Preisnachlässen zu bewerten.

4. Aufwendungen für auswärtige Bearbeitung (für vergebene Lohnaufträge)

Obgleich den Kosten für bezogene Leistungen wirtschaftlich ein ähnlicher Vorgang wie der Fremdbezug von Teilen zugrundeliegt, gehören sie nicht zu den Materialkosten. Durch den gesonderten Ausweis dieser Kosten finden die umfangreichen Maßnahmen vieler Unternehmen Berücksichtigung, durch die verstärkte Inanspruchnahme von Fremdleistungen nicht nur eine Kostensenkung, sondern gleichermaßen eine Flexibilisierung der Kosten zu erreichen. Als Kosten für bezogene Leistungen lassen sich insbesondere folgende Aufwendungen charakterisieren:

5. Aufwendungen für sonstige industrielle und handwerkliche Dienstleistungen

Zu den Kosten für bezogene Leistungen werden darüber hinaus auch alle Aufwendungen für sonstige industrielle und handwerkliche Dienstleistungen gerechnet. Dazu gehören insbesondere alle Kosten für Reparaturen, Instandhaltungen, Installationen, Montagen u.ä., sofern sie durch andere Unternehmen ausgeführt worden sind.

1.3.3.2. Personalkosten

In der Literatur gibt es verschiedene Methoden, die Personalaufwendungen zu definieren. Eine Möglichkeit besteht darin, die Personalaufwendungen nach der Verursachung zu gliedern. Danach läßt sich eine Unterteilung des Personalaufwands in gesetzliche, tarifliche, betriebliche und freiwillige Aufwendungen vornehmen[53]. Diese strenge Trennung findet jedoch nicht immer Anwendung. Statt dessen werden bei den Personalzusatzkosten häufig einzelne Verursacher, z.B. gesetzliche und tarifliche oder tarifliche und betriebliche zusammengefaßt. Innerhalb der Kostenstrukturuntersuchung wer-

[53] Vgl. Zentralverband der Elektrotechnischen Industrie e.V., ZVEI-Leitfaden, Personalzusatzkosten, 1979, S. 62 und Deutsche Gesellschaft für Personalführung, Personalzusatzaufwand, 1980, S. 17.

den die Personalkosten in Bruttolohnsumme, Bruttogehaltssumme sowie gesetzlich vorgeschriebene und sonstige Sozialkosten unterteilt. Der Vorteil dieser Aufteilung liegt darin, daß die gesetzlichen streng von den übrigen Aufwendungen getrennt sind. Ein Nachteil besteht jedoch in dem Mangel, daß keine Trennung von tariflichen und zusätzlichen Aufwendungen möglich ist. Im einzelnen sind in diesen vier Kostenartengruppen folgende Kostenarten enthalten:

6. Bruttolohnsumme

Die Bruttolohnsumme ist als Summe der Bruttobezüge (Bar- und Sachbezüge) für alle Arbeiter ohne jeden Abzug anzugeben. Diese Beträge enthalten die Arbeitnehmeranteile zur Kranken-, Renten- und Arbeitslosenversicherung, allerdings keine Arbeitgeberanteile. Außerdem sind folgende Aufwendungen einzubeziehen:

- sämtliche Zuschläge wie z.B. Akkord- und Sonntagszulagen
- Vergütungen für Feiertage, Urlaub, Arbeitsausfälle u.ä.
- Gehaltfortzahlung im Krankheitsfall einschließlich Krankengeldzuschüsse
- einmalige Lohnzahlungen wie z.B. Gratifikationen
- Mietbeihilfen, vereinbarte Kindergelder und Familienzuschüsse
- Essengeld, Wegezeitentschädigung und Fahrtkostenersatz
- Entgelte für in Sozialeinrichtungen des Unternehmens tätige Personen (z.B. Werksarzt)
- Auslösungen (sofern hierfür Lohnsteuer entrichtet wurde) sowie Leistungen des Arbeitgebers im Sinne von §2 des Fünften Gesetzes zur Förderung der Vermögensbildung der Arbeitnehmer
- Gehälter und Bezüge von Gesellschaftern und Vorstandsmitgliedern, an Angestellte gezahlte Tantiemen und Provisionen

Zu berücksichtigen ist in diesem Zusammenhang, daß Kapitalgesellschaften durch angestellte Manager geleitet werden. Deren Entlohnung erfolgt durch Gehälter und Sonderzahlungen (Boni, Prämien etc.). Diese Zahlungen an angestellte Unternehmensleiter sind in den ausgewiesenen Bruttolohnsummen berücksichtigt. Tätige Inhaber von Einzelfirmen und Personengesellschaften erhalten für ihre Unternehmensleitung hingegen kein Arbeitsentgelt, da dieses im Jahresüberschuß enthalten ist. Die Tätigkeit des Unternehmers im eigenen Unternehmen wird durch den Ansatz eines kalkulatorischen Unternehmerlohns berücksichtigt. Diese fiktiv anfallenden Opportunitätskosten, die kalkulatorisch zum Ausgleich für andere mögliche Verwendungsarten der Arbeitskraft angesetzt werden, sind bei Personengesellschaften Bestandteil des Jahresüberschuß.

Bei der Interpretation der empirischen Ergebnisse ist zu berücksichtigen, daß die Personalkosten keinen kalkulatorischen Unternehmerlohn enthalten. Dadurch kann es bei der Analyse der Unternehmen in verschiedenen Größenklassen zu Verzerrungen kommen, da Personengesellschaften und Einzelfirmen meistens kleinere Unternehmen sind und Kapitalgesellschaften insofern relativ stärker in größeren Unternehmensgrößenklassen vertreten sind. Aufgrund des höheren Anteils von Personengesellschaften in kleineren Größenklassen können die Bruttolöhne zu niedrig und die Gewinne zu hoch ausgewiesen werden. Kontrollrechnungen zeigen jedoch, daß in der empirischen Analyse auf eine Umbuchung von Unternehmereinkommen zu Personalkosten verzichtet werden kann, da die Verzerrungen nur zu geringfügig anderen Ergebnissen führen[54]. Zudem ist eine korrekte Zuordnung von der Rechtsform der Unternehmen abhängig. Diese Differenzierung ist aufgrund des ausgewiesenen Datenmaterials allerdings nicht durchführbar, was eine exakte Abschätzungen der realen Verzerrungen verhindert.

7. Bruttogehaltssumme

Da die Erfassung und der Ausweis der Personalkosten zwischen Arbeitern und Angestellten getrennt erfolgt, wird die Bruttogehaltssumme, d.h. die Entlohnung der Angestellten einzeln ausgewiesen. Die von den Unternehmen zu berücksichtigen Kostenarten sind mit den oben angeführten Bestandteilen der Bruttolohnsumme deckungsgleich. Ebenso gelten auch hier die Ausführungen zur Berücksichtigung des kalkulatorischen Unternehmerlohnes.

8. Gesetzlich vorgeschriebene Sozialkosten

Zu den gesetzlich vorgeschriebenen Sozialkosten zählen Arbeitgeberanteile zur Renten-, Kranken- und Arbeitslosenversicherung, ferner Berufsgenossenschaftsbeiträge und Aufwendungen sowie Zuschüsse zur Betriebskrankenkasse nach der Reichsversicherungsordnung. Nicht zu den gesetzlich vorgeschriebenen Sozialkosten zählen die im Rahmen von Vorruhestandsleistungen anfallenden Arbeitgeberbeiträge zur Renten- und Krankenversicherung.

9. Sonstige Sozialkosten

Neben den gesetzlichen Personalzusatzkosten werden die tariflichen und betrieblichen Zusatzkosten erfaßt. Da sich die tariflichen und betrieblich bedingten Personalzusatzkosten teilweise auf gleiche Sozialleistungen bezie-

---

[54] Vgl. zum Schätzansatz: L. Uhlmann, 1987, S. 5 f.

hen, werden sie gemeinsam aufgeführt. Im wesentlichen werden folgende Aufwendungen berücksichtigt:

- direkte Zuwendungen bei besonderen Anlässen
- Beihilfen und Zuschüsse im Krankheitsfalle sowie zu Erholungs- und Kuraufenthalten
- Aufwendungen für die betriebliche Altersversorgung, unmittelbare Versorgungszahlungen an frühere Arbeitnehmer oder deren Hinterbliebene (sofern sie nicht aus Pensionsrückstellungen geleistet werden)
- Rückstellungen für Pensionsverpflichtungen und Vorruhestandszahlungen
- Periodische Zahlungen an ausgeschiedene Mitarbeiter und Kapitalabfindungen
- Zuwendungen an Pensions- und Unterstützungskassen
- Beiträge zu Aus- und Fortbildung sowie Geldzuweisungen für Kantinen u.ä.
- Beiträge an Träger der Insolvenzversicherung gegen Nichterfüllung von Versorgungsansprüchen
- Gesetzlich vorgeschriebene Beiträge zu Weiter-, Über- und Zusatzversicherungen sowie Beiträge an private Krankenkassen soweit die Leistung den gesetzlich vorgeschriebenen Beitrag übersteigt

Nicht zu den sonstigen Sozialkosten gehören dagegen Kosten, die im Rahmen von betrieblichen Sozialeinrichtungen für Löhne und Gehälter, Material u.ä. entstanden sind. Diese sind in der Kostenartenhauptgruppe "Sonstige Kosten" enthalten.

1.3.3.3. Kapitalkosten

Durch den Einsatz moderner Fertigungstechnologien, die Nutzung effizienter Kommunikationstechniken, den Einsatz immer leistungsfähigerer Organisationsmittel und ähnlicher Entwicklungen ist zu vermuten, daß sich unternehmensübergreifend die Anlageintensität erhöht hat. Dadurch ist gleichzeitig zu erwarten, daß die Kapitalkosten in den Unternehmen durch zunehmende Abschreibungen auf technische Anlagen und Maschinen an Bedeutung gewinnen. Der Entwicklung der Kapitalkosten kommt daher im Rahmen dieser Untersuchung eine besondere Bedeutung bei. Zu den Kapitalkosten zählen im einzelnen folgende Kostenartengruppen:

10. Abschreibungen

Steuerliche Abschreibungen auf Sachanlagen, nicht hingegen die steuerlichen Sonderabschreibungen z.B. nach § 7e EStG (Bewertungsfreiheit für Fabrikgebäude und Lagerhäuser). Berücksichtigt werden auch Abschreibungen auf geringwertige Wirtschaftsgüter, die nicht in einer anderen Kostenart enthalten sind.

11. Fremdkapitalzinsen
Fremdkapitalzinsen, denen langfristige Verbindlichkeiten, Lieferanten- und Bankkredite zugrundeliegen sowie Zinsen für sonstige Schulden und Provisionen für Bankkredite. Nicht berücksichtigt werden hingegen Fremdkapitalzinsen aufgrund reiner Finanzgeschäfte. Im Rahmen der Kostenstrukturstatistik werden die Fremdkapitalzinsen nicht mit Zinserträgen saldiert ausgewiesen. Bankspesen (z.B. Kontoführungsgebühren, Wechselspesen u.ä.) sind unter den Sonstigen Kosten anzugeben.

Bei der Interpretation der empirischen Ergebnisse ist zu berücksichtigen, daß die zugrundeliegende Abgrenzung der "Kapitalkosten" in erster Linie auf den "Kosten" für Fremdkapital aufbaut und damit nicht mit den geläufigen Abgrenzungen der Definition von "Kapitalkosten" übereinstimmt. In der Literatur ist die Verwendung des Begriffs "Kapitalkosten" stark vom theoretischen Grundverständnis bezüglich der Einflußfaktoren von Investitions- und Finanzierungsentscheidungen abhängig. Dabei sind zwei Grundrichtungen zu unterscheiden[55]: Die bilanzorientierte Sichtweise und die zahlungsorientierte Sichtweise.

Die "Kapitalkosten" werden im zahlungsorientierten[56] Ansatz mit den Renditeforderungen der Kapitalgeber gleichgesetzt[57]. Dabei ist es unerheblich, ob es sich um Aufwendungen für Fremdkapital im Sinne der Gewinn- und Ver-

---

[55] In der neueren deutschsprachigen Literatur finden sich Übersichten der verschiedenen Ansätze der Finanzierungstheorie bei O. Everling, 1988, O. Loistl, 1990, B. Rudolph 1991.

[56] Der zahlungsorientierte Ansatz hat einen von der bilanzorientierten Sichtweise diametral verschiedenen wirtschaftshistorischen Hintergrund. Nach dem Ende des 2. Weltkriegs war die wirtschaftliche Situation in den USA durch einen starken Wettbewerb gekennzeichnet. Die in Kriegszeiten aufgebauten Kapazitäten führten zu einem starken Preisdruck, der die Unternehmen zwang, auch im Finanzbereich die Kosten zu senken. Im Gegensatz zur Entstehungszeit der klassischen Finanzierungslehre herrschte eine Dominanz der Nachfrager auf dem Kapitalmarkt Das Ziel der zahlungsorientierten Forschung bestand nicht in der Entwicklung von Instrumenten zum Gläubigerschutz, sondern in der Konzeption von Ansätzen zur Berechnung des Kalkulationszinsatzes der Eigenkapitalbeschaffung aus der Sicht des Unternehmens.

[57] Vgl. J. Süchting, 1989, S. 346.

lustrechnung handelt oder um Dividendenzahlungen an die Aktionäre. Es sind die Opportunitätskosten anzusetzen, die den Kapitalgebern dadurch entstehen, daß sie auf eine Investition gleichen Risikos verzichten[58]. Im Falle einer Kreditfinanzierung entsprechen die Renditeforderungen der Kapitalgeber den Zinsen. Bei einer Beteiligungsfinanzierung setzt sich die Rendite der Eigenkapitalgeber aus den Dividenden und den Kurssteigerungen zusammen. Der Begriff der "Kapitalkosten" wird im zahlungsorientierten Ansatz daher auf der Ebene der Kapitalgeber definiert.

Im Gegensatz hierzu läßt sich der Begriff "Kapital-Kosten" in einer rein bilanzorientierten[59] Betrachtung streng genommen überhaupt nicht definieren, da der Ausdruck "Kosten der Betriebsbuchhaltung und nicht der Finanzbuchhaltung entstammt. Um die Auswirkungen von Finanzierungsentscheidungen zu erfassen, müßte im Rahmen der bilanzorientierten Betrachtung eigentlich von "Kapital-Aufwendungen" gesprochen werden. Darunter werden in der Gewinn- und Verlustrechnung Zinszahlungen oder ähnliche Aufwendungen verstanden. Aus der Sicht der Unternehmen bedeutet dies, daß das von den Aktionären zur Verfügung gestellte Eigenkapital - welches gleichfalls ein Produktionsfaktor ist - unberücksichtigt bleibt. Die Zahlungen an die Aktionäre mindern daher nicht den Bilanzgewinn, da keine Aufwendungen darstellen. Da die vorliegende Arbeit auf Daten der Finanzbuchhaltung aufbaut, entspricht die Abgrenzung der "Kapitalkosten" weitgehend der bilanzorientierten Betrachtungsweise.

1.3.3.4. Sonstige Kosten

Die verbleibenden Aufwendungen sind zu heterogen, als daß sie einer der obigen drei Kostenartenhauptgruppen zugeordnet werden könnten. Insbesondere umfassen die sonstigen Kosten folgende Aufwendungen, die aus der

---

[58] Vgl. Gabler, 1988, Bd. 3, S. 2760, verwendet hierfür den Begriff "implizite Kapitalkosten".

[59] Die wirtschaftsgeschichtlichen Wurzeln der bilanzorientierten Finanzierungslehre liegen in der Industrialisierung Europas und Nordamerikas im 19. Jahrhundert. Diese Zeit war durch eine gewaltige Steigerung der Nachfrage nach Kapital geprägt. Es gab eine Vielzahl rentabler Projekte, unter denen die Kapitalgeber auswählen konnten. Entscheidend für die Kapitalvergabe waren in erster Linie nicht Renditeüberlegungen, sondern Aspekte der Sicherheit der Kapitalanlagen. Die Aufgabenstellung der klassischen Finanzierunglehre besteht in der Entwicklung von Instrumenten zur Beurteilung der Gläubigersicherheit.

unmittelbaren Produktion resultieren und betriebsbedingte Aufwendungen sind:

12. Kostensteuern und vergleichbare Abgaben
Zu den gesondert ausgewiesenen Kostensteuern zählt die gezahlte Vermögensteuer, welche allerdings nur von Kapitalgesellschaften, nicht hingegen von Personengesellschaften zu entrichten ist. Gesondert aufgeführt werden auch die Verbrauchsteuern. Bei den aufgeführten Verbrauchsteuern handelt es sich um Bier-, Leuchtmittel-, Mineralöl-, Schaumwein- und Tabaksteuer sowie den Branntweinaufschlag, welche ein Unternehmen auf selbst hergestellte Erzeugnisse schuldet, unabhängig davon, ob eine Zahlung erfolgte[60]. Zu den verbleibenden, als Sammelposition ausgewiesenen Kostensteuern gehören Grundsteuer, Gewerbeertragsteuer, Gewerbekapitalsteuer, Kraftfahrzeugsteuer sowie die Wechselsteuer. In den Kostensteuern i.S. der Kostenstrukturerhebung sind auch öffentliche Gebühren und Beiträge für staatliche Leistungen enthalten. Nicht zu den Kostensteuern zählen Einkommen- und Körperschaftsteuer sowie Lastenausgleichsabgaben.

13. Mieten und Pachten
Hierzu zählen die Mieten und Pachten, die alle Kosten für gemietete und gepachtete Produktionsanlagen, Datenverarbeitungsanlagen, Fahrzeuge, Fabrikations- und Lagerräume einschließlich der Kosten für Leasing. Kalkulatorische Mieten berücksichtigen.

14. Andere sonstige Kosten
Die übrigen Kosten werden unter der Sammelposition "andere sonstige Kosten" ausgwiesen. Diese Kostenartengruppe umfaßt insbesondere folgende, aus der unmittelbaren Produktion resultierende und nicht betriebsfremde Aufwendungen: Werbe- und Vertreterkosten; Reisekosten; Provisionen; Lizenzgebühren; Kosten für Abtransport von Gütern durch fremde Unternehmen und für von Dritten ausgeführte Mitarbeitertransporte zwischen Wohnung und Arbeitsplatz; Prüfungs-, Beratungs- und Rechtskosten; Beiträge zu Industrie- und Handelskammern, Wirtschaftsverbänden u.ä.; Porto- und Postgebühren.

---

[60] Verbrauchsteuern auf bezogene Erzeugnisse gelten als Anschaffungsnebenkosten für Roh-, Hilfs- und Betriebsstoffe und für Handelswaren.

2. EINFLUSSFAKTOREN DER KOSTENSTRUKTURENT-WICKLUNG

Um im emprischen Teil der Arbeit Aussagen über die Entwicklung der Kostenstrukturen sowie deren Beurteilung herausarbeiten zu können, ist zunächst der kostenstrukturbestimmende Kontext zu konzeptualisieren und zu operationalisieren. Amshoff bezeichnet den "Kontext" als prinzipiell offenes Konzept, das in Abhängigkeit der Problemstellung inhaltlich auszufüllen ist. Es stellt sich nun die Frage, durch welche Merkmale der kostenstrukturrelevante Kontext zu beschreiben ist[61].

In der Kostenrechnung versucht man, die kostenbestimmenden Ursachen und ihre wechselseitigen Abhängigkeiten mit Hilfe von Kostenbestimmungsfaktoren oder Kosteneinflußgrößen zu erklären. Nach einer grundlegenden Systematik von Gutenberg wird die Höhe der betrieblichen Kosten durch fünf Kostenbestimmungsfaktoren determiniert[62]: Faktorpreise, Betriebsgröße, Beschäftigung, Fertigungsprogramm und Faktorqualität.

Abb. 4: Das System der Kostenbestimmungsfaktoren

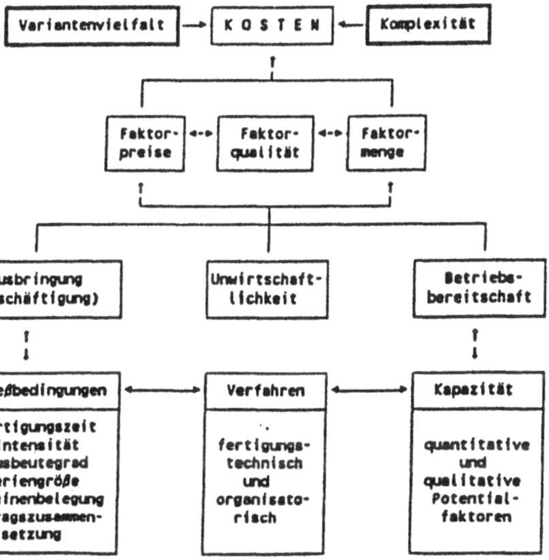

Quelle: in Anlehnung an W. Kilger, 1988, S. 136

---

[61] Vgl. B. Amshoff, 1993, S. 369 f.

[62] Vgl. E. Gutenberg, 1983, S. 344 ff.

Obgleich in der Literatur zahlreiche Versuche unternommen wurden, diese allgemeine Systematik weiterzuentwickeln und zu ergänzen, ist eine abschließende theoretische und empirische Fundierung von Kosteneinflußgrößen ein bislang ungelöstes Problem[63]. Die Herausarbeitung von Kosteneinflußgrößen wird im wesentlichen dadurch erschwert[64], daß

- sie nicht als endgültig bzw. vollständig angesehen werden können. Technische Weiterentwicklung, betriebsbedingte Risiken usw. beeinflussen und verändern ebenfalls die betrieblichen Kosten,
- grundsätzlich nicht die Gesamtheit aller Variablen erfaßt werden kann und nur ein Ausschnitt der tatsächlich vorhandenen Abhängigkeiten und Wechselwirkungen zwischen den verschiedenen Konstellationen aufzeigbar ist.

Da im Rahmen dieser Einschränkungen auch die vorliegende Untersuchung zu sehen ist, kann das Ziel dieser Arbeit nicht darin bestehen, das Problem der Ursache-Wirkungs-Beziehung umfassend zu lösen. Vielmehr orientiert sich die empirische Untersuchung in Teil 4 an einem konzeptionellen Untersuchungsrahmen, der in diesem Kapitel erarbeitet werden soll. Ausgehend von der Erkenntnis, daß in den letzten Jahren sowohl exogene Einflüsse als auch interne Rationalisierungsbemühungen der Unternehmen auf die Kostenstrukturen einwirkten[65], wird versucht, eine Gliederung der möglichen kostenstrukturbestimmenden Einflußgrößen in unternehmensexterne und unternehmensinterne Determinanten vorzunehmen. Während die unternehmensinternen Einflußfaktoren durch das Unternehmen beeinflußbar sind, liegen die unternehmensexternen Determinanten im Umfeld des Unternehmens und entziehen sich im wesentlichen dem unternehmerischen Entscheidungseinfluß.

---

[63] Vgl. L. Haberstock, 1984, S. 49 f.; W. Kilger, 1988, S. 135 ff.

[64] Vgl. L. Haberstock, 1984, S. 50 f.

[65] Vgl. Deutsche Bundesbank, Monatsbericht November 1994, S. 23.

2.1. Unternehmensinterne Einflußgrößen der Kostenstrukturentwicklung

Industrielle Unternehmen stehen einer sich stark wandelnden Umwelt gegenüber, die durch zunehmende Dynamik[66] und Komplexität[67] einerseits und sinkende Nachfrage auf vielen Märkten andererseits gekennzeichnet ist. Bereits Anfang der 80er Jahre setzte eine bis heute andauernde Diskussion darüber ein, wie die Unternehmen auf diesen zunehmenden Wettbewerbsdruck reagieren können. Vor diesem Hintergrund wurde eine Vielzahl "neuer Produktionstechnologien" in die Unternehmen eingeführt, die trotz unterschiedlicher Ansatzpunkte alle auf eine möglichst hohe Effizienz der unternehmerischen Ressourcen abzielen. Die folgenden Ausführungen zeigen auf, um welche Technologien es sich im einzelnen handelt und welche Auswirkungen sich für die Entwicklung der Kostenstrukturen ableiten lassen. Dabei ist jedoch zu beachten, daß die Determinanten nicht isoliert betrachtet werden können, sondern auch von den zuvor beschriebenen externen Kontextvariablen abhängig sind[68]. So können die externen Einflußfaktoren oftmals als Ursache oder Auslöser für die Entwicklung und Realisierung von neuen Produktionstechnologien angesehen werden. Im einzelnen wird in diesem Abschnitt bei der Diskussion der unternehmensinternen Einflußgrößen wie folgt vorgegangen:

Zunächst wird im Unterpunkt 2.1.1. erörtert, welche Entwicklungen und Konzepte in der betrieblichen Praxis als Reaktion auf diese exogenen Einflüsse Anwendung gefunden haben. Anschließend wird der Frage nachgegangen, welche Veränderungen sich daraus im Leistungssystem und Führungssystem eines Unternehmens ergeben können und welche möglichen Auswirkungen sich daraus im Hinblick auf die innerbetrieblichen Kostenstrukturen ableiten lassen (Unterpunkt 2.1.2.).

---

[66] Vgl. K.-H. Kaske, 5/1989, S. 347-357; P. Betge, 1988; P. Gomez, G. Probst, 5/1989, S. 10-15.

[67] Das Ausmaß der Komplexität resultiert aus der Zahl der externen Faktoren, deren Verschiedenheit und deren Verteilung in unterschiedliche Segmente. Vgl. D. Dörner, 1987, S. 20; P. Gaydoul, 1980, S. 35.

[68] Externe Einflußfaktoren sind als Ursache oder Auslöser für die Entwicklung und Realisierung von neuen Produktionstechnologien anzusehen. Die Realisierung von Prozeßinnovationen ist wiederum als Ursache und Auslöser von Veränderungen in den Führungs- und Leistungssystemen (und damit auch in der Kostenstruktur) anzusehen.

2.1.1. Darstellung der neuen Produktionstechnologien

Die Bezeichnung "Produktionstechnologie" kennzeichnet alle Verfahren, Mittel und Methoden zur wirtschaftlichen Erstellung von Produkten, wobei das Attribut "neu" auf den Innovationsgrad der in den Unternehmen realisierten Konzepte hinweist. Die Bezeichnung "neue Produktionstechnologien" kann sich dabei sowohl auf Modifikationen der im Unternehmen bereits eingesetzten Technologien als auch erstmalig im Unternehmen bzw. am Markt eingeführter Konzepte beziehen[69]. Unter dem Schlagwort "Lean Production"[70] werden alle neuen Produktionstechnologien zusammengefaßt, die dazu beitragen, die betrieblichen Leistungen möglichst flexibel und kundenorientiert zu erstellen und gleichzeitig durch hohe Produktivität den Einsatz der Ressourcen zu minimieren[71]. Im einzelnen lassen sich in der Anwendung neuer Produktionstechnologien drei Entwicklungslinien voneinander unterscheiden, die die wichtigsten Funktionen eines Unternehmens berücksichtigen[72].

Die rasch voranschreitende Computertechnologie führte bei vielen Unternehmen zur Implementierung von computerintegrierten Produktionssystemen (CIM-System) im Produktionsbereich, die eine wesentlich flexiblere Fertigung ermöglichen. Die mit diesen Produktionssystemen herstellbare Vielzahl verschiedener Produktvarianten und -mengen stellen allerdings auch entsprechend höhere Anforderungen an die Steuerung des Materialflusses in den Unternehmen. Zur optimalen Synchronisierung der innerbetrieblichen Prozesse wurden daher im Logistikbereich sogenannte Just-in-time-Konzepte (Jit) entwickelt, die zu einer Minimierung der Bestände und der damit verbundenen Kosten beitragen sollen[73]. Eine bestmögliche flexible und zugleich kundenorientierte Erstellung der betrieblichen Leistungen ist allerdings nur bei einem erfolgreichen und umfassenden Qualitätsmanagement (Total Quality Management (TQM)) möglich, denn jedes defekte Teil kann den

---

[69] Vgl. H. Wildemann, 1986c, S. 8 f.

[70] Vgl. zum Konzept der "Lean Production" ausführlich: J.P. Womack, D.T. Jones, D. Roos, 1990, S. 48 ff.; R. Burkhardt, H. Sieger, 1991, S. 20 ff.; S. Schlote, R. Kowalewsky, 1991, S. 52 ff; H. Corsten, T. Will, 1993, S. 13-46.

[71] Vgl. B. Eidenmüller, 1991, S. 261.

[72] Vgl. z.B. T.M. Fischer, 1992, S. 93 ff.; O. Waldmann, 1990, S. 24 f.

[73] Vgl. z.B. R.D. Mcilhattan, 1987, S. 23.

Produktionsfluß beeinträchtigen, wenn alle Stationen in der Wertschöpfungskette mit minimierten Zwischenbeständen ablaufen[74].

Nach den einführenden begrifflichen Erläuterungen werden im folgenden jeweils die wichtigsten Aspekte der drei angesprochenen Konzepte "CIM", "Jit" und "TQM" erläutert
und aufgezeigt.

2.1.1.1. Das Konzept der computerintegrierten Fertigung (CIM)

Das Konzept der computerintegrierten Fertigung zielt darauf ab, durch die gemeinsame, bereichsübergreifende Nutzung einer Datenbasis, die Entwicklungs-, Planungs- und Fertigungsprozesse in einem Unternehmen zu verknüpfen[75]. Dadurch soll die schnellere Erstellung eines Produktes von der Idee und Konstruktion über die Planung bis hin zur Fertigung und Montage erreicht werden. An den Einsatz von CIM-Konzepten wird das Ziel geknüpft, daß nun auch in Großbetrieben der - früher nur kleineren Betrieben vorbehaltene - Vorteil einer hohen Flexibilität in der Leistungserstellung erreicht werden kann.

Der Begriff der Integration steht im Mittelpunkt bei der Realisierung von CIM-Systemen. So soll ausgehend von der Produktentwicklung über die Arbeitsvorbereitung, die Produktionsplanung und -steuerung, die Fertigung, die Betriebsdatenerfassung und über die Qualitätssicherung eine durchgehende Vorgangskette geschaffen werden.

Die Voraussetzung für die erfolgreiche Einführung von CIM-Konzeptionen ist zum einen die Integration aller relevanter Daten im Unternehmen. Durch die Datenintegration sollen die Informationen, die an einer Stelle der Ablaufkette anfallen, sofort auch an alle anderen Stellen übermittelt werden. Durch die Reduzierung der Informationsübertragungszeiten werden die innerbetrieblichen Abläufe beschleunigt. Neben der Datenintegration ist auch eine Funktionsintegration erforderlich (Zusammenfassen von Teilarbeitsschritten in der Sachbearbeitung). Die Funktionsintegration soll bewirken, daß Teilfunktionen innerhalb einer Ablaufkette wieder stärker reintegriert

[74] Vgl. J.Y. Lee, 1987, S. 28.

[75] Vgl. hierzu die Empfehlung des Ausschuß für wirtschaftliche Fertigung AWF, 1985, S. 10.

werden und somit die teilweise überzogene Arbeitsteilung in den Unternehmen wieder rückgängig gemacht werden kann.

Die Ziele, die durch ein solches Integrationskonzept erreicht werden sollen, bestehen in der Verkürzung von Durchlaufzeiten, Reduzierung der Kapitalbindung durch niedrigere Lager- und Umlaufbestände, Erlangung höherer Qualität durch Vermeidung von Ausschuß und Nacharbeit, schnellerem Reagieren auf Marktveränderungen und insgesamt eine Verbesserung der internen Flexibilität.

Da CIM in der Literatur als Sammelbegriff nicht einheitlich abgegrenzt wird, erscheint eine kurze Darstellung der einzelnen CIM-Komponenten zum besseren Verständnis der später dargestellten Auswirkungen auf die innerbetrieblichen Kostenstrukturen angebracht. Aus der Vielzahl vorhandener CIM-Komponenten werden entsprechend der arbeitsteiligen Gliederung der Unternehmensfunktionen die Bausteine CAD (Produktentwicklung), CAP (Arbeitsvorbereitung), CAM (Fertigung), CAQ (Qualitätssicherung) und PPS (Produktionsplanung und -steuerung) herausgegriffen und erläutert[76].

2.1.1.1.1. Computer Aided Design (CAD)

Für das rechnerunterstützte Konstruieren hat sich der Begriff des Computer Aided Design (CAD) durchgesetzt. Nach dem Ausschuß für wirtschaftliche Fertigung (AWF) steht CAD als Sammelbegriff für alle Aktivitäten, bei denen die EDV direkt oder indirekt im Rahmen von Entwicklungs- und Konstruktionstätigkeiten eingesetzt wird[77]. Dies bezieht sich primär auf den Entwurf von Zeichnungen und Modellen.

Darüber hinaus wird auch die Erstellung und Dokumentation der hierzu erforderlichen Software einbezogen. Kann beispielsweise auf eine CAD-Bibliothek zurückgegriffen werden, in der Wiederholteile und wiederverwendbare Baugruppen gespeichert sind, bringt der CAD-Einsatz Vorteile,

---

[76] Vgl. hierzu u.a.: U.W. Geitner, 1987; A.-W. Scheer, 1987; M. Mesina, W. Bartz, E. Wippler, 1990; H. Glaser, W. Geiger, V. Rohde, 1991, I. Bey, 1990; K.-W. Jäger, 1990.

[77] Vgl. Im interaktiven Dialog zwischen Konstrukteur und Rechner ermöglichen CAD-Systeme Konstruktions- und Entwicklungstätigkeiten und unterstützen zudem technische Berechnungen und das Erstellen von Zeichnungen. Vgl. H.-P. Vogt, 1985, S. 653 ff.

da der Zeichnungsaufwand in der Detaillierungsphase reduziert werden kann. Insgesamt lassen sich durch den Einsatz von CAD-Systemen die Einführungszeiten neuer Erzeugnisse verringern, die Qualität der Erzeugnisse verbessern, die Herstellkosten reduzieren und schließlich die Produktionsflexibilität erhöhen[78].

2.1.1.1.2. Computer Aided Planning (CAP)

Computer Aided Planning (CAP) gründet unmittelbar auf den Ergebnissen der Konstruktion. CAP dient vor allem der Planung und Erstellung von Anweisungen für die Teilefertigung und Montage. Dazu gehören die rechnerunterstützte Planung der Arbeitsvorgänge und Arbeitsgangfolgen, die Auswahl von Verfahren und Betriebsmitteln sowie das Erstellen der zugehörigen Steuerprogrammen[79].

Durch den Einsatz von CAP-Systemen in der Arbeitsplanung wird einerseits versucht, die benötigten Planungszeiten zu verkürzen, andererseits die Planungsergebnisse zu verbessern. Dadurch lassen sich auch die Planungskosten reduzieren[80]. Da ein Großteil der Tätigkeiten der Arbeitsplanung aus Routinearbeiten besteht, bietet sich der Einsatz von CAP-Systemen besonders in den Unternehmen an.

2.1.1.1.3. Computer Aided Manufacturing (CAM)

Computer Aided Manufacturing (CAM) bezeichnet die rechnergestützte Steuerung und Überwachung der Betriebsmittel bei der Herstellung der Objekte im Fertigungsprozeß[81]. CAM beinhaltet die Teilefertigung sowie die Endmontage der Produkte und erlaubt gleichzeitig, Materialien und Fertigungshilfen zu transportieren und zu lagern. Neben den rechnergestützten Steuerungen für Werkstück- und Werkzeughandhabungssysteme

---

[78] Vgl. M. Steudel, 1988, S. 252; R. Anselstetter, 1984, S. 88; K. Pasemann, 1987, S. 72; E. Hettesheimer, 1988, S. 241-246.

[79] Vgl. AWF-Empfehlung, 1985, S. 5; P. Helberg, 1987, S. 14.

[80] Vgl. Th. Baberg, 1980, S. 136; K.-H. Zons, 1983, S. 2 ff.

[81] Vgl. AWF-Empfehlung, 1985, S. 6.

(Bearbeitungssystem) umfaßt CAM auch die zugehörigen Transport- und Lagereinrichtungen (Materialflußsystem) sowie die erforderlichen Computeranlagen (Informationssystem)[82].

Zur Automatisierung von Handhabungsaufgaben wurden frei programmierbare Roboter entwickelt, die Fertigungsaufgaben übernehmen können. So werden im Gegensatz zu den mechanisch-automatisierten Arbeitsmaschinen die zur Bearbeitung eines Werkstücks benötigten Daten (z.B. Abmessung, Drehzahl etc.) durch Computerprogramme vorgegeben. Durch die freie Programmierbarkeit erlauben sie sowohl flexible Handhabungsvorgänge als auch eine flexiblere Materialflußsteuerung. Aus diesem Grund werden Handhabungs- und Transportfunktion miteinander verbunden, so daß manuelle Tätigkeiten stark reduziert werden können[83].

2.1.1.1.4. Computer Aided Quality Assurance (CAQ)

Computer Aided Quality Assurance (CAQ) bezeichnet die computerunterstützte Planung und Durchführung der Qualitätssicherung. Hierunter wird sowohl das Erstellen von Prüfplänen und -programmen als auch die Durchführung rechnerunterstützter Meß- und Prüfverfahren zur Überwachung der festgelegten Prüfmerkmale verstanden[84].

Die Zunahme der Komplexität der Produkte sowie die steigenden qualitativen Ansprüche der Kunden haben in den letzten Jahren zu einem größeren Prüfaufwand in den Unternehmen geführt. Hinzu kommt die Erkenntnis, daß Kosten der Qualitätssicherung einen wichtigen Kontextfaktor darstellen[85]. Daher sprechen sowohl technische[86] als auch rechtliche[87] Gründe für einen

---

[82] Vgl. M. Steven, 1989, S. 1031; G. Zäpfel, 1989, S. 172 f.

[83] Vgl. G. Zäpfel, 1982, S. 173 ff.

[84] Vgl. AWF-Empfehlung, 1985, S. 7.

[85] Für Wildemann betragen die Qualitätskosten bis zu 25% der Herstellkosten. Vgl. H. Wildemann, 1984, S. 6.

[86] Die hohe Anzahl an (komplexen) Prüfvorgängen kann oftmals ohne Rechnereinsatz nicht mehr durchgeführt werden. Vgl. H. Wildemann, 1984, S. 8; M. Preising, 1985, S. 307 ff.

[87] Dies gilt insbesondere vor dem Hintergrund des seit dem 1.1.1990 in Deutschland geltenden Produkthaftungsgesetzes, das den Haftungsrahmen des Herstellers eines

Bedeutungszuwachs der Qualitätssicherung im Rahmen von CIM-Konzepten.

2.1.1.1.5. Produktionsplanung- und steuerung (PPS)

Ziel und Aufgabe der Produktionsprogrammplanung (PPS) ist die mengen-, termin- und kapazitätsgerechte Planung, Steuerung und Überwachung der Produktionsabläufe. Ein PPS-System enthält verschiedene rechnerunterstützte Teilsysteme, die jeweils die Teilfunktionen Produktionsprogrammplanung, Mengenplanung und Termin- und Kapazitätsplanung sowie Auftragsveranlassung und Auftragsüberwachung unterstützen sollen[88].

Grundlage der Produktionsplanung und -steuerung ist das durch Kundenaufträge festgelegte Produktionsprogramm, das den Primärbedarf für die Planungsperiode vorgibt[89]. Im Rahmen der Produktionsplanung und -steuerung wird dieser Bedarf mit den vorhandenen Materialbeständen und den zusätzlich zur Produktion erforderlichen Ressourcen wie z.B. Maschinen-, Werkzeug- und Personalkapazitäten abgestimmt[90]. Nach Abgleich dieser Daten läßt sich der zu beschaffende Nettobedarf ermitteln. Um die fristgerechte Bearbeitung der Aufträge zu gewährleisten, werden die Fertigungsaufträge zur Festlegung der erforderlichen Starttermine an die Termin- und Kapazitätsplanung weitergegeben[91].

Durch den Einsatz von Datenbanksystemen zur Speicherung der Ausgangsdaten und von Programmen zur Bedarfsermittlung ist durch die Produktionsplanung und -steuerung ein hoher Integrationsgrad erreichbar. Da auch nachfolgende Funktionen auf die Daten zurückgreifen können, kann PPS als eines der wichtigsten CIM-Bausteine aufgefaßt werden[92].

Produktes wesentlich erweitert hat. Vgl. Gesetz über die Haftung für fehlerhafte Produkte: abgedruckt im Bundesgesetzblatt, Jahrgang 1989, Teil I, S. 2198-2200.

[88] Vgl. AWF-Empfehlung, 1985, S. 8. Eine umfassende Darstellung der Grundlagen, Konzepte sowie praktische Anwendung von PPS-Konzepten bietet: H. Glaser, W. Geiger, V. Rohde, 1991.

[89] Vgl. K. Daube, 1993, S. 55.

[90] Vgl. R. Schultz-Wild, C. Nuber, F. Rehberg, K. Schmierl, 1989, S. 115.

[91] Vgl. D. Hahn, 1989, S. 7.

[92] Vgl. P. Helberg, 1987, S. 5.

Durch die Berücksichtigung all dieser Bausteine verschiebt sich der Schwerpunkt von CIM-Systemen von der Produktion, die eigentlich im Mittelpunkt von CIM-Konzepten steht, hin auf die übrigen Funktionen des Unternehmens. Das umfassende CIM-Konzept[93] beinhaltet neben den informatorischen Prozessen auch den Materialfluß im Unternehmen. Dies ist vor dem Hintergrund zu sehen, daß neben dem Produktionsbereich besonders die Leistungsfähigkeit des Logistikbereiches als ein entscheidender Wettbewerbsfaktor zu sehen ist[94]. Zur Verbesserung der logistischen Funktionen wurden daher in vielen Unternehmen sogenannte Just-in-time-Konzepte entwickelt, die zu einer Minimierung der Bestände und der daraus resultierenden Kosten (Disponieren, Lagern, Rüsten) beitragen sollen.

Abb.5: Zusammenhang zwischen CIM- und Jit-Konzepten

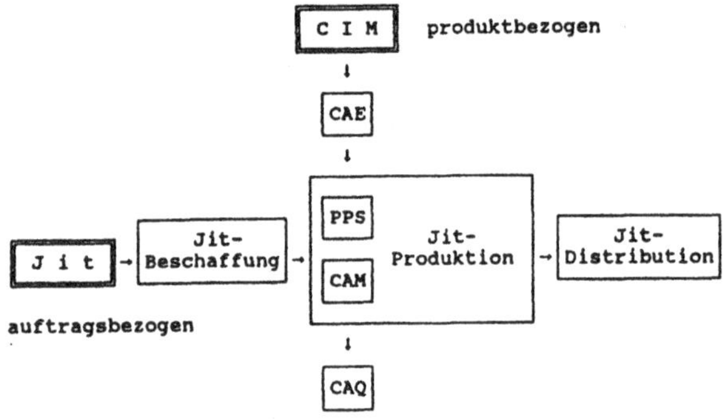

Quelle: VDI-Gemeinschaftsausschuß CIM, 1991, S. 9

Sowohl die Implementierung des (produktbezogenen) CIM-Systems als auch die Einführung des (auftragsbezogenen) Jit-Konzeptes versuchen die Realisierung der wichtigen Schlüsselfaktoren Schnelligkeit, Qualität und Flexibilität zu gewährleisten und damit zur Sicherung nachhaltiger unternehmerischer Erfolge im Wettbewerb beizutragen. Die in der Literatur unter dem Sammelbegriff "Just-in-time (Jit)"-Konzepte diskutierten Ansätze zur Gestaltung des Materialflusses sind Inhalt des folgenden Abschnitts.

---

93 Vgl. zum Beispiel den Überblick bei A.W. Scheer, 1990.

94 Vgl. J. Rose, G. Sharman, 1989, S. 29; H. Schäfter, 1988, S. 645 f.

2.1.1.2. Just-in-time (Jit)-Konzepte

Die "Just-in-time (Jit)"-Philosophie bezieht sich in der Regel nicht nur auf den inneren Bereich eines Unternehmens, sondern umfaßt die gesamte Unternehmenslogistik entlang der "logistischen Kette", die sich vom Zulieferer bis zum Endabnehmer erstreckt[95]. Im Mittelpunkt stehen dabei Dienstleistungsprozesse, die versuchen, Rohmaterialien, Teile, Komponenten und Produkte erst dann bereitzustellen, zu fertigen, zu montieren und zu transportieren, wenn sie von einer intern oder extern nachfragenden Leistungseinheit angefordert werden[96].

Zur Optimierung der logistischen Kette wurde in den letzten Jahren eine große Anzahl unterschiedlicher Konzepte entwickelt und in der betrieblichen Praxis eingesetzt. Stellvertretend seien an dieser Stelle Begriffe wie "Kanban", "Fertigungssegmentierung" und "Synchronfertigung" genannt. Im folgenden werden die verschiedenen betrieblichen Anwendungsbereiche des Jit-Konzeptes vorgestellt, wobei auf die drei Anwendungsbereiche Jit-Beschaffung, Jit-Produktion und Jit-Distribution eingegangen wird[97]. Diese Vorgehensweise bietet sich an, da auf diese Weise die verschiedenen Konzepte und Methoden zu Optimierung der logistischen Kette von der Beschaffung bis zur Distribution anschaulich systematisiert und erläutert werden können.

2.1.1.2.1. Jit-Beschaffung

Die Jit-Beschaffung von Teilen und Komponenten erfolgt produktions- bzw. montagesynchron und zielt darauf ab, den Teilefluß innerhalb des Beschaffungssystems zu koordinieren und die Bereitstellung der notwendigen Teile exakt zum Zeitpunkt ihrer Verwendung im nachfragenden Unternehmen am richtigen Arbeitsplatz zur Verfügung zu stellen[98]. Als Leitmotiv der Jit-Beschaffungsstrategie läßt sich die Vermeidung von Zwischenlagerhaltung und die daraus resultierende Kapitalbindung bezeichnen. Für den Ablauf der Jit-

---

[95] Vgl. H. Wildemann, 1988, S. 3.

[96] Vgl. K.J. Schmidt, 1988a, S. 4.

[97] Diese Vorgehensweise entspricht dem Jit-Konzept von Schmidt. Vgl. K.-J. Schmidt, 1989, S. 23.

[98] Vgl. A. Ansari, B. Modarress, 1990, S. 28; H. Wildemann, 1986a, S. 44.

Beschaffung müssen allerdings verschiedene Voraussetzungen erfüllt sein, die im folgenden kurz erläutert werden[99]:

- Die Bestellvorgänge sollten weitgehend standardisiert und rationalisiert ablaufen. Dies ist im allgemeinen nur durch ein übergreifendes logistisches Gesamtkonzept mit entsprechender datentechnischer Verknüpfung von Zulieferer, Spediteur und Produzenten zu erreichen. Wegen der großen Anzahl an Bestell- und Liefervorgängen könnten sonst die Kosten der Jit-Beschaffung über den möglichen Einsparungen in der Lagerhaltung liegen.

- Der Zulieferer muß zur regelmäßigen Durchführung von Jit-Teillieferungen in der Lage sein. Oftmals zwingt die Realisation produktionssynchroner Beschaffung den Zulieferer zu einschneidenden Veränderungen ihrer Produkionsprozesse und Auftragsabwicklungen. So kann der Anpassungsdruck auf die Lieferanten die Verlagerung der Produktion oder den Aufbau eines Zwischenlagers in unmittelbarer Nähe des Herstellers erforderlich machen[100].

- Die Jit-Zulieferungen müssen in hoher Qualität erfolgen, um Stockungen bzw. Stillstände im Produktionsfluß zu vermeiden. Aus diesem Grund obliegt dem Lieferanten häufig die Prüfung der zu liefernden Materialien und Teile.

- Die produktionssynchrone Beschaffung bietet sich besonders bei großvolumigen und kostenintensiven Teilen an, deren Lagerung zu hoher Kapitalbindung führt, sowie bei Teilen, an die hohe qualitative Anforderungen gestellt werden. Hier kann der erforderliche Zusatzaufwand einer Jit-Beschaffung am leichtesten durch eingesparte Kapitalbindungskosten ausgeglichen werden.

Neben den Vorteilen durch die Jit-Beschaffung (geringere Materialbestände, geringerer Raumbedarf und geringere Investitionen im Lagerbereich für den Abnehmer) können sich die Unternehmen zusätzliche Rationalisierungspotentiale aus der Optimierung des innerbetrieblichen Produktionsflusses erschließen. Diese Zielsetzung verfolgen die verschiedenen Konzepte der Jit-Produktion, die im folgenden Abschnitt systematisiert und inhaltlich abgegrenzt werden.

---

[99] Vgl. G. Fandel, P. François, 1989, S. 538 ff.; H. Wildemann, 1988, S. 22 ff.

[100] Beispiele für die geographische Nähe der Zulieferbetriebe von japanischen Automobilherstellern finden sich bei S. Höhn, 1982, S. 56 f.

2.1.1.2.2. Jit-Produktion

Die weiter oben vorgestellte Definition des Jit-Konzeptes zielt auf die "Produktion der kleinstmöglichen Menge zum spätmöglichsten Zeitpunkt"[101]. Für die Realisierung einer solchen "Produktion auf Abruf"[102] werden im folgenden zwei Konzepte beispielhaft vorgestellt und diskutiert: Kanban und Fertigungssegmentierung.

2.1.1.2.2.1. Kanban

Das vom japanischen Unternehmen Toyota entwickelte Kanban-Konzept dient zur Planung und Steuerung des Materialflusses in der Produktion. Der Leitgedanke dieses Systems besteht darin, daß die Lieferung des Materials nicht auf dem "Bringprinzip" aufbaut, sondern auf einer Holpflicht beruht: das benötigte Material wird von der verbrauchenden Stelle bei der vorgelagerten Stufe abgeholt bzw. der Auftrag an das Transportsystem zur Abholung wird selbständig mit sogenannten Kanbans (japanisch: Karte) erteilt. Durch die Holpflicht kann keine Wartezeit mehr vor dem Fertigungssystem entstehen; allerdings ist zur Vermeidung etwaiger Lieferengpässe ein minimales Zwischenlager (Pufferlager) erforderlich. Somit bestimmt in einem Kanban-System nicht mehr der für eine bestimmte Periode vorab prognostizierte Teilebedarf den Umfang der Produktion, sondern der tatsächlich eingetretene Teileverbrauch[103].

Der wesentliche Unterschied zwischen einer zentralen Produktionssteuerung und einer verbrauchsorientierten Produktionssteuerung nach dem Kanban-Prinzip besteht darin, daß die Produktionssteuerung bei letzterem Konzept aus einem System selbständiger, miteinander vernetzter Regelkreise besteht[104]. In der Praxis erhält ein Produktionssystem den Anstoß zur Fertigung durch einen Kundenauftrag[105]. Die dafür erforderlichen Fertigteile

---

[101] Vgl. H. Wildemann, 1989a, S.152.

[102] Vgl. E. Soom, 1986a, S. 362.

[103] Vgl. R. Lackes, 1990, S. 23.

[104] Vgl. H. Wildemann, 1983, S. 583.

[105] Vgl. zur praktischen Funktionsweise des Kanban-Konzeptes im einzelnen: J. Burbidge, 1982; Y. Monden, H. Wildemann, 1984.

werden mittels einer Transportkarte vom vorgelagerten Lagersystem abgerufen und zum Fertigungssystem geliefert. Das Produktionssystem verschafft sich die zur Herstellung benötigten Teile (Rohmaterialien etc.) gleichfalls mittels Transportkarte von dem ihm vorgelagerten Lagersystem. Da die Kanban-Produktionssteuerung nur noch auf die letzte Stufe der logistischen Kette zugreift und sich die übrigen Kettenmitglieder gegenseitig verbrauchsorientiert regulieren, läßt sich eine deutliche Reduzierung des Planungs- und Steuerungsaufwands sowie der Werkstattbestände erzielen[106].

Der erfolgreiche Einsatz des Kanban-Konzeptes ist jedoch an bestimmte Voraussetzungen gebunden[107]: Als Grundvoraussetzungen für die Realisierung einer Kanban-Steuerung gelten eine ablauforientierte Betriebsmittelanordnung (Prozeßfolge), zur Vermeidung von Prioritätskonflikten eine auf Sortenfertigung ausgerichtete Produktion sowie ein hohes Flexibilitätspotential beim Personaleinsatz. Darüber hinaus sollte der Auftragseingang für Endprodukte relativ konstant sein, da bei starken Nachfrageschwankungen die Kapazität der Regelkreise nur schlecht aufeinander abgestimmt werden kann. Zudem erfordert das Erreichen einer hohen Wirtschaftlichkeit eine weitgehende Standardisierung der Bauteile und Zwischenprodukte, so daß nur selten benötigte sowie großvolumige und sperrige Materialien nicht in die Kanban-Steuerung einbezogen werden.

Insbesondere die letzten beiden Anwendungsvoraussetzungen deuten an, daß das Kanban-Konzept nicht für jedes Unternehmen geeignet ist[108]. Voraussetzung ist eine zeitlich konstante Verbrauchsstruktur, so daß täglich ein weitgehend identischer Produktionsprozeß ablaufen kann[109]. Das Kanban-System ist deshalb vor allem für die Massen- und Großserienfertigung geeignet. Falls diese Form des Produktionsprozesses nicht vorliegt, bieten sich flexiblere Produktionsstrukturen wie die sogenannte Fertigungssegmentierung an. Auf die damit verbundenen Aspekte geht der folgende Punkt ein.

---

[106] Vgl. F. Rass, 1989, S. 80; H. Wildemann, 1983, S. 584.

[107] Vgl. K.P. Kistner, M. Steven, 1991, S. 16; R. Lackes, 1990, S. 24 f.; Ch.J. Mc Millan, 1985, S. 214 ff.; H. Wildemann, 1983, S. 583 f.

[108] Vgl. K.-P. Kistner, M. Steven, 1991, S. 16.

[109] Vgl. J.R. Koffler, 1987, S. 190.

2.1.1.2.2.2. Fertigungssegmentierung

Durch Fertigungssegmentierung wird versucht, die Kosten- und Produktivitätsvorteile der Fließfertigung mit der hohen Flexibilität der Werkstattfertigung zu verbinden. Das Ziel ist eine weitgehende Entflechtung der Kapazitäten, die durch die Einrichtung relativ einfacher, aber im Verbund arbeitender Produktionseinheiten angestrebt wird. Das Konzept der Fertigungssegmentierung verlangt somit eine Reorganisation der Produktionsstrukturen. Für die Fertigung von kompletten Baugruppen bzw. Teilen werden kleine Fertigungseinheiten gebildet, in denen die einzelnen Fertigungsschritte weitgehend selbständig ablaufen[110].

Fertigungssegmente lassen sich somit als produktorientierte Organisationseinheiten im Unternehmen zusammenfassen, die mehrere Stufen der logistischen Kette eines Produktes umfassen und mit denen eine spezifische Wettbewerbsstrategie verfolgt wird[111]. Die für die Realisierung präzise definierter Ziele verantwortliche, eigenständige Einheit integriert planende und indirekte Funktionen und kann quasi als "Unternehmen im Unternehmen" geführt werden[112]. Fertigungssegmente zeichnen sich durch ein hohes Maß an Flexibilität und Zuverlässigkeit aus, wobei höchste Qualität oder kurze Durchlaufzeiten im Vordergrund stehen.

Fertigungssegmente umfassen stets mehrere Stufen der logistischen Kette eines Produktes. Da dieses auch die Integration sämtlicher unternehmensinterner Wertschöpfungsstufen bedeuten kann, ergibt sich für jeden Standort eine relativ hohe Fertigungstiefe. In Fertigungssegmenten wird angestrebt, nicht nur ausführende, sondern auch planende und kontrollierende Tätigkeiten auf die Mitarbeiter zu übertragen. Durch die Übertragung dieser indirekten Funktionen soll das Kostenbewußtsein und die Motivation der Mitarbeiter gesteigert werden und insgesamt ein möglichst hoher Autonomiegrad erreicht werden. Mit der prozeßorientierten Gestaltung der Segmente wird eine Verbesserung des Material- und Informationsflusses und die Verkürzung der Durchlaufzeiten erreicht. Allerdings kann die Auftragsabwicklung nur dann reibungslos vonstatten gehen, wenn die Systeme der Planung, Steuerung und Überwachung vorher harmonisiert wurden.

---

[110] Vgl. B. Eidenmüller, 1991, S. 112.

[111] Vgl. H. Wildemann, 1992a, S. 66.

[112] Vgl. H. Wildemann, 1988a, S. 54 ff.

Als wesentliches Gestaltungsprinzip der Fertigungssegmentierung gilt, daß durch die Zusammenfassung unterschiedlicher Betriebsmittel eine vollständige Bearbeitung von Teilen und Baugruppen bei gleichzeitiger Flußoptimierung angestrebt wird, da diese bei hinreichender Kapazitätsauslastung die kostengünstigste Form der Fertigungsorganisation darstellt[113]. Durch die Reduzierung der Übergangszeiten werden die Durchlaufzeiten minimiert, die Bestände gesenkt, und es entstehen geringere Aufwendungen für die Koordination der Abläufe. Gleichzeitig erfordert diese Art der Organisation auch eine spezielle Abstimmung mit den im Unternehmen vorhandenen Systeme der Produktionsplanung und -steuerung, die als Bestandteile von CIM-Systemen bereits in Gliederungspunkt 2.1.1.1.5. erläutert wurden.

Zur Ergänzung der Ausführungen zu den Jit-Konzepten werden im folgenden Abschnitt noch einige Merkmale der Jit-Distribution vorgestellt und erläutert. Wie bei den vorstehenden Ausführungen wird auch hier unterstellt, daß eine getrennte Optimierung der Jit-Funktionen in Beschaffung, Produktion und Distribution in der betrieblichen Praxis überhaupt möglich ist.

2.1.1.2.3. Jit-Distribution

Für die Jit-Distribution gelten die zur Jit-Beschaffung gemachten Ausführungen mit umgekehrten Vorzeichen. Der Produzent wird jetzt (Zu-)Lieferant, und der Kunde ist in der Rolle des Abnehmers[114]. Im einzelnen läßt sich Jit-Distribution durch folgende Merkmale beschreiben[115]:

- Der Kundenbedarf muß direkt in Versand- und Transportaufträge umgesetzt werden.
- Die unverzügliche Auslieferung erfordert, daß die externen Transportwege optimiert werden. Dazu sind weitreichende betriebliche Entscheidungen zu treffen hinsichtlich zentraler oder dezentraler Lagerung, Nutzung von Eigen- und/oder Fremdlägern sowie der Inanspruchnahme eigener oder fremder Speditionsdienste.

---

[113] Vgl. zu den verschiedenen Gestaltungsprinzipien der Fertigungssegmentierung H. Wildemann, 1992a , S. 294 ff.

[114] Schmidt erfaßt daher Jit-Beschaffung und Jit-Distribution unter dem gemeinsamen Oberbegriff "Just-in-time-Anlieferung". Vgl. K.-J. Schmidt, 1988a, S. 5.

[115] Vgl. K.-J. Schmidt, 1989, S. 22 f.

- Eine hohe Lieferfähigkeit beruht vor allem auf kurzen internen Informationsdurchlaufzeiten. Um diese zu erreichen sollten möglichst fest installierte Kommunikationsverbindungen zu den Vertragspartnern bestehen.

Eine erfolgreiche Umsetzung des Jit-Gedankens d.h. die Aufrechterhaltung eines kontinuierlichen Material-, Waren- und Informationsflusses in Beschaffung, Produktion und Absatz erfordert erhebliche Integrationsbemühungen in der gesamten logistischen Kette der Unternehmen[116]. Der Erfolg des Jit-Konzeptes ist in erster Linie davon abhängig, daß alle daran beteiligten Stellen über eine hohe Lieferzuverlässigkeit verfügen. Dabei kommt den Maßnahmen des innerbetrieblichen Qualitätsmanagements ein besonderer Stellenwert zu, da sich aufgrund mangelnder Qualität unmittelbare Produktionsstillstände ergeben können[117]. Die folgenden Ausführungen stellen im Überblick wichtige Konzepte und Maßnahmen des betrieblichen Qualitätsmanagements vor, die in den Unternehmen Anwendung gefunden haben.

2.1.1.3. **Qualitätsmanagement**

Seit den fünfziger Jahren sind verschiedene Konzeptionen des Qualitätsmanagements entstanden, die mit unterschiedlichen Ansatzpunkten versuchen, die erforderliche Qualität der betrieblichen Abläufe und Produkte sowie deren Umweltverträglichkeit zu gewährleisten[118]. Dabei führten die Entwicklungslinien von einer einfachen Qualitätskontrolle über eine Qualitätssicherung bis hin zur umfassendsten Qualitätskonzeption, dem Total Quality Management-System[119].

Die klassische Qualitätssicherung beschränkte sich weitgehend auf die Produktionsphase der Produkte. Basis war eine intensive Prüfung auf allen Stationen der Produktion, wobei der Schwerpunkt auf der Weiterentwicklung statistischer Prüfmethoden lag. Herstellfunktion und Prüffunktion

---

[116] Vgl. zu den Strukturveränderungen in der logistischen Kette durch Just-in-time: H. Wildemann, 1991, S. 419.

[117] Vgl. G. Fandel, P. François, 1989, S. 536; R. Silva, 1988, S. 3 f.

[118] Vgl. W. H. Engelhardt, P. Schütz, 1991, S. 396 f.

[119] Vgl. F. Haist, H.J. Fromm, 1989, S. 11.

wurden organisatorisch getrennt, wobei man letztere dem - unabhängigen - Qualitätsbereich zuordnete[120]. Wegen der getrennten Verantwortung für die Qualität stagnierten jedoch die Fehlerraten und es waren keine großen Verbesserungen mehr zu erreichen.

Der in den siebziger Jahren einsetzende, von Japan ausgehende Wettbewerb - mit besserer Qualität als Verkaufsargument - zwang die Unternehmensleitungen zur Suche nach gänzlich neuen Ansätzen. Total Quality Management erwies sich als solch ein wirksamer Ansatz, der ein Umdenken in vielen Aspekten der Qualitätsbeherrschung erfordert. Leitidee des TQM ist es, über laufende und möglichst schnelle Verbesserungen der Qualität zu einer Steigerung der Wettbewerbsfähigkeit zu gelangen. "Total" meint dabei die Einbeziehung aller Unternehmensmitglieder sowie die Einbeziehung der Zulieferer und Absatzmittler. Auf allen ausführenden Ebenen erhalten die Mitarbeiter Anreize und Gelegenheiten zur Teilnahme an qualitätsbezogenen Aus- und Weiterbildungsveranstaltungen. Darüber hinaus wird offen über Qualitätsdefizite und erfolgreiche Verbesserungsmaßnahmen informiert, z.B. im Rahmen von Qualitätszirkeln.

Wie diese Ausführungen erkennen lassen, beschränkt sich das Qualitätsmanagement der Unternehmen heute nicht mehr nur auf die Qualitätskontrolle und -sicherung der Endprodukte. Vielmehr wird eine vorbeugende Qualitätssicherung angestrebt, wobei die Qualitätsmängel auf allen betrieblichen Wertschöpfungsstufen sofort am Ort des Entstehens beseitigt werden sollen[121].

Zur Umsetzung eines umfassenden unternehmensweiten Qualitätsmanagements müssen qualitätssichernde Maßnahmen auf allen Stufen der Wertschöpfungskette installiert werden. Drei in der Unternehmenspraxis häufig angewandte Methoden des betrieblichen Qualitätsmanagement sind das "Quality Function Deployment (QFD)", die "Failure Mode and Effects Analysis (FMEA)" sowie die "Statistical Process Control (SPC)". Im folgenden werden die wichtigsten Aspekte und Einsatzmöglichkeiten dieser drei Qualitätsmanagementkonzepte kurz dargestellt.

[120] Vgl. H.-U. Frehr, 1993, S. 22.
[121] Vgl. H. Wildemann, 1990a, S. 624.

2.1.1.3.1. Quality Function Deployment (QFD)

Das QFD-Konzept orientiert sich an der Maxime, Qualität von vornherein, d.h. schon im Entwurfsstadium, in ein Produkt zu implantieren. Hauptaufgabe des "Quality Function Deployment" ist es, eine kundenorientierte Produktentwicklung zu gewährleisten, wobei die Qualitätsanforderungen der potentiellen Abnehmer maßgeblich die Produktkonzeption bestimmen[122].

Dies soll durch eine schrittweise Umsetzung von Kundenanforderungen und -erwartungen in meßbare beziehungsweise qualitativ beurteilbare Produkt- und Prozeßparameter erreicht werden. QFD beginnt mit einer sorgfältigen Analyse der registrierten Kundenwünsche. Der Kern einer QFD-Analyse ist die strukturierte Darstellung einer Wirkungsanalyse von möglichen technischen Produkteigenschaften und resultierenden Erfüllungsgraden kundenspezifischer Qualitätsmerkmale. Die für den QFD-Prozeß erforderlichen Maßnahmen und Überlegungen lassen sich in vier Schritten (Qualitätsplanung, Teileplanung, Prozeßplanung und Produktionsplanung) zusammenfassen. Da QFD aus einem System detaillierter, aufeinander abgestimmter Planungs- und Kommunikationsprozeduren besteht, wird dieser Prozeß auch als "House of Quality" bezeichnet[123].

Alle für den Kunden bedeutsamen Produktmerkmale werden durch Marktforschung ermittelt und anhand bestimmter Präferenzen gewichtet. Die Qualitätsplanung hat die Aufgabe, die Qualitätsanforderungen der Abnehmer in technische Merkmale des Endproduktes (z.B. Gewicht in Kilogramm) zu übersetzen.

Im Rahmen der Teileplanung ist die Qualität des Endproduktes in die einzelnen Qualitätsmerkmale seiner Baugruppen aufzuspalten. Die Funktionen der Produktionsteile sind festzulegen, ebenso die Qualitätsmerkmale der Baugruppen, die einzuhaltenden Standards und Qualitätssicherungsmaßnahmen. Hier können möglicherweise Zielkonflikte auftreten, falls ein bestimmtes technisches Detail die Erfüllung eines oder mehrerer Kundenwünsche behindert. In dieser Phase des QFD zeigt sich, ob ein gewählter technischer Lösungsansatz noch weiter verfolgt werden kann, oder ob bereits so deutliche

---

[122] Vgl. G.R. Burn, 1990, S. 67; H. Danzer, 1990, S. 45 f.

[123] Vgl. J.R. Hauser, D. Clausing, 1988, S. 63-73; G.R. Burn, 1990, S. 69 ff.; H.W. Müller, 1989, S. 268 ff.

Abweichungen von den Kundenwünschen erforderlich wären, so daß besser ein alternatives Lösungsmodell gewählt werden sollte.

Innerhalb der Prozeßplanung sind die optimalen Produktionsverfahren unter Kosten- und Genauigkeitsgesichtspunkten zu bestimmen sowie Prüfpunkte in Prozeß- und Prüfablaufplänen im Hinblick auf kritische Produktparameter zu fixieren. In der Produktionsplanung schließlich werden durch die Aufstellung detaillierter Arbeits- und Prüfpläne die zur Einhaltung der Produkt- und Prozeßparameter erforderlichen Arbeitspläne ausgearbeitet. Auf diese Weise können die vorliegenden Konstruktionsmerkmale nacheinander an die Kundenwünsche angepaßt werden. Die abschließend festgelegten Konstruktionsmerkmale bestimmen kundengerecht die Anzahl der verwendeten Einzelteile und Komponenten sowie das erforderliche Ausmaß einer Weiterentwicklung bei den betrieblichen Fertigungsprozessen und Qualitätssicherungsmaßnahmen.

Die erfolgreiche Bewältigung dieser komplexen Zusammenhänge erfordert die Koordination von Forschung und Entwicklung, Vertrieb und Fertigung durch Bildung von interdisziplinären Teams mit weitreichenden Entscheidungskompetenzen. Das System des QFD benötigt in den frühen Entwicklungsphasen eines Produktes einen wesentlich höheren Aufwand, der jedoch in den späteren Phasen des Produktlebenszyklusses (Erprobung, Serienlauf) zu deutlichen Einsparungen infolge der stärkeren Ausrichtung auf die Kundenbedürfnisse führt[124].

2.1.1.3.2. Failure Mode and Effects Analysis (FMEA)

Mit einer "Failure Mode and Effects Analysis (FMEA)" (zu deutsch: "Fehler-Möglichkeits- und Einfluß-Analyse") wird versucht, potentielle Fehler und Qualitätsmängel an Produkten bereits in der Planungs- und Konstruktionsphase zu erkennen, zu bewerten und zu beseitigen[125].

Je nach Schwerpunkt der Analyse wird zwischen einer FMEA der Konstruktion (bzw. des Produkts), des Prozesses und der Organisation unterschieden, wobei die Unterscheidung im wesentlichen die Anwendungsfelder und weniger die eigentliche Methodik betrifft. Eine Konstruktions-FMEA

---

[124] Vgl. R. Pernicky, 1989, S. 69.

[125] Vgl. R. Silva, 1988, S. 6.

untersucht beispielsweise mögliche Risiken bei der Produktanwendung oder evtl. Verstöße gegen rechtliche Bestimmungen. Mit der Prozeß-FMEA wird überprüft, inwieweit die geplanten Fertigungs-, Montage- und Prüfprozesse zur Umsetzung der geforderten Konstruktionsmerkmale beitragen oder im Widerspruch stehen[126].

Ausgangspunkt der sukzessiven FMEA ist stets das geplante Endprodukt mit seinen kritischen Komponenten und einzelnen Verbesserungspotentialen. Die von den verantwortlichen Teams zu berücksichtigenden Aufgaben und Maßnahmen lassen sich in folgende drei Teilschritte zerlegen[127]:

Im Rahmen einer Risikoanalyse werden die möglichen Fehlerquellen eines Konzeptes, Bauteils oder Produkts identifiziert sowie die Folgen und vorgesehene Verhütungs- und Prüfmaßnahmen dokumentiert und analysiert.

Auf Basis dieser Risikoanalyse wird für jede angeführte Fehlerursache eine sogenannte Risikoprioritätszahl ermittelt, deren Höhe die jeweilige Dringlichkeit von vorbeugenden Verbesserungsmaßnahmen anzeigt. Dabei kommt es nicht auf den absoluten Wert, sondern auf die Reihenfolge an, die ein Maß für das Fehlerrisiko darstellt. Die Risikozahl ergibt sich aus der Multiplikation von drei, jeweils auf einer Zehner-Skala zu bewertenden Wahrscheinlichkeiten für

- die Wahrscheinlichkeit, mit der der angenommene Fehler auftritt
- die Auswirkungen, die ein Auftreten des Fehlers für den Kunden hat
- die Entdeckungsmöglichkeit des Fehlers vor Verlassen des Hauses

Im Anschluß an die Bewertung werden anhand der ermittelten Risikozahl und Teilzahlen Fehlervermeidungsstrategien entwickelt. Sind die Auswirkungen beim Auftreten eines Fehlers beim Kunden hoch, lassen sich diese Schwachstellen unter Umständen nur durch eine Änderung des Produktkonzeptes beheben. Ist die Wahrscheinlichkeit des Nicht-Entdeckens eines entstandenen Fehlers hoch, läßt dies auf nur wenig wirksame Prüfmaßnahmen schließen.

---

[126] Vgl. H. Danzer, 1990, S. 62; S. Niemand, O. Ruthsatz, S. Habiger, 1990, S. 67 f.

[127] Vgl. ausführlich S. Niemand, O. Ruthsatz, S. Habiger, 1990, S. 69 ff.; A.Z. Keller, A.S. Sohal, D. Theasdale, 1990, S. 109 f.

Insgesamt ist die FMEA ein sehr einfach zu verstehendes, äußerst wirksames Verfahren, um Fehlerquellen bereits im Ansatz und in der Planungsphase zu erkennen aber auch Maßnahmen zu deren Beseitigung zu planen und ihre Wirksamkeit abschätzen zu können[128]. Die Konzeptoptimierung steht gegenüber den Prüfoptimierungen im Vordergrund. Durch die Erkennung von Fehlerpotentialen und die gleichzeitige Aufdeckung von Möglichkeiten zur Vermeidung von Prozeßfehlern bildet die FMEA zugleich die Grundlage der statistischen Prozeßkontrolle[129]. Auf dieses Konzept wird im folgenden Abschnitt näher eingegangen.

2.1.1.3.3. Statistical Process Control (SPC)

Die "Statistical Process Control (SPC)" (zu deutsch: "Statistische Prozeßsteuerung) ist eine Methode der Vermeidung von Qualitätsmängeln, die vor allem in der Fertigung Anwendung findet. Die Statistische Prozeßsteuerung soll durch die systematische Auswertung der wichtigen Kenngrößen eines (Fertigungs-) Prozesses Trends dokumentieren, deren Veränderung auf systematische Prozeßfehler hinweisen[130]. Hieraus können vor der Entstehung fehlerhafter Produkte geeignete Korrekturmaßnahmen getroffen werden. Die Methode der statistischen Prozeßüberwachung enthält im wesentlichen die beiden Komponenten "Prozeßfähigkeitsuntersuchung" und "Prozeßregelung". Diese werden im folgenden kurz erläutert:

Die Überprüfung der Fertigungsprozesse (Prozeßfähigkeit) will möglichst alle auf den Fertigungsprozeß einwirkenden Determinanten voneinander getrennt erfassen und beschreiben. Während des Produktionsprozesses wird versucht, die einzelnen Mittelwerte und Streuungen dieser Merkmalswerte zu ermitteln und dadurch systematisch auftretende Fehler und zufällige Streuungen voneinander zu unterscheiden[131]. Ein Produktionsprozeß gilt als fähig (beherrscht), wenn die auftretenden Fehler nur noch innerhalb einer

---

[128] Vgl. S. Niemand, O. Ruthsatz, S. Habiger, 1990, S. 76.

[129] Vgl. O. Fröhling, A. Wullenkord, 1991, S. 174.

[130] Vgl. R. Silva, 1988, S. 10.

[131] Vgl. im einzelnen: F. Haist, H.-J. Fromm, 1989, S. 165 ff.; D.E. Miller, 1988, S. 111 ff.

geforderten Toleranz auftreten und nicht mehr auf systematische Einflüsse zurückzuführen sind.

An der Prämisse, daß die Fehler innerhalb eines beherrschten Prozesses nur noch auf zufallsbedingte Einflüsse zurückzuführen sind, knüpft die statistische Prozeßregelung an. Dazu werden nach einem statistisch gesicherten Rechenverfahren obere und untere Warn- und Eingriffsgrenzen berechnet, die enger sind als die Toleranzgrenzen. Sie dienen als Grenze, bei deren Erreichen Maßnahmen zur Korrektur der schlechter werdenden Merkmalswerte ergriffen werden. So erkennt man frühzeitig Abweichungen vom Vorgabewert und kann so das Entstehen fehlerhafter Produkte zuverlässig verhindern[132].

Maschinen- und Prozeßfähigkeitsuntersuchungen vor Aufnahme der Fertigung sind zur Fehlerverminderung unerläßlich. Die sehr einfache Berechnungsmethode erlaubt eine relativ exakte, statistisch gesicherte Aussage über die zu erwartende Fehlerzahl im vorgesehenen Herstellprozeß. Die Prozeßregelung stellt ein ausgezeichnetes Frühwarnsystem für Abweichungen bei der Herstellung dar. Sein besonderer Vorteil ist in der flexiblen und unmittelbaren Eingriffsmöglichkeit zu sehen.

Wie die vorstehenden Ausführungen bereits erkennen lassen, hat die Einführung der neuen Produktionstechnologien erhebliche Veränderungen in den Industrieunternehmen zur Folge. Eine erfolgreiche Implementierung dieser Produktionstechnologien kann nur gelingen, wenn die Unternehmensorganisationen den Bedingungen dieser Produktionskonzepte angepaßt werden. Absatz-, Produktions- und Beschaffungsbereich sind auf die Belange dieser Entwicklungen abzustimmen. Da sich alle betrieblichen Maßnahmen in den Kosten niederschlagen ist zu vermuten, daß die genannten Veränderungen nicht nur die Höhe, sondern zugleich auch die Zusammensetzung der Kosten beeinflußt haben. Vor der empirischen Untersuchung dieser Hypothese werden daher zunächst die zu erwartenden Auswirkungen der neuen Produktionstechnologien auf die Struktur der betrieblichen Kosten untersucht. Dabei wird die Betrachtung auf diejenigen Kosten fokussiert, die durch die Umstrukturierungsmaßnahmen am stärksten betroffen sind. Diese Kostenarten werden im folgenden Abschnitt als "relevante Kostenarten" bezeichnet[133].

---

[132] Vgl. S. Niemand, O. Ruthsatz, 1990, S. 57; A. Oess, 1989, S. 177 ff.

[133] Vgl. zum Begriff relevanter Kosten z.B. S. Hummel, 1981, Sp. 968; W. Kilger, 1966, S. 155 ff.

2.1.2. Auswirkungen neuer Produktionstechnologien auf die Kosten strukturen

In der Literatur wird vereinzelt darauf verwiesen, daß der Einsatz der zuvor beschriebenen neuen Produktionstechnologien zu einer Veränderung der innerbetrieblichen Kostenstrukturen geführt hat. Eine allgemein gültige Abschätzung möglicher Kostenstrukturänderungen ist jedoch problematisch, da die bestehenden Produktionsstrukturen und die alternativen Produktionskonzepte in den einzelnen Unternehmen sehr unterschiedlich ausfallen können[134]. Trotz dieser Problematik lassen sich aber Entwicklungstendenzen erkennen, die in nahezu allen hierzu durchgeführten Untersuchungen ähnlich eingeschätzt werden.

In den folgenden Abschnitten werden die möglichen Strukturverschiebungen der relevanten Kostenarten diskutiert. Da die in der Kostenartenhauptgruppe "sonstige Kosten" enthaltenen Kostenarten zu heterogen sind bzw. durch die Einführung neuer Technologien nicht beeinflußt werden[135], wird im wesentlichen auf Veränderungen bei den "Materialkosten", den "Personalkosten" sowie den "Kapitalkosten" eingegangen. Dazu wird analog zur vorstehenden Darstellung der neuen Technologien eine Systematisierung in technologiebedingte und qualitätsbedingte Kostenstrukturänderungen vorgenommen. Während die qualitätsbedingten Kostenstrukturänderungen alle Einflüsse beschreiben sollen, die aus der Einführung eines betrieblichen Qualitätsmanagements resultieren, sind die technologiebedingten[136] Änderungen auf die

---

[134] Dieser Aspekt wird beispielsweise bei Wildemann deutlich, der die Kostenstrukturänderungen untersuchte, die sich bei Einführung einer flexibel automatisierten Fertigungstechnologie in verschiedenen Unternehmen ergaben. Dabei kam er zu dem Ergebnis, daß die Auswirkung flexibler Fertigungssysteme auf die Kostenstruktur von der Ausgestaltung des Vergleichsobjektes abhängt, d.h. ob die neue Technologie z.B. eine "unverkettete konventionelle Werkzeugmaschine" oder eine "Transferstraße" ersetzen soll. Vgl. Wildemann, 1987, S. 134.

[135] Die Entwicklungstendenzen der (kalkulatorischen) Kostenart "Mieten und Pachten" werden beispielsweise diskutiert bei: R. Steinhilper, 1985, S. 4; R.S. Kaplan, S. 1; P. Riedlinger, o.J., S. 11. Da im Rahmen der Kostenstrukturstatistik jedoch nur an Dritte gezahlte Mieten erfaßt werden, lassen sich die gefundenen Ergebnisse nicht auf die vorliegende Arbeit übertragen.

[136] Bei der Darstellung der neuen Produktionstechnologien wurden auch die Maßnahmen der Qualitätssicherung als "Technologie" bezeichnet. Insofern können die technologiebedingten Kostenstrukturveränderungen in diesem Abschnitt als technologiebedingt im engeren Sinne aufgefaßt werden.

Einführung flexibel automatisierter Fertigungstechnologien (CIM-Technologien) bzw. auf die Umstellung der Materialflußsteuerung (Just-in-time-Konzepte) zurückzuführen.

2.1.2.1. Technologiebedingte Kostenstrukturänderungen

Die Einführung von CIM-Technologien oder die Umstellung der Materialflußsteuerung auf ein Just-in-time-Konzept führt zu Veränderungen, die sämtliche Bereiche eines Unternehmens betreffen. Diese Veränderungen können sich innerhalb wie auch zwischen den einzelnen Leistungserstellungsbereichen Beschaffung, Produktion und Absatz einstellen.

Der seit Beginn der siebziger Jahre in vielen Branchen zu beobachtende Wandel vom Käufer- zum Verkäufermarkt hat die Absatzstruktur der industriellen Unternehmen erheblich beeinflußt. Die weitgehenden Sättigungstendenzen[137] in vielen Segmenten des Absatzmarktes sowie die wachsende Zahl internationaler Wettbewerber hatten zur Folge, daß das Volumen der Planungstätigkeiten angewachsen ist und in immer kürzer werdenden Abständen neue Aufträge zu bearbeiten sind[138]. Hinzu kommt, daß sich angesichts der zunehmend kürzer werdenden Produktlebenszyklen strategische Fehlentscheidungen der Unternehmen kaum noch korrigieren lassen, da die verbleibende Reaktionszeit oftmals zu kurz ist. Somit kommt der langfristigen, gleichzeitig aber auch der kurzfristigen Planung des Absatzprogramms eine immer größere strategische Bedeutung für den Unternehmenserfolg bei.

An die Einführungen der neuen Technologien wurden daher hohe Anforderungen zur Unterstützung der Absatzprogrammplanung gestellt. Die Einführung der neuen Technologien ermöglicht beispielsweise den Aufbau einer beweglichen Distributionslogistik, die Verbesserung von Qualität und Schnelligkeit des Kundendienstes sowie die Datenintegration mit Abnehmern. Dadurch läßt sich nicht nur die Produktivität, sondern zugleich auch die Flexibilität steigern, was die Wettbewerbsposition des Unternehmens insgesamt verbessert[139].

---

[137] Vgl. H.H. Bauer, 1988, S. 1052 f.; H. Meffert, 1985, S. 193-209.

[138] Vgl. H. Siebenhorn, 1984, S. 127; G. Schuh, H. Brandstetter, M. Melchert, 1990, S. 27-29.

[139] Vgl. M. Schweitzer, 1990, S. 687.

Von den möglichen Maßnahmen zur Veränderung der Absatzstruktur - analoges gilt für den Beschaffungsbereich[140] - wurden jedoch nur vergleichsweise wenige umgesetzt. Obgleich sich durch die neuen Technologien verschiedene Ansatzpunkte zur Optimierung ihres Vertriebsbereiches bieten, konzentrierten die Unternehmen ihre Schwerpunkte bei den Rationalisierungsbemühungen bislang auf den Produktionsbereich[141]. Insofern dürften die Veränderungen im Absatz- und Beschaffungsbereich der Unternehmen nur geringe Auswirkungen auf die Entwicklungen der Kostenstrukturen ausgeübt haben. Im Absatzbereich ist beispielsweise zu erwarten, daß angesichts der erhöhten Wettbewerbsintensität die Qualifikation der Mitarbeiter und damit auch deren Gehälter gestiegen sind. Dies dürfte tendenziell zu einem gestiegenen Anteil der Personalkosten geführt haben.

Auf der anderen Seite ist in den letzten Jahren im Rahmen von Outsourcing-Konzepten eine verstärkte Auslagerung der Vertriebsfunktionen zu beobachten, was zu einer Erhöhung des Anteils der Leistungen durch Dritte geführt haben wird. Im Beschaffungsbereich muß das eingesetzte Produktionsmaterial qualitativ höheren Anforderungen genügen, da ein Ausfall komplexer, verketteter Produktionssysteme infolge qualitativ minderwertigen Materials zu hohen Folgekosten führen kann. Diese fallen umso stärker ins Gewicht, je mehr Anlagen miteinander verkettet sind. Da mit zunehmender Komplexität der Anlagen auch die Qualifikation des Personals zunehmen wird, dürften sich im Rahmen der neuen Technologien die Kosten für die eingesetzten Produktionsfaktoren (Material, Personal) erhöht haben.

Insofern ist zwar nicht auszuschließen, daß die Veränderungen in der Absatz- und Beschaffungsstruktur auch die innerbetrieblichen Kostenstrukturen berührt haben. Allerdings dürften diese Einflüsse nur von geringer Bedeu-

---

[140] Damit der Produktionsprozeß durchgeführt werden kann, ist er mit den notwendigen Produktionsfaktoren zu versorgen. Die Bereitstellung der Produktionsfaktoren ist dabei direkt abhängig vom Leistungserstellungsprozeß. Wird dieser - wie im Rahmen der neuen Technologien - immer flexibler, dann ist auch auf der Beschaffungsseite eine entsprechende Flexibilität zu gewährleisten. Im Beschaffungsbereich können beispielsweise folgende Maßnahmen flexibilitätserhöhend wirken: eine wirtschaftliche Gestaltung von Einsatz- und Zwischenlagern, der Aufbau von langfristigen Lieferbeziehungen, eine Datenintegration mit Lieferanten sowie die Vermeidung starrer Beschaffungszeitpunkte. Vgl. M. Schweitzer, 1990, S. 687.

[141] Vgl. Y. Tüchelmann, 1987, S. 32-36; G. Börnecke, 1985, S. 657-661; F. Pleschak, 1988, S. 9.

tung gewesen sein, so daß sich die folgenden Ausführungen auf Kostenstrukturverschiebungen konzentrieren, die durch Veränderungen im Produktionsbereich der Unternehmen induziert sind.

2.1.2.1.1. Veränderung der Personalkosten

Sofern ein Unternehmen seine Produktion auf traditionellen Fertigungssystemen durchführt, dominiert der Produktionsbereich, da dort der größte Teil der Wertschöpfung erwirtschaftet wird[142]. Bei der Umstellung der Produktion auf flexibel automatisierte Systeme nimmt der in der Fertigung erbrachte Wertschöpfungsanteil jedoch immer mehr ab, wohingegen in Bereichen, die der Produktion vor- und nachgelagert sind, der Anteil der Wertschöpfung zunimmt. Diese Verlagerung ist auch auf die immer kürzer werdenden Produktlebenszyklen zurückzuführen. In immer kürzer werdenden Abständen sind neue Produkte und Varianten zu entwickeln, zu konzipieren und in die Produktion zu integrieren. Dadurch gewinnen die Bereiche der Forschung, Entwicklung und Konstruktion sowie Produktionsplanung und -steuerung an Bedeutung.

Auf der anderen Seite ermöglicht die Einführung neuer Produktionstechnologien, Funktionen aus produktionsvorbereitenden Bereichen wieder zurück an die ausführenden Stellen in der Werkstatt zu verlagern. Steuerungsaufgaben wie z.B. die Belegungsplanung, Fortschrittsüberwachung oder Materialabruf werden wieder in der Werkstatt durchgeführt. Aufgaben der Instandhaltung belasten nicht mehr die Fertigungsvorbereitung, sondern können direkt vom Bedienerpersonal durchgeführt werden. Die auftragsbezogene Programmierung von Fertigungseinrichtungen wird zunehmend in prozeßorientierte, flexible Einheiten in der Werkstatt integriert.

Der Einsatz neuer Produktionstechnologien führt somit zu einer Erweiterung des Aufgabenspektrums und stellt zusätzliche Anforderungen an die Qualifikation der Mitarbeiter: zur Beherrschung der komplexen Produktionssysteme müssen die Mitarbeiter höher qualifiziert werden, da der Aufgabenumfang qualitativ zunimmt (z.B. Steuerung von hochmodernen Anlagen). Ausgelagerte Aufgaben wie beispielsweise die Instandhaltung der Maschinen werden wieder zurückverlagert und können vom Bedienerpersonal

---

[142] Dies kommt beispielsweise darin zum Ausdruck, daß sich die Kostenrechnung hauptsächlich mit der Abbildung des Produktionsbereichs beschäftigt hat. Albach spricht sogar von einer Produktionskostenrechnung. Vgl. H. Albach, 1988, S. 1155 f.

ausgeführt werden. Im modernisierten Arbeitsplatz wird dem einzelnen Mitarbeiter eine größere Verantwortung für die Sicherstellung der Auftragsabwicklung übertragen. Aus diesem Grund wird von den Mitarbeitern eine höhere kognitive und soziale Qualifikation erwartet. Neben den manuellen Fähigkeiten werden persönliche und organisatorische Fähigkeiten wie z.B. die Fähigkeit zur Teamarbeit und Kooperation immer wichtiger[143].

Durch den Einsatz neuer Produktionssysteme wird daher der Anteil der qualifizierten Mitarbeiter im Fertigungsbereich zunehmen. Gleichzeitig dürfte der Anteil der angelernten Mitarbeiter zurückgehen, da deren Tätigkeit durch die Automatisierung der Prozesse substituiert wird[144]. Obgleich diese Entwicklung zwei gegenläufige Effekte bewirkt, überwiegt in der Literatur die Auffassung, daß bei isolierter Betrachtung der Automatisierungsmaßnahmen ein immer geringerer Personalbedarf benötigt wird, was den Unternehmen erhebliches Rationalisierungspotential bei den direkt zurechenbaren Lohnkosten eröffnet. So konnte Kaplan in einer Fallstudie aus einem japanischen Unternehmen zeigen, daß sich der Personalbedarf durch die Einführung flexibler Fertigungssysteme von 215 auf 12 Arbeitnehmer reduziert hat[145]. Vergleichbare Ergebnisse erbrachte eine Untersuchung bei der Audi AG: durch die Investitionen in flexible Fertigungsstrukturen beläuft sich der Personalaufwand nur noch auf ein Siebtel der Personalkosten der alten Rohbaufertigung[146].

Obgleich die Reduzierung der Personalkosten durch die Einsparungsmöglichkeiten bei den Fertigungslöhnen einhellig vertreten wird, wird die Höhe des Rationalisierungspotentials im Bereich der Personalkosten für das gesamte Unternehmen unterschiedlich beurteilt[147]. Allgemein wird davon aus-

---

[143] Vgl. H.-P. Wiendahl, 1991, S. 152.

[144] Nach Untersuchungen des Instituts für Arbeitsmarkt- und Berufsforschung der Bundesanstalt für Arbeit kann ein Industrieroboter im Zwei-Schicht-Betrieb im Durchschnitt vier Arbeitskräfte in der Produktion ersetzen. Vgl. M. Wolfsteiner, 1982, S. 167-176.

[145] Vgl. Kaplan, 1986, S. 78.

[146] Vgl. Briel, Schulz und Weber, 1986, S. 86.

[147] Holz weist darauf hin, daß der Personalkostenblock bereits vor der Einführung neuer Technologien eine relativ geringe Bedeutung besaß und das Kostensenkungspotential insofern nur gering sein kann. Vgl. B. Holz, 1986, S. 199 f. Ähnlich Weilemann, 1992, S. 802.

gegangen, daß die direkten Tätigkeiten an der Maschine abnehmen werden, da manuelle Tätigkeiten weitestgehend durch die Produktionssysteme durchgeführt werden. Gleichzeitig steigt aber auch mit zunehmender Automatisierung der Anteil planender, steuernder und kontrollierender Funktionen an anderer Stelle. Daher überwiegt die Auffassung, daß mit Einführung neuer Produktionssysteme ein zusätzlicher Personalbedarf in den indirekten Leistungsbereichen wie Arbeitsvorbereitung, Qualitätssicherung oder Instandhaltung erforderlich wird, der den erwähnten Rationalisierungseffekt - bei Betrachtung des gesamten Personalkostenblocks - abfedert[148]. Hinzu kommt, daß sich die Anforderungen an die Mitarbeiter deutlich erhöhen. Dementsprechend müssen die Unternehmen qualifiziertes Personal einstellen und für den vorhandenen Mitarbeiterstamm vor und während des Produktionsprozesses vermehrt in Ausbildungs- und Weiterbildungsmaßnahmen investieren. Daher wird zwar der Anteil ungelernter Mitarbeiter zurückgehen, der Anteil hochqualifizierter Ingenieure, Facharbeiter und Techniker wird jedoch an Bedeutung gewinnen[149].

Mit der Einführung der neuen Technologien ist auch der Einsatz von Informations- und Kommunikationstechnologien angestiegen[150]. Da Investitionen im EDV-Bereich primär die dispositiven Tätigkeiten des Personals ersetzen sollen, müßten die Aufwendungen für Hard- und Software in den letzten Jahren zulasten des Personalkostenanteils angestiegen sein. Zu berücksichtigen ist allerdings, daß die Aufwendungen für die Bereitstellung, Nutzung, Wartung, Pflege und Änderungen der EDV-Umgebungen wiederum aus Personalkosten bestehen[151]. Durch den vermehrten Einsatz von Informations- und Kommunikationstechnologien wird daher[152] die Bedeutung der

---

[148] Vgl. Hendricks, 1988, S. 29 f.; Siegwart, Rass, 1991, S. 51 ff.

[149] Vgl. Hackstein, Esser, 1990, S. 36 ff.; Murata, Tajima, 1990, S. 260 ff.

[150] Vgl. H. Berkhoff, P. Blumenthal, 1983, S. 406; Dobschütz, Prautsch, 1992, S. 118 ff.; Wittstock, 1987, 2 ff.

[151] Vgl. Hindin, Morency, 1994, S. 64; So ergab eine Untersuchung bei 150 Unternehmen, daß 1992 der Personalkostenanteil am Datenverarbeitungs-Budget im Durchschnitt 40,3 % betrug. Vgl. o.V. 1992, S. 1.

[152] In der Literatur werden originäre Kostenarten (z.B. Personalkosten) von kombinierten bzw. zusammengesetzten (z.B. Datenverarbeitungskosten) Kostenarten inhaltlich voneinander abgegrenzt. Vgl. hierzu z.B. W. Kilger, 1985, S. 125 ff.; R. Lackes, 1989, S. 61 f. Da letztere nicht dem Gliederungsschema der vorliegenden Untersuchung entsprechen, werden sie in ihre wichtigsten originären Bestandteile zerlegt.

Kosten für Gebäude und EDV-Ausstattung sowie für die benötigten Materialien und Energie zugenommen haben, während die Einsparungen im Personalbereich zu einem Bedeutungsverlust des Personalkostenanteils geführt haben dürften. Allerdings wird dieser Substitutionseffekt in den verschiedenen Funktionsbereichen der Unternehmen unterschiedlich hoch sein und beispielsweise im Verwaltungsbereich bei weitem nicht die Bedeutung wie im Produktionsbereich erreichen[153].

Insgesamt ist festzuhalten, daß durch Investitionen in neue Produktionstechnologien die manuellen Tätigkeiten weitestgehend durch die Fertigungssysteme substituiert werden. Die verbleibenden, direkt an den Maschinen beschäftigten Mitarbeiter üben verstärkt steuernde und kontrollierende Tätigkeiten aus. Durch das hohe Rationalisierungspotential im Bereich der Fertigungslöhne wird dies zu einem Bedeutungsverlust der direkt zurechenbaren Lohnkosten führen. Gleichwohl muß dieser Effekt nicht zwangsläufig zu einem Bedeutungsverlust des gesamten Personalkostenblocks führen. Durch die Automatisierungsmaßnahmen, aber auch durch externe Ursachen wie z.B. die Verkürzung der Produktlebenszyklen müssen indirekte Tätigkeiten in Bereichen der Planung und Steuerung aufgebaut werden. Diese Entwicklungen werden tendenziell den Anteil der Bruttogehaltssumme erhöhen.

Angesichts dieser Überlegungen ist bei der Interpretation der vorliegenden Daten jedoch zu berücksichtigen, daß bei der Kostenstrukturstatistik des Statistischen Bundesamtes das Gesamtunternehmen als Erhebungseinheit berücksichtigt ist. Dabei werden nur die Kosten erfaßt, die zur Produktion und zum Absatz der für das Unternehmen typischen Erzeugnisse entstanden sind. Daher bleiben die Kosten in den indirekten Funktionsbereichen wie z.B. Verwaltung nur teilweise berücksichtigt. Da sich der in den letzten Jahren zu beobachtende Personalaufbau[154] jedoch gerade auf diese Bereiche konzentrierte, dürfte der Rationalisierungseffekt im Fertigungsbereich einen größeren Einfluß auf den gesamten Personalkostenblock ausgeübt haben als die gegenläufige Entwicklung durch den Aufbau der indirekten Tätigkeiten.

---

[153] Vgl. S. Funke, 1995, S. 128.

[154] In den letzten Jahrzehnten läßt sich eine stetige Veränderung der innerbetrieblichen Personalstrukturen erkennen, wobei der Anteil der Angestellten an der Gesamtbelegschaft in allen Industriezweigen außerordentlich gewachsen ist. In der Bundesrepublik betrug die Relation Arbeiter zu Angestellte im Jahr 1968 noch 1:0,59 und im Jahr 1984 bereits 1:0,96 (Quelle: Statistisches Jahrbuch).

Daher ist zu vermuten, daß der Anteil der Personalkosten gemessen an den Gesamtkosten in den letzten Jahren zurückgegangen sein wird.

2.1.2.1.2. Veränderung der Kapitalkosten

Für die Umstellung der Produktionsstrukturen und die Einführung neuer Technologien sind mehr finanzielle Mittel aufzuwenden als für Investitionen in konventionelle Produktionsanlagen[155]. Da die neuen Anlagen den Unternehmen im allgemeinen aber mehrere Perioden zur Nutzung zur Verfügung stehen, wird die gesamte Investition nicht nur einer Periode als kostenmäßiges Äquivalent zugerechnet. Vielmehr wird die mehrjährige Nutzungsmöglichkeit des Investitionsobjekts in der Weise berücksichtigt, daß sein Wert über die Jahre der Nutzungsdauer in Form von Abschreibungen verteilt wird. Dabei sind einerseits handelsrechtliche bzw. bilanzielle und andererseits kalkulatorische Abschreibungen zu unterscheiden. Kalkulatorische Abschreibungen haben die Aufgabe, die tatsächliche Wertminderung des Investitionsobjekts realitätsgerecht abzubilden und als Kosten in der unternehmensinternen Kostenrechnung zu erfassen. In diesem Punkt unterscheiden sich die kalkulatorischen Abschreibungen von den in der Gewinn- und Verlustrechung als Aufwand angesetzten bilanziellen bzw. den steuerrechtlichen Abschreibungen, da letztere sich an den gesetzlichen Vorschriften zur Rechnungslegung sowie an bilanzpolitischen Zweckmäßigkeitserwägungen orientieren[156]. Allen Abschreibungskonzepten ist jedoch gemein, daß die Höhe der Kapitalkosten pro Periode neben der Investitionshöhe, auch von der Nutzungsdauer sowie von der Verteilung der Abschreibungssumme auf die Perioden abhängig ist.

Die Nutzungsdauer eines Anlagegegenstandes ist in den wenigsten Fällen von vornherein befristet[157]. Im Regelfall ist daher die Nutzungsdauer unter

---

[155] Vgl. A.W. Scheer, 1990, S. 37.

[156] Wie die Ausführungen unter Gliederungspunkt 1.5. gezeigt haben, korrespondieren die Abschreibungen innerhalb der Kostenstrukturstatistik grundsätzlich mit den Ausweisen der Gewinn- und Verlustrechnungen. Für die vorliegende Arbeit hat dies zur Folge, daß die ausgewiesenen Kapitalkostenbeträge auf verschiedenen Abschreibungsverfahren basieren können, da die Unternehmen individuell den gesetzlich erlaubten Gestaltungsspielraum nutzen können.

[157] Ein solcher Ausnahmefall läge beispielsweise beim Erwerb einer über eine festgelegte Anzahl von Jahren nutzbaren Lizenz vor.

Berücksichtigung der gesetzlichen Bestimmungen ex ante nicht exakt vorherzusagen, sondern nur anhand von Erfahrungswerten zu schätzen. Dabei ist die technische Lebensdauer von der wirtschaftlichen Nutzungsdauer zu unterscheiden. Während die technische Lebensdauer die durch den Verschleiß begrenzte Lebensdauer eines Betriebsmittels umfaßt, wird die wirtschaftliche Nutzungsdauer durch das Zusammenwirken von Verschleiß, technischen Fortschritt und wirtschaftlicher Überholung bestimmt[158]. Durch Reparatur und Instandhaltung kann die technische Lebensdauer weit in zukünftige Zeiträume hinausgeschoben werden. Auf der anderen Seite ergibt sich durch die mit diesen Maßnahmen verbundenen Kosten[159] sowie durch technische Fortentwicklungen aber eine wirtschaftliche Grenze, die letztlich für die Bemessung der Nutzungsdauer maßgebend ist[160].

Aufgrund der technischen Neuheit der verschiedenen installierten Systeme moderner Produktionstechnologien verfügen die Unternehmen nur über geringe Erfahrung bei der Prognose der wirtschaftlichen Nutzungsdauer. Hinzu kommt, daß der Einfluß von technischem Fortschritt und wirtschaftlicher Veralterung auf die wirtschaftliche Nutzungsdauer nur im konkreten Fall abzuschätzen ist. Als Orientierungshilfe bietet sich an, den Wiederverwendungsgrad als Maßstab für die Abschreibungsdauer von einzelnen Systemteilen eines flexiblen Fertigungssystems heranzuziehen. Für produktungebundene, wiederverwendbare Elemente wäre deren wirtschaftliche Lebensdauer, für produktabhängige Komponenten des Systems entsprechend der geplante Produktionszeitraum der jeweiligen Produkte zu verwenden[161]. Obgleich konkrete Erfahrungen nur vereinzelt vorliegen und Prognosen immer mit Unsicherheiten behaftet sind, deuten bereits einzelne Untersuchungen darauf hin, daß die wirtschaftliche Nutzungsdauer neuer Produktionstechnologien länger ist als bei konventionellen Aggregaten. Dies läßt sich mit der höheren Flexibilität der Anlagen begründen, da diese bei nachfrage-

---

[158] Vgl. D. Schneider, 1987, S. 229.

[159] Mit dem Verschleiß, der sich in einer verminderten Leistung der Anlagen und bzw. oder erhöhten Instandhaltungs- und Wartungsaufwand zeigt, stehen die Instandhaltungskosten in unmittelbarem Zusammenhang. Vgl. H. Wildemann, S. 144.

[160] Oftmals nimmt das zur Verfügung stehende Leistungspotential allein durch den Ablauf der Zeit ab. Nachfrageverschiebungen, technischer Fortschritt oder Fehlinvestitionen können dazu führen, daß die Wirtschaftlichkeit der Betriebsmittel sinkt, obwohl das technische Leistungspotential keine Änderung erfährt.

[161] Vgl. H. Siegwart, F. Raas, 1989, S. 13.

bedingten Produktänderungen eine bessere Anpassung an sich verändernde Produktionsprogramme ermöglicht. So konnte die Audi AG durch Einführung flexibler Fertigungsstrukturen die wirtschaftliche Nutzungsdauer ihrer Anlagen verlängern und somit eine deutliche Reduktion des für einen Modellwechsel erforderliche Investitionsvolumen erreichen[162]. Daneben wirkt sich auch die geringere Kapitalbindung im Umlaufvermögen dämpfend auf den Anstieg der Kapitalkosten aus. In diesem Zusammenhang wird häufig darauf verwiesen, daß durch Investitionen in neue Technologien das Umlaufvermögen reduziert wird, was sich in sinkenden kalkulatorischen Zinsen niederschlägt[163]. Da die Kostenstrukturuntersuchung des Statistischen Bundesamtes allerdings keine kalkulatorischen Zinsen berücksichtigt, ist dieser Aspekt nur in den ausgewiesenen Daten enthalten, sofern die Unternehmen ihr Umlaufvermögen mit Fremdkapital finanzieren.

Neben der Investitionshöhe sowie der Nutzungsdauer hängt die Höhe der Kapitalkosten pro Periode auch von der Verteilung der Abschreibungssummen auf die Perioden ab. Bei Investitionen in neue Technologien dürfte die Wertminderung in den ersten Perioden besonders hoch sein. Zurückzuführen ist dies zum einen auf den rasanten technologischen Fortschritt auf dem Gebiet der Automatisierungstechnik, der trotz der oben genannten Systemflexibilität "zeitbedingte" und "gebrauchsbedingte" Abschreibungen erfordert[164]. Zum anderen werden Computertechnologien im Regelfall als Baustein eines umfassenden Systems gekauft, wodurch mit zunehmendem Spezifitätsgrad der Investition auch eine zunehmende Systembindung geschaffen wird. Beide Entwicklungen führten dazu, daß sich tendenziell die Möglichkeit der Veräußerung neuer Technologien auf dem Sekundärmarkt reduziert, was recht hohe Abschreibungen in den ersten Perioden erfordert[165].

---

[162] Vgl. G. Briel, E. Schulz und G. Weber, 1986, S. 87. Andere Beispiele finden sich bei: K.-P. Zeh, 1984, S. 11; U. Cardaun, 1985, S. 78.

[163] Vgl. Bröll, 1986, S. 12.

[164] Vgl. H. Siegwart, F. Rass, 1991, S. 163 ff.; H.T. Johnson, R.S. Kaplan, 1987, S 216.

[165] Vgl. K. Backhaus, 1992, S. 347 f.

Für einen Bedeutungsgewinn der Kapitalkosten spricht neben den eigentlichen Investitionserfordernissen auch ein erhöhter Bedarf an Werkzeugen[166]. Den Kosten für Werkzeuge und Vorrichtungen kommt vor allem bei flexibel automatisierten Systemen hohe Bedeutung bei, da die Flexibilität und Produktivität der Anlagen durch eine eingeschränkte Werkzeugausrüstung bzw. unzureichende Vorrichtungen eingebüßt wird[167]. Hinsichtlich der Entwicklung der Werkzeugkosten beim Einsatz neuer Fertigungstechnologien lassen die hierzu durchgeführten Untersuchungen einen Anstieg der Kapitalkosten erwarten. So hat der Anteil der Werkzeugkosten an den Gesamtkosten der einzelnen Unternehmen zugenommen, da die erforderlichen Werkzeuge aufgrund der gestiegenen Kapitalbindung zu höheren Kosten führten und das stark wechselnde Fertigungsgeschehen einen erhöhten Werkzeugbedarf erfordert hat. Zudem dürfte den Werkzeugkosten eine immer größere Bedeutung beikommen, da bei ungenügender Überwachung und Instandhaltung der Werkzeuge Mehrkosten durch Stillstands-, Ausschuß- und Nacharbeitungskosten verursacht werden[168].

Insgesamt zeigen diese Ausführungen, daß mit der Einführung einer neuen Technologie verschiedene Einflüsse verbunden sind, die auf die Höhe der Kapitalkosten einwirken. Einerseits lassen die hohen erstmaligen Investitionen bei der Produktionsumstellung einen Bedeutungsgewinn der Kapitalkosten erwarten[169]. Hinzu kommt, daß die EDV gerade in den letzten Jahren einen überwältigenden Siegeszug angetreten hat und die meisten Unternehmen dem "zeitbedingten" und "gebrauchsbedingten" Verschleiß durch Wahl

---

[166] Die in der betrieblichen Kostenrechnung ausgewiesenen Werkzeugkosten (siehe hierzu Fußnote 162) sind angesichts der hohen Kosten für einzelne Werkzeuge im Rahmen der zugrundeliegenden Kostenartengliederung der Kostenartenhauptgruppe "Kapitalkosten" zuzuordnen. In der Automobilindustrie kostet z.B. ein Preßwerkzeug für die Rohkarosseriefertigung bis zu DM 400.000,--. Vgl. F. Raas, 1989, S. 154.

[167] Vgl. P. Knauer, a.a.O., S. 691. In der Untersuchung konnte gezeigt werden, daß flexible Fertigungssysteme sehr träge, unproduktiv und somit unwirtschaftlich sind, wenn sie mit zu geringen Werkzeugen ausgestattet sind. Vgl. u.a. P.J. Sackett und D.J. Cooper, 1985, S. 182; K. Wißler, 1985, S. 86.

[168] Vgl. H. Siegwart und F. Raas, 1991, S. 67; H. Genschow, 1983, S. 693; P.J. Sackett und D.J. Cooper, 1987, S. 183.

[169] Beispielsweise beträgt der durchschnittliche Kapitalbedarf für ein Bearbeitungszentrum 0,65 Mio. DM, für eine (flexible) Fertigungszelle 0,85 Mio. DM und für ein flexibles Fertigungssystem 1,2 Mio. DM. Vgl. Erkes, Schönheit, Wiegershaus, 1988, S. 74.

der degressiven Abschreibungsmethode Rechnung getragen haben[170]. Diese häufig angewandte Abschreibungsmethode spiegelt sich vergleichsweise stark im Aufwand in derselben sowie in den unmittelbar folgenden Perioden wider. Gegen einen Anstieg der Kapitalkosten spricht jedoch die gestiegene Flexibilität der Fertigungsstrukturen. Diese resultiert zum einen aus der Verlängerung der wirtschaftlichen Nutzungsdauer der Anlagen und anderseits aus den in folgenden Perioden zu erwartenden niedrigeren Investitionsvolumina. Da die Quantifizierung dieser einzelnen Effekte jedoch außerordentlich kompliziert ist und zudem erhebliche branchenspezifische Unterschiede bestehen, ist eine abschließende Beurteilung der Kapitalkostenentwicklung mit Unsicherheiten verbunden. Dennoch wird in der Literatur fast einhellig die Ansicht vertreten, daß mit der Einführung der neuen Technologien die Kapitalintensität gestiegen ist[171] und dies insgesamt - trotz der beschriebenen dämpfenden Effekte - zu einem Bedeutungsgewinn der Kapitalkosten geführt hat.

2.1.2.1.3. Veränderung der Materialkosten und der Kosten für Fremdleistungen

Die bereits bei den Personal- und Kapitalkosten diskutierten Ergebnisse zeigen die Schwierigkeiten, branchenübergreifende Tendenzaussagen bezüglich der Kostenentwicklungen bei Einsatz neuer Produktionstechnologien abzuleiten. Dies gilt auch für die Veränderung der Materialkosten und der Kosten für Fremdleistungen, da hier verstärkt gegensätzliche Entwicklungen festzustellen sind. So läßt sich auch in der einzelwirtschaftlichen Literatur keine eindeutige Tendenzaussage über den Saldoeffekt finden. Im folgenden werden kurz die Erkenntnisse verschiedener Untersuchungen skizziert, wobei auch die Energiekosten sowie die Kosten für Drittleistungen berücksichtigt werden, da diese als einzeln ausgewiesene Kostenarten im Rahmen der vorliegenden Untersuchung gesondert betrachtet werden.

Bei den Kosten für Fertigungsmaterial sind einerseits Einsparungen zu erwarten, da der Materialverbrauch durch technologisch bessere Anlagen und

---

[170] Vgl. Bröll, 1986, S. 12; Görgel, 1992, S. 57; Heinrich, Adenau, 1992, S. 15 f.; Rayner, 1987, S. 122.

[171] So ergab eine Untersuchung des Instituts der deutschen Wirtschaft, daß die Kapitalausstattung pro Arbeitsplatz im Jahre 1992 inflationsbereinigt mehr als dreimal so hoch war wie vor 30 Jahren.

einer besseren Materialausnutzung zurückgeht[172]. Bei einer reibungslosen Einführung des CIM-Konzeptes und einer bedarfssynchronen Beschaffung wird der Materialfluß auf allen Ebenen der Wertschöpfungskette optimiert, da zwischen den Lieferanten und den unternehmensinternen Bereichen eine datentechnische Verbindung aufgebaut werden kann. Dadurch lassen sich verspätete Bereitstellungen und damit verbundene Mehrkosten aufgrund zusätzlicher Beschaffungsprozesse bzw. Eilbestellungen vermeiden[173]. Andererseits muß das eingesetzte Produktionsmaterial qualitativ höheren Anforderungen genügen, da die Maschinen nur bei hoher Qualität der Inputfaktoren einwandfrei arbeiten und ein Ausfall komplexer, verketteter Produktionssysteme infolge qualitativ minderwertigen Materials zu hohen Folgekosten führen kann. Dieser Aspekt isoliert betrachtet läßt insofern einen Anstieg der Materialkosten erwarten[174].

Bezüglich der Energiekosten konnte festgestellt werden, daß sich durch den Einsatz flexibler Fertigungstechnologien gegenüber konventionellen Produktionsanlagen und Aggregaten der Serienfertigung Einsparungen erzielen lassen[175]. Dieses Ergebnis ist beispielsweise auf den Neuheitsgrad der Technologien zurückzuführen, da der Energiebedarf neuerer Fertigungssysteme u.a. durch Abschaltbetrieb tendenziell gesenkt wird.

Entscheidend für die Wirtschaftlichkeit von flexiblen Fertigungssystemen ist eine möglichst hohe Verfügbarkeit der Anlagen. Da sich aufgrund der engen Verkettung der Anlagen Ausfälle einzelner Teilsysteme auf die Gesamtverfügbarkeit des Fertigungssystems auswirken, werden die Instandhaltungsmaßnahmen für die Rentabilität der kapitalintensiven Produktionsanlagen immer bedeutsamer[176]. Im allgemeinen wird aus der Verbreitung EDV-gesteuerter Fertigungsanlagen der Schluß gezogen, daß immer höhere Wartungs- und Instandhaltungsaufwendungen erforderlich werden und somit

---

172 Vgl. K. Daube, 1993, S. 138.

173 Zu den Ursachen und Bestandteilen von Fehlmengenkosten im Beschaffungs- und Absatzbereich. Vgl. J. Weber, 1987, S. 14 und 16.

174 Vgl. B. Kaluza, 1991, S. 171.

175 Vgl. J. Platt, 1987, S. 164.

176 Als Beispiel seien hier die in den automatisierten Fertigungssystemen integrierten EDV-Anlagen angeführt, die einer ständigen Wartung und Kontrolle bedürfen. Vgl. J. Platt, 1987, S. 150.

auch der Anteil der Fremdinstandhaltung zunehmen wird[177]. Im Rahmen dieser Arbeit wird jedoch berücksichtigt, daß die "Kosten für Dienstleistungen" der Kostenartengruppe "Kosten für bezogene Leistungen" zugeordnet sind. Daher werden die gestiegenen Wartungs- und Instandhaltungsaufwendungen nur zu einem Anstieg der "Kosten für bezogene Leistungen" führen, wenn die Unternehmen für diese Arbeiten kein eigenes Personal vorhalten.

2.1.2.2. Qualitätsbedingte Kostenstrukturänderungen

Durch die Einführung der zuvor beschriebenen Instrumente des betrieblichen Qualitätsmanagements ("Quality Function Deployment", "Failure Mode and Effects Analysis" und "Statistical Process Control") entstehen den Unternehmen Qualitätskosten für die Maßnahmen der Fehlerverhütung und der Qualitätssicherung[178]. Mit den qualitätssichernden Verfahren wird insgesamt versucht, interne Fehler zu reduzieren, externe Fehlerquellen frühzeitig aufzudecken und somit die Kosten in Entwicklung, Herstellung und Absatz zu reduzieren.

Gemessen am Umsatz betrug der Anteil der gesamten Qualitätskosten in den deutschen Industrieunternehmen während der ersten Hälfte der achtziger Jahre rund 5 %. Die größte Bedeutung hatten die Prüfkosten mit ca. 2,5 % vom Umsatz, während die Fehlerverhütungskosten einen Anteil von 0,5 % erreichten. Obwohl in den letzten Jahren die Frage diskutiert wurde, ob sich durch einen Mehraufwand an "präventiven" Maßnahmen zur vorzeitigen Fehlerverhütung nicht eine Reduktion der Kosten für interne und externe Fehler sowie für Bewertung und Prüfung erreichen läßt[179], legen die Unternehmen auch derzeit noch ihre Schwerpunkte auf die Prüfkosten. Im folgenden werden zunächst die beiden zentralen Kategorien von Qualitätskosten, die Prüfkosten und die Fehlerverhütungskosten, dargestellt. In einem zweiten Schritt werden aus diesen Überlegungen Rückschlüsse auf mögliche Kostenstruktureffekte abgeleitet.

---

[177] Vgl. K. Daube, 1993, S. 139; Kaluza, 1991, S. 171; Wildemann, 1987, S. 140 f.

[178] Vgl. hierzu die Ausführungen bei T.M. Fischer, 1993, S. 171 ff.

[179] Vgl. K.J. Zink, 1989a, S. 13. Diese Überlegungen weisen auf die Existenz eines qualitätsbezogenen Kostenoptimums hin: Vgl. F.J. Brunner, 1988, S. 41; C. Dowd, 1988, S. 38; W.J. Morse, K.M. Poston, 1990, S. 371 f.

Fehlerverhütungskosten beruhen auf vorbeugenden Maßnahmen zur Planung und Steuerung der Qualitätssicherung. Eine exakte Abgrenzung der einzelnen Kostenarten, die unter diese Kostengruppe subsumiert werden können, ist in der Praxis jedoch problematisch, da die Unternehmen Ermessensspielräume bei der Definition ihrer Fehlerverhütungskosten haben. Kosten für vorbeugende Maßnahmen der Qualitätssicherung können im Unternehmen aufgrund von folgenden Aufgaben entstehen[180]: Leitung der qualitätssichernden Organisationseinheiten, Prüfplanung, Qualitätsschulung und Qualitätsförderprogramme sowie eine Qualitätsplanung. Die gestiegene Produktkomplexität und die Vernetzung von Einzelgeräten zu Gesamtsystemen haben dazu geführt, daß die Anzahl der jeweiligen Fehlerursachen deutlich angestiegen ist[181]. Die Bedeutung von vorbeugenden Maßnahmen in der betrieblichen Qualitätssicherung wird aus diesem Grund weiter zunehmen, denn eine Erhöhung der Fehlerverhütungskosten bewirkt im allgemeinen Verbesserungen der Produkt- und/oder Prozeßqualität. Daraus resultiert gleichzeitig ein Rückgang der Prüf- und Fehlerkosten.

Im Rahmen der Prüfkosten werden alle Aufwendungen ausgewiesen, "die das Ziel haben, die Funktion von Erzeugnissen und Abläufen zu beurteilen bzw. die Übereinstimmung eingekaufter oder selbst erstellter Erzeugnisse mit den festgelegten Qualitätsforderungen zu prüfen und zu bewerten"[182]. Als Bestandteile der Prüfkosten können angesehen werden[183]:

- Kapital-, Betriebs- und Raumkosten der Prüf- und Meßeinrichtungen,
- Bedienung und Überwachung der Prüfeinrichtungen,
- Aufbau und Instandhaltung der Prüfeinrichtungen.

Der gestiegene Automatisierungsgrad hat dazu geführt, daß eine exakte Abgrenzung zwischen Prüfkosten und Fehlerverhütungskosten nicht immer eindeutig vorzunehmen ist. In vielen Unternehmen sind heute mehrstufige Zwischenprüfungen systematisch in den Fertigungsprozeß integriert. Wenn das Prüfergebnis eines bestimmten Produktmerkmals die vorgegebenen Toleranzen über- oder unterschreitet, ermöglicht die fortlaufende Überwachung

---

[180] Vgl. K. Bär, 1985, S. 493; W. Steinbach, 1985, S. 68 ff.

[181] Vgl. H.A. Füller, 1991, S. 12/1; T.M. Fischer, 1993, S. 172.

[182] Vgl. A. Diebel, S. Niemand, A. Renner, O. Ruthsatz, 1990, S. 123.

[183] Vgl. K. Bär, 1985, S. 493; W. Steinbach, 1985, S. 34 ff.

aller Arbeitsgänge das sofortige Ergreifen korrigierender Maßnahmen. Dieses war früher erst nach dem Auftreten eines Fehlers in der Endkontrolle möglich. Insofern besteht zwischen der Entwicklung von Prüf- und Fehlerverhütungskosten eine großer Zusammenhang, denn je weniger Endkontrollen durch eine Prozeßbeherrschung erforderlich werden, desto stärker gehen auch die Prüfkosten zugunsten der Fehlerverhütungskosten zurück[184].

Damit das "Know-How" der Mitarbeiter über eine verbesserte Leistungserstellung mit in die Produkte einfließen kann, müssen die Unternehmen ihre Schwerpunkte auf Schulung und Motivation der Mitarbeiter zählen[185]. Hierzu zählen beispielsweise die Aus- und Weiterbildung in Moderations- und Kreativitätstechniken sowie in statistischen Grundlagen der Qualitätssicherung, denn ein erfolgreiches Qualitätsmanagement kann nur mit motivierten Mitarbeitern gelingen. Zur Mitarbeitermotivation bieten sich z.B. identifikationsfördernde Arbeitsstrukturen und ein erfolgsorientiertes Lohnsystem an. Qualitätsfördernd wirkt sich darüber hinaus auch die Einführung von Teamkonzepten aus wie z. B. die Partizipation in Lernstatt-Gruppen, Quality Circles und Ideen-Wettbewerbern. Die Realisierung des betrieblichen Qualitätsmanagements hat insofern zur Folge, daß sich die Qualifikation der Mitarbeiter erhöht und Veränderungen in den Anreizsystemen in Form der Entgeltung des Personals ergeben, was tendenziell zu einer Erhöhung des Personalkostenanteils geführt haben wird.

Neben diesen personellen Voraussetzung erfordert die Umsetzung des betrieblichen Qualitätsmanagements auch entsprechende technische Rahmenbedingungen. Für den Bereich der Produktionstechnik ergeben sich beispielsweise die Forderungen, eine ausgereifte Automatisierungstechnik einzusetzen sowie bei Auftreten von Störungen die Produktion bis zur Beseitigung des Fehlers anzuhalten. Im Prüfbereich bietet sich der Einsatz neuer Verfahren vor allem in der Meß- und Prüftechnik sowie für die Datenerfassung und -auswertung an. Unter dem Oberbegriff "Computer Aided Quality Assurance (CAQ)" werden dv-technische Integrationsmöglichkeiten zusammengefaßt, mit denen eine rechnerunterstützte Selbstkontrolle in Verbindung mit einem geeigneten Rückmeldesystem im Unternehmen aufgebaut werden könnte. Durch diese Maßnahmen dürften insgesamt auch die Kapitalkosten an Bedeutung gewonnen haben.

---

[184] Vgl. A. Diebel, S. Niemand, A. Renner, O. Ruthsatz 1990, S. 124.

[185] Vgl. T.M. Fischer, 1993, S. 122.

2.2. Unternehmensexterne Ursachen der Kostenstrukturentwicklung

Ausgehend von der Erkenntnis, daß das Vordringen neuer Fertigungsverfahren sowie die Einführung neuer Organisationsformen alle Bereiche der Unternehmen berührt hat, wurde im vergangenen Kapitel der Einfluß dieser internen Veränderungen im Hinblick auf die Kostenstrukturen untersucht. Zwar ließen sich gewisse Grundlinien aufzeigen, doch wurde eine branchenübergreifende Beurteilung dadurch erschwert, daß in den vergangenen Jahren neben den internen Rationalisierungsbemühungen auch verschiedene exogene Determinanten auf die Kostenstrukturen der Unternehmen einwirkten. Da die Zahl von Produktionsstufen bzw. die Intensität der Umwandlung eines Produktes in den einzelnen Wirtschaftszweigen unterschiedlich sind, ist zu erwarten, daß die exogenen Faktoren mehr oder weniger stark zum Tragen kamen. Ziel dieses Kapitels ist es, wesentliche unternehmensexternen Determinanten zu beschreiben und eine Beurteilung im Hinblick auf ihre Kostenstrukturrelevanz vorzunehmen.

Während die internen Determinanten im wesentlichen durch das Unternehmen selbst gegeben und beeinflußbar sind, sind unternehmensexterne Einflußfaktoren im Umfeld angesiedelt und stecken einen Rahmen ab, innerhalb dessen das Unternehmen agiert. Zwar können diese Bedingungen nicht in jedem Fall als unbeeinflußbar angesehen werden, doch ist beispielsweise die Wahl einer Branche bzw. die Entscheidung zur Errichtung einer Produktionsstätte für ein Unternehmen von überwiegend konstitutiver Art, und, ausgehend von der einmal getroffenen Entscheidung, als nur bedingt kontrollierbarer Parameter anzusehen[186]. Die Gesamtheit der externen Einflußfaktoren, die sich unter den allgemeinen Begriff "Umwelt" subsumieren lassen, beschreiben die ökonomischen, technologischen, rechtlich-politischen, sozio-kulturellen und physischen externen Komponenten, die das Handeln von Organisationsmitgliedern beeinflussen. Nach Kieser/Kubicek kann das Umfeld (Umwelt) als unendliche Menge externer Elemente verstanden werden[187]. Da diese Unendlichkeit jedoch die Herausarbeitung aller denkbaren exogenen Variablen verhindert, wird die unendliche Menge von Kontextfaktoren zur Operationalisierung im folgenden eingegrenzt.

Dazu wird von der Bestimmungsgleichung der Kosten als dem Produkt aus Faktoreinsatzmengen und Faktorpreisen ausgegangen, wobei die an den Be-

---

[186] Vgl. E. Heinen, 1978a, S. 41 ff.

[187] Vgl. A. Kieser, H. Kubicek, 1983, S. 215 ff.

schaffungsmärkten zu entrichtenden Faktorpreise als exogene Einflußgrößen zu beurteilen sind. Demgegenüber können die Faktoreinsatzmengen als mittelbare Größen angesehen werden, die ihrerseits von Einflußgrößen abhängen, welche vom Unternehmen beeinflußbar (z.B. durch Betriebserweiterungen) oder nicht beeinflußbar (z.B. durch gesetzliche Regelungen) sind. Von zentraler Bedeutung für die Höhe der Faktoreinsatzmengen ist aber die Entwicklung der Faktorpreise, da Unternehmen ihre Faktoreinsatzverhältnisse aufgrund veränderter Faktorpreisrelationen variieren[188].

Unter Berücksichtigung der ökonomischen (z.B. Produktionstechnik) und institutionellen (z.B. Kündigungsschutz) Restriktionen ist zu erwarten, daß Unternehmen denjenigen Produktionsfaktor tendenziell substituieren, der die höchste Preissteigerung erfahren hat bzw. erfahren wird. Kommt es zu diesen rationalen Anpassungsmaßnahmen, so sind bei einer Kostenart zwei gegenläufige Effekte zu erwarten: einerseits wird die Nachfrage nach dem Produktionsfaktor reduziert, der sich relativ verteuert hat, was für einen Bedeutungsverlust der betrachteten Kostenart führt. Andererseits spricht der relativ gestiegene Faktorpreis für einen Bedeutungsgewinn der relevanten Kostenart.

Ob diese Effekte eine Veränderung der Kostenstrukturen bewirken, hängt entscheidend von der Substitutionselastizität eines Produktionsfaktors bzw. von der Kreuzpreiselastizität der Produktionsfaktoren untereinander ab[189]. Die Substitutionselastizität gibt an, wie stark die Unternehmen die Faktornachfrage an die Veränderung der relativen Preise anpassen. Hierbei ist jedoch zu berücksichtigen, daß nicht alle Änderungen im Faktorverbrauch unmittelbar mit der Faktorpreisentwicklung zusammenhängen. Im Wachstumsprozeß ändert sich die Produktionsstruktur und dies hat Rückwirkungen auf den Faktoreinsatz. So wird die Zunahme der dispositiven Tätigkeiten in einem Unternehmen die Energieintensität des Gesamtunternehmens vermindern. Ähnliches tritt ein, wenn innerhalb des Verarbeitenden Gewerbes jene Industriezweige, die besonders energie- und stromintensiv produzieren, aus Gründen, die mit der Energieverteuerung nichts zu tun haben, an Gewicht

---

[188] Diese Tatsache kommt in der derzeit aktuellen Diskussion über die Ursachen der hohen Arbeitslosigkeit in Deutschland zum Ausdruck. In dieser Debatte werden die Steigerungsraten der Personal- und Personalzusatzkosten - verstanden als Preis des Faktors Arbeit - sowie ihr hohes relatives Niveau als Argument angeführt, die einer spürbaren Expansion der Beschäftigung entgegenstehen.

[189] Vgl. zum Elastizitätskonzept z.B. K. Lancaster, 1987, S. 40 ff.

verlieren. Daher muß der Faktorverbrauch und die Faktorpreisentwicklung nicht umgekehrt (proportional) verlaufen und Substitutionseffekte brauchen infolge der Faktorpreisentwicklung nicht zwangsläufig vorzuliegen.

Da in dieser Arbeit nicht auf die vielschichtigen Ursachen einer veränderten Faktornachfrage eingegangen werden kann[190], wird an den "Ergebnissen" der Anpassungen angeknüpft. Im folgenden Abschnitt 2.2.1. wird für die wichtigsten Kostenarten untersucht, wie sich die relativen Faktorpreise in der Betrachtungsperiode verändert haben und welche Anpassungen der Unternehmen - gemessen am Faktoreinsatz - erfolgten. Da die Faktorpreise als exogene Einflußfaktoren zu beurteilen sind und somit weitgehend für alle Unternehmen Gültigkeit hatten, wird in den empirischen Befunden nicht nach möglichen sektoralen und unternehmensgrößenspezifischen Preisunterschieden differenziert. Obgleich es wünschenswert wäre, möglichst alle Kostenarten in die Analyse einzubeziehen, müssen zwangsläufig die Faktoren ausgeklammert werden, über die keine ausreichenden statistischen Informationen vorliegen. Dies gilt vor allem für die in den Unternehmen eingesetzten Materialien, da diese hinsichtlich Beschaffenheit und Preis recht heterogen sind. Zudem würde eine Berücksichtigung aller Einzelkosten den Rahmen der Untersuchung an dieser Stelle sprengen, so daß sich die folgende Analyse auf die Produktionsfaktoren "Arbeit", "Kapital" und "Energie" konzentriert.

Um trotz der fehlenden statistischen Informationen im Bereich der Materialkosten einen Anhaltspunkt zur Entwicklung des Materialkostenanteils zu erhalten, werden in Abschnitt 2.2.2. außenwirtschaftliche Einflüsse dargestellt, da diese vor allem die Faktorpreise für den Produktionsfaktor "Material" berühren. Dadurch ist, trotz der fehlenden statistischen Informationen über den Faktoreinsatz, eine Vermutung über die Entwicklung des Materialaufwands in den Unternehmen möglich.

Neben den Einflüssen der Faktorpreisentwicklung ist die konjunkturelle Entwicklung als weitere wichtige exogene Determinante zu nennen, die einen Einfluß auf die Kostenstrukturen ausübt. Dies gilt insbesondere in konjunkturellen Abschwungphasen, da die Unternehmen aufgrund institutioneller Rahmenbedingungen nicht alle Kostenarten im Gleichschritt mit der rückläufigen Beschäftigung reduzieren können. Da innerhalb der Betrachtungsperiode zwei Konjunkturzyklen lagen, wird in Abschnitt 2.2.3. der

---

[190] Vgl. hierzu z.B. K.-D. Schmidt et al., 1984, S. 33 ff.

Frage nachgegangen, welche Kostenstrukturverschiebungen in den einzelnen Phasen aufgrund institutioneller Restriktionen zu erwarten sind.

2.2.1. Entwicklung von Faktoreinsatz und Faktorpreisen im Verarbeitenden Gewerbe

Im folgenden wird die Entwicklung von Einsatzmengen und Preisen der Produktionsfaktoren "Arbeit", "Kapital" und "Energie" im Verarbeitenden Gewerbe während der Betrachtungsperiode untersucht. Um Aussagen über die Substitutionselastizität zu erhalten, wird zunächst jeder Faktor isoliert betrachtet. Im Anschluß daran (Unterpunkt 2.2.1.4.) werden Faktorpaare gebildet, um die Entwicklung von Faktoreinsatzrelationen und relativen Faktorpreisen (Kreuzpreiselastizitäten) darzustellen. Da die Ermittlung der Faktorpreise bzw. der Faktoreinsatzmengen empirische und konzeptionelle Probleme mit sich bringt, wird jedem Abschnitt zunächst eine Abgrenzung und Definition des jeweiligen Faktorpreises bzw. der entsprechenden Faktornachfrage vorangestellt. Während im vierten Teil der Arbeit die eigentliche Kostenstrukturuntersuchung vorgenommen wird, können die nachfolgenden Ausführungen als vorbereitende "Ursachenforschung" verstanden werden. Insofern wird an dieser Stelle auch nicht auf die Kostenstrukturerhebung, sondern auf zusätzliche Statistiken zurückgegriffen, so daß teilweise andere Abgrenzungen als in der eigentlichen Kostenstrukturuntersuchung erforderlich werden[191]. In den folgenden Tabellen wird die Entwicklung des Faktorpreises und der Faktornachfrage dargestellt. Dazu sind oftmals Nebenrechnungen erforderlich, die von den zentralen Datenreihen dadurch zu unterscheiden sind, daß letztere mit einem Schatten hinterlegt sind.

2.2.1.1. Arbeitseinsatz und Preis des Faktors Arbeit

In einem marktwirtschaftlichen System besteht ein enger Zusammenhang zwischen Beschäftigungsgrad und Lohnniveau. In der Diskussion darüber, wie die Beschäftigungskrise in Deutschland[192] überwunden werden kann, werden zumeist zwei Wege gesehen: Entweder muß die Arbeitsproduktivität

---

[191] Während die Kostenstrukturerhebung keine kalkulatorischen Kostenbestandteile berücksichtigt, knüpft beispielsweise die nachfolgende Ermittlung der Kapitalnutzungspreise an rein kalkulatorische Überlegungen an.

[192] Ende Januar 1996 erreichte die Zahl der Arbeitslosen in Deutschland den Rekordwert von rund 4,3 Millionen. Vgl. o.V., FAZ, 6. März 1996 Nr. 56, S. 15.

bei gegebenen Arbeitskosten erhöht oder es müssen die Arbeitskosten bei gegebener Produktivität gesenkt werden.

Innerhalb der Standortdebatte wird der Fokus häufig auf die Arbeitskosten gerichtet, da diese in den letzten Jahren deutlich gestiegen sind. Vor diesem Hintergrund können auch die folgenden Ausführungen gesehen werden, wobei die Betrachtung an dieser Stelle der Arbeit auf die Entwicklung der Stundenlöhne in der Verarbeitden Industrie konzentriert wird.

2.2.1.1.1. Abgrenzung des Preises für den Faktor Arbeit

Im Mittelpunkt einer geeigneten Definition für den "Preis des Faktors Arbeit" stehen die Funktionen, die der Lohn ökonomisch erfüllt. Einerseits repräsentiert der Lohn für den Arbeitnehmer ein Einkommen. Andererseits ist der Lohn für den Arbeitgeber sowohl Kostenfaktor, der sein Gewinneinkommen beeinflußt, gleichzeitig aber auch Nachfragepotential des Konsumenten, das ebenfalls die Gewinnsituation berührt.

Besteht das Ziel einer Untersuchung darin, die unterschiedliche Entwicklung von Effektiv- und Tariflohn zu analysieren, kann eine Darstellung der einzelnen Lohnbestandteile wie "tarifliche Entgelte für geleistete Arbeit", "tarifliche Zusatzleistungen (wie z.B. Sonderzahlungen und Urlaubsaufwendungen)" sowie "betriebliche Zuschläge und betrieblich vereinbarte bzw. freiwillige Zusatzaufwendungen" erfolgen[193]. Geht es hingegen um die Rolle der Löhne als Einkommen der Beschäftigten kann eine Unterteilung des Einkommens in Brutto- und Nettobetrachtung gewählt werden, da die Sozialversicherungsabgaben und die Lohn- und Kirchensteuern dazu führen, daß aus Sicht der Arbeitnehmer nicht das Brutto-, sondern das Nettoeinkommen maßgeblich ist.

Da in dieser Arbeit jedoch die Bedeutung der Löhne als Kostenfaktor für die Unternehmen untersucht werden soll, wird an dieser Stelle auf eine aggregierte Bruttogröße einschließlich der Lohnnebenkosten abgestellt. Dazu wird auf die Daten des Instituts der deutschen Wirtschaft (IW) zurückgegriffen. Basis dieser Statistik sind die alle vier Jahre stattfindenden Erhebungen des Statistischen Bundesamtes, die letztmalig im Jahr 1992 durchgeführt wurde. Zur Ermittlung von Zahlen für die Zwischenzeiten stellt das IW auf Basis

[193] Die Differenz zwischen Tarif- und Effektivlohn nennt man Niveauspanne. Bekannter ist deren Messung im Zeitablauf durch die Lohndrift. Vgl. zur Definition der Lohndrift: H. Gerfin, 1969, S. 472 ff.; B. Külp, 1965, S. 233 ff.; B. Külp, 1963, S. 170 ff.

jeweils verfügbarer Sekundärstatistiken (z.B. Tarifverträge) Hochrechnungen an.

In den Personalkostenuntersuchungen des IW wird zur Ermittlung der Stundenlöhne zwischen Direktentgelt und Personalzusatzkosten differenziert. Zur Berechnung des Direktentgelts wird auf das rechnerische Entgelt für die tatsächlich geleistete Arbeit, und nicht auf das laufende Bruttoeinkommen, abgestellt. Während diese Größe für Arbeiter - die zumeist nach den geleisteten Arbeitsstunden entlohnt werden - direkt erhoben werden kann, werden bei den Angestellten vom Jahresbruttoverdienst die Sonderzahlungen i.w.S. (Abschlußvergütungen, Weihnachts-/Urlaubsgeld, vermögenswirksame Leistungen etc.) sowie das anteilige Entgelt für arbeitsfreie Tage (Urlaub, Krankheit, Feiertage usw.) abgezogen[194]. Der verbleibende Basisbetrag ist daher geringer als die Summe der laufenden Bruttomonatseinkommen[195].

Während die Berechnung der Direktentgelte der Methodik wichtiger nationaler und internationaler Organisationen (z.B. Internationale Arbeitsorganisation (ILO), Statistisches Amt der Europäischen Gemeinschaften) entspricht, unterscheidet sich der Ausweis der Personalnebenkosten nach Abgrenzung des IW in einem zentralen Punkt von anderen Erhebungen. Im Gegensatz zu einzelnen Verbänden (z.B. "Gesamtverband metallindustrieller Arbeitgeberverbände", "Verband Deutscher Maschinen- und Anlagenbau" sowie "Gesamtverband der deutschen Metallgießereien") berücksichtigt das IW auch Aufwendungen zur betrieblichen Altersversorgung und subsumiert diese unter den Punkt "tarifliche und betriebliche Personalzusatzkosten". Neben den Aufwendungen zur betrieblichen Altersversorgung beinhaltet dieser Posten noch Aufwendungen für Urlaub einschließlich Urlaubsgeld, Sonderzahlungen (z.B. Gratifikationen und 13. Monatsgehalt), vermögenswirksame Leistungen sowie sonstige Personalzusatzkosten. Die andere Rubrik der Personalzusatzkosten, die "Gesetzlichen Personalzusatzaufwendungen" umfassen die Sozialversicherungsbeiträge der Arbeitgeber, bezahlte Feiertage, Entgeltfortzahlungen und sonstige Kosten[196].

---

194 Vgl. H. Salowsky, 1988.

195 Da die Personalzusatzkosten auf diese niedrigere Basis bezogen werden, weichen die Zuschlagsprozentsätze entsprechend von den aus der betrieblichen Praxis gewohnten Sätze ab.

196 Zur Gliederung der Personalzusatzkosten nach Abgrenzung des IW: Vgl. H.-D. Sauer, 1995, S. 439

2.2.1.1.2. Abgrenzung des Arbeitseinsatzes

Während die Entwicklung der Arbeitskosten von verschiedenen Institutionen analysiert wird, liegen über die Arbeitseinsatzmengen - verstanden als die Arbeitsstunden der Beschäftigten - nur vereinzelte Informationen vor. Darüberhinaus beziehen sich die spärlichen Informationen auf den gesamten Unternehmenssektor, so daß in der amtlichen und nichtamtlichen Statistik der Bundesrepublik keine gesicherten Informationen über die Arbeitseinsatzmengen der Unternehmen des Verarbeitenden Gewerbes vorliegen.

Insofern müssen die Arbeitseinsatzmengen aus den vorhandenen Basisdaten abgeleitet werden, wobei es gilt, die zwangsläufig auftretenden Ungenauigkeiten zu minimieren. Als mögliche Datenbasis kommen die Berechnungen des Deutschen Institut für Wirtschaftsforschung (DIW) und alternativ die Darstellungen des Sachverständigenrats in Betracht. Beide Institutionen weisen seit Beginn der sechziger Jahre Arbeitsvolumina in unterschiedlicher Form aus.

Bei den jährlichen Untersuchungen des DIW wird das Arbeitsvolumen für die Gesamtwirtschaft erhoben und als bezahlte bzw. geleistete Stunden ausgewiesen. Aus diesen Ausweisen könnte das Arbeitsvolumen des Verarbeitenden Gewerbes geschätzt werden, indem der Anteil der Bruttowertschöpfung des Verarbeitenden Gewerbes an der Wertschöpfung der Gesamtwirtschaft als Gewichtungsgröße herangezogen wird. Allerdings würde dabei unterstellt werden, daß in allen Sektoren mit der gleichen Kapitalintensität produziert wird, was aufgrund der Heterogenität der deutschen Wirtschaft eine höchst unrealistische Annahme wäre.

Die Ausweise des Sachverständigenrates haben hingegen den Vorteil, daß sie stärker auf das Verarbeitende Gewerbe abzielen. Allerdings weist auch der Sachverständigenrat keine Zahlen über die Beschäftigtenstunden im Verarbeitenden Gewerbe aus. Hingegen wird für das Verarbeitende Gewerbe die Zahl der Arbeiter und die Gesamtzahl der Beschäftigten veröffentlicht, so daß der Anteil der Arbeiter an der Gesamtzahl der Beschäftigten errechnet werden kann. Dabei zeigt sich, daß sich der Anteil der Arbeiter im Untersuchungszeitraum kontinuierlich von 71 Prozent im Jahre 1977 auf 65 Prozent im Jahre 1993 reduziert hat. Neben diesen Angaben werden für das Verarbeitende Gewerbe die Daten der von Arbeitern geleisteten Arbeitsstunden ausgewiesen. Unter der Annahme, daß sich die Beschäftigtenrelation zwischen Arbeitern und Angestellten auf die Arbeitsstunden übertragen läßt, kann die Gesamtzahl der geleisteten Beschäftigtenstunden ermittelt werden. Dabei wird unterstellt, daß Arbeiter und Angestellte die gleiche wöchentliche Stundenzahl leisten, was aufgrund der branchenspezifischen Unterschiede bezüglich der tarifvertraglich festgelegten Arbeitszeit nicht immer zutrifft. Allerdings bleibt der Schätzfehler vergleichsweise gering, da die Arbeiter - und somit der statistisch gesicherte Anteil der Beschäftigtenstunden - auch 1993 noch den Großteil der Beschäftigten im Verarbeitenden Gewerbe repräsentierten.

2.2.1.1.3. Der empirische Befund

Im Verarbeitenden Gewerbe ist der nominale Stundenlohn je Beschäftigten seit 1977 kontinuierlich gestiegen und hat sich in der Betrachtungsperiode von 18,48 DM auf 42,70 DM mehr als verdoppelt (Vgl. Tab. 6 auf der folgenden Seite). Während sich die Direktentgelte in dieser Zeit etwa verdoppelt haben, sind die Personalzusatzkosten wesentlich stärker gestiegen. Im Jahr 1992 erreichte die Zusatzkosten-Quote, d.h. der Anteil an den Direktentgelten, den Höchststand von 86 Prozent[197]. Der Anstieg der direkten Löhne, der im wesentlichen das Ergebnis der Vereinbarungen zwischen den Tarifvertragsparteien widerspiegelt, hat sich seit Mitte der achtziger Jahre etwas verlangsamt. Dies ist vor allem auf das veränderte gesamtwirtschaftliche Umfeld zurückzuführen, das den Abschluß vergleichsweise niedrigerer Nominallohnerhöhungen ermöglichte: seit Mitte des letzten Jahrzehnts hat sich der Anstieg der Verbraucherpreise spürbar verlangsamt, da eine längere Periode gesamtwirtschaftlicher Spannungen beendet war. In den Jahren zuvor verminderten zwei Ölpreisschübe (Kaufkraftabschöpfung aufgrund importierter Inflation) sowie eine ausgeprägte Abfolge von realer Aufwertung (bis 1979), realer Abwertung (bis 1985) den Einkommensspielraum der Arbeitnehmer. Zur Kompensation der damit verbundenen Belastungen konnten die Gewerkschaften vergleichsweise hohe Nominallohnsteigerungen erzielen, zumal ihre Verhandlungsposition angesichts der wesentlich niedrigeren Zahl an Erwerbslosen günstiger war als in den neunziger Jahren.

---

[197] Das IW hat die Berechnung der Personalzusatzkosten 1993 den internationalen Gepflogenheiten angepaßt. Ebenso wie die amtliche Statistik stellt das Institut nunmehr auf Unternehmen mit mindestens 10 Beschäftigten ab (vorher mindestens 50 Arbeitnehmer). Das hat im Hinblick auf die ausgewiesene Quote der Personalzusatzkosten - gemessen an den bisherigen Ergebnissen - einen Niveausprung nach unten zur Folge. Vgl. E. Hemmer, 1994.

Tab. 6: Arbeitskosten und Arbeitseinsatz im Verarbeitenden Gewerbe zwischen 1977 und 1993

Jahr	1977	1978	1979	1980	1981	1982	1983	1984	1985	1986	1987	1988	1989	1990	1991	1992	1993
Nominallohn je Std.**	**18,48**	**19,66**	**21,1**	**23,4**	**24,6**	**26,1**	**27,4**	**28,3**	**29,7**	**31,4**	**32,7**	**34,2**	**35,74**	**37,9**	**39,95**	**41,96**	**42,67**
davon: Direktentgelt**	10,72	11,59	12,5	13,4	14	14,8	15,3	15,6	16,3	17	17,7	18,5	19,29	20,4	21,28	22,5	23,44
davon: Personalzusatzkosten**	7,76	8,07	8,68	10	10,6	11,3	12,2	12,7	13,3	14,4	15	15,7	16,45	17,5	18,67	19,46	19,23
Personalzusatzkosten in % am Direktentgelt	72,4	69,6	69,7	75,1	75,5	76,7	79,8	81,2	81,7	84,6	84,6	85,1	85,3	85,4	87,7	86,5	82,0
Beschäftigtenstunden im Verarb. Gew.***	**13,0**	**12,7**	**12,7**	**12,6**	**12,1**	**11,6**	**11,2**	**11,1**	**11,2**	**11,3**	**11,2**	**11,2**	**11,4**	**11,6**	**11,6**	**11,3**	**10,2**
Beschäftigte (Verarbeitendes Gewerbe)*	**7392**	**7350**	**7379**	**7428**	**7254**	**6993**	**6700**	**6637**	**6731**	**6853**	**6850**	**6844**	**7031**	**7238**	**7349**	**7177**	**6661**
darunter Arbeiter (Verarbeitendes Gewerbe)*	**5240**	**5192**	**5208**	**5224**	**5041**	**4811**	**4576**	**4530**	**4598**	**4677**	**4641**	**4614**	**4741**	**4889**	**4943**	**4763**	**4336**
Grundstoff- und Produktionsgütergewerbe*																	
Beschäftigtenstunden***	2,77	2,70	2,68	2,67	2,55	2,42	2,35	2,34	2,30	2,27	2,22	2,19	2,19	2,19	2,16	2,11	1,92
Beschäftigte*	1570	1542	1532	1544	1502	1448	1394	1372	1368	1365	1344	1337	1350	1365	1371	1343	1257
darunter Arbeiter*	1078	1052	1048	1053	1011	962	919	899	895	888	866	855	862	870	868	839	771
Investitionsgüterproduzierendes Gewerbe*																	
Beschäftigtenstunden***	6,50	6,38	6,43	6,40	6,20	5,99	5,78	5,74	5,93	6,09	6,00	6,15	6,29	6,42	6,39	6,21	5,56
Beschäftigte*	3734	3732	3765	3810	3752	3655	3511	3488	3600	3732	3758	3758	3878	4007	4050	3947	3632
darunter Arbeiter*	2591	2580	2599	2621	2549	2463	2347	2331	2416	2505	2501	2487	2570	2661	2673	2568	2315
Verbrauchsgüterproduzierendes Gewerbe*																	
Beschäftigtenstunden***	2,76	2,71	2,69	2,64	2,47	2,32	2,24	2,21	2,17	2,15	2,12	2,14	2,19	2,22	2,24	2,17	1,96
Beschäftigte*	1592	1585	1593	1583	1512	1418	1341	1327	1317	1314	1306	1308	1348	1388	1419	1381	1282
darunter Arbeiter*	1240	1233	1235	1225	1159	1076	1013	1005	996	994	985	983	1011	1041	1061	1020	930
Nahrungs- u. Genußmittelgewerbe*																	
Beschäftigtenstunden***	0,95	0,93	0,92	0,91	0,90	0,87	0,84	0,83	0,82	0,80	0,80	0,72	0,74	0,77	0,80	0,80	0,75
Beschäftigte*	496	491	489	491	488	472	454	450	446	442	442	441	455	478	509	506	490
darunter Arbeiter*	331	327	326	325	322	310	297	295	291	290	289	289	298	317	341	336	320

Quelle der Basisdaten: iw-trends, lfd. Jahrgänge; Sachverständigenrat, 1994, S. 396 ff.; eigene Berechnungen; teilweise geschätzt

*) in 1000; **) in DM; ***) in Mrd. Std.

Das deutliche Wachstum der Personalzusatzkosten ist vor allem auf den Anstieg der gesetzlichen Sozialabgaben zurückzuführen. An die drei großen Sozialversicherungszweige (Renten-, Kranken- Arbeitslosenversicherung) waren in Westdeutschland im Jahre 1993 von den Unternehmen und Arbeitnehmern Beiträge in Höhe von 37,5 Prozent der versicherungspflichtigen Entgelte zu entrichten[198], während zu Beginn des Untersuchungszeitraums 32,5 Prozent der Arbeitsentgelte in Form von Sozialabgaben abgeführt werden mußten. Am stärksten hat sich in der Betrachtungsperiode der Beitragssatz zur Bundesanstalt für Arbeit - um 3,5 Prozentpunkte auf zuletzt 6,5 Prozent - erhöht. Dabei konzentrierten sich die Anhebungen auf die letzten zehn Jahre, in denen die Arbeitslosigkeit auf das heutige Niveau gestiegen ist und die strukturelle Arbeitslosigkeit in Ost-Deutschland nach der Wiedervereinigung finanziert werden mußte. Die Krankenversicherungsbeiträge sind demgegenüber vergleichsweise stabil geblieben und wurden nur um insgesamt 1,9 Prozentpunkte auf 13,4 Prozent angehoben. Während die Beitragssätze bis zur ersten Hälfte der achtziger Jahre konstant blieben, sind die Kosten zwischen 1985 und 1988 enorm gewachsen. Erst die Verabschiedung des Gesundheitsreformgesetzes im Jahre 1988 führte zu einer Drosselung des Ausgabenanstiegs und ermöglichte eine Konstanz der Beitragssätze. In der Rentenversicherung lag der Beitragssatz 1993 mit 17,5 Prozent sogar 0,5 Prozentpunkte unter dem Stand des Jahres 1977. Ermöglicht wurde die Beitragssatzsenkung vor allem durch die Rentenreform des Jahres 1992, die den Rentenkassen eine spürbare Entlastung brachte.

Bei den geleisteten Beschäftigtenstunden verlief die Entwicklung entgegengesetzt: in den Unternehmen des Verarbeitenden Gewerbes ist der Arbeitseinsatz kontinuierlich gesunken und lag am Ende des Untersuchungszeitraums rund 22 Prozent unter dem Anfangswert. Gleichzeitig reduzierten die Unternehmen die Zahl der Beschäftigten, doch betrug der Rückgang in der gesamten Betrachtungsperiode nur 10 Prozent. Insofern ist der Rückgang der geleisteten Stunden nicht allein mit der Reduzierung der Beschäftigtenzahlen zu erklären. Hinzu kam in der Betrachtungsperiode noch eine deutli-

[198] Versicherungspflichtig sind die Entgelte nur bis zu bestimmten Beitragsbemessungsgrenzen; dabei gilt für die Beiträge zur gesetzlichen Krankenversicherung eine um ein Viertel niedrigere Bemessungsgrenze (1993: 5.400,-- Bruttomonatsverdienst) als für die Beiträge zur Renten- und zur Arbeitslosenversicherung (1993: 7.200,-- Bruttomonatsverdienst).

che Verringerung der Arbeitszeit[199]. Auffällig ist bei der Entwicklung der Beschäftigtenzahlen, daß vor allem die Zahl der "Arbeiter" in den Unternehmen reduziert wurde, während die Zahl der Angestellten sogar absolut zugenommen hat. Dies charakterisiert eindrucksvoll den sektoralen Strukturwandel in der deutschen Wirtschaft und deutet zudem auf die zuvor beschriebenen Auswirkungen neuer Produktionstechnologien hin.

Die längerfristige Entwicklung der Beschäftigung und der Arbeitsstunden ist nicht nur von strukturellen Veränderungen abhängig. Sie läßt auch konjunkturelle Schwankungen erkennen, da die Beschäftigung mit einer gewissen zeitlichen Verzögerung dem Konjunkturverlauf folgt. Entsprechend der konjunkturellen Situation erfolgte bis 1980 eine Zunahme der Beschäftigung um rund 80.000 auf 7,4 Mill., danach bis 1984 ein Rückgang um 800.000 auf 6,6 Mill., gefolgt von einer starken Zunahme bis 1991 auf 7,4 Mill. Im Jahr 1992 deutet der Rückgang um 170.000 den Beginn der letzten, zum Ende der Betrachtungsperiode auslaufenden Rezession an. Obgleich die Unternehmen in jedem Wirtschaftsabschwung die Beschäftigung bei einem abflachenden Wirtschaftswachstum reduzierten, waren die Einschätzungen hinsichtlich der zukünftigen Wachstumsaussichten unterschiedlich, was sich in der Form des Beschäftigungsabbaus widerspiegelt: während die Unternehmen zu Beginn und zur Mitte der achtziger Jahre offensichtlich nur mit einer vorübergehenden Konjunkturabschwächung rechneten und in erster Linie Überstunden abbauten bzw. zur Kurzarbeit übergingen[200], waren die Einschätzungen zu Beginn der neunziger wesentlich pessimistischer. Dementsprechend wurden neben der Reduzierung der Arbeitszeit auch in bisher nicht gekannten Umfang Arbeitskräfte entlassen.

Wie die Zahlen der Hauptgruppen verdeutlichen, waren die einzelnen Wirtschaftsbereiche von den konjunkturellen und strukturellen Veränderungen in unterschiedlichem Ausmaß betroffen: Das Grundstoff- und Produktionsgütergewerbe sowie das Verbrauchsgüter produzierende Gewerbe verzeichneten im Betrachtungszeitraum einen fast stetigen Rückgang der Beschäftigtenzahl um über 300.000 (-20 Prozent). Im Nahrungs- und Genußmittelgewerbe (-1 Prozent) sowie im Investitionsgüter produzierende Gewerbe (-3

[199] Einen Überblick zur Entwicklung der tarifvertraglichen Arbeitszeit und eine Darstellung wichtiger Vereinbarungen finden sich in: Sachverständigenrat, 1983, Tz. 115 ff. sowie Tz. 432 ff.; 1984, Tz. 129 ff; 1986, Tz. 303 ff.

[200] Dies läßt sich daran erkennen, daß der Rückgang der Arbeitsstunden den Abbau der Beschäftigten übersteigt.

Prozent) hingegen war der Abbau der Beschäftigten vergleichsweise geringer. Ähnliches gilt für die Entwicklung der Beschäftigtenstunden: Während die Beschäftigtenstunden im Grundstoff- und Produktionsgütergewerbe sowie im verbrauchsgüterproduzierenden Gewerbe um rund 30 Prozent zurückgingen, wurde die Arbeitszeit in den anderen beiden Hauptgruppen nur um rund 15 Prozent reduziert. Diese Zahlen zeigen, daß die Reaktion der Unternehmen auf den deutlichen Anstieg der Löhne in den einzelnen Wirtschaftszweigen unterschiedlich stark ausgefallen ist. Allerdings lag der Abbau der Beschäftigung in allen Wirtschaftszweigen prozentual erheblich unter dem Anstieg der Arbeitskosten, so daß die absolute Höhe der Arbeitskosten in allen Wirtschaftszweigen zugenommen haben wird. Besonders betroffen von einer höheren Belastung durch Arbeitskosten dürften vor allem die Unternehmen im Investitionsgüterproduzierenden Gewerbe sowie im Nahrungs- und Genußmittelgewerbe sein, da dort der Rückgang der Beschäftigung dem Anstieg der Personalkosten am deutlichsten hinterherhinkte.

2.2.1.2. Entwicklung von Kapitaleinsatz und Kapitalkosten

Während die Berechnung des Arbeitseinsatzes und der Arbeitskosten in erster Linie statistische Probleme brachte, sind die Schwierigkeiten bei der Erfassung des Kapitaleinsatzes sowie der Kapitalkosten eher konzeptioneller Natur. Daher wird der Entwicklung dieser Komponenten zunächst eine ausführliche Erläuterung des Berechnungskonzeptes vorangestellt, wobei der Ansatz von Kapitaleinsatz und Kapitalnutzungspreis teilweise kalkulatorischer Art sein wird. Insofern unterscheiden sich diese Größen inhaltlich von den Ausweisen der Kostenstrukturerhebung.

2.2.1.2.1. Abgrenzung der Kapitalnutzungspreise

Bei der Berechnung der Kapitalnutzungspreise ist vorab zu klären, ob die Anlagen von den Unternehmen gemietet sind oder ob mit unternehmenseigenen Anlagen produziert wird. Werden Produktionsanlagen gemietet bzw. geleast, so entspricht der Nutzungspreis genau den Mietausgaben. Diese werden im Rahmen der zugrundeliegenden Kostenartengliederung in der Kostenartenhauptgruppe "sonstige Kosten" erfaßt. Da diese Aufwendungen jedoch an dieser Stelle unberücksichtigt bleiben sollen, beziehen sich die folgenden Ausführungen auf Kapitalkosten, denen der Einsatz unternehmenseigener Produktionsanlagen zugrundeliegt.

Kapitalkosten, die durch den Einsatz unternehmenseigener Anlagen verursacht sind, können als Summe aus den Opportunitätskosten der gebundenen Finanzmittel und dem Kapitalverzehr dargestellt werden[201]. Diesem Ansatz liegt die Vorstellung zugrunde, daß alternativ zur Verwendung von Kapital in der Produktion der Verkauf des Sachkapitals und die Wiederanlage der freigesetzten Mittel am Kapitalmarkt in Betracht kommt. Dies gilt insoweit auch für fremdfinanzierte Produktionsanlagen, da an die Stelle der Zinseinnahmen am Kapitalmarkt die ersparte Zinszahlung an den Kapitalgeber tritt. Die Kapitalkosten[202] (k) bestehen somit hauptsächlich aus der Verzinsung (i) des noch nicht abgeschriebenen Teils des Anlagevermögens sowie aus dem Wertverzehr durch Abnutzung (d). Die Kapitalkosten (k) berechnen sich daher wie folgt:

$$k = (d + i)$$

Während der Anteil der Abnutzung "d" aus den Grunddaten der amtlichen Statistik berechnet werden kann, ist zur Messung der Verzinsung "i" vorab ein repräsentativer Indikator zu bestimmen. Dazu sind Annahmen über das Finanzierungsverhalten der Unternehmen zu treffen, d.h. ob die Anlagen der Unternehmen selbst- oder fremdfinanziert wurden, da je nach Finanzierungsform ein repräsentativer Anlage- oder ein repräsentativer Kreditzinssatz zu wählen ist.

In der Vergangenheit zeigte sich, daß Unternehmen, die über eine hohe Eigenfinanzierungsquote verfügen, ihre Investitionen häufig aus thesaurierten Gewinnen finanzierten. Im Rahmen der Außenfinanzierung präferieren Unternehmen die Finanzierung über Bankkredite oder Schuldscheine bzw. führen bei günstigen Aktienkursen Kapitalerhöhungen durch. Darüber hinaus haben sich Commercial Papers zu einem weiteren wichtigen Finanzierungsinstrument der Unternehmen entwickelt, seit die Deutsche Bundesbank die Emission dieser kurzfristigen Titel am deutschen Markt erlaubt[203].

---

[201] Vgl. H. Klodt, 1984, S. 40; J. Blazejczak, 1981, S. 173-232.

[202] "k" ist eine dimensionslose Größe, die auch - wie in Tabelle 7 - in Prozentsätzen oder in DM je 100 DM eingesetzten Kapitals ausgedrückt werden kann.

[203] Vgl. Dresdner International Research Institute, 1994, S. 17. Diese Entwicklung ist vor dem Hintergrund der "securization" d.h. der Verbriefung von Verbindlichkeiten zu sehen, die in den achtziger Jahren an Bedeutung gewonnen hat.

Insofern ist die Palette der Finanzierungsformen deutscher Unternehmen sehr vielfältig und die Wahl eines - alle Finanzierungsvarianten - repräsentierenden Zinssatzes ist kaum möglich. Daher wird im folgenden auf eine Unterscheidung zwischen Eigen- und Fremdfinanzierung verzichtet und die Umlaufrendite für Industrieobligationen als Indikator für den Zinssatz "i" gewählt. Dieser Referenzzinssatz hat zum einen den Vorteil, daß er als aggregierte Größe börsengehandelter Industrieschuldverschreibungen das jeweils herrschende Kapitalmarktzinsniveau widerspiegelt und somit als Benchmarkverzinsung für die Wiederanlage der freigesetzten Mittel am Kapitalmarkt in Betracht kommt. Zum anderen stellt er den Zinssatz dar, den Unternehmen im Falle einer Fremdfinanzierung zu zahlen bereit sein müssen, so daß er eine weitgehend repräsentative und einem externen Betrachter zugängliche Größe ist.

Schließlich ist bei der Ermittlung des Kapitalnutzungspreises aus den Opportunitätskosten die unterschiedliche steuerliche Belastung von Produktions- und Finanzanlagen zu berücksichtigen[204]. Die Einkommen- oder Körperschaftsteuer kommt dabei nicht in Betracht, da sie bei jeder Kapitalanlage anfällt. Wird das Kapital jedoch in der Produktion genutzt, so sind zusätzliche Produktionssteuern (z.B. Kraftfahrtzeugsteuer) zu zahlen. Dem stehen in der Regel Zinsgewinne durch ein zeitliches Auseinanderfallen von steuerlicher und betriebswirtschaftlicher Abschreibung gegenüber. Eine präzise Erfassung und Quantifizierung dieser Komponenten der Kapitalkosten stößt für einen externen Betrachter jedoch auf erhebliche statistische Probleme, so daß von einer Berücksichtigung steuerlicher Aspekte abgesehen wird.

2.2.1.2.2. Abgrenzung des Kapitaleinsatzes

Als Bezugsgröße für den Kapitaleinsatz kann entweder das Brutto- oder das Nettoanlagevermögen der Unternehmen herangezogen werden. Entscheidend für die Wahl eines dieser beiden Konzepte sind die Annahmen über den Zeitverlauf der Abnutzung von Produktionsanlagen[205]. Wird von der Vorstellung ausgegangen, daß die Aggregate während der Lebensdauer ihre vollständige Leistungsfähigkeit erhalten, um schließlich abrupt vollständig stillgelegt zu werden, so ist das Bruttoanlagevermögen das geeignete Meß-

---

[204] Vgl. R. E. Hall, D.W. Jorgenson, 1967, 391-414; H. Klodt, 1984, S. 41.

[205] Vgl. M. Feldstein, L. Summers, 1977, S. 211-227; M.N. Baily, 1981, S. 326-331.

konzept, da hierbei sämtliche Anlagen bis zu ihrer endgültigen Verschrottung mit dem unverminderten Neuwert erfaßt werden[206]. Diese Vorstellung dürfte jedoch allenfalls in Einzelfällen den Gegebenheiten der Realität entsprechen.

Unterstellt man hingegen eine mit zunehmendem Alter geringer werdende Produktionsleistung der Anlagen, so ist auf das Nettoanlagevermögen abzuzielen, da dieses Konzept nur die noch nicht abgeschriebenen Teile des Kapitalstocks berücksichtigt[207]. Daneben spricht für die Verwendung von Nettogrößen, daß zur Erhaltung der wirtschaftlichen Leistungsfähigkeit von Anlagen Reparaturinvestitionen erforderlich sind, die teilweise zum Anlagevermögen hinzugerechnet werden. Zur Vermeidung von Doppelzählungen müßte eine entsprechende Verminderung der reparierten Anlagen in Rechnung gestellt werden. Beim Bruttoanlagevermögen geschieht dies nicht, beim Nettoanlagevermögen erfolgt diese Korrektur zumindest annähernd über den Ansatz der Abschreibungen, so daß der Kapitaleinsatz im folgenden auf der realitätsnäheren Basis des Nettoanlagevermögens gemessen wird.

Bei der Kapitalstockberechnung bereitet zusätzlich zur Wahl des Konzeptes die Erfassung der physischen Quantitäten Schwierigkeiten. Zwar sind die Zugänge zum Nettokapitalstock in Form von Investitionen bekannt, doch liegen über die Abgänge keine gesicherten Informationen vor. Lediglich der Bestand an Kraftfahrzeugen ist aufgrund der Meldungen beim Kraftfahrt-Bundesamt recht genau registriert. Für die übrigen Anlagegüter wird in der deutschen Statistik die "perpetual-inventory"-Methode benutzt[208]. Dabei werden zur Bestandsschätzung die Nettoanlageinvestitionen (Bruttoanlageinvestitionen abzüglich Abschreibungen) kumuliert und die Abgänge mit einer Verteilungsfunktion geschätzt, die eine Streuung der Abgänge um die durchschnittliche Nutzungsdauer beschreibt. Dadurch hängt

---

[206] Vgl. H. Klodt, 1984, S. 40.

[207] Zur Abgrenzung von Brutto- und Nettoanlagevermögen finden sich methodische Erläuterungen bei: H. Lützel, 1971.

[208] Diese Methode wird auch in den Vereinigten Staaten verwendet. Vgl. Bureau of Economic Analysis, 1976. In Japan wird die "benchmark-year"-Methode benutzt, die von den aus einer umfangreichen Erhebung für ein Basisjahr gewonnenen Kapitalstockdaten ausgeht. Die Schätzung für die übrigen Jahre erfolgt ähnlich wie bei der "perpetual-inventory"-Methode. Vgl. Economic Research Institute, 1980.

die Genauigkeit der "perpetual-inventory"-Methode vor allem von dieser Abgangsfunktion ab[209].

2.2.1.2.3. **Der empirische Befund**

Das Nettoanlagevermögen der Unternehmen des Verarbeitenden Gewerbes ist in der Betrachtungsperiode real um 140 Mrd. DM bzw. rund 20 Prozent gestiegen, was einer jahresdurchschnittlichen Zuwachsrate von knapp 1 Prozent entspricht (Vgl. Tabelle 7 auf Seite 106). Nach einer ausgeprägten Investitionsschwäche in den ersten beiden Jahren der Betrachtungsperiode und einer leichten Erholung zum Ende der siebziger Jahre war in der ersten Hälfte der achtziger Jahre ein deutlicher Einbruch bei der Investitionstätigkeit festzustellen.

Im gesamten Verarbeitenden Gewerbe erreichten die Zugänge beim Nettoanlagevermögen zu dieser Zeit nicht einmal das absolute Niveau der späten siebziger Jahre. Noch deutlicher wird der damalige Einbruch der Investitionstätigkeit, wenn die Zugänge in Beziehung zum Nettoanlagevermögen gesetzt werden. Während im Wachstumsgleichgewicht eine Konstanz dieser Raten zu erwarten wäre, waren sie zu dieser Zeit derart rückläufig, daß die Zuwächse nicht einmal den Substanzverlust beim Kapitalstock ausgleichen konnten. Nach dieser langjährigen Investitionsschwäche kam es in der zweiten Hälfte der achtziger Jahre zu einer deutlichen Belebung der Investitionstätigkeit, die vor allem im Zeichen der wirtschaftlichen Erholung und der Wiedervereinigung stand. Auch in den alten Bundesländern hatten sich die Nachfrageperspektiven verbessert und die Unternehmen waren angesichts hoch ausgelasteter Kapazitäten bestrebt, in die Erweiterung und Modernisierung ihrer Produktionsanlagen zu investieren. Durch diesen Investitionsschub erfuhr der Kapitalstock eine notwendige Erneuerung, da die vorangegangen Investitionsjahrgänge im Vergleich zu den frühen siebziger Jahren schwächer besetzt waren und sich das Durchschnittsalter des Kapitalstocks deutlich erhöht hatte[210].

---

209 Vgl. Lützel, 1976; Baumgart, 1980.

210 Vgl. Statistisches Bundesamt, VGR, lfd. Jahrgänge.

Tab. 7: Kapitalnutzungspreise und Kapitaleinsatz im Verarbeitenden Gewerbe (in Preisen von 1991) zwischen 1977 und 1993

Jahr	1977	1978	1979	1980	1981	1982	1983	1984	1985	1986	1987	1988	1989	1990	1991	1992	1993
Kapitalkosten "k" **	**14,95**	**14,86**	**15,83**	**16,96**	**19,02**	**17,46**	**16,39**	**16,45**	**15,79**	**15,29**	**15,26**	**15,44**	**15,82**	**17,44**	**17,41**	**17,37**	**16,05**
Wertverzehr durch Abnutzung "d" **	**8,8**	**8,8**	**8,9**	**8,8**	**8,9**	**9,0**	**9,2**	**9,4**	**9,4**	**9,3**	**9,3**	**9,3**	**9,3**	**9,3**	**9,3**	**9,5**	**9,8**
Nettoanlagevermögen (Jahresbeginn)*	683,6	686,1	687,8	695,9	708,3	713,6	710,8	707,1	701,2	703,9	712,4	723,9	735,3	752,4	778,6	807,2	823,8
Zugänge*	68,6	68,4	75,6	81,2	75,1	67,5	68,2	66,6	75,4	81,6	85,5	86,5	94,2	105,8	111,7	103,0	77,9
Abschreibungen*	66,0	66,7	67,6	68,7	69,8	70,3	71,9	72,6	72,7	73,1	73,9	75,2	77,0	79,6	83,1	86,4	88,5
Verzinsung "i" **	**6,2**	**6,0**	**7,0**	**8,1**	**10,1**	**8,5**	**7,2**	**7,1**	**6,4**	**6,0**	**6,0**	**6,2**	**6,5**	**8,2**	**8,1**	**7,9**	**6,2**
Umlaufrendite von Industrieanleihen **	6,8	6,6	7,7	8,9	11,1	9,3	7,9	7,8	7,1	6,6	6,6	6,8	7,2	9,0	8,9	8,7	6,9
Anteil des Kapitalstocks **	91,2	91,2	91,1	91,2	91,1	91,0	90,8	90,6	90,6	90,7	90,7	90,7	90,7	90,7	90,7	90,5	90,3
Nettoanlageverm. am Jahresanfang*	**683,6**	**686,1**	**687,8**	**696,9**	**708,3**	**713,6**	**710,8**	**707,1**	**701,2**	**703,9**	**712,4**	**723,9**	**735,3**	**752,4**	**778,6**	**807,2**	**823,8**
Grundstoff- u. Produktionsgütergewerbe	268,3	266,7	262,9	261,1	261,4	259,9	255,3	249,3	243,5	241,2	240,3	241,4	243,2	247,0	253,8	260,7	265,0
Investitionsgüterproduzierendes Gew.	224,1	227,8	233,4	242,4	253,3	261,1	266,3	270,3	272,9	280,4	291,6	302,6	310,4	320,7	335,5	350,4	357,1
Verbrauchsgüterproduzierendes Gew.	105,1	104,8	104,8	105,6	106,4	105,2	102,6	101,1	99,4	98,6	98,2	98,2	100,2	102,9	106,0	109,2	111,1
Nahrungs- u. Genußmittelgewerbe	86,1	86,8	86,7	86,9	87,2	87,5	86,7	86,3	85,4	83,8	82,4	81,7	81,4	81,8	83,3	86,9	90,6

Quelle der Basisdaten: Statistisches Bundesamt, Fachserie 18, Reihe S.15, Reihe S. 17; Deutsche Bundesbank, Kapitalmarktstatistik

*) in Mrd. DM; **) in Prozent

Auf der Ebene der einzelnen Hauptgruppen zeigt sich ein differenziertes Bild. Während der Kapitalstock im Investitionsgüterproduzierenden Gewerbe um 133 Mrd. DM aufgebaut wird, stagnierte die Kapitalnachfrage in den übrigen drei Bereichen. Zurückzuführen ist diese herausragende Entwicklung im Investitionsgüterproduzierenden Gewerbe auf verschiedene Ursachen. Zum einen umfaßt dieser Bereich mit dem Maschinenbau und der Elektrotechnik zwei bedeutende und große Wirtschaftszweige, so daß hier ohnehin höhere (absolute) Zuwächse im Kapitalwachstum als in unbedeutenderen Branchen zu erwarten sind. Darüberhinaus verlief die Branchenkonjunktur in diesen Wirtschaftszweigen - insbesondere seit Mitte der achtziger Jahre - ausgesprochen gut, da die traditionell exportabhängigen Unternehmen von einer steigenden Nachfrage aus dem Ausland profitierten und zur Deckung der Nachfrage ihren Kapitalstock erneuern und erweitern mußten.

Die Ursachen für das Investitionsverhalten sind vielschichtig und werden insbesondere in Zeiten der Investitionsschwäche kontrovers diskutiert[211]. Von besonderer Bedeutung sind dabei die Kapitalkosten. Diese sollten zumindest gedeckt sein, da letztes Ziel jeder Investition schließlich darin besteht, Erträge zu erwirtschaften, die über die Kosten hinausgehen. Insofern sind die Kapitalkosten eine entscheidende Größe, die die Gewinnerwartungen - und somit das Investitionsverhalten - der Unternehmen beeinflussen. Die Kapitalkosten unterlagen in der Betrachtungsperiode wellenartigen Schwankungen. Ausschlaggebend für diese Schwankungen war vor allem die unstete Entwicklung der Kapitalmarktzinsen, die den entscheidenden Teil des Kapitalnutzungspreises ausmachen.

Zwischen 1977 und 1981 hat sich wegen tendenziell steigender Kapitalmarktzinsen die Nutzung von Sachkapital von 14,95 Prozent auf 19,02 Prozent erheblich verteuert. In dieser Zeit bewegten sich die Kapitalmarktzinsen in einer bisher nicht gekannten Schwankungsbreite, die von 5,7 Prozent, dem bislang tiefsten Stand der Anleiherenditen, bis zum historischen Renditehoch von 12 Prozent reichte. Maßgeblich für den damaligen Zinsanstieg waren vor allem die merklich eingetrübten Inflationsaussichten im Zuge der zweiten Ölpreiskrise, eine stärkere (private und staatliche) Kreditnachfrage, die wachsenden Leistungsbilanzdefizite sowie die einsetzende Schwächephase der D-Mark an den Devisenmärkten, die zu einem Rückzug der ausländischen Anleger vom deutschen Rentenmarkt führte. Im Spätsommer 1981, als die Kapitalmarktzinsen ihren Gipfel überschritten hatten,

---

[211] Ausführlich diskutiert werden diese Fragen vom Sachverständigenrat z.B. 1976, S. 125 ff.; 1981, S. 156 ff.

stieg das Interesse der Anleger nach langfristigen Rentenanlagen und die Emissionstätigkeit verlagerte sich wieder auf die langen Laufzeitenbereiche.

Diese Marktstrukturverschiebung leitete eine längerfristige Phase der Zinssenkung ein, die bis zum Jahre 1987 anhielt und auch bei den Kapitalkosten zu einem Rückgang auf das Ausgangsniveau von 15,26 Prozent führte . Die Talfahrt der Anleihezinsen - und der Kapitalnutzungspreise - verlief zunächst recht rasch, war anschließend aber von temporären Stockungsphasen unterbrochen. Erst als Mitte der achtziger Jahre binnen- und außenwirtschaftliche Zinssenkungsimpulse zusammentrafen, setzte sich der Rückgang der Renditen weiter fort.

Das Frühjahr 1987 markierte den Wendepunkt in der Zinsentwicklung am Kapitalmarkt. Vor dem Hintergrund des anhaltenden Konjunkturaufschwungs und der damit zunehmenden Inflationssorgen trübte sich das Zinsklima weiter ein und führte bis 1992 zu einem aufwärtsgerichteten Trend. Vor allem die damals schwer abschätzbaren Auswirkungen der Währungsunion mit der ehemaligen DDR bewirkten einen kräftigen Zinsschub am deutschen Rentenmarkt und einen Anstieg des Kapitalpreises auf 17,37 Prozent. Im letzten Jahr der Betrachtungsperiode bildeten sich die Renditen und somit auch die Kapitalpreise wieder deutlicher zurück. Zurückzuführen war diese Entwicklung vor allem auf die im Februar 1993 einsetzende Phase der geldpolitischen Lockerung sowie den Zinssenkungstrend an den wichtigen ausländischen Kapitalmärkten.

Während der Untersuchungsperiode entsprach das Verhalten der Unternehmen im gesamten Verarbeitenden Gewerbe weitgehend dem Ergebnis, daß aufgrund der Faktorpreisentwicklung zu erwarten war: Im Saldo hat sich der Kapitalpreis nur geringfügig verändert, dementsprechend gering war auch die Reaktion der Unternehmen gemessen an der Faktornachfrage. Dieses Ergebnis läßt sich auch auf die einzelnen Hauptgruppen übertragen[212]. Eine Ausnahme bildet dabei jedoch das Investitionsgüter produzierende Gewerbe, dessen Unternehmen ungeachtet der Kapitalpreisentwicklung ihre Nachfrage nach Kapital stetig ausgeweitet haben. Offensichtlich spielte die Entwicklung der Kapitalpreise für die betroffenen Unternehmen nur eine untergeordnete Rolle. Insofern ist davon auszugehen, daß sich

---

[212] Auch wenn die Kapitalpreise in den einzelnen Hauptgruppen aufgrund des unterschiedlichen Anteils der "Abschreibungen" am Kapitalbestand differieren, weichen Niveau und Entwicklung nur geringfügig vom Kapitalpreis des gesamten Verarbeitenden Gewerbes ab.

die Kapitalkosten sowohl im gesamten Verarbeitenden Gewerbe, als auch in den drei Hauptgruppen (absolut) nur geringfügig verändert haben, während im Investitionsgüter produzierenden Gewerbe die (absoluten) Kapitalkosten, ceteris paribus, gestiegen sein dürften.

2.2.1.3. Entwicklung des Energieeinsatzes und des Wärmepreises

Innerhalb der Diskussion um den Wirtschaftsstandort Deutschland wird immer wieder auf die Kostenbelastung der einheimischen Unternehmen hingewiesen. Dabei nehmen die Preise für die einzelnen Energieträger eine zentrale Rolle ein[213]. Im folgenden wird untersucht, welche empirischen Ergebnisse sich bei der Entwicklung von Wärmepreisen und Energieverbrauch feststellen lassen.

2.2.1.3.1. Abgrenzung des Energieverbrauchs

Daten über den Energieverbrauch werden von der "Arbeitsgemeinschaft Energiebilanzen" für den Primärenergieverbrauch und den Endenergieverbrauch erhoben. Dabei gliedert sich der Primärenergieverbrauch in die einzelnen Energieträger (z.B. Kernenergie, Wasserkraft etc.), die den "Energieinput" darstellen, welcher von den Energieversorgern in Endenergie verarbeitet wird[214]. Die Ausweise über den Endenergieverbrauch sind in der amtlichen Statistik nach Wirtschaftsbereichen (Verarbeitendes Gewerbe und übriger Bergbau, Verkehr, Haushalte etc.) sowie nach Endenergieträgern (z.B. Gase, Strom, Heizöl etc.) gegliedert. Ausgewiesen werden die Daten des Energieverbrauchs in Einheiten "Petajoule" (1 Petajoule = 34.120,4 t Steinkohleeinheiten; 1 Steinkohleeinheit = 8,14 kWh).

2.2.1.3.2. Abgrenzung des Wärmepreises

Während die Daten über den Energieverbrauch den Ausweisen der amtlichen Statistik entnommen werden können, müssen zur Ermittlung des Wärmepreises - verstanden als DM/t SKE- Durchschnitte aus den spezifischen Heizwerten und Energiepreisen der Energieträger berechnet

---

[213] Vgl. hierzu auch die Ausführungen auf Seite 10 ff.

[214] Die Differenz zwischen Primärenergieverbrauch und Endenergieverbrauch ist der "Verbrauch und Verlust im Energiesektor", der bei der Verarbeitung auftritt.

werden. Dabei stützen sich die Preisangaben und Heizwerte der einzelnen Energieträger auf die jährlichen Veröffentlichungen des BMWi.

Ausgangspunkt der Berechnung des Wärmepreises ist der nach Energieträgern (Gase, Strom, Heizöl etc.) gegliederte Energieverbrauch im Verarbeitenden Gewerbe, der in Tabelle 8 aufgeführt ist. Diese Einsatzmengen können in Relation zum gesamten Energieverbrauch eines Jahres gesetzt werden, so daß sich die relativen Anteile der einzelnen Energieträger am gesamten Energieverbrauch eines Jahres ermitteln lassen (z.B. deckte leichtes Heizöl 35 Prozent des Energieverbrauchs im Jahre 1977). Mit Hilfe dieser gewichteten Durchschnitte kann der Wärmepreis im Verarbeitenden Gewerbe errechnet werden. Dazu müssen jedoch die Energiepreise der einzelnen Energieträger (z.B. leichtes Heizöl in DM/t; Stom in Pf/kWh) auf eine vergleichbare Einheit bezogen werden. Über die Heizwerte der einzelnen Energieträger (z.B. 1 kg Heizöl (leicht) = 9771 kcal = 1,397253 SKE) können die Preise der einzelnen Energieträger in Einheiten "t SKE" ausgedrückt werden[215]. Diese Ergebnisse werden mit den zuvor berechneten relativen Anteilen der einzelnen Energieträger am gesamten Energieverbrauch bewertet, so daß sich schlußendlich der für das Verarbeitende Gewerbe gewichtete Wärmepreis für eine Energieeinheit "t SKE" ergibt.

2.2.1.3.3. Der empirische Befund

Nach einem Anstieg in den ersten drei Jahren der Betrachtungsperiode war der absolute Energieverbrauch im Verarbeitenden Gewerbe tendenziell rückläufig. 1993 wurde von den Unternehmen zur Produktion rund 20 Prozent weniger an Energie benötigt als im Jahr 1977 (Vgl. Tabelle 8 auf Seite 112). Noch eindrucksvoller gestaltet sich der Nachfragerückgang, wenn der Verbrauch in Relation zur Wertschöpfung gesetzt wird: wurden 1977 in den Unternehmen des Verarbeitenden Gewerbes für eine Wertschöpfungseinheit (eine Mrd. DM in Preisen von 1991) noch 4,13 Petajoule benötigt, waren es 1993 nur noch 2,96 Petajoule. Besonders deutlich waren die Einsparungen im Grundstoff- und Produktionsgüter Gewerbe sowie im Verbrauchsgüterproduzierenden Gewerbe, während der Energieverbrauch im Investitionsgüterproduzierenden Gewerbe kaum reduziert wurde. Insofern haben vor allem die Wirtschaftszweige, die den größten Energie-

---

[215] Angaben über die Heizwerte einzelner Energieträger finden sich in: Bundesministerium für Wirtschaft, 1995, S. 95.

verbrauch in der Bundesrepublik haben, in erheblichem Ausmaß Energie eingespart.

Als wesentliche Determinante für den langfristigen Nachfragerückgang der Unternehmen ist vor allem die Preisentwicklung der Energieträger zu nennen[216]. Wie preisreagibel der Energiemix in der Vergangenheit gewesen ist, zeigt vor allem der zeitliche Verlauf der Anpassungsreaktionen: im Zuge der zweiten Energiekrise sind die Preise der Energieträger in mehreren Wellen zwischen Herbst 1978 und 1982 deutlich angestiegen und haben sich anschließend bis 1985 auf diesem hohen Niveau stabilisiert. Gerade in dieser Zeit kam es zu deutlichen Anpassungsreaktionen der Unternehmen[217], was für eine hohe Substitutionselastizität der Unternehmen spricht[218]. Nach dieser langjährigen Investitionsschwäche kam es in der zweiten Hälfte der achtziger Jahre zu einer deutlichen Belebung der Investitionstätigkeit, die vor allem im Zeichen der wirtschaftlichen Erholung und der Wiedervereinigung stand. Auch in den alten Bundesländern hatten sich die Nachfrageperspektiven verbessert und die Unternehmen waren angesichts hoch ausgelasteter Kapazitäten bestrebt, in die Erweiterung und Modernisierung ihrer Produktionsanlagen zu investieren. Durch diesen Investitionsschub erfuhr der Kapitalstock eine notwendige Erneuerung, da die vorangegangen Investitionsjahrgänge im Vergleich zu den frühen siebziger Jahren schwächer besetzt waren und sich das Durchschnittsalter des Kapitalstocks deutlich erhöht hatte[219].

---

[216] Zurückzuführen ist der Nachfragerückgang aber auch auf das Vordringen technologischer Neuerungen, insbesondere der Mikroprozessoren, die in den letzten Jahren erhebliche Energieeinsparungen in der Produktion ermöglichten.

[217] Vgl. G. Fels, A.D. Neu, 1980; Sachverständigenrat, 1982, Tz. 265 ff.

[218] Das Wirken der "Marktkräfte" kann auch als Indiz dafür gesehen werden, daß den Unternehmen seitens der Politik in dieser Phase keine Anreize zur Energieeinsparung geboten wurden. Während die Bundesregierung am 12. September 1979 eine Reihe von Beschlüssen zur weiteren Einsparung von Energie für die privaten Haushalte beschlossen hat, hat sie für den Bereich der Industrie erklärt, daß sie den Preismechanismus für ausreichend hält. Vgl. Sachverständigenrat, 1979, Tz. 410 f.

[219] Vgl. Statistisches Bundesamt, VGR, lfd. Jahrgänge.

Tab. 8: Energieeinsatz und Wärmepreis im Verarbeitenden Gewerbe zwischen 1977 und 1993

Jahr	1977	1978	1979	1980	1981	1982	1983	1984	1985	1986	1987	1988	1989	1990	1991	1992	1993
Energieeinsatz im Verarb. Gew. *	**2580**	**2597**	**2700**	**2581**	**2482**	**2253**	**2221**	**2285**	**2287**	**2201**	**2199**	**2244**	**2284**	**2252**	**2264**	**2210**	**2110**
Grundstoff- u. Produktionsgütergew.	1812	1818	1913	1817	1751	1560	1553	1611	1607	1520	1507	1573	1593	1541	1521	1491	1421
Investitionsgüterproduzierendes Gew	317	330	335	325	313	299	290	297	308	309	310	298	304	310	329	319	301
Verbr.Güterprod. Gewerbe und Nahrungs- u. Genußmittelgew.	451	449	452	439	418	394	378	377	372	372	382	373	387	401	414	400	388
Energieein. nach Energieträgern*	**2579**	**2597**	**2699**	**2582**	**2482**	**2252**	**2222**	**2286**	**2287**	**2201**	**2198**	**2243**	**2283**	**2252**	**2263**	**2209**	**2110**
leichtes Heizöl	893	921	917	770	684	600	590	594	620	646	601	590	500	529	570	548	523
schweres Heizöl	263	257	253	236	195	162	141	130	105	108	88	88	80	71	65	65	62
Kraftstoffe	35	32	31	31	38	45	46	41	38	38	38	40	46	44	33	30	29
Kohle	310	290	330	351	358	329	316	340	332	278	262	272	288	263	245	228	218
Gas	564	570	616	631	636	571	575	609	619	581	636	650	712	700	718	707	675
Strom	514	527	552	563	571	545	554	572	573	550	573	603	657	645	632	631	603
Energiepreise in DM / Tonne SKE																	
leichtes Heizöl	19,8	19,3	34,5	39,1	46,3	48,9	45,1	47,8	50,0	27,6	23,7	20,4	27,5	30,7	32,5	30,0	30,5
schweres Heizöl	159,4	147,5	188,5	253,4	349,5	331,2	333,6	397,6	380,2	178,3	169,2	132,0	168,1	168,2	160,1	144,2	146,6
Kraftstoffe	508,9	508,9	568,0	674,6	769,2	775,1	763,3	775,1	792,9	591,7	562,1	532,5	615,4	639,1	692,3	716,0	763,3
Kohle	150,8	165,6	171,7	196,5	222,1	237,8	245,4	254,6	255,3	255,3	258,2	262,2	266,9	270,2	272,4	286,9	289,0
Gas	162,0	166,6	171,7	221,0	285,8	389,3	372,7	398,5	422,1	331,0	213,2	192,5	209,7	251,9	294,8	238,9	229,3
Strom	682,2	713,1	712,3	786,3	880,6	962,8	997,7	1026,2	1047,3	1115,6	1125,4	1115,6	1112,4	1107,5	1098,6	1125,4	1135,1
Gewicht. Wärmepreis DM/ t SKE	**219,55**	**227,49**	**241,77**	**295,08**	**359,85**	**418,80**	**429,06**	**449,75**	**457,87**	**425,46**	**408,83**	**407,55**	**443,49**	**452,05**	**452,69**	**448,96**	**449,73**

Quelle der Basisdaten: Sachverständigenrat lfd. Jahrgänge; BMWi;eigene Berechnungen
*) in Petajoule

Diese Substitutionsbeziehung gilt nicht nur für den Energieverbrauch in seiner Gesamtheit, sondern auch für einzelnen Energieträger. Die damalige Energieverteuerung hat nicht alle Energieträger gleichmäßig betroffen. Besonders drastisch fiel der Preisanstieg bei Rohöl aus, das im Herbst 1978 - gemessen am Durchschnittswert der Einfuhr - pro Tonne noch rd. 200 DM gekostet hatte und sich bis auf 610 DM im Februar 1979 verteuert hatte. Zwar besteht zwischen den verschiedenen energetischen Rohstoffen - vor allem zwischen Öl und Gas - ein gewisser Preisverbund, doch wurden die Preisschübe beim Öl nur unvollständig auf die übrigen Energieträger übertragen. Infolgedessen kam es zu ausgeprägten Substitutionsvorgängen zu Lasten des Heizöls. Vor allem Gas wurde verstärkt in Anspruch genommen, aber auch der Anteil des Stroms am gesamten Energieeinsatz ist deutlich gestiegen[220]. Die Verwendung von Kohle nahm zwar aus technischen Gründen ab. Allerdings fiel dieser Rückgang aufgrund bestehender Abnahmeverpflichtungen der heimischen Industrie im Rahmen der Kohlepolitik geringer aus als aufgrund der Preisentwicklung zu erwarten gewesen wäre.

2.2.1.4. Faktorsubstitution und Entwicklung relativer Preise

Die vorstehenden Ausführungen haben gezeigt, daß sich der Faktor Arbeit in der Betrachtungsperiode am stärksten verteuert hat, gleichzeitig aber auch am stärksten eingespart wurde. Der Kapitalnutzungspreis unterlag entsprechend der Zinsentwicklung gewissen Schwankungen, doch hat sich Kapital im Saldo nur geringfügig verteuert; entsprechend hat sich die Kapitalnachfrage nur leicht verändert. Energie wurde bis 1982 zu deutlich steigenden Preisen angeboten. In den folgenden Jahren stabilisierte sich der Wärmepreis zunächst auf seinem hohen Niveau (bis 1985), war bis 1988 rückläufig und erhöhte sich bis zum Ende der Betrachtungsperiode wieder. Angesichts der hohen Preiselastizität reduzierten die Unternehmen ihren Energieeinsatz infolge des "schockartigen" Preisanstiegs bis 1982 recht deutlich, doch blieb die Nachfrage in den Folgejahren relativ stabil. Bereits diese grobe Skizze der Entwicklung weist auf Substitutionsprozesse hin, mit denen die Unternehmen auf relative Preisänderungen reagiert haben.

---

220 Als Antwort auf die Preisentwicklung standen den Unternehmen im wesentlichen zwei Optionen zur Verfügung: zum einen konnte der Verbrauch von Energie eingeschränkt werden (Sparstrategie) und zum anderen konnte Öl durch andere Energieträger substituiert werden (Substitutionsstrategie). Vgl. Sachverständigenrat, 1979, Tz. 404 ff.; K.-D. Schmidt et al., 1984, S. 87 f.

Für die einzelnen Hauptgruppen des Verarbeitenden Gewerbe ist die Entwicklung von Faktoreinsatzrelationen und relativen Faktorpreisen für jeweils ein Faktorpaar in den Tabellen 9 dargestellt. Zwar gelten in den einzelnen Hauptgruppen unterschiedliche Kapitalpreise (aufgrund des Anteils der "Abschreibungen" am "Kapitalbestand") und unterschiedliche Wärmepreise (die Anteile der Energieträger differieren zwischen den Wirtschaftszweigen), doch sind diese Verschiebungen nur von untergeordneter Bedeutung. Insofern wird die Entwicklung der relativen Faktorpreise, die sich für das gesamte Verarbeitende Gewerbe eingestellt haben, auf die einzelnen Hauptgruppen übertragen. Die Entwicklung der Faktoreinsatzrelationen wird hingegen für jede Hauptgruppe getrennt vorgenommen. Da der Energieeinsatz für das Verbrauchsgüterproduzierende Gewerbe sowie das Nahrungs- und Genußmittelgewerbe zusammen ausgewiesen werden und dabei der weitaus größte Teil auf das Verbrauchsgüter produzierende Gewerbe entfällt, wird auf eine Darstellung des Nahrungs- und Genußmittelgewerbes verzichtet. Die Entwicklung des Energieeinsatzes wird demnach dem Verbrauchsgüter produzierende Gewerbe zugerechnet.

Die Grundtendenz während der Untersuchungsperiode verdeutlicht, daß sich die Substitution von Arbeit durch Kapital über den gesamten Zeitraum relativ kontinuierlich vollzogen hat, auch wenn die Beziehung vom Faktorpreisverhältnis zu Beginn der achtziger Jahre etwas lockerer war. Insgesamt zeigt sich jedoch, daß sich das Faktoreinsatzverhältnis nicht in dem Umfang reduziert hat, wie die Lohn-Kapitalpreis-Relation gestiegen ist. Während in der Betrachtungsperiode die Löhne im Vergleich zum Kapitalpreis um mehr als das Doppelte gestiegen sind, hat sich das Einsatzverhältnis zwischen Arbeit und Kapital nur um etwa ein Drittel reduziert. Zurückzuführen ist diese vergleichsweise geringe Substitutionselastizität[221] auf mehrere Gründe. Vor allem institutionelle Einflußfaktoren wie Kündigungsvorschriften, Sozialpläne und sonstige mobilitätshemmenden Faktoren haben die Substitution von Arbeit durch Kapital erschwert. Diese Maßnahmen sind als eine Gebühr aufzufassen, die Unternehmen entrichten müssen, wenn sie sich mit produktiven Investitionen dem Strukturwandel stellen. Dadurch wird die Rentabilitätsschwelle für Erneuerungsinvestitionen heraufgesetzt, so daß der

---

[221] Bis Mitte der siebziger Jahre haben sich die Substitutionsbeziehungen zwischen Arbeit und Kapital sowie das Faktorpreisverhältnis weitgehend umgekehrt proportional entwickelt: in der Zeit von 1960 bis 1974, in der sich die Löhne im Vergleich zum Kapitalpreis etwa verdoppelt haben, hat sich das Einsatzverhältnis zwischen Arbeit und Kapital etwa halbiert.

Tab. 9a: Faktorpreis- und Faktoreinsatzrelationen im Verarbeitenden Gewerbe (1977-1993)

Jahr	Kapital/ Arbeit (DM / Std.)	Kapitalkosten/ Stundenlohn (Std. / DM)	Energie/ Kapital (Petajoule/DM)	Wärmepreis/ Kapitalkosten (DM/ t SKE)	Energie/ Arbeit (Petajoule/Std.)	Wärmepreis/ Stundenlohn (Std./ t SKE)
1977	52,58	0,81	3,77	14,69	198,46	11,88
1978	54,02	0,76	3,79	15,31	204,49	11,57
1979	54,16	0,75	3,93	15,27	212,60	11,46
1980	55,23	0,72	3,71	17,40	204,84	12,61
1981	58,54	0,77	3,50	18,92	205,12	14,63
1982	61,52	0,67	3,16	23,99	194,22	16,05
1983	63,46	0,60	3,12	26,18	198,30	15,66
1984	63,70	0,58	3,23	27,34	205,86	15,89
1985	62,61	0,53	3,26	29,00	204,20	15,42
1986	62,29	0,49	3,13	27,83	194,78	13,55
1987	63,61	0,47	3,09	26,79	196,34	12,50
1988	64,63	0,45	3,10	26,40	200,36	11,92
1989	64,50	0,44	3,11	28,03	200,35	12,42
1990	64,86	0,46	2,99	25,92	194,14	11,93
1991	67,12	0,44	2,91	26,00	195,17	11,32
1992	71,43	0,41	2,74	25,85	195,58	10,69
1993	80,76	0,38	2,56	28,02	206,86	10,53

Quelle: eigene Berechnungen

Tab. 9b: Faktorpreis- und Faktoreinsatzrel. im Grundstoff- und Produktionsgütergew. (1977-1993)

Jahr	Kapital/ Arbeit (DM / Std.)	Kapitalkosten/ Stundenlohn (Std. / DM)	Energie/ Kapital (Petajoule/DM)	Wärmepreis/ Kapitalkosten (DM/ t SKE)	Energie/ Arbeit (Petajoule/Std.)	Wärmepreis/ Stundenlohn (Std./ t SKE)
1977	96,86	0,81	6,75	14,69	654,15	11,88
1978	98,78	0,76	6,82	15,31	673,33	11,57
1979	98,10	0,75	7,28	15,27	713,81	11,46
1980	97,79	0,72	6,96	17,40	680,52	12,61
1981	102,51	0,77	6,70	18,92	686,67	14,63
1982	107,40	0,67	6,00	23,99	644,63	16,05
1983	108,64	0,60	6,08	26,18	660,85	15,66
1984	106,54	0,58	6,46	27,34	688,46	15,89
1985	105,87	0,53	6,60	29,00	698,70	15,42
1986	106,26	0,49	6,30	27,83	669,60	13,55
1987	108,24	0,47	6,27	26,79	678,83	12,50
1988	110,23	0,45	6,52	26,40	718,26	11,92
1989	111,05	0,44	6,55	28,03	727,40	12,42
1990	112,79	0,46	6,24	25,92	703,65	11,93
1991	117,50	0,44	5,99	26,00	704,17	11,32
1992	123,55	0,41	5,72	25,85	706,64	10,69
1993	138,02	0,38	5,36	28,02	740,10	10,53

Quelle: eigene Berechnungen

Tab. 9c: Faktorpreis- und Faktoreinsatzrel. im Investitionsgüterprod. Gewerbe (1977-1993)

Jahr	Kapital/ Arbeit (DM / Std.)	Kapitalkosten/ Stundenlohn (Std. / DM)	Energie/ Kapital (Petajoule/DM)	Wärmepreis/ Kapitalkosten (DM/ t SKE)	Energie/ Arbeit (Petajoule/Std.)	Wärmepreis/ Stundenlohn (Std./ t SKE)
1977	34,48	0,81	1,41	14,69	48,77	11,88
1978	35,71	0,76	1,45	15,31	51,72	11,57
1979	36,30	0,75	1,44	15,27	52,10	11,46
1980	37,88	0,72	1,34	17,40	50,78	12,61
1981	40,85	0,77	1,24	18,92	50,48	14,63
1982	43,59	0,67	1,15	23,99	49,92	16,05
1983	46,07	0,60	1,09	26,18	50,17	15,66
1984	47,09	0,58	1,10	27,34	51,74	15,89
1985	46,02	0,53	1,13	29,00	51,94	15,42
1986	46,04	0,49	1,10	27,83	50,74	13,55
1987	48,60	0,47	1,06	26,79	51,67	12,50
1988	49,20	0,45	0,98	26,40	48,46	11,92
1989	49,35	0,44	0,98	28,03	48,33	12,42
1990	49,95	0,46	0,97	25,92	48,29	11,93
1991	52,50	0,44	0,98	26,00	51,49	11,32
1992	56,43	0,41	0,91	25,85	51,37	10,69
1993	64,23	0,38	0,84	28,02	54,14	10,53

Quelle: eigene Berechnungen

Tab. 9d: Faktorpreis- und Faktoreinsatzrelationen im Verbrauchsgüterprod. Gewerbe (1977-1993)

Jahr	Kapital/ Arbeit (DM / Std.)	Kapitalkosten/ Stundenlohn (Std. / DM)	Energie/ Kapital (Petajoule/DM)	Wärmepreis/ Kapitalkosten (DM/ t SKE)	Energie/ Arbeit (Petajoule/Std.)	Wärmepreis/ Stundenlohn (Std./t SKE)
1977	38,08	0,81	4,29	14,69	163,41	11,88
1978	38,67	0,76	4,28	15,31	165,68	11,57
1979	38,96	0,75	4,31	15,27	168,03	11,46
1980	40,00	0,72	4,16	17,40	166,29	12,61
1981	43,08	0,77	3,93	18,92	169,23	14,63
1982	45,34	0,67	3,75	23,99	169,83	16,05
1983	45,80	0,60	3,68	26,18	168,75	15,66
1984	45,75	0,58	3,73	27,34	170,59	15,89
1985	45,81	0,53	3,74	29,00	171,43	15,42
1986	45,86	0,49	3,77	27,83	173,02	13,55
1987	46,32	0,47	3,89	26,79	180,19	12,50
1988	45,89	0,45	3,79	26,40	173,83	11,92
1989	45,75	0,44	3,86	28,03	176,71	12,42
1990	46,35	0,46	3,90	25,92	180,63	11,93
1991	47,32	0,44	3,91	26,00	184,82	11,32
1992	50,32	0,41	3,66	25,85	184,33	10,69
1993	56,68	0,38	3,49	28,02	197,96	10,53

Quelle: eigene Berechnungen

Rückgang der Beschäftigung ohne die faktischen Einschränkungen der Substitutionsmöglichkeiten voraussichtlich noch größer als ohnehin bereits ausgefallen wäre[222]. Die Relation von Kapital zu Energie stand bis 1985 weitgehend in der erwarteten Beziehung zu den Faktorpreisen. Bei deutlich gestiegenen Energiepreisen ist Energie durch Kapital ersetzt worden, doch bestand zwischen der Entwicklung von Faktorpreisen und Faktoreinsatz eine deutliche Diskrepanz[223]. Während sich der relative Faktorpreis verdoppelt hat, wurde der relative Energieeinsatz nur um 14 Prozent reduziert. Für die folgenden Jahre zeigen die Ergebnisse in Tabelle 9a eine offensichtliche Verhaltensänderung der Unternehmen: Selbst bei einer relativen Verbilligung von Energie bzw. bei einer Stabilisierung des relativen Faktorpreises erschien den Unternehmen eine weitere Substitution von Energie durch Kapital lohnenswert. Das läßt auch darauf schließen, daß technologische Entwicklungslinien nicht innerhalb weniger Jahre vollständig reversibel sind. Statt dessen führen Trendumkehrungen bei den Preisen wohl eher zu einer Verlagerung der Substitutionsschwerpunkte[224].

Bei den Faktoren Energie und Arbeit bestand in der Untersuchungsperiode kein enger Zusammenhang zwischen der Faktornachfrage und der Entwicklung der relativen Faktorpreise. Bis 1985 hat der starke Anstieg der Energiepreise die Faktorpreisentwicklung dominiert, doch hat die relative Verteuerung nicht zu der erwarteten Einsparung von Energie geführt. Unter Schwankungen wurde in dieser Zeit sogar Arbeit durch Energie substituiert. Seit 1985 wurde trotz einer wieder sinkenden Energiepreis-Lohn-Relation Arbeit tendenziell weiter durch Energie ersetzt. Es zeigt sich somit, daß die Verteuerung von Arbeit und die Substitution von Arbeit die Entwicklung der Faktorpreis- und Faktoreinsatzrelationen in der Betrachtungsperiode dominiert haben. Zugleich kann die Substituion von Arbeit durch Energie als Erklärung dafür angesehen werden, daß die Substitution von Energie durch Kapital wesentlich geringer ausfiel, als von der Entwicklung der Kapital-

---

[222] Vgl. K.-D. Schmidt et al. 1984, S. 45.

[223] Sowohl die Substitutions- als auch die Einsparungsstrategie erfordern in aller Regel den zusätzlichen Einsatz von Kapital, weil Energieumwandlungsgeräte, Produktions- oder sonstige Kapitalgüter umgerüstet oder ersetzt werden müssen. Vgl. K.-D. Schmidt et al., 1984, S. 89.

[224] Vgl. hierzu die Ergebnisse bei: G. Fels, K.-D. Schmidt, 1981, S. 129 ff. Sie stehen auch im Einklang mit der Feststellung des Ifo-Instituts, wonach sich die Unternehmen bei ihren Rationalisierungsbemühungen jeweils auf die Kostenschwerpunkte konzentrieren. Vgl. Ifo-Institut, 1981, S. 153 ff.

preise zu erwarten gewesen wäre. Denn selbst nach der Trendumkehr bei der Kapitalpreis-Wärmepreis-Relation in der Mitte der achtziger Jahre blieb eine Substitution von Kapital durch Energie aus.

Für die Kostenstrukturentwicklung im Verarbeitenden Gewerbe lassen sich aus diesen Ergebnissen verschiedene Implikationen ableiten. So ist im Rahmen der Kostenstrukturen ein Bedeutungsverlust der Kapitalkosten zu erwarten, da sowohl die Energiekosten als auch die Arbeitskosten stärker gestiegen sind[225]. Demgegenüber dürfte sich der Anteil der Arbeitskosten aufgrund der hohen Lohnzuwächse erhöht haben. Der Energieanteil an den Gesamtkosten dürfte sich im Saldo nur geringfügig verändert haben. Diese Entwicklungen dürften sich mit Ausnahme des Investitionsgüter produzierenden Gewerbes auch in den einzelnen Hauptgruppen zeigen. Im Investitionsgüter produzierenden Gewerbe wird der Bedeutungsgewinn des Arbeitskostenanteils bescheidener ausgefallen sein, da die ausgeprägte Kapitalnachfrage zu tendenziell zunehmenden Kapitalkosten geführt haben dürfte.

2.2.2. Außenwirtschaftliche Einflüsse auf die Kostenstruktur

Neben den zuvor dargestellten binnenwirtschaftlichen Einflußgrößen, die als vorwiegend exogene, teilweise auch als endogene Determinanten die Kostenstrukturen beeinflussen, wirken außenwirtschaftliche Aspekte auf die Kostensituation der Unternehmen ein. Da die Bundesrepublik als rohstoffarmes Land auf den Import von Vorleistungen angewiesen ist, zählen hierzu insbesondere die Preisentwicklung für importierte Industrierohstoffe (Energierohstoffe und andere industrielle Rohstoffe), Halbwaren und Vorerzeugnisse. Daneben ist die Entwicklung des D-Mark Außenwertes gegenüber den Handelspartnern eine wichtige Einflußgröße, da eine Veränderung des Außenwertes der D-Mark die Preisentwicklung auf den internationalen Gütermärkten mit Wirkung auf die deutschen Importpreise direkt beeinflußt.

Von der Veränderung dieser Einflußfaktoren wird vor allem die Bedeutung des Materialaufwands in den Unternehmen berührt, wobei auch hier branchenspezifische Besonderheiten zu erwarten sind. Bei einem Kostenschub - analog gilt dies auch für eine Kostenentlastung - seitens der importierten Vorleistungen ist vor allem die Grundstoff- und Produktionsgüterindustrie, deren Erzeugnisse üblicherweise in nachgelagerten Produktionsstufen wei-

[225] Kosten sind in diesem Zusammenhang als Zusammenfassung von Preisen und Mengen zu verstehen.

terverarbeitet werden, betroffen. Ob es Unternehmen dieser Wirtschaftszweige aber gelingt die erhöhten Einstandspreise über höhere Abgabepreise an die Kunden weiterzugeben, hängt maßgeblich vom konjunkturellen Klima und der Wettbewerbslage der einzelnen Branchen ab. Befindet sich die Gesamtwirtschft in einem freundlichen Umfeld, erleichtert dies in den einzelnen Bereichen Preisanhebungen, die dann sogar über die Verteuerung der importierten Güter hinausgehen können und den Materialaufwand auch in den nachgelagerten Unternehmen erhöhen. In anderen Bereichen mag die Wettbewerbslage hingegen ein volles Überwälzen der erhöhten Importkosten verhindern, so daß der Kostendruck durch die Gewinnmargen aufgefangen werden muß. In der Vergangenheit zeigte die hohe Korrelation zwischen den Importpreisen und den Erzeugerpreisen, daß die veränderten Preiseinflüsse vom Ausland rasch die gesamte Industrie erfassen. Allerdings betrifft diese Entwicklung häufig nur die Richtung, nicht hingegen das Ausmaß der Verteuerung, was als Indiz für die unterschiedlichen Spielräume der Preisüberwälzung anzusehen ist.

Obgleich die externen Kosteneinflußfaktoren angesichts der internationalen Verflechtung der deutschen Wirtschaft von großer Bedeutung für den Materialaufwand der Unternehmen sind, würde eine branchenspezifische Betrachtung der außenwirtschaftlichen Einflußgrößen an dieser Stelle den Rahmen der Arbeit sprengen. Daher erfolgt in diesem Abschnitt eine Betrachtung der Importpreisentwicklung[226] aus gesamtwirtschaftlicher Sichtweise, woraus sich eine tendenzielle Aussage hinsichtlich der Materialkostenentwicklung ableiten läßt. Im empirischen Teil der Arbeit wird näher untersucht, inwieweit sich branchenspezifische Entwicklungen erkennen lassen.

Innerhalb des Beobachtungszeitraums dieser Untersuchung - zwischen 1977 und 1992 - lassen sich Phasen erkennen, in denen von den Importpreisen ein Kostendruck ausging, woraus sich eine temporäre Zunahmen des Materialkostenanteils ableiten läßt. Gleichzeitig sind aber auch Zeiträume zu beobachten, in denen sich die Importpreise dämpfend bzw. neutral verhielten, so daß zu diesen Zeiten ein rückläufiger Materialkostenanteil zu erwarten ist[227]. Bezogen auf alle gewerblichen Güter haben sich die Einfuhrpreise in der

---

[226] Zur Konstruktion und Systematik der Einfuhrpreisindizes finden sich Ausführungen bei: I. Beuerlein, 1995; J. Walter, 1995; J. Szenzenstein, 1989; J. Heimann, 1984; R. Walter, 1983.

[227] Die Basisdaten wurden entnommen aus: Sachverständigenrat, 1994, S. 424.

Betrachtungsperiode vergleichsweise geringfügig um 30,3 % erhöht, was einem jährlichen Preisanstieg von 1,8 % entspricht[228]. Dabei war das Verlaufsbild der Preisentwicklung - nicht hingegen das Ausmaß der Preisbewegungen - in den einzelnen Gütergruppen (Rohstoffe, Halb- und Fertigwaren) weitgehend identisch: bis zum Jahr 1985 stiegen die Preise tendenziell an und ermäßigten sich von diesem Zeitpunkt wieder.

In der ersten Phase des Beobachtungszeitraums, zwischen 1977 und 1981, sind die Preise für importierte Waren dramatisch stark um rund 50 % gestiegen, was einer jährlichen Rate von 10,4 % entspricht. Dabei fiel das Ergebnis in den einzelnen Gütergruppen unterschiedlich stark aus. Während sich die Rohstoffe um 108 % (20 % p.a.) und die Halbwaren um 90 % (17 % p.a.) verteuerten, war der Preisanstieg bei den Fertigwaren mit 20 % (5 % p.a.) vergleichsweise gering. Zurückzuführen war dieser differenzierte, bei allen Warengruppen im historischen Kontext gesehen jedoch sehr ausgeprägte, Preisanstieg im wesentlichen auf die zweite Energiekrise, wobei der Preisauftrieb vor allem im Jahr 1979 von der Verteuerung des Rohöls geprägt wurde. Für die Bundesrepublik wurde die Erhöhung der Weltmarktpreise jedoch durch die damalige Aufwertung der D-Mark abgefedert. Insbesondere gegenüber dem US-Dollar, der vielen Rohstoffen als internationale Recheneinheit dient, konnte sich die D-Mark seit der Freigabe der Wechselkurs im Frühjahr 1973 deutlich aufwerten. Ab dem Jahr 1979 setzte sich dann aber diese Aufwertung nicht weiter fort; damit endete auch die Abkopplung der Inlandspreise von den Weltmarktpreisen, wobei sich vor allem eingeführte Rohstoffe und Halbwaren für die Industrie kräftig verteuerten.

In der zweiten Phase des Betrachtungszeitraums, zwischen 1982 und 1985, hat sich der Anstieg der Einfuhrpreise erheblich verlangsamt und betrug insgesamt nur 7 %, was einem durchschnittlichen Preisanstieg von 2,2 % p.a. entspricht. Geprägt war diese Phase von einer ausgesprochenen Stärke des US-Dollar: der Außenwert der D-Mark ermäßigte sich von 143,1 (Jahresdurchschnitt 1981) auf 110,3 (Jahresdurchschnitt 1985). Ende Februar 1985 erreichte die D-Mark bei einem Dollarkurs von knapp 3,47 DM ihren tiefsten Stand seit 14 Jahren. Ungeachtet dessen setzte die D-Mark auch in dieser Phase gegenüber den europäischen Währungen ihren stetigen Aufwertungstrend fort. Daß die starke Abwertung der D-Mark gegenüber dem US-Dollar nicht zu einem erneuten Preisschub führte, war auf die Be-

[228] Im Vergleich dazu haben sich im früheren Bundesgebiet die Lebenshaltungskosten aller privaten Haushalte um durchschnittlich 3,1 % p.a. erhöht.

ruhigung an den internationalen Warenmärkten zurückzuführen: preisdämpfend wirkte sich das Bestreben vieler Rohstoffproduzenten aus, ihre Kapazitäten wieder besser auszulasten und das Angebot an den internationalen Gütermärkten zu erhöhen. Zudem verfügten die Anbieter noch über beträchtliche Rohstoffvorräte, die während der vorherigen Schwäche der Weltwirtschaft aufgebaut worden waren. Bei den Halb- und Fertigwaren hielt sich der Preisanstieg in engen Grenzen, da die D-Mark gegenüber den Währungen der europäischen Handelspartner, von denen diese Waren größtenteils bezogen werden, mehr an Wert gewann, als der Differenz der Preissteigerungen zwischen dem Inland und dem Ausland entsprach.

In der dritten Phase der Betrachtungsperiode, ab Mitte der achtziger Jahre, hat sich der außenwirtschaftliche Preisdruck deutlich abgebaut. Die Importpreise konnten sich seit Ende 1985 um insgesamt 20 % zurückbilden, was einem jährlich Inflationsrückgang von mehr als 2 % entsprach. Allein im Jahr 1986 erfuhren die Importpreise mit rund 17 % die stärkste Senkung seit den fünfziger Jahren. Zurückzuführen war diese Entwicklung zum einen auf den Preissturz an den Rohstoffmärkten, insbesondere am Ölmarkt. Angesichts der weltweit abgeschwächten Konjunkturdynamik konnten sich die Weltmarktpreise weitgehend auf dem niedrigen Niveau stabilisieren und sorgten indirekt auch für eine spürbare Verbilligung der anderen Vorleistungen. Daneben führte auch eine ausgeprägt Aufwertung der D-Mark zu einer Verbilligung der Importe: im Zuge eines dramatischen Wertverlustes erreichte die amerikanische Währung unter Schwankungen bei einem Kurs von knapp 1,39 DM im September 1992 ihren Tiefstand gegenüber der D-Mark in der Betrachtungsperiode. Auch gegenüber den europäischen Währungen konnte die D-Mark ihren Aufwärtungstrend fortsetzten. Allerdings fiel dieser nicht mehr so ausgeprägt wie in den vorherigen Jahren aus, was auf das fortgeschrittene Stabilitätsbewußtsein der europäischen Handelspartner zurückzuführen war[229].

Wie diese Ausführungen zeigen, waren in den vergangenen Jahren Phasen zu beobachten, in denen die Importpreise mit Blick auf die Materialkosten dämpfend, neutral aber auch belastend wirkten. Während die Preisentwicklung in den einzelnen Warengruppen "Rohstoffe", "Halbwaren" und "Fertigwaren" weitgehend dem Trend des Gesamtindex der Einfuhrpreise

---

[229] Seitdem beispielsweise die französische Wirtschaftspolitik - Frankreich ist der wichtigste Handelspartner Deutschlands - in der ersten Hälfte der achtziger Jahre eine Wende zu einer eindeutigen Antiinflationspolitik vollzogen hat, hat sich der Wechselkurs gegenüber dem Franc weitgehend stabilisiert.

entsprach, fielen die jährlichen Preisschwankungen in den Teilindizes unterschiedlich stark aus: die Preisentwicklung der Rohstoffe war höchst volatil und die der Halb- und Fertigwaren verlief vergleichsweise stetig. Dies ist vor allem auf die Entwicklung des Außenwertes der D-Mark und die Länderstruktur der einzelnen Warengruppen zurückzuführen.

Im Gegensatz zu den Rohstoffen wird der größte Anteil der Halb- und Fertigwaren aus den europäischen Länder importiert[230]. Da die Güter dieser beiden Warengruppen in den Herkunftsländern bereits be- oder verarbeitet wurden, enthält der Marktpreis dieser Güter einen vergleichsweise großen Anteil an Vorleistungen, welche die Faktorkosten in den einzelnen Partnerländer widerspiegeln. Insofern werden die Preise der importierten Halb- und Fertigwaren hauptsächlich von der Entwicklung der Erzeugerpreise des jeweiligen europäischen Handelspartners und von der Entwicklung des bilateralen Wechselkurses zur D-Mark beeinflußt. Diese beiden Einflußgrößen zeigten in der Betrachtungsperiode eine gegenläufige Entwicklung: während sich die D-Mark seit der Abkehr vom System fester Wechselkurse unter kurzfristigen Schwankungen stetig gegenüber den Währungen der europäischen Partner aufwerten konnte[231], war der Preisauftrieb im europäischen Ausland deutlich stärker als in Deutschland. Diese Entwicklung läßt sich mit der Theorie der Kaufkraftparität erklären.

Nach der Theorie der Kaufkraftparität, die auf dem "Gesetz des einheitlichen Preises" beruht[232], spiegelt die Wechselkursentwicklung bei längerer Betrachtung die Inflationsdifferenzen in den einzelnen Ländern wider. Da identisch handelbare Güter auf den Gütermärkten im In- und Ausland nach Umrechnung über den Wechselkurs den gleichen Preis aufweisen müssen, wird sich im bilateralen Vergleich die Währung des Landes mit der höheren (niedrigeren) Inflationsrate langfristig abwerten (aufwerten). Allerdings können Transaktionskosten, unterschiedliche Wettbewerbsgrade im internationalen Handel sowie Zölle und andere Handelshemmnisse zu Preisunterschieden führen, die keine entsprechenden Arbitragereaktionen an den Devisenmärkten auslösen. Ein Maß zur Beurteilung der Relevanz dieser Theorie

---

[230] Allerdings hat sich der Anteil der Halbwaren, der aus EG-Ländern eingeführt wurde, zwischen 1976 und 1980 von 56 % auf 48 % bzw. bei den Fertigwaren von 59 % auf 55 % reduziert. Vgl. J. Heimann, 1984, S. 164.

[231] Vgl. Deutsche Bundesbank, 1993, S. 92*f.

[232] Vgl. H.-J. Jarchow, P. Rühmann, 1991.

stellt das Verhältnis der Änderungsraten von Außenwert und Preisgefälle dar. Bei strenger Gültigkeit der Kaufkraftparitätentheorie nimmt dieses Verhältnis den Wert Eins an. Ist die Relation größer (niedriger) als Eins, so hat sich die D-Mark in dem betrachteten Zeitraum stärker (geringer) aufgewertet, als es der Veränderung des Inflationsgefälles entspricht. Aus gesamtwirtschaftlicher Sicht würde dies zu einer Kostenentlastung (Kostenbelastung) der deutschen Wirtschaft führen.

In einer Untersuchung konnte die Bundesbank feststellen, daß sich die D-Mark zwischen 1973 und 1993 gegenüber der Gruppe der EWS-Gründungsmitglieder bei einem Anstieg des Preisgefälles[233] um 115 % um nominal 113 % aufwertete[234]. Für die Nicht-EWS-Länder in Europa betragen die entsprechenden Sätze 99 % und 113 %. Dabei zeigte sich, daß Länder mit ähnlichen ökonomischen Grunddaten, unabhängig von den jeweils herrschenden währungspolitischen Arrangements, auch ähnlich stabile Wechselkursrelationen aufweisen, da angesichts der engen Handelsverpflechtung innerhalb Europas dauerhaft keine größeren preislichen Verschiebungen zwischen den einzelnen Staaten Bestand haben können[235]. Für die Unternehmen hatte die stetige Aufwertung der D-Mark zur Folge, daß die Preissteigerungen im europäischen Ausland mit Wirkung auf die Importpreise langfristig abgefedert werden konnten, wobei jedoch auch Zeiträume (z.B. während der Energiekrise Ende der 70er Jahre) zu beobachten waren, in denen die Aufwertung nicht den ausländischen Preisanstieg ausgleichen konnte.

Wesentlich ausgeprägter als bei den Halb- und Fertigwaren waren die Preisschwankungen bei den Rohstoffen. Im Gegensatz zu den Halb- und Fertigwaren werden die Weltmarktpreise für Rohstoffe nicht primär von der Höhe der ausländischen Erzeugerpreise determiniert, sondern hängen entscheidend von den Angebots- und Nachfragekonstellationen auf den Gütermärkten ab. Da nur 17 % der Rohstoffimporte aus EG-Ländern (z.B. britisches Erdöl) stammen (Stand: 1980) und die meisten Rohstoffe in der amerikanischen

[233] Zur Aussagefähigkeit der verschiedenen Preiskonzepte: Deutsche Bundesbank, Mai 1994, S. 47 ff.; August 1995, S. 19.

[234] Zur Berechnung und Aussagefähigkeit des Index des gewogenen Außenwertes: Deutsche Bundesbank, Januar 1985, S. 40 ff.; April 1989, S. 44 ff.; P. v.d.Lippe, 1990, S. 421 ff.

[235] Vgl. Deutsche Bundesbank, November 1993, S. 41 ff.

Währung fakturiert werden, ist auch der Wechselkurs des US-Dollar gegenüber der D-Mark für die Entwicklung der Rohstoffpreise von zentraler Bedeutung.

Angesichts der geringen Handelsbeziehungen zwischen den USA und Deutschland kommt der bilateralen Kaufkraftparität allerdings nur eine geringe Aussagekraft zur Erklärung der Wechselkursrelation bei. Als wichtige internationale Anlagewährungen besitzen die Portfolioinvestitionen der internationalen Investoren und die dadurch induzierte Zinsabitrage eine weitaus größere Bedeutung. Nach der Zinsparitätentheorie[236] ist ein Wechselkurs dann im Gleichgewicht, wenn die erwarteten Erträge für in- und ausländische Finanzanlagen identisch sind, so daß kein Anreiz zu einer Umschichtung der Anlagebestände besteht. Die internationale Zinsparität ist also dann gegeben, wenn die erwartete Aufwertungsrate der Inlandswährung der Differenz zwischen dem ausländischen und dem inländischen Zinssatz entspricht. Neben den entsprechenden Zinsdifferenzen sind auch phasenweise politische Motive, wie die Rolle des US-Dollar als "safe haven" für die Kursbildung von Bedeutung gewesen[237]. Für die Preise der Rohstoffimporte hatte dies zur Folge, daß die Aufwertung die Preisentwicklung an den Weltmärkten bis 1979 abfederte. In den folgenden Jahren bis 1985 führte die Abwertung der D-Mark gegenüber dem US-Dollar jedoch dazu, daß die deutschen Unternehmen nicht im vollen Umfang von der günstigen Preisentwicklung an den internationalen Rohstoffmärkten profitieren konnten, bis sich dieser Trend ab 1985 wieder umkehrte.

2.2.3. Einfluß von Konjunktur und Reagibilität auf die Kostenstruktur

Bei den exogenen Faktoren, die die Kostenstruktur eines Unternehmens beeinflussen, nimmt die Konjunktur einen hohen Stellenwert ein. Als Maßstab für die konjunkturelle Entwicklung bzw. Wachstum einer Volkswirtschaft hat sich sowohl in der Theorie als auch in der Praxis überwiegend die Veränderung des realen Sozialproduktes bzw. des realen Volkseinkommens durchgesetzt, wobei je nach Untersuchungsgegenstand die absolute Veränderung oder der Anstieg dieser Bezugsgrößen im Verhältnis pro Kopf

---

[236] Vgl. H.-J. Jarchow, P. Rühmann, 1991.

[237] In den letzten Jahren wurden neue Ansätze erarbeitet, die zur Erklärung des Wechselkurses zwischen D-Mark und US-Dollar beitragen. Vgl. z.B. R. MacDonald, M.P. Taylor, 1993, S. 89 ff.

der Bevölkerung betrachtet wird[238]. Die Wahl der Kriterien "Volkseinkommen" bzw. "Sozialprodukt" erfolgte offensichtlich, "weil sie eine für verschiedene Untersuchungen adäquate und empirisch brauchbare Sprachregelung"[239] darstellen. Die volkswirtschaftliche Gesamtrechnung[240] geht im Rahmen der Entstehungsrechnung des Volkseinkommens bzw. des Sozialproduktes vom Begriff des Bruttoproduktionswertes aus. Diese Ausgangsgröße wird wie folgt ermittelt:

	Verkäufe an in- und ausländische Unternehmen, private und öffentliche Haushalte
+	Erhöhung der Lagerbestände an Halb- und Fertigfabrikaten
-	Verminderung der Lagerbestände an Halb- und Fertigfabrikaten
+	Selbsterstellte und aktivierte Anlagen
=	Bruttoproduktionswert

Werden von dieser Größe die Vorleistungen subtrahiert, stellt das so errechnete Aggregat das Bruttoinlandsprodukt zu Marktpreisen dar. Diese Größe wird auch als gesamtwirtschaftliche Wertschöpfung bezeichnet[241]. Wie diese Vorgehensweise verdeutlicht, wird das gesamtwirtschaftliche Wachstum aus der additiven Zusammenfassung einzelwirtschaftlich gemessener Wachstumsgrößen gewonnen[242], so daß das gesamtwirtschaftliche Wachstum nichts anderes als eine Summation von einzelwirtschaftlichen Teilleistungen darstellt.

---

[238] Diese These ist trotz erheblicher Mängel des Sozialprodukt-Konzeptes sowie der Diskussion, die unter der Bezeichnung "Soziale Indikatoren" in den sechziger Jahren begonnen wurde, auch heute noch gerechtfertigt. Vgl. hierzu die umfassenden Ausführungen bei E. Tuchtfeldt, 1976, S. 63 f.

[239] A. Woll, 1976, S. 303.

[240] Zum Fragenkreis der gesamtwirtschaftlichen Wertschöpfung sei verwiesen auf: R. Richter, 1966; W. Krelle, 1967; A. Stobbe, 1976.

[241] Die gesamtwirtschaftliche Wertschöpfung, vermindert um die Abschreibungen, den Saldo aus indirekten Steuern und Subventionen sowie die Faktoreinkommen an das Ausland bzw. vermehrt um die Faktoreinkommen aus dem Ausland, ergibt das Nettosozialprodukt zu Faktorkosten: das Volkseinkommen.

[242] Vgl. F.J. Tinnefeld, 1965, S. 15.

Mit der additiven Zusammenfassung der Wachstumsgrößen wird gleichzeitig auch der Wachstumsbeitrag des Unternehmenssektors ermittelt, da die Unternehmungen als Glieder der Gesamtwirtschaft den weit überwiegenden Beitrag zum gesamtwirtschaftlichen Wachstum leisten[243] und die Messungen von den einzelnen Unternehmungen als eine Produktionseinheit ausgehen. Durch die enge Verzahnung zwischen dem einzel- und gesamtwirtschaftlichen Wachstumsbegriff spiegelt sich ein konjunktureller Aufschwung bzw. Abschwung somit auch in der Entwicklung der Bruttoproduktionswerte der einzelnen Unternehmungen wider.

Gerade in der jüngeren Vergangenheit, die von Nachfragerückgängen in fast allen Branchen gekennzeichnet war, haben sich die Risiken, denen die Unternehmen bei wirtschaftlichen Schwankungen ausgesetzt sein können, besonders gezeigt. Von besonderer Bedeutung für die innerbetrieblichen Kostenstrukturen ist dabei das Verhalten der einzelnen Kostenarten bei sinkender Produktion. Pack bezeichnet die Änderung der Kosten infolge der Änderung einer Kosteneinflußgröße als Elastizität[244]. Dabei kann zwischen der Elastizität im engeren Sinne und der Reagibilität unterschieden werden. Die Elastizität einer Kostengröße in Bezug auf eine bestimmte Kosteneinflußgröße ist gleich dem Verhältnis zwischen der relativen Änderung der Kostengröße und der sie auslösenden, aus einer infinitesimal kleinen absoluten Veränderung der Kosteneinflußgröße resultierenden relativen Veränderung der Kosteneinflußgröße. Die Reagibilität unterscheidet sich in der Definition von der Elastizität nur dadurch, daß statt einer unendlich kleinen eine endlich große Veränderung der Kosteneinflußgröße zugrunde gelegt wird. In diesem Abschnitt wird ausschließlich der Begriff der Reagibilität verwendet, da hierbei mit endlichen Werten gearbeitet wird und dies eine realitätsnähere Betrachtungsweise ist. Mit Reagibilität soll die Kostenänderung infolge einer Änderung der Beschäftigung bezeichnet werden, wobei die Produktionsmenge bzw. die Bruttowertschöpfung eines Unternehmens als Indikator für die Beschäftigung dient.

Verändert sich eine Kostenkategorie bei Variation der Beschäftigung nicht, spricht man von fixen Kosten, andernfalls von variablen Kosten. In Zeiten rückläufiger Wachstumsraten besteht bei fixen Kosten das Problem, daß aus verschiedenen Gründen keine kostensenkenden Anpassungsmaßnahmen

[243] Vgl. H. Albach, 1965, S. 150; E. Zahn, 1971, S. 11; R. Richter, U. Schlieper, W. Friedmann, 1973, S. 73.

[244] Vgl. L. Pack, 1966, S. 27 ff.

möglich sind. Dies hat zur Folge, daß die Kostenarten mit einem hohen Fixkostenanteil bei rückläufiger Beschäftigung gemessen an den Gesamtkosten c.p. an Bedeutung gewinnen. Durch die zuvor beschriebenen Entwicklungen bieten sich den Unternehmen zwar verschiedene Möglichkeiten, auf Veränderungen im Unternehmensumfeld, zu denen auch eine rückläufige Beschäftigung zählt, zu reagieren. Dieser faktisch vorhandene Handlungsspielraum wird jedoch häufig durch normative Regelungen in einem solchen Maße eingeschränkt, daß die Unternehmungen von den ökonomisch zweckmäßigen Maßnahmen abweichen müssen und die Einflüsse insofern zumindest partiell ihren exogenen Charakter erhalten.

Geht die Gesamtleistung eines Unternehmens in einer Rezession zurück, werden die Unternehmen ihre Aufwendungen nicht im Gleichschritt mit den rückläufigen Erträgen reduzieren können. Dies ist in erster Linie auf rechtliche Restriktionen zurückzuführen. Sind bei einer Kostenart die Restriktionen als hoch und somit der Reagibilitätsgrad dieser Kostengruppe als gering anzusehen, so wird diese Kostenart in Zeiten einer rückläufigen Beschäftigung c.p. an Bedeutung gewinnen, da der absolute Betrag der betreffenden Kostengruppe in einem geringeren Maße sinken wird als die Beträge der anderen Gruppen. Im folgenden werden die Kostenkategorien "Materialkosten", "Kosten für Drittleistungen", "Personalkosten" sowie "Kapitalkosten" hinsichtlich ihrer Anpassungsfähigkeit bei Beschäftigungsänderungen dargestellt[245], soweit dies auf Grund theoretischer Überlegungen möglich ist. Obgleich die rechtlichen Restriktionen im wesentlichen für alle Unternehmen gelten, wird sich eine konjunkturelle Abschwächung nicht im gleichen Umfang in den Kostenstrukturen der Unternehmen widerspiegeln. Ob die Kostenstruktur eines Unternehmens stärker von der Konjunktur beeinflußt wird als die Kostenstruktur anderer Unternehmen hängt neben den rechtlichen Abbauhemmnissen auch von der Unternehmensgröße und dem entsprechenden Wirtschaftszweig ab.

Wie die Deutsche Bundesbank in ihrer jährlichen Untersuchung zur Ertragslage der deutschen Unternehmen feststellen konnte, wurden die Unternehmen des Verarbeitenden Gewerbes von den beiden letzten Konjunkturabschwüngen im Schnitt erheblich stärker getroffen als etwa Dienstleistungsunternehmen[246]. So konnten letztere trotz des konjunkturellen Einbruchs im Jahre 1993 ihre reale Wertschöpfung vergleichsweise kräftig ausweiten. Da

---

[245] Vgl. hierzu auch die Ausführungen bei S. Funke, 1995, S. 80 ff.

[246] Vgl. Deutsche Bundesbank, 1994a, S. 20.

in der vorliegenden Untersuchung der Schwerpunkt auf den konjunkturreagiblen Wirtschaftszweigen liegt - gemeint sind die Wirtschaftszweige, die in der Rezession ein Absinken der Wertschöpfung erleiden -, dürften die Zusammenhänge zwischen Konjunktur und Kostenstrukturen stärker als bei der Betrachtung aller Wirtschaftszweige ausfallen.

Ob ein Unternehmen von einem Konjunkturabschwung härter getroffen wird als andere, hängt neben der Branchenzugehörigkeit auch von der Unternehmensgröße ab. Die Deutsche Bundesbank kam zu dem Ergebnis, daß kleinere Unternehmen von Konjunkturabschwüngen stärker betroffen sind als Mittel- und Großunternehmen[247]. Dies kann darauf zurückgeführt werden, daß Großunternehmen offenbar versucht haben, durch Outsourcing das Konjunkturrisiko auf die kleineren Unternehmen abzuwälzen. Die bei günstiger Konjunktur an Dritte vergebene Produktion kann im Abschwung wieder zurückverlagert werden, um so den Nachfrageausfall im eigenen Unternehmen zu kompensieren. Die kleineren Unternehmen stellen somit einen Puffer für die konjunkturellen Beschäftigungsschwankungen der größeren Unternehmen dar. Zudem ist eine höhere Konjunkturabhängigkeit der kleineren Unternehmen auf eine geringere Produktvielfalt zurückzuführen, da sich aus der Konzentration auf wenige Erzeugnisse und der damit zusammenhängenden Bindung an wenige, oftmals auch nur inländische Abnehmer ein hohes Absatzrisiko im Abschwung ergibt. Demgegenüber können die größeren Unternehmen Absatzrückgänge bei einem Produkt häufiger durch Mehrverkauf anderer Produkte ausgleichen.

2.2.3.1. Reagibilität der Materialkosten und der Kosten für Drittleistungen

Das gemeinsame Kennzeichen der Materialkosten und der Kosten für von Dritten erbrachte Leistungen besteht darin, daß die Unternehmen die Materialien und Dienstleistungen extern beziehen und daher keine eigenen Kapazitäten vorhalten müssen. In der Literatur werden diese Kostenkategorien daher häufig als variabel angesehen, da dem Bedarf an Materialien in aller Regel ein direkter Bezug zur Beschäftigung unterstellt wird.

Es ist jedoch fraglich, ob diese Sichtweise generell in der Realität anzutreffen ist, da die Unternehmen im Zuge von Veränderungen im Beschaffungsbereich immer mehr den Aufbau von langfristigen Lieferbeziehungen an-

247 Vgl. Deutsche Bundesbank, Oktober 1994.

streben[248]. Insbesondere im Rahmen der Transaktionstheorie konnte gezeigt werden, daß für die Unternehmen beim Fremdbezug verschiedene Alternativen in Frage kommen, so daß für die genaue Beurteilung der Reagibilität der Materialkosten der konkrete Liefervertrag entscheidend ist. Existieren keine langfristigen Abnahmeverpflichtungen mit konkreten Abnahmemengen und -preisen, so sind die Abbauhemmnisse der fixen Materialkosten und der Kosten für Drittleistungen als gering zu beurteilen. Allerdings sind durch bestimmte vertragliche Restriktionen nicht alle fixen Bestandteile zu vermeiden. So beinhalten beispielsweise die Verträge mit Energieversorgungsunternehmen häufig Vereinbarungen über Grundgebühren oder Mindestabnahmemengen, die bis zur Laufzeit des Vertrages als fix anzusehen sind. Für eine exakte Beurteilung der Reagibilität sind somit neben der individuellen Vertragsgestaltung auch branchenspezifische Besonderheiten sowie die Art des Fertigungsprozesses zu berücksichtigen.

2.2.3.2. Reagibilität der Personalkosten

In der Frühphase der industriellen Entwicklung existierten keine gesetzlichen Bestimmungen, die eine Anpassung der Personalkosten an eine abnehmende Beschäftigung verhinderten[249]. Aufbauend auf den ersten gesetzlichen Bestimmungen zum Schutz und zur sozialen Absicherung der Arbeitnehmer (Arbeitsschutzgesetze[250]) sowie den Anfängen der Tarif- und Betriebsvereinbarungen, entwickelte sich seit dem letzten Jahrhundert ein umfassender Arbeitnehmerschutz. Durch die Einführung des Tarifvertragsgesetzes (1949/1953), des Kündigungsschutzgesetzes (1951/1993), des Betriebsverfassungsgesetzes (1952/1972), des Arbeitsgerichtsgesetzes (1953), des Gesetzes zur Verbesserung der betrieblichen Altersversorgung (1974) sowie des Mitbestimmungsgesetzes (1976)[251] hat sich der Arbeitsschutz stetig verbessert: gleichzeitig haben sich aber auch die Möglichkeiten der Personalanpassung bei rückläufiger Beschäftigung kontinuierlich verschlechtert[252]. So

---

[248] Vgl. R. Hofmann, 1992a, S. 50; M. Schweitzer, 1990, S. 687.

[249] Vgl. W. Däubler, 1989, S. 41 ff.; W.H. Eberbach, 1984, S. 22; Söllner, 1990, S. 10.

[250] Vgl. zum Arbeitsschutzrecht ausführlich J. Spinnarke, 1992, Sp. 339 ff.

[251] Vgl. W. Gross, 1986, S. 22; W. Gitter, 1991, S. 10.

[252] Vgl. W. Gitter, 1991, S. 10 f.; H. Hax, 1984, S. 25.

konstatiert die Deutsche Bundesbank, daß die Unternehmen mit hohem Personalkostenanteil in einer Rezession besonders benachteiligt sind, da sie zwar durch Überstundenabbau auf kleine Beschäftigungsschwankungen reagieren können, bei größeren Nachfragerückgängen aber nur mittelfristig mit einem Personalabbau reagieren können.

Im folgenden werden die wichtigsten gesetzlichen Regelungen im Hinblick auf mögliche Personalkostenanpassungen bei einem Beschäftigungsrückgang diskutiert, wobei die daraus resultierenden Kosten- und Zeitrestriktionen den Schwerpunkt der Betrachtung bilden. Als Handlungsparameter bieten sich den Unternehmen an, die Arbeitszeit bei konstantem Personalbestand zu reduzieren bzw. zu verlagern (zeitliche Anpassung) oder die Zahl der Arbeitnehmer zu verringern (qualitative Anpassung)[253].

2.2.3.2.1. Zeitliche Anpassungsmöglichkeiten

Erwarten die Unternehmen nur einen kurzfristigen bzw. geringen Beschäftigungsrückgang, bietet es sich an, den Arbeitskräftebestand konstant zu halten und auf die Produktionsausfälle mit einer Verkürzung bzw. Verlagerung der Arbeitszeit zu reagieren. So erlaubt das bis Ende 1995 geltende Beschäftigungsförderungsgesetz den Abschluß kapazitätsorientierter, variabler Arbeitszeitvereinbarungen, die eine begrenzte Anpassung der Personalkosten an eine rückläufige Produktion ermöglichen[254]. Zu den wichtigsten Maßnahmen zählen der Abbau von Überstunden, eine zeitlich begrenzte Verkürzung der Arbeitszeit sowie die Möglichkeit von Änderungskündigungen[255].

Durch den Abbau von Überstunden ist die Rückführung der Arbeitszeit bis maximal zur regelmäßigen betrieblichen Arbeitszeit möglich. Da der Betriebsrat in diesem Fall kein Mitspracherecht besitzt, ist dieses Instrument rasch und wirkungsvoll umzusetzen. Insofern ist das Einsparungspotential grundsätzlich hoch, da neben den Stundenlöhnen auch die hohen Überstundenzuschläge eingespart werden können. Einschränkend ist jedoch zu be-

---

[253] Vgl. Greenhalgh, Lawrence, Sutton, 1988, S. 242 ff.; M. Limbach, 1987, S. 123 ff. sowie die Ausführungen bei S. Funke, 1995, S. 87 ff.

[254] Vgl. W.A. Oechsler, 1993, S. 711; D. v.Eckardstein, W. Langemeyer, 1992, Sp. 580 f.

[255] Vgl. M. Limbach, 1987, S. 123 ff.

rücksichtigen, daß Überstunden üblicherweise nur temporär geleistet werden, wenn der Beschäftigungsgrad über der betrieblichen Vollauslastung liegt, so daß langfristig nur in geringem Umfang Überstunden anfallen werden[256].

Während der Abbau von Überstunden vergleichsweise unbürokratisch umzusetzen ist, gestaltet sich eine befristete Verkürzung der Arbeitszeit komplizierter, da der Betriebsrat ein Mitsprache- und Vetorecht besitzt. Dies gilt sowohl für die gesetzlich verankerte Kurzarbeit[257] als auch für die in der Lohnrunde 1994 beschlossene tarifvertragliche Möglichkeit zur temporären Verringerung der Arbeitszeit. Durch die erforderliche Einbindung des Betriebsrates sind die Verhandlungen zur Einführung von Kurzarbeit häufig sehr langwierig und bedürfen zumeist einer Ankündigungsfrist von 5 bis 30 Tagen[258]. Sind die Voraussetzungen für die Zahlung von Kurzarbeitergeld erfüllt, zahlt das Arbeitsamt für längstens 24 Monate 63 % bzw. 68 % des um die gesetzlichen Abzüge verminderten Arbeitsentgeltes. Der Arbeitgeber hat nach § 66 AFG 90 % der verbleibenden vereinbarten Bezüge sowie die indirekten Personalkosten (bei Renten- und Krankenversicherung jedoch nur die Hälfte) zu entrichten. Durch die Einführung von Kurzarbeit kann somit zwar mit zeitlicher Verzögerung eine Kostenentlastung erzielt werden. Allerdings fällt das Einsparungspotential geringer als die Arbeitszeitreduktion aus[259].

Das Ziel der Änderungskündigung besteht darin, die vereinbarte Arbeitszeit zu verkürzen, ohne das bestehende Beschäftigungsverhältnis aufzulösen Auch in diesem Fall hat der Betriebsrat ein Mitstimmungs- und Vetorecht. Da in das Verfahren einer Änderungskündigung unter bestimmten Umständen das Arbeitsgericht einzuschalten ist und der Arbeitgeber die individuellen Kündigungsfristen zu beachten hat, kommt der Änderungskündigung jedoch nur eine geringe praktische Relevanz bei[260].

---

[256] Vgl. S. Funke, 1995, S. 88.

[257] Vgl. hierzu Engelen-Kefer, 1992, Sp. 1191 ff.

[258] Vgl. W. Schlotfeldt, 1984, S. 70 f.

[259] Vgl. S. Funke, 1995, S. 89.

[260] Vgl. A.M. Stockert, 1987.

2.2.3.2.2. Quantitative Anpassungsmöglichkeiten

Bei der quantitativen Personalkostenanpassung versucht die Unternehmung, die Zahl der Beschäftigten zu verringern, um auf diese Weise eine Reduktion des Personalaufwandes zu erreichen. Zu den wichtigsten quantitativen Anpassungsmöglichkeiten zählen die vorzeitige Pensionierung, der Abschluß von Aufhebungsverträgen mit Abfindungen, die ordentliche Einzelentlassung sowie die sozialplanpflichtige Massenentlassung[261].

Die vorzeitige Pensionierung ist eine freiwillige Vereinbarung zwischen Arbeitnehmer und Arbeitgeber, bei der der Betriebsrat nur in Einzelfällen ein Mitspracherecht besitzt. Die finanziellen Nachteile, die dem Arbeitnehmer durch die vorzeitige Pensionierung entstehen, wird der Arbeitgeber in der Regel zumindest partiell kompensieren, da eine Einigung ansonsten nur selten zu erwarten ist. Hinzu kommt die relativ lange Realisationsphase, da der Betriebsrat häufig auf Verlangen des Arbeitnehmers in die Verhandlungen einbezogen wird. Obgleich sich dadurch der faktische Handlungsspielraum erheblich einengt und eine vorzeitige Pensionierung hohe Kosten[262] verursacht, ist sie ein häufig anzutreffendes Instrumentarium. Dies wird auf die im Vergleich zu alternativen Maßnahmen relativ geringen Umsetzungsschwierigkeiten zurückgeführ.

Aufhebungsverträge bedürfen, wie die vorzeitige Pensionierung, nur einer Einigung zwischen Arbeitgeber und Arbeitnehmer[263]. Der Betriebsrat besitzt dabei zwar ein Informations- und Beratungsrecht, jedoch kein Zustimmungsrecht. Da der Arbeitnehmer durch die Vertragsaufhebung in der Regel erhebliche finanzielle Einbußen erleidet[264], einigen sich die beiden Parteien zumeist auf eine kompensierende Abfindung. Diese verursacht zunächst aber beträchtliche einmalige Aufwendungen, so daß die Kostenreduktion erst nach mehreren Monaten voll wirksam wird. Die praktischen Erfahrungen zeigen, daß der faktische Handlungsspielraum des Unternehmens bei diesem

---

[261] Vgl. S. Funke, 1995, S. 90 ff.

[262] Bartels ermittelte am Beispiel der Thyssen AG für das Jahr 1984, daß die Kosten pro Arbeitnehmer je nach Betriebszugehörigkeit zwischen 22.000 und 46.000 DM schwankten. Vgl. W. Bartels, 1984, S. 60.

[263] Vgl. S. Funke, 1995, S. 92.

[264] Neben dem Verlust von Lohn bzw. Gehalt wird das Arbeitslosengeld für die Dauer von 8 Wochen gesperrt.

Instrumentarium wesentlich niedriger als der normative ist, was Stockert insbesondere mit der im normativen Handlungsspielraum nicht vorgesehenen starken Mitsprache von Arbeitnehmer und Betriebsrat begründet[265].

Ein ordentliche Einzelentlassung liegt bei einer Kündigung vor, die nicht im Rahmen einer anzeigepflichtigen Massenentlassung ausgesprochen wird. Letztere ist dann gegeben, wenn die Zahl der ordentlichen Kündigungen innerhalb von 30 Kalendertagen die in § 17 KSchG festgelegten, nach Betriebsgröße gestaffelten Grenzen übersteigt. Da eine anzeigepflichtige Massenentlassung generell bei Entlassungen von mehr als 30 Arbeitnehmern vorliegt, ist die faktische Relevanz dieses Instruments bei ausgeprägten Beschäftigungsrückgängen - insbesondere für größere Unternehmen - gering. Zudem wird die ordentliche Einzelentlassung von einer Vielzahl gesetzlicher und tarifvertraglicher Bestimmungen beeinflußt[266], so daß dieses Instrument zumeist nur zur Anwendung kommt, wenn die zuvor genannten Anpassungsformen nicht ausreichen und die Beschäftigung langfristig zurückgeht, da ansonsten eine reale Kosteneinsparung ausbleibt[267].

Werden innerhalb von 30 Kalendertagen mehr als 30 betriebsbedingte Kündigungen ausgesprochen bzw. wird eine nach Betriebsgröße gestaffelte Kündigungsanzahl überschritten, so sind diese Massenentlassungen sozialplanpflichtig. Neben den zusätzlichen Kosten für Abfindungen entstehen den Unternehmen durch eine zweimonatige Entlassungssperrfrist zusätzliche Aufwendungen. Angesichts dieser Restriktionen gilt auch für sozialplanpflichtige Massenentlassungen, daß sie nur bei langfristigen Beschäftigungsrückgängen sinnvoll sind[268].

---

[265] Vgl. A.M. Stockert, 1987, S. 108 f.

[266] Vgl. zum Kündigungsrecht: R. Wank, 1992, Sp. 1180 ff.

[267] Vgl. S. Funke, 1995, S. 94.

[268] Dies unterstreichen auch verschiedene empirische Untersuchungen, nach denen die durchschnittliche Höhe von Abfindungsleistungen im Fall sozialplanpflichtiger Massenentlassungen über 10.000 DM je Arbeitnehmer beträgt. Vgl. z.B. die Untersuchung von Sozialplänen durch das Institut der deutschen Wirtschaft für die Jahre 1980 bis 1985: E. Hemmer, 1988, insbesondere S. 65

2.2.3.3. Reagibilität der Kapitalkosten

Im Rahmen der zugrundeliegenden Kostengliederung zählen die "Abschreibungen" sowie die "Zinsen für Fremdkapital" zu den Kapitalkosten. Bei einer Beurteilung des Reagibilitätsverhaltens der Kapitalkosten ist zu berücksichtigen, daß sich die angegebenen Aufwendungen an den Ansätzen der Gewinn- und Verlustrechnungen orientieren. Kalkulatorische Abschreibungen zur Erfassung der tatsächlichen Wertminderung der Aggregate[269] sowie kalkulatorische Zinsen zur Erfassung des betriebsnotwendigen Kapitals[270] bleiben somit unberücksichtigt.

2.2.3.3.1. Fremdkapitalzinsen

Den ausgewiesenen Fremdkapitalzinsen müssen langfristige Verbindlichkeiten, Lieferanten- und Bankkredite sowie Zinsen für sonstige Schulden und Provisionen für Bankkredite zugrundeliegen. Ob diese Kredite langfristiger oder kurzfristiger Natur sind, läßt sich aus den veröffentlichten Daten allerdings nicht entnehmen. Sofern jedoch eine Fristenkongruenz von Mittelaufkommen und Mittelverwendung seitens der Unternehmen angestrebt wird, kann davon ausgegangen werden, daß die ausgewiesenen Fremdmittel der Finanzierung des (langfristigen) Anlage- und (kurzfristigen) Umlaufvermögens dienen. Jedoch läßt aus den zugänglichen Daten kein gesicherter Hinweis über die tatsächliche Fristigkeit der Fremdmittel entnehmen.

Fremdkapitalzinsen, denen die Finanzierung des Umlaufvermögens zugrundeliegt, können zu einem großen Teil als variabel angesehen werden, da die Höhe des Umlaufvermögens von der Beschäftigung abhängen dürfte. Hierbei ist allerdings zu berücksichtigen, daß von den Unternehmen in der Regel Mindestlagerbestände vorgehalten werden, die zu "fixen" Kostenbestandteilen führen[271]. In den letzten Jahren haben sich die Unternehmen zwar verstärkt bemüht, die Anlieferung der betriebsnotwendigen Materialien durch die Einführung der Materialflußsteuerung dem Fertigungsprozeß an-

---

[269] Vgl. zum Konzept der kalkulatorischen Abschreibungen: A.G. Coenenberg, 1992, S. 61 f.; K.-P. Franz, 1992, S. 424 ff.; W. Kilger, 1993, S. 410 ff.

[270] Hierzu gehören neben den Fremdkapitalzinsen auch Zinsen auf das Eigenkapital. Vgl. hierzu ausführlich: A.G. Coenenberg, 1992, S. 62 ff.; K.-P. Franz, 1992, S. 429 ff.; W. Kilger, 1993, S. 420 ff.

[271] Vgl. L. Haberstock, 1987, S. 109; W. Kilger, 1993, S. 421 f.

zupassen (Just-in-Time), was tendenziell zu einem Abbau des Umlaufvermögens geführt haben wird[272]. Allerdings zeigt die empirische Untersuchung von Homburg, daß dies nicht generell gilt und erhebliche branchenspezifische Unterschiede bestehen[273].

Güter des Anlagevermögens erlauben im allgemeinen eine mehrere Perioden überdauernde Nutzungsmöglichkeit, so daß ein zugrundeliegender Kredit - bei unterstellter Fristenkongruenz - auch in mehreren Perioden getilgt wird. Die Höhe der Zinszahlungen pro Periode nehmen somit im Zeitablauf ab. Da die finanzierten Aggregate bei einer rückläufigen Beschäftigung i.d.R. nicht sofort veräußert werden können bzw. dies auch nicht immer erwünscht ist, können die Zinszahlungen für Güter des Anlagevermögens gleichfalls als überwiegend fix betrachtet werden. Gleichwohl ist nicht ausgeschlossen, daß ein Unternehmen in Erwartung eines langfristigen Nachfrageausfalls ein Betriebsmittel veräußert, den Verkaufserlös zur Tilgung des Darlehens verwendet und die Fremdkapitalzinsen somit ihren fixen Charakter verlieren. Da hierüber jedoch keine verwertbaren Informationen verfügbar bzw. dem externen Analytiker nicht zugänglich sind, sind der Empirie an dieser Stelle Grenzen gesetzt.

2.2.3.3.2. Abschreibungen

Abschreibungen im Rahmen der Kostenstrukturstatistik umfassen die Abschreibungen auf Sachanlagen, nicht hingegen Abschreibungen auf Finanzanlagen, Abschreibungen aufgrund von Forderungsausfällen sowie steuerliche Sonderabschreibungen[274]. Bei den Abschreibungen auf Sachanlagen läßt sich die Wertminderung eines Betriebsmittels im wesentlichen auf zwei Ursachen zurückführen: Zum einen kann der Werteverzehr von der Inanspruchnahme des Betriebsmittels verursacht werden. Sofern die Nutzung von der Beschäftigung abhängt, sind die daraus resultierenden Abschreibungen innerhalb der steuerlichen Vorschriften als variabel und somit als anpassungsfähig anzusehen. Oft nimmt das zur Verfügung stehende Leistungspotential aber auch allein durch den Ablauf der Zeit ab. Zudem können Nachfrageverschiebungen, Fehlinvestitionen und ähnliche Vorgänge dazu führen, daß die Wirtschaftlichkeit der Betriebsmittel sinkt, obwohl das technische

[272] Vgl. D. Adam, 1993b, S. 23 f.; S. Funke, 1995, S. 99; G. Zäpfel, H. Missbauer, 1988, S. 24.

[273] Vgl. C. Homburg, 1994, S. 13.

Leistungspotential keine Änderung erfährt. Im letzteren Fall entsteht ein zeitlich bzw. ein wirtschaftlich bedingter Abschreibungsbedarf, der jeweils zu "fixen" Abschreibungen führt.

Um eine genaue Spaltung in fixe und variable Abschreibungsanteile vornehmen zu können, wären detaillierte Informationen über die Aufwendungen für den Gebrauchs- und den Zeitverschleiß erforderlich[275]. Da die Berechnung der variablen und fixen Kostenbestandteile jedoch selbst für einen internen Analytiker außerordentlich schwierig ist, wird der Charakter der Abschreibungen in der Praxis häufig in Abhängigkeit von der vorherrschenden Abschreibungsursache komplett als variabel oder fix angesehen[276]. In der Literatur wird überwiegend die Ansicht vertreten, daß der Zeitverschleiß in den weitaus meisten Fällen den Nutzungsverschleiß übersteigt[277]. Dies ist vor allem darauf zurückzuführen, daß sich der technische Fortschritt in den letzten Jahren derart beschleunigt hat, daß die wirtschaftliche Überholung zur dominanten Abschreibungsursache geworden ist[278]. Diese Tendenz wurde dadurch verstärkt, daß sich die technische Nutzungsdauer durch Wartungs- und Instandhaltungsmaßnahmen nahezu unbegrenzt verlängern läßt[279]. Daher wird es den Unternehmen auch nur begrenzt möglich sein, auf externe Veränderungen, wie beispielsweise konjunkturelle Schwankungen, mit einem Abbau von Kapazitäten kurzfristig zu reagieren. Eine exakte Aufteilung der Abschreibungen in fixe und variable Bestandteile stellt jedoch für den externen Analytiker ein unlösbares Problem dar. Im Rahmen dieser Arbeit wird der vorherrschenden Literaturauffassung gefolgt, so daß die Abschreibung als weitgehend fix (im Hinblick auf einen Beschäftigungsrückgang) betrachtet werden.

2.2.3.4. Zusammenfassende Beurteilung des Einflusses von Konjunktur und Reagibilität auf die Kostenstruktur

In diesem Abschnitt wurde das Verhalten der einzelnen Kostenartenhauptgruppen analysiert. Geht die Gesamtleistung eines Unternehmens in einer Rezession zurück, werden die Unternehmen ihre Aufwendungen nicht im Gleichschritt mit den rückläufigen Erträgen reduzieren können. Insbesondere bei Kostenarten mit einem hohen fixen Bestandteil besteht das Problem,

---

[278] Vgl. S. Funke, 1995, S. 98.

[279] Vgl. K. Kaiser, 1991, S. 35 f.

daß aus verschiedenen, zumeist rechtlichen Gründen keine kostensenkenden Anpassungsmaßnahmen möglich sind. Dies hat zur Folge, daß die Kostenarten mit einem hohen Fixkostenanteil bei rückläufiger Beschäftigung gemessen an den Gesamtkosten c.p. an Bedeutung gewinnen. In der vorstehenden Diskussion der Kostenkategorien "Materialkosten", "Kosten für Drittleistungen", "Personalkosten" sowie "Kapitalkosten" konnte festgestellt werden, daß sich die einzelnen Kostengruppen hinsichtlich ihrer Anpassungsfähigkeit bei Beschäftigungsänderungen unterscheiden.

In der Literatur wird der Charakter der Materialkosten und der Kosten für Leistungen Dritter häufig als variabel angesehen, da dem Bedarf an Materialien in aller Regel ein direkter Bezug zur Beschäftigung unterstellt wird. Durch den Aufbau von langfristigen Lieferbeziehungen und vertraglichen Verpflichtungen (z.B. bei Energieversorgern) ist diese Sichtweise jedoch nicht grundsätzlich aufrechtzuhalten. Für eine exakte Beurteilung der Reagibilität sind aber die individuelle Vertragsgestaltung, branchenspezifische Besonderheiten sowie die Art des Fertigungsprozesses zu berücksichtigen, was einem externen Betrachter nicht möglich ist. Selbst unter Berücksichtigung dieser Einschränkungen kann jedoch davon ausgegangen werden, daß die Materialkosten weitgehend variabler Natur sind und der Anteil dieser Kostenartenhauptgruppe relativ flexibel einer rückläufigen Produktion angepaßt werden kann.

Im Gegensatz zu den Materialkosten haben die Personalkosten nur einen sehr geringen variablen Anteil[280]. Dies gilt auch für die leistungsabhängigen Entlohnungsformen wie z.B. den Akkordlohn, da heutzutage nur noch die über den tarifvertraglich festgelegten Mindestlohn hinausgehenden Bestandteile leistungsabhängig gezahlt werden. Zudem kann eine Lohnanpassung bei rückläufiger Beschäftigung nicht bis zum Mindestlohn, sondern nur bis zur durchschnittlichen Leistung des Arbeitnehmers erfolgen[281]. Darüber hinaus beeinflussen nicht nur die diskutierten rechtlichen, sondern auch wirtschaftliche Restriktionen die Abbaufähigkeit der Personalkosten. Die Unternehmen können auf einen bestimmten Mitarbeiterstamm nicht verzichten, wenn sie die zukünftige Leistungsfähigkeit des Unternehmens erhalten wollen[282]. Dies gilt vor allem für kleinere und mittlere Unternehmen, die oft-

[280] Vgl. Bergner, 1967, S. 142; Hax, 1984, S. 25; Fröhling, Weis, 1992, S. 136.

[281] Vgl. Theis, 1992, Sp. 10 ff.

[282] Vgl. Welge, Hüttemann, 1993, S. 14 f.; S. Funke, 1995, S. 96.

mals nur wenig Personal beschäftigen, so daß die betrieblichen Aufgaben aufgrund fehlender Qualifikation oftmals nicht an andere Mitarbeiter delegiert werden können.

Die Beurteilung der Kapitalkosten ist weniger eindeutig, da sowohl die Fremdkapitalzinsen als auch die Abschreibungen variable und fixe Anteile beinhalten. Sofern die aufgenommenen Fremdmittel der Finanzierung kurzfristiger Verbindlichkeiten dienen, können sie als variabel angesehen werden, wobei jedoch erhebliche branchenspezifische Unterschiede zu erwarten sind. Zu berücksichtigen ist dabei auch, daß die Höhe der Zinsaufwendungen (insbesondere bei variablen Kreditkonditionen) entscheidend vom Zinsniveau und von der Zinsstruktur auf den Geld- und Kapitalmärkten beeinflußt wird. Die Einflüsse aus einer rückläufigen Beschäftigung können somit u.U. durch Anpassungen der Kreditkonditionen konterkariert werden. Die zweite Kapitalkostenart, die Abschreibungen, ist gleichfalls nur unter Einschränkungen zu beurteilen. Um eine genaue Spaltung der betrachteten Abschreibungen in fixe und variable Anteile vornehmen zu können, sind detaillierte Informationen über die Aufwendungen hinsichtlich des Gebrauchs- und Zeitverschleißes erforderlich. Dies ist einem externen Analytiker in der Regel jedoch nicht möglich. In der Literatur wird überwiegend die Ansicht vertreten, daß der Zeitverschleiß in den weitaus meisten Fällen den Nutzungsverschleiß übersteigt. Daher wird es den Unternehmen nur begrenzt möglich sein, auf externe Veränderungen, wie beispielsweise konjunkturelle Schwankungen, kurzfristig mit einem Abbau von Kapazitäten zu reagieren, so daß die Abschreibungen einen überwiegend fixen Charakter besitzen und dadurch relativ stabil in Zeiten einer rückläufigen Beschäftigung bleiben dürften.

3. Kostenstruktur und Kosteneffizienz

Im Rahmen dieser Arbeit stellt sich an dieser Stelle die Frage, wie die exogen bedingten Kosteneinflüsse und die innerbetrieblichen Anpassungsmaßnahmen der Unternehmen vor dem Hintergrund des unternehmerischen Ziele zu beurteilen sind.

In diesem Zusammenhang wurde in einer von Hackstein und Esser durchgeführten Untersuchung festgestellt, daß mit der Einführung der neuen Technologien folgende grundlegenden Ziele verbunden werden[283]: Verringerung der Durchlaufzeiten, Erhöhung der Flexibilität am Markt, Abbau von Lagerbeständen, Steigerung der Termintreue, Erhöhung der innerbetrieblichen Flexibilität und Verbesserung der Produktqualität. Zu vergleichbaren Ergebnissen kommen auch die Erhebung von De Meyer und Ferdows[284] sowie die Untersuchung von Wildemann[285]. Verdichtet werden können die erhobenen Ziele dahingehend, daß für die Unternehmen "Qualität", "Flexibilität" und "Schnelligkeit" angesichts der weitgehend gesättigten Märkte und der erhöhten Konkurrenz entscheidende Kriterien darstellen und somit denkbare Ziele zur Beurteilung der Kostenstrukturentwicklung darstellen würden. Allerdings ist im Rahmen der vorliegenden Untersuchung zu berücksichtigen, daß das Datenmaterial - mit der Berücksichtigung sämtlicher Wirtschaftszweige des Verarbeitenden Gewerbes - äußerst komplex und zugleich hoch aggregiert ist. Daher sollten nur Unternehmensziele berücksichtigt werden, die von möglichst vielen Unternehmen verfolgt werden. Dieses übergeordnete Ziel läßt sich allgemein darin sehen, daß der langfristige Unternehmenserfolg gesichert werden soll.

Die zahlreichen Arbeiten zur empirischen Zielforschung weisen zwar darauf hin, daß die Gewinnmaximierung als *das* Unternehmensziel in der Realität an Bedeutung verloren hat. Eine unumschränkte Abkehr vom Gewinnziel kann daraus jedoch nicht abgeleitet werden. Vielmehr hat der Bedeutungsverlust des Gewinnziels nur eine raum-zeitlich bedingte Gültigkeit, da das Streben nach anderen Ziele von der Größe der Unternehmung und der Bran-

---

[283] Vgl. R. Hackstein, U. Esser, 1990, S. 26 f.

[284] Vgl. A. De Meyer, K. Ferdows, 1991, S. 25; H. Wildemann, 1988a, S. 99.

[285] Vgl. H. Wildemann, 1988a, S. 99.

chenstruktur abhängig ist[286] und ein Unternehmen ohne einen ausreichenden Gewinn langfristig keinen Erfolg haben kann. Im Rahmen dieser Arbeit wird daher die Rentabilität bzw. die Gewinnerzielung als ein geeignetes branchen- und unternehmensgrößenübergreifendes Kriterium zur Beurteilung der Kostenstrukturentwicklung angenommen. Allerdings sind bei der Durchführung und Interpretation der empirischen Untersuchung folgende Einschränkungen zu berücksichtigen:

Die Gewinne der Unternehmen als Differenz zwischen Erlösen und Kosten sind sowohl von der Markt- und Wettbewerbssituation als auch von der Kostensituation abhängig. Wirkungen einer Kostenstrukturänderung auf die Gewinnsituation der Unternehmen sind daher nicht kausal zu begründen, weil eine Vielzahl exogener Faktoren auf die Erlössituation der Unternehmen einwirkt. Dieser Komplexität muß die empirische Untersuchung Rechnung tragen. Demzufolge konzentriert sich die Analyse auf die Kostenseite der Unternehmen. Dabei wird anhand der Kostendaten konkret der Frage nachgegangen, wie sich die Entwicklung der Kostenstrukturen auf die Kosteneffizienz der Unternehmen auswirkte. Aufgrund der Datenbasis und den öffentlich zugänglichen Informationen müssen jedoch Einflüsse durch marktstrukturelle Besonderheiten, spezielle Wettbewerbsstrategien oder Beeinflussungen durch die Nachfrage, unberücksichtigt bleiben.

3.1. Kosteneffizienz und Neue Technologien

Ausgangspunkt einer Untersuchung zur Kosteneffizienz ist die Definition, was als einzelwirtschaftliche Effizienz anzusehen ist. Als einzelwirtschaftlich effizient wird ein Zustand definiert, in dem es einem Unternehmen nicht mehr möglich ist, bei gegebener technologischer Ausstattung und gegebenen Produktionsverfahren die gleiche Ausbringungsmenge mit geringerem Faktoreinsatz herzustellen oder mit gleichem Faktoreinsatz einen höheren Output zu erzielen[287]. Wird der Faktoreinsatz mit den (exogenen) Faktor-

[286] So steigt die Befürwortung, einen möglichst hohen Gewinn zu erwirtschaften, mit zunehmender Größe bei den Unternehmungen. Vgl. H. Ulrich, G. Probst, 1982, S. 96. Weiterhin wächst mit der Konzentration in einem Wirtschaftszweig die Bedeutung der Unternehmenserhaltung für die Unternehmenspolitik. Vgl. F. Klein-Blenkers, 1971, S. 44.

[287] Entscheidend ist in diesem Zusammenhang, daß sämtliche Einsatzfaktoren berücksichtigt werden. Vgl. K. Lancaster, 1987, S. 88.

preisen bewertet, befindet sich in diesem Punkt der Produktion das Minimum der Durchschnittskosten[288].

In der Realität zeigt sich jedoch, daß die im Mittelpunkt der traditionellen Mikrotheorie stehende allokative Effizienz in der Realität nicht gegeben ist. Vielmehr führen die in die Entscheidungen einfließenden individuellen Neigungen und Gewohnheiten dazu, daß die Produktionsfaktoren in den Unternehmen nur suboptimal eingesetzt werden. Dies führt letztendlich dazu, daß die Gewinnmaximierung (in seiner strengen Auslegung) in der Realität zwar durchaus noch angestrebt, jedoch nicht erreicht wird. Das Handlungsmuster eines Unternehmens ist somit insgesamt das Ergebnis, welches sich als Kompromiß zwischen individuellen Zielvorstellungen und den von der Organisation erwarteten zielbezogenen Handlungen auffassen läßt. Die Abweichung zwischen dem angestrebten und dem erreichten Zustand ist insofern darauf zurückzuführen, daß die Unternehmung ihre Produktionsfaktoren „ineffizient" einkauft und verwendet. Diese organisationsinternen Ineffizienzen bezeichnet Leibenstein als X-Ineffizienzen[289]. X-ineffiziente Verhaltensmuster entstehen insofern dann, wenn die Diskrepanz zwischen den individuellen und organisationalen Zielen groß ist oder wenn die Motivation der Mitarbeiter als gering aufzufassen ist.

Kommt es zu einer organisationsintern bedingten Fehlallokation der Ressourcen oder zu mangelnder Motivation der Mitarbeiter, verschiebt sich die Durchschnittskostenkurve unabhängig vom Output nach oben, was gleichbedeutend mit einem Verzicht auf Gewinn ist. Im Rahmen einer Kostenanalyse lassen sich für jede beliebige Ausbringungsmenge eines Unternehmens die X-Ineffizienzen als Differenz zwischen den tatsächlichen und den - im Rahmen einer effizienten Produktion - mindestens anfallenden (Produktions-)Kosten auffassen[290]. Das Ausmaß möglicher X-Ineffizienzen wird somit im wesentlichen durch unternehmensinterne Einflußfaktoren bestimmt, zu denen beispielsweise der Führungsstil des Managements, die allgemeinen Arbeitsbedingungen aber auch die Anreize des Entgeltsystems zählen. Im

[288] Im Gegensatz zur "Effizienz" knüpft die "Effektivität" an den Leistungsverwertungsprozeß an. Letztere wird beispielsweise durch die Marktstrategie oder durch die Wettbewerbssituation beeinflußt. Pedell beschreibt diesen Zusammenhang auch mit "to do the things right" für Effizienz und "to do the right things" für Effektivität. Vgl. K.L. Pedell, 1985, S. 1082.

[289] Vgl. H. Leibenstein, 1966, S. 397 ff.

[290] Vgl. Schmidt, 1993, S. 86; Frantz, 1988, S. 49; Shepherd, 1990, S. 215.

übertragenen Sinne kann die Implementierung von neuen Technologien insofern als Strategie zur Überwindung von organisationsinternen Ineffizienzen verstanden werden, da der Fertigungsprozeß im Rahmen von Lean-Production verschiedene Maßnahmen der Reorganisation enthält, die letztendlich zu erheblichen Kosteneinsparungen, d.h. zu einer Reduzierung der X-Ineffizienzen, führen sollen.

Eine Analyse der Wirkungen der Maßnahmen im Rahmen neuer Technologien im Hinblick auf die Vermeidung von X-Ineffizienzen läßt im wesentlichen folgende Schlußfolgerungen zu[291]. Die strenge Ausrichtung des Fertigungsprozesses am Materialfluß sowie die Bildung autonomer, objektorientierter Fertigungseinheiten dient vor allem dazu, den Produktionsprozeß effizienter und damit kostengünstiger zu gestalten. Zudem kann die präventive Fehlervermeidung im Rahmen eines ausgeprägten Qualitätsmanagements der Beseitigung von Ineffizienzen dienen, die sonst durch kostenintensive Nachbesserungen oder Gewährleistungen entstehen würden. Vor allem im Hinblick auf Motivationseffekte, denen eine bedeutende Rolle zur Vermeidung von X-Ineffizienzen zukommt, lassen sich positive Ergebnisse ableiten. Die mit den Maßnahmen der Lean-Production einhergehende Erweiterung des Aufgaben- und Verantwortungsbereiches, die Bildung flacherer Hierarchien sowie die Betonung von Gruppen- bzw. Teamstrukturen führen zu kürzeren Entscheidungswegen[292]. Dies sind wesentliche Voraussetzungen für eine Erhöhung der Arbeitsmotivation. Im Rahmen der Kostenstrukur- und Kosteneffizienzanalyse kann somit untersucht werden, ob sich zum einen die Kostenstrukturen entsprechend der vorstehenden Ausführungen verschoben haben und ob sich Verbindungen zur Kosteneffizienz, insbesondere zu einer Erhöhung der Effizienz finden lassen.

3.2. Kosteneffizienz und Unternehmensgröße

Im Rahmen der empirischen Untersuchung sollen neben dem Einfluß, den die Einführung neuer Technologien auf die Entwicklung der Kosteneffizienz ausübte, auch andere mögliche Einflußgrößen der Kosteneffizienz untersucht werden. Bei diesen Faktoren handelt es sich um die Branchenzugehörigkeit und die Unternehmensgröße. Während die Zusammenhänge zwischen Branchenzugehörigkeit und Kosteneffizienz vor allem auf die Wettbewerbsinten-

---

[291] Vgl. I. Schmidt und A. Schmidt, 1996, S. 70 f.

[292] Vgl. R. Haupt, 1994, S. 26 f.

sität in den einzelnen Branchen zurückzuführen sind, knüpft die Frage nach dem Zusammenhang zwischen Unternehmensgröße und Kosteneffizienz an einem breiten Forschungsgebiet der Industrieökonomik an.

Industrieökonomische Untersuchungen analysieren im Rahmen preistheoretisch fundierter Modelle den Zusammenhang zwischen der einzelwirtschaftlichen Effizienz und der Unternehmensgröße. Dabei wird zumeist die These eines größenbedingten Unterschiedes in der Kosteneffizienz der Unternehmen vertreten. Die aufgrund von Untersuchungen über Kostenverläufe in Unternehmen gewonnenen Erkenntnisse besagen, daß die Durchschnittskosten vielfach bis zu einer bestimmten Unternehmensgröße sinken, im Anschluß daran über einen längeren Bereich relativ konstant bleiben und danach wieder ansteigen[293]. Graphisch dargestellt führt dies zu einem U-förmigen Verlauf der Durchschnittskosten. Diese "produktionstechnischen Zusammenhänge" resultieren im wesentlichen aus technischen und organisatorischen Prozessen, die in der Produktionstheorie durch die Produktionsfunktion beschrieben werden. Während das Sinken der Durchschnittskosten mit produktionstechnischen und pekuniären Vorteilen der Massenproduktion begründet wird, wird das Ansteigen der Kostenkurve auf zunehmende Schwierigkeiten in der Koordination und Führung der Unternehmen zurückgeführt, die ab einer bestimmten Unternehmensgröße die technischen Größenvorteile konterkarieren.

Im folgenden werden die theoretischen Grundlagen dargestellt, auf denen die empirische Untersuchung hinsichtlich Unternehmensgröße und Kosteneffizienz aufbauen wird. Eine Separierung in produktionstechnische und pekuniäre Größenvorteile, auf die die Kosteneffizienz größerer Unternehmen zurückgeführt wird, kann jedoch nur im Rahmen der theoretischen Ausführungen erfolgen. Diese eindeutige Trennung ist in der empirischen Untersuchung nicht möglich, da in der Praxis beispielsweise eine mit zunehmender Unternehmensgröße steigende Arbeitsproduktivität auf positiven produktionstechnischen Größenvorteilen und zugleich auf positiven pekuniären Skaleneffekten beruhen kann.

---

[293] Vgl. J. Johnston, 1969; K.H. Oppenländer, 1985, S. 224.

3.2.1. Kosteneffizienz durch produktionstechnische Größenvorteile

Ein wichtiges und typisches Kennzeichen für viele Industriebereiche ist die Existenz von economies of scale im Produktionsprozeß als Voraussetzung der Massenproduktion. Skalenvorteile bedeuten, daß eine Produktion bei großen Ausbringungsmengen effizienter ist als bei kleineren Stückzahlen. Dies führt bei zunehmender Größe der Produktionseinheiten zu einer Verringerung der Stückkosten je Ausbringungseinheit. Dieses technisch orientierte Konzept wird zumeist auf Betriebsebene zur Erklärung von Kostenvorteilen verwendet und wird dann auf die Unternehmensgröße übertragen[294]. Die Existenz der Kostendegression, die es erlaubt, große Ausbringungsmengen zu niedrigeren Stückkosten zu produzieren als kleinere Stückzahlen, setzt folgende Effekte voraus[295]:

- Die Produktion ist erst nach Aufwendung eines Kapitaleinsatzes, der allerdings mit steigender Ausbringung bezogen auf die Produktionseinheit abnimmt (Fixkosteneffekt), möglich. Somit fallen die Stückkosten zwar zunächst sehr stark, mit zunehmender Ausbringungsmenge wird die Abnahme jedoch geringer. Nach Erreichen der optimalen Ausbringungsmenge, in der das Minimum der Durchschnittskosten erreicht ist, steigen sie wieder an (z.B. aufgrund höherer Wartungskosten bei stärkerer Abnutzung oder überproportional steigenden Inputfaktoren).

- Durch die erforderlichen Anfangsinvestitionen setzt ein bestimmtes Produktionsverfahren eine spezifische Mindestausbringungsmenge voraus. Sofern diese Stückzahl nicht erreicht werden kann, sollte ein alternatives Produktionsverfahren mit geringeren fixen Kosten - und höheren variablen Produktionskosten - gewählt werden.

- Die Technologie des betreffenden Industriezweiges weist zunehmende Skalenerträge auf, so daß sich durch eine Verdoppelung des Faktoreinsatzes die Ausbringung mehr als verdoppeln läßt. Bei konstanten Faktorpreisen sind die Durchschnittsausgaben je Produkteinheit demnach für größere Ausbringungsmengen niedriger als für kleinere Mengen.

---

[294] Allerdings sind Betrieb und Unternehmen, vor allem in kleineren und mittleren Betrieben, überwiegend identisch. Im Verarbeitenden Gewerbe der Bundesrepublik Deutschland ist der Anteil der Einbetriebsunternehmen zwischen 1977 und 1992 bei konstant 85% geblieben. Vgl. Statistisches Bundesamt, Fachserie 4, Reihe 4.1.1., verschiedene Jahrgänge.

[295] Vgl. K. Lancaster, 1987, S. 125 ff.

3.2.2. Kosteneffizienz durch pekuniäre Größenvorteile

Pekuniäre Größenvorteile sind vor allem darauf zurückzuführen, daß ein Unternehmen niedrigere Inputpreise als seine Wettbewerber entrichten muß. Typische pekuniäre Größenvorteile von Großunternehmen sind günstigere Finanzierungsmöglichkeiten (z.B. Beschaffung von Kapital auf den internationalen Kapitalmärkten) und Vorteile bei der Beschaffung von Vorprodukten. Für kleinere und mittlere Unternehmen werden hingegen pekuniäre Größenvorteile beim Einsatz des Faktors Arbeit unterstellt. Dies bezieht sich sowohl auf niedrigere Inputpreise bei den Löhnen und Gehältern als auch auf geringere Effizienzverluste durch niedrigere Informations- und Kontrollverluste.

3.2.2.1. Pekuniäre Effizienzvorteile großer Unternehmen

Zu den Effizienzvorteilen (Bargainingvorteile) großer Unternehmen zählen Vorteile, die auf die wirtschaftliche (Markt-) Macht zurückzuführen sind. Diese liegen einerseits im Finanzbereich, da Großunternehmen über einfachere und kostengünstigere Finanzierungsmöglichkeiten verfügen, andererseits liegen sie im Beschaffungs- und Vertriebsbereich, wo Großunternehmen aufgrund ihrer Nachfragemacht die Preise für Vorprodukte und Dienstleistungen drücken können. Bedeutsam ist dabei, daß diese Bargainingvorteile zwar die Rentabilität der betroffenen Unternehmen in gleicher Weise erhöhen wie die economies of scale. Im Gegensatz zu letzteren implizieren sie aber keine gesamtwirtschaftlichen Effizienzsteigerungen, da es sich vorwiegend um "pecuniary economies" und nicht um "real economies" der economies of scale handelt[296].

3.2.2.1.1. Effizienzvorteile großer Unternehmen im Finanzbereich

Die Finanzierungsformen eines Unternehmens können danach unterschieden werden, ob das Kapital durch das Unternehmen selbst gebildet wird oder von außen zugeführt wird. Im Rahmen dieses Abschnitts werden nur die unterschiedlichen Chancen einer Außenfinanzierung betrachtet, da hierbei

---

[296] Vgl. J.S. Bain, 1968, S. 170.

deutlichere Größenunterschiede zu erwarten sind als bei der Kapitalbildung durch Gewinnthesaurierung[297].

Bei einer Analyse der "gruppenspezifisch" unterschiedlichen Chancen der Eigenfinanzierung wird in der Literatur häufig auf den Organisationsgrad der von den Unternehmen erreichbaren Kapitalmärkte verwiesen[298]. In den modernen Industriegesellschaften zählt die Aktienbörse im allgemeinen zu den ergiebigsten und marktmäßig gut organisierten Quellen der Beschaffung von Eigenkapital. Da sich über die Aktienbörse allerdings nur Unternehmen in der Rechtsform der Aktiengesellschaft Finanzmittel beschaffen können, bleibt die direkte Finanzierung über die Börse nur wenigen Unternehmen vorbehalten[299]. Der nicht börsenmäßig organisierte Markt für Eigenkapital ist nicht durch ein einheitliches Organisationskriterium positiv definierbar. Zu den wichtigsten Organisationsformen zählen[300] Zeitungsannoncen, in denen Haftungskapital angeboten und nachgefragt wird sowie die Vermittlung von Haftungskapital durch Makler und der Transfer von Haftungskapital durch Kapitalbeteiligungsgesellschaften.

In jedem dieser Fälle ist jedoch mit einer geringeren Markttransparenz als an der Börse zu rechnen. Außerdem muß sich der Haftungskapitalgeber - gemessen an der Risikostreuung, die an der Börse möglich ist - mit einer relativ großen Kapitalsumme an einen einzelnen Haftungskapitalnehmer binden. Wenn es für die Investoren jedoch nicht möglich ist, die Haftungskapitalanteile schnell und kostengünstig wieder zu verkaufen, werden sie als Ausgleich für das Wiederverkaufsrisiko nur bereit sein, das Haftungskapital zu einem niedrigeren Preis zu erwerben. Je höher solche Preisabschläge

---

[297] Vgl. zu den größenbedingten Unterschieden einer Innenfinanzierung: F.-U. Willeke, 1980, S. 289 ff.

[298] Vgl. C.D. Edwards, 1964, S. 103 f.; K. Oettle, 1966, S. 125 f.; H.O. Lenel, 1968, 279 f.; E. Gutenberg, 1969, S. 193 f.

[299] 1990 existierten nur 501 börsennotierte Unternehmen in der Bundesrepublik. Vgl. Statistisches Bundesamt, Fachserie 9, Reihe 2.
Angesichts der geringen Anzahl börsennotierter Unternehmen in der Bundesrepublik wurde diskutiert, ob nicht ein Handel mit Eigenkapitaltiteln unabhängig von der Rechtsform des Unternehmens zugelassen werden sollte. Zum Handel börsennotierter GmbH- und KG-Anteile siehe H. Schmidt, 1981, 1984, 1985; H. Giersch, H. Schmidt, 1986, Tz. 193. Zum Handel mit Stillen Beteiligungen z.B. U. Fritsch, 1981, S. 86.

[300] Vgl. F.U. Willeke, 1980, S. 280.

sind, desto höher sind jedoch die Eigenkapitalkosten des Unternehmens[301]. Obgleich in der Vergangenheit verschiedene Vorschläge unterbreitet wurden, die Rechtsform der Aktiengesellschaft für Unternehmen attraktiver zu gestalten[302], zeigt die Größe der wenigen börsennotierten Aktiengesellschaften, daß das Aktienrecht die für die Aktiengesellschaft geltenden Normen auf große Unternehmen abgestellt hat. Insofern dürfte die These, daß große Unternehmen bei der Beschaffung von Eigenkapital niedrigere Kosten als kleine und mittlere Unternehmen haben, für die deutschen Unternehmen weitgehend Gültigkeit besitzen.

Neben einer Analyse der Eigenkapitalfinanzierung stellt sich die Frage, ob kleinere und mittlere Unternehmen auch bei der Fremdfinanzierung benachteiligt sind. Grundsätzlich kann davon ausgegangen werden, daß das deutsche Universalbanksystem auch kleineren Unternehmen die organisatorischen Voraussetzungen einer Kreditfinanzierung bietet. Durch die Funktion der Banken als Finanzintermediäre[303] sind auch kleinere und mittlere Unternehmen, die nicht die Möglichkeit einer eigenen Begebung von Schuldverschreibungen besitzen, indirekt an den organisierten Kapitalmarkt angeschlossen. Dennoch müssen kleinere Unternehmen tendenziell mit schlechteren Kreditkonditionen als große Unternehmen rechnen[304]: Großunternehmen können zur Absicherung eines Bankkredits zumeist besser als alle anderen Unternehmungen dingliche Sicherheiten bieten. Zudem sind sie hinsichtlich ihrer Produktpalette und ihrer regionalen Absatzmärkte i.d.R. breiter diver-

---

[301] Vgl. hierzu H. Schmidt, 1977, S. 10-16; H. Schmidt, 1988, S. 5-7; H. Giersch, H. Schmidt, 1986, Tz. 62; M. Zaß, 1989; D. Mauer, L. Senbet, 1992.

[302] Vgl. z.B. F. Kübler, 1981, S. 6; U. Meyer-Cording, 1982, S. 897; Deutsche Bundesbank, 1984a, S. 15-16; Deutscher Juristentag, 1984, K. 163. In diesem Zusammenhang wurde vorgeschlagen, eine "Kleine AG" zuzulassen und die "GmbHaA" als neue Organisationsform zu schaffen.

[303] Die Terminologie "Finanzintermediär" bzw. "financial intermediaries" entstammt der amerikanischen Literatur der fünfziger Jahre und wurde erstmals von Gurley und Shaw in die theoretische Diskussion eingeführt. Vgl. J.G. Gurley, E.S. Shaw, 1955, S. 515-538.
Finanzintermediäre sammeln kleinere Geldbeträge, fassen sie zu größeren Positionen zusammen, betreiben damit Fristentransformation und sorgen durch die Diversifikation der Mittel, ihr know-how und ihren good-will für eine effiziente Allokation der Ressourcen auf dem Kapitalmarkt, wobei sie i.d.R. besondere rechtliche Rahmenbedingungen zur respektieren haben.

[304] Vgl. H.O. Lenel, 1968, S. 283 f.

sifiziert als kleinere Unternehmen, so daß sie in ihrer ökonomischen Existenz allgemein besser abgesichert sind.

3.2.2.1.2. Effizienzvorteile großer Unternehmen im Beschaffungs- und Absatzbereich

Große Unternehmen benötigen - sofern ihre Kapazitäten ausgelastet sind - größere Mengen an Vorprodukten. Dies gilt auch für breit diversifizierte Unternehmen, sofern gleichartige Vorprodukte auf den verschiedenen Produktionsstufen bzw. für die verschiedenen Produktsparten benötigt werden. Gegebenenfalls kann die Unternehmung ihre Nachfragemacht dazu nutzen, die Rabatte für die Vorprodukte oder für die von Dritten erbrachten Dienstleistungen zu erzielen, ohne daß diesen Abschlägen reale Ersparnisse bei den Lieferanten entsprechen. Gelingt es darüber hinaus einem Großunternehmen, die Beschaffung von Vorprodukten zu zentralisieren, können dadurch u.U. die Beschaffungsnebenkosten reduziert werden[305].

Im Vertriebsbereich[306] besitzen Großunternehmen Effizienzvorteile gegenüber kleineren Unternehmen, wenn das Vertriebsnetz eines Unternehmensbereiches auch durch die anderen Bereiche genutzt werden kann. Allerdings nehmen die Chancen, im Vertriebsbereich Effizienzvorteile zu realisieren, tendenziell mit der Verschiedenartigkeit der Produkte eines Unternehmens ab.

3.2.2.2. Effizienzvorteile kleiner und mittlerer Unternehmen

Für kleine und mittlere Unternehmen werden pekuniäre Größenvorteile besonders beim Einsatz des Faktors Arbeit unterstellt. Diese Vorteile resultieren zum einen aus niedrigeren Inputpreisen für den Produktionsfaktor Arbeit, der ein wesentlicher Kostenfaktor der Unternehmen ist. Die Mehr- oder Minderbelastung bestimmter Unternehmensgrößen im Bereich der Personal- und Personalnebenkosten schlägt sich somit in den gesamten Produktionskosten nieder und beeinflußt die Kosteneffizienz des Unternehmens

---

[305] Vgl. E. Heinen, 1971, S. 392 f.

[306] Vgl. C.D. Edwards, 1971, S. 142 f.; E. Heinen, 1972, S. 398 f.; J.S. Bain, 1968, S. 202 f.

3.2.2.2.1. Effizienzvorteile kleiner Unternehmen beim Einsatz des Faktors Arbeit

In Deutschland ist die Höhe der Arbeitsentgelte größtenteils von arbeits- und sozialrechtlichen Vorschriften abhängig[307]. Tarifautonomie und Tarifvertragsgesetz[308] reglementieren den Abschluß kollektiver Arbeitsverträge zwischen den Tarifvertragsparteien. Die dort ausgehandelten Vereinbarungen sind für eine bestimmte Laufzeit und ein bestimmtes Tarifgebiet für die betroffenen Unternehmen bindend. Allerdings ersetzt der kollektive Tarifvertrag nicht den individuellen Arbeitsvertrag, den der Arbeitgeber mit dem einzelnen Arbeitnehmer abschließt. Die im Kollektivvertrag enthaltenen Normen geben den Rahmen - für alle Unternehmen einer Region und Branche, unabhängig von der Größe - an, in dem sich der Einzelarbeitsvertrag bewegen muß[309]. Die Lohnfindung auf Unternehmensebene stellt auf dieser Basis ein notwendiges Differenzierungspotential dar, damit die Lohnstruktur besser den Bedürfnissen des einzelnen Unternehmens angepaßt werden kann. Für den Arbeitgeber bietet die betriebliche Lohnpolitik die Möglichkeit, flexibel auf konjunkturelle Veränderungen, etwa über betrieblich vereinbarte oder freiwillig gewährte Sozialleistungen, zu reagieren. Durch diese Zusatzleistungen liegt der tatsächlich vom Arbeitnehmer bezogene Lohn, der Effektivlohn, i.d.R. über dem Tariflohn, wobei aufgrund der innerbetrieblichen Vereinbarungen unternehmensgrößenbedingte Unterschiede entstehen können.

Die hierzu durchgeführten empirischen Untersuchungen zeigen, daß kleine und mittlere Unternehmen niedrigere Löhne und Gehälter bezahlen als Großunternehmen[310]. Im Rahmen der theoretischen Ansätze zur Bestimmung der Kosten der Arbeit läßt sich diese Beobachtung auch mit der auf Becker zurückgehenden Humankapitaltheorie erklären[311]. Zum einen kann aus dem

---

[307] Vgl. E. Liefmann-Keil, 1961, S. 234 ff.

[308] Zur Tarifautonomie siehe: J. Zerche, S. 19 f.; B. Rüthers, 1978, S. 173 ff.

[309] Vgl. B. Külp, 1969, S. 15.

[310] Vgl. R. Clemens, H. Wollrab, 1981, S. 34.

[311] Vgl. G.S. Becker, 1964. Siehe in diesem Zusammenhang auch die neuere Literatur zur Humankapitaltheorie: W. Clement, 1981.

Humankapitalmodell abgeleitet werden[312], daß die Löhne um so höher sind, je mehr Humankapital im Unternehmen eingesetzt wird. Daneben wird im Rahmen dieses Modells angenommen, daß die Löhne um so höher sind, je größer das Unternehmen ist. Diese These basiert darauf, daß die Arbeitsteilung in größeren Unternehmen höher ist und somit unternehmensspezifische Anforderungen eine spezielle Ausbildung erfordern. Neben den Personalkosten kommt den gesetzlichen und freiwilligen Personalzusatzkosten eine immer größere Bedeutung bei. Während sich durch die geltenden Regelungen im Sozialbereich keine generell mit zunehmender Unternehmensgröße fallende oder steigende Belastung für die gesetzlichen Sozialleistungen nachweisen läßt, führen die höheren freiwilligen Sozialleistungen bei Großunternehmen zu einer höheren Belastung dieser Unternehmen im Bereich der Personalzusatzkosten[313].

3.2.2.2.2. Effizienzvorteile kleiner Unternehmen durch geringere Informations- und Kontrollverluste

Obgleich der Lohn als Preis der Arbeit anzusehen ist und mit der betrieblichen Vereinbarung eines höheren Lohnes positive Wirkungen auf die Effizienz des Personaleinsatzes, die Arbeitnehmermotivation sowie die Produktivität verbunden werden, ist nicht gewährleistet, daß eine höhere Entlohnung auch zu einer höheren Effizienz oder Produktivität führt. Zwei theoretische Ansätze, in denen eine mit steigender Unternehmensgröße sinkende Effizienz der Mitarbeiter unterstellt wird, sind Ineffizienzen aufgrund von Kontrollverlusten und Managerineffizienz.

In der Diskussion um unternehmensgrößenspezifische Effizienzunterschiede wird von einigen Autoren die Meinung vertreten, daß durch eine einheitliche Kontrolle innerhalb eines großen Unternehmens Managerfunktionen zentralisiert und deshalb die "relativen" Managementkosten reduziert werden können[314]. Andererseits beurteilen verschiedene Autoren die Chancen

---

[312] Vgl. hierzu und zu den anderen, im gegebenen Zusammenhang nicht relevanten Hypothesen des Modells: B. Wanik, S. 503 f.

[313] Vgl. U. Giebel, 1985, S. 244-252.

[314] Vgl. zu dieser kontroversen Diskussion z.B. C.D. Ewards, 1964, S. 113 f.; H.O. Lenel, 1968a, S. 507; J.S. Bain, 1968, S. 170 f.; E. Heinen, 1971, S. 403 f.; J.M. Blair, 1972, S. 152 f.; E. Kaufer, 1977, S. 57 f. und S. 84 f.

von Effizienzvorteilen großer Unternehmen im Managementbereich skeptisch. Bei gegebener (funktionaler oder divisionaler) Organisationsform nehmen die Informationskosten mit steigender Zahl der kontrollierten Bereiche absolut zu, möglicherweise steigen sie überproportional[315]. Kontrollverluste durch steigende Unternehmensgröße können zwar durch die Wahl geeigneter Organisationsformen begrenzt oder vermindert werden. Der Einfluß der Organisationsform auf die Verringerung von diseconomies of scale darf jedoch nicht überschätzt werden. Bei flacher Strukturierung der Organisation steigt die Kontrollspanne und die Führung wird problematischer, bei tiefgegliederter Aufbauorganisation werden die Kommunikationswege länger. Als weitere wichtige Quelle überproportional steigender Kontrollkosten bzw. Kontrollverluste bei wachsender Unternehmensgröße gelten die Bürokratisierung innerhalb hierarchischer Strukturen, zunehmende interne Konflikte, und ein steigender Pessimismus vieler Angestellter, auf der hierarchischen Leiter durch Leistung nach oben zu kommen[316].

Die größen- und komplexitätsbedingte Trägheit der Steuerung eines Unternehmens bedingt ein systematisches Abweichen vom Zustand maximaler technischer und bürokratischer Effizienz[317]. Die daraus resultierenden Belastungen (X-Ineffizienz oder auch organizational slack) können als Einkommenszahlungen interpretiert werden, die über das für die erbrachte Leistung notwendige Maß hinausgehen und deren Existenz in der bei zunehmender Größe abnehmenden Steuerbarkeit des Unternehmens begründet ist. X-Ineffizienz bezeichnet die Differenz zwischen maximaler und akzeptierter Effizienz und setzt deren Kenntnis und Akzeptanz voraus. Die Größe und Komplexität der Unternehmen bedingt, daß die Reduzierung der X-Ineffizienz Informations- und Kontrollkosten verursacht, die nur solange verringert werden, bis der Grenzertrag der Effizienzsteigerung unter die relevanten Grenzkosten sinkt.

Ein weiterer wichtiger Faktor in einer immer komplexeren Umwelt sind die sogenannten managerial diseconomies of scale, die beim Übergang vom haftenden Unternehmer, was für kleinere Unternehmen üblich ist, zum managergeführten Unternehmen, das für Großunternehmen und Kapitalgesell-

---

[315] Vgl. E. Heinen, 1971, S. 403 f.

[316] Eine ausführliche Auseinandersetzung mit derartigen möglichen "managerial diseconomies" findet sich bei: J.M. Blair, 1972, S. 59 f.; C.D. Edwards, 1964, S. 114 f.

[317] Vgl. N. Irsch, 1982, S. 153.

schaften typisch ist, entstehen. So können mit zunehmender Unternehmensgröße Effizienzverluste durch die begrenzte Rationalität, d.h. die begrenzte Kapazität eines Managers, Informationen zu empfangen, zu speichern und Problemlösungen zu finden, entstehen[318]. Wird die daraus resultierende Kontrollspanne überschritten, muß entweder eine zusätzliche Kontrollfunktion oder eine zusätzliche Führungsebene zur Koordination dieser Kontrollfunktion eingerichtet werden. Insofern können bei zunehmender Größe eines Unternehmens diseconomies durch Kontrollverluste wie z.B. durch Überforderung des einzelnen Managers oder durch Einbeziehung neuer hierarchischer Ebenen auftreten[319].

Eine ähnliche Problematik tritt auf, wenn die Gesellschafter einen Manager als Geschäftsführer einsetzen, dessen Interesse von dem der Gesellschafter aus mehreren Gründen abweichen kann[320]. Der Geschäftsführer wird sich dem Risiko gegenüber anders verhalten als die Gesellschafter. Dies läßt sich allerdings über eine entsprechende Entlohnungsfunktion, die das Gehalt des Managers als Funktion des Unternehmensergebnisses definiert, korrigieren[321]. Kommt es zur Insolvenz, dann verliert der Manager im allgemeinen seinen Arbeitsplatz, ohne die Gewißheit zu besitzen, einen vergleichbaren wiederzufinden. Um dieses Arbeitsplatzrisiko einzuschränken, wird er u.U. eine Insolvenz durch eine konservative Investitions- und Finanzierungspolitik zu vermeiden suchen. Konservative Investitions- und Finanzierungspolitik bedeutet jedoch, risikoarm zu Lasten des Ertrages zu investieren und

---

[318] Vgl. H.A. Simon, 1979, S. 493-513.

[319] Vgl. K. Aiginger, G. Tichy, 1984, S. 27.

[320] Trifft eine Person Entscheidungen, deren Konsequenzen wenigstens teilweise andere Personen betreffen, dann liegt ein Agency-Problem vor. Agency-Probleme beruhen auf externen Effekten. Begreift man ein Unternehmen als eine Institution, die zahlreiche Personen durch rechtliche Beziehungen aneinander bindet, dann wird deutlich, daß das Verhalten einer Person auch Konsequenzen für die übrigen hervorruft. In den achtziger Jahren ist eine Fülle von Beiträgen zu Agency-Problemen erschienen. Grundlage nahezu aller Modelle ist die Annahme, der Entscheidungsträger im Unternehmen könne seine Entscheidungskompetenz in seinem Interesse nutzen und damit die Interessen der anderen schädigen. In der Agency-Theorie wird nach effizienten rechtlichen Regelungen, d.h. nach pareto-optimalen institutionellen Regelungen gesucht, damit durch gesetzliche bzw. durch vertragliche Vereinbarungen ein Schutz für die Benachteiligten erreicht werden kann. Eine ausführliche Übersicht zu Agency-Problemen bieten z.B. Harris, Raviv, 1991; P. Swoboda, 1991, Kap. 5.

[321] Vgl. H. Laux, 1972.

hohe finanzielle Reserven anzusammeln. In dem von Managern geleiteten Unternehmen kommt hinzu, daß das Topmanagement versucht, seine eigene Nutzenfunktion unter bestimmten Nebenbedingungen zu maximieren. Diese Nutzenfunktion enthält neben dem Gehalt und sonstiger Vergütungen auch die Anzahl der hierarchisch untergeordneten Mitarbeiter. Da das Gehalt oftmals von der Größe des untergeordneten Personenkreises abhängt, hat der Manager einen Anreiz, den Personalstand über ein effizientes Maß hinaus auszudehnen[322].

3.2.3 Zusammenfassende Beurteilung von Kosteneffizienz und Unternehmensgröße

Wie die vorstehenden Ausführungen zeigen, wird die These der Kosteneffizienz großer Unternehmen vor allem auf die produktionstechnischen Vorteile der Massenproduktion zurückgeführt. Im pekuniären Bereich wird die Überlegenheit der Großunternehmen nicht einhellig vertreten, da neben den höheren Personalkosten auch Organisationsschwierigkeiten auftreten können, die kleinere Unternehmen durch höhere Flexibilität eher und kostengünstiger überwinden können. Trotz dieser Einschränkungen wird in der industrieökonomischen Literatur jedoch weitgehend die Auffassung vertreten, daß Großunternehmen im Saldo über eine größere einzelwirtschaftliche Kosteneffizienz verfügen. Diese These soll im Rahmen der empirischen Untersuchung getestet werden.

[322] Vgl. K. Aiginger, G. Tichy, 1984, S. 28 f.

3. TEIL: DATENBESCHREIBUNG UND OPERATIONALISIERUNG DES BEZUGSRAHMENS

Nachdem vorstehend der theoretische Bezugsrahmen dieser Untersuchung entwickelt wurde, wird darauf aufbauend in diesem Teil der Arbeit eine Operationalisierung des Untersuchungsgegenstands vorgenommen. Im ersten Kapitel wird dazu zunächst auf die Datenquelle der empirischen Analyse eingegangen. Dabei werden neben den Erhebungsaspekten auch die grundsätzlichen Anforderungen, die im Rahmen dieser Arbeit an das statistische Quellenwerk gestellt werden, erörtert. Die Inhalte der Kapitel 2 und 3 sind durch die Zielsetzung der eigentlichen empirischen Untersuchung determiniert. Diese gliedert sich in einen deskriptiven und einen analytischen Untersuchungsteil gliedert:

- Erstens soll die Entwicklung der Kostenstrukturen und der Kosteneffizienz in den Unternehmen des Verarbeitenden Gewerbes seit 1977 nachgezeichnet werden. Dazu wird im zweiten Kapitel das methodische Konzept dieses eher deskriptiven Untersuchungsteils sowie die Operationalisierung der dazu relevanten Begriffe behandelt.

- Zweitens werden in einem analytischen Teil mögliche Ursachen der beobachteten Verschiebungen und Entwicklungen untersucht. Dazu werden auf Basis des erarbeiteten Bezugsrahmens spezifische Bestimmungsgründe in Form von Hypothesen herangezogen, die anschließend auf empirische Relevanz getestet werden. Die dabei zum Einsatz kommenden statistischen Verfahren sowie die zu prüfenden Hypothesen sind Gegenstand des dritten Kapitels.

1. Datenlage und Konjunkturzyklus

Der Aussagewert einer empirischen Untersuchung über die Entwicklung von Kostenstrukturen und Effizienz der Unternehmen hängt entscheidend von der Repräsentativität des Datenmaterials sowie von der Vergleichbarkeit der Daten während des Betrachtungszeitraumes ab. In der vorliegenden Untersuchung bezieht sich die Vergleichbarkeit nicht nur auf die Datenquelle als Ganzes (Unterpunkt 1.1.1.), sondern auch auf die einzelnen Wirtschaftszweige (Unterpunkt 1.1.2.) und Unternehmensgrößenklassen (Unterpunkt 1.1.3.). In den folgenden Abschnitten wird daher erörtert, inwieweit die Kostenstrukturerhebung des Statistischen Bundesamtes die für die empirische Untersuchung benötigten Anforderungen hinsichtlich Repräsentativität und

Konsistenz erfüllt. Auch die konjunkturelle Situation und eine Beschreibung, wie diese in der vorliegenden Arbeit dargestellt wird, findet sich in diesem Kapitel.

1.1. Darstellung der Kostenstrukturerhebung und der Bedeutung des Verarbeitenden Gewerbes

Die Kostenstrukturerhebung (KSE) des Statistischen Bundesamtes im "Verarbeitenden Gewerbe" ist in ein umfassendes System von Kostenstrukturerhebungen eingebettet. Diese zählen zu den wichtigsten Bundesstatistiken und werden zentral vom Statistischen Bundesamt durchgeführt. Ihre Hauptaufgabe besteht darin, einen Überblick über die Aufwands- und Ertragsstrukturen der inländischen Produktionsprozesse zu vermitteln und als Datenbasis für weiterführende Berechnungen im Rahmen der amtlichen Statistik (wie z.B. für die Volkswirtschaftlichen Gesamtrechnungen, die Input-Output-Rechnungen sowie die Berechnung von Produktionsindizes) zu dienen. Die Kostenstrukturerhebungen wurden erstmalig in den Jahren 1951/1952 durchgeführt und sind seitdem kontinuierlich verfeinert worden. Heute umfassen sie ein System von insgesamt 24 Erhebungen, wobei die wichtigsten Bereiche der Gesamtwirtschaft abgedeckt werden[1].

Die inländischen Wirtschaftsbereiche werden in der amtlichen Statistik durch die betrachteten Wirtschaftszweige institutionell abgegrenzt. Die Zuordnung der einzelnen Unternehmen zu einem bestimmten Wirtschaftszweig erfolgt nach dem Prinzip des wirtschaftlichen Schwerpunktes. Dabei werden die Unternehmen mit ihrer gesamten Wertschöpfung dem Wirtschaftszweig zugeordnet, in dem der Unternehmensbereich bzw. Produktbereich angesiedelt ist, der im Unternehmen die höchste Nettowertschöpfung zu Faktorkosten erwirtschaftet. Zum Verarbeitenden Gewerbe zählen dabei alle Unternehmen und Betriebe, deren wirtschaftliche Tätigkeit schwerpunktmäßig der Wirtschaftsabteilung 1 des "Produzierenden Gewerbes" zuzuordnen ist. Innerhalb der Industrie werden neben dem Verarbeitenden Gewerbe noch die

[1] Vgl. J. Kaiser, 1986, S. 986. Eine Ausnahme bildet der Dienstleistungsbereich, da dieser unter einer stark defizitären Datenbasis leidet. Dies gilt nicht nur für etablierte Branchen wie Versicherungen und Banken, sondern besonders für Unternehmen, die in den letzten Jahren hervorgetreten sind (z.B. Leasing, Softwareerstellung). Eine wünschenswerte Verbesserung der Datenbasis in diesen überaus dynamischen wachsenden Bereichen der Volkswirtschaft setzt jedoch gesetzgeberische Maßnahmen voraus.

Wirtschaftsabteilungen 2 und 3, "Energie- und Wasserversorgung, Bergbau" sowie das "Baugewerbe", voneinander abgegrenzt.

Im Betrachtungszeitraum ist der Anteil des Verarbeitenden Gewerbes gemessen an der gesamtwirtschaftlichen Wertschöpfung zu Faktorkosten von 35,7 Prozent im Jahre 1977 auf 30,1 Prozent im Jahre 1993 zurückgegangen. Diese Tatsache ist vor dem Hintergrund der Theorie zu sehen, daß sich in einer reifenden Volkswirtschaft im Zuge steigenden Wohlstands die relative Bedeutung der einzelnen Wirtschaftsbereiche wandelt. Branchen mit einkommenselastischer Nachfrage und überdurchschnittlichem Gewinnwachstum ziehen verstärkt Ressourcen an, während Branchen, die auf eine unelastische Nachfrage treffen, Anteile verlieren[2]. Gelenkt werden diese Verschiebungen durch Änderungen der relativen Preise. Ein Grundmuster sektoralen Strukturwandels beschreibt die Drei-Sektoren-Hypothese, die besagt, daß mit zunehmendem Pro-Kopf-Einkommen das Gewicht des Primären Sektors, also der Landwirtschaft und des Bergbaus, immer geringer wird und statt dessen zunächst der industrielle Bereich (Sekundärer Sektor) zunimmt. Ab einem bestimmten Entwicklungsstadium ist aber auch der Industrieanteil nicht mehr ausbaufähig, und der Dienstleistungssektor wird zum eigentlichen Träger des langfristigen Wachstums.

Auch der tatsächliche Strukturwandel in der Bundesrepublik Deutschland läßt sich recht treffend mit dem Drei-Sektoren-Modell beschreiben. Die sechziger Jahre waren vor allem geprägt durch eine Verlagerung der Produktion aus der Landwirtschaft in die Industrie. Der Wertschöpfungsanteil der Bereiche "Land- und Forstwirtschaft und Fischerei" reduzierte sich von 6,5 Prozent auf 3,6 Prozent, während die Industrie (das Verarbeitende Gewerbe) ihren (seinen) Anteil von 52,1 (40,1) Prozent auf 53,6 (42) Prozent ausbauen konnte. In den siebziger Jahren war der Schrumpfungsprozeß des Primären Sektors weitgehend abgeschlossen; seitdem dominiert die Verschiebung von der Industrie zugunsten der Dienstleistungsunternehmen. 1980 belief sich der Anteil der Industrie (des Verarbeitenden Gewerbes) an der gesamtwirtschaftlichen Wertschöpfung auf nur noch 45 (34) Prozent. Insofern ist zwar die Bedeutung des Verarbeitenden Gewerbes innerhalb der Gesamtwirtschaft rückläufig, doch war der Bedeutungsverlust geringer als in der gesamten Industrie, so daß das Verarbeitende Gewerbe im Rahmen der Industrie an Bedeutung gewinnen konnte.

---

[2] Vgl. J. Niehans, 1964.

Innerhalb des Verarbeitenden Gewerbes war das Investitionsgüter produzierende Gewerbe mit einem Wertschöpfungsanteil von 57 Prozent im Jahr 1993 der weitaus bedeutendste Bereich. 20 Prozent der Wertschöpfung wurden im Grundstoff- und Produktionsgütergewerbe erbracht und rund 16 Prozent im Verbrauchsgüter produzierenden Gewerbe. Relativ bedeutungslos ist das Nahrungs- und Genußmittelgewerbe mit einem Anteil von 7 Prozent. In den vergangenen Jahren war der sektorale Strukturwandel innerhalb des Verarbeitenden Gewerbes nicht so ausgeprägt wie in der Gesamtwirtschaft. Die genannten Relationen besaßen auch zu Beginn der Betrachtungsperiode im Jahr 1977 weitgehend Gültigkeit. Allerdings konnte das Investitionsgüter produzierende Gewerbe seine dominierende Stellung zu Lasten des Grundstoff- und Produktionsgütergewerbe leicht ausbauen.

1.1.1. Methodik und Repräsentativität der Kostenstrukturerhebung

Die Kostenstrukturerhebung im Verarbeitenden Gewerbe ist eine standardisierte Befragung, die jährlich in schriftlicher Form durchgeführt wird. Berücksichtigt werden dabei alle Bestandteile des Produktionskontos sowie zusätzliche Tatbestände (z.B. Beschäftigte) der einbezogenen Unternehmen. Aufgrund der Komplexität der erfaßten Merkmale sowie der umfangreichen Grundgesamtheit wird die KSE im Verarbeitenden Gewerbe nicht als Totalerhebung aller Unternehmen, sondern als Stichprobe durchgeführt. Im Bereich der gesamten Industrie wird der maximale Stichprobenumfang durch das "Gesetz über die Statistik im Produzierenden Gewerbe" explizit vorgegeben, wobei für das Verarbeitende Gewerbe (und den Bergbau) pro Jahr bis zu 15000 Unternehmen mit mindestens 20 Beschäftigten einbezogen werden können. Auswahlgrundlage für die Stichprobe stellt der Berichtskreis der bei den jährlichen Unternehmens- und Investitionserhebungen befragten Unternehmen mit 20 oder mehr Beschäftigten dar. Zudem bildet die Kartei im Produzierenden Gewerbe, die ca. 36.000 Unternehmen des Produzierenden Gewerbes in den alten Bundesländern erfaßt, ein wichtiges Steuerungs- und Rationalisierungsinstrument, da die Anordnung nach Bundesländern in der KSE eine gleichmäßige Berücksichtigung aller Länder ermöglichen soll.

Da die Unternehmensgröße und die Zugehörigkeit zu bestimmten Wirtschaftszweigen großen Einfluß auf die Qualität der Stichprobe haben, wird eine geschichtete Stichprobe verwendet. Die Genauigkeit der Ergebnisse sowie eine relativ konstante Schichtzugehörigkeit einzelner Unternehmen wird dadurch unterstützt, daß die Größenklassen der Unternehmen nach der

Beschäftigtenzahl definiert sind[3]. Um gleichzeitig aber auch den Umsatz zu berücksichtigen, werden Schichten mit hohem Gesamtumsatz genauer erfaßt als Schichten mit niedrigem Gesamtumsatz. Dieses Vorgehen hat zur Folge, daß in den meisten Wirtschaftszweigen die Unternehmen mit 100 und mehr Beschäftigten nahezu vollständig erfaßt werden.

Zur Hochrechnung der aus der Stichprobe gewonnenen Daten verwendet das Statistische Bundesamt ein zweiphasiges Hochrechnungsverfahren[4]. Zunächst werden die Ergebnisse frei auf die Grundgesamtheit der Unternehmen mit 20 und mehr Beschäftigten hochgerechnet, wobei die Merkmalsausprägungen jedes Unternehmens der Stichprobe mit dem Hochrechnungsfaktor der entsprechenden Schicht multipliziert werden. In der zweiten Hochrechnungsphase werden die hochgerechneten Werte um die Abweichungen zwischen ermittelten Merkmalsausprägungen der Kostenstruktur- und Investitionserhebung bereinigt[5]. Mit der Stichprobe werden knapp 45 Prozent der Unternehmen des Verarbeitenden Gewerbes mit 20 Beschäftigten und mehr erfaßt, doch garantieren Umfang und Hochrechnungsverfahren, daß diese Unternehmen zu 80 Prozent zur Gesamtzahl der tätigen Personen und zu rund 85 Prozent zum Gesamtumsatz im Verarbeitenden Gewerbe beitragen. Dadurch ist die Repräsentativität der KSE nicht nur für die einzelnen Wirtschaftszweige, sondern auch für die jeweiligen Größenklassen gewährleistet.

---

[3] Grundsätzlich kann die Unternehmensgröße sowohl durch qualitative Kriterien wie Unternehmensleitung, Selbstfinanzierung und Rechtsform, aber auch durch quantitative Merkmale wie Umsatz, Marktanteil oder Beschäftigtenzahl definiert werden. In der empirischen Wirtschaftsforschung wird aufgrund der schwierigen exakten Abgrenzung und Meßbarkeit der qualitativen Kriterien im allgemeinen auf quantitative Merkmale zurückgegriffen. Zur Eliminierung von möglichen inflatorischen Verzerrungen wird häufig die Beschäftigtenzahl als Abgrenzungskriterium herangezogen: Zur Problematik der Messung und Abgrenzung der Unternehmensgrößen nach unterschiedlichen Indikatoren siehe E. Marwede, 1983; J. Geiser, 1983.

[4] Zum Verfahren der Hochrechnung im Rahmen der Kostenstrukturerhebung: A. Sobotschinski, 1976; H. Brander, H. Glaab, B. Frank-Bosch, P. Kraßnig, 1977, G. Stock, 1983; P. v.d.Lippe, 1990, S. 227 f.

[5] Die Abweichungen der beiden Erhebungen resultieren im wesentlichen daraus, daß bei den Investitionserhebungen monatliche Werte zu Jahreswerten addiert werden, die oftmals nicht den im Jahresabschluß ausgewiesenen, stichtagsbezogenen Werten entsprechen. Vgl. G. Stock, 1983, S. 680.

Bedeutsam für den Aussagegehalt der empirischen Analyse ist neben der Repräsentativität vor allem auch die Vergleichbarkeit des Datenmaterials in der Betrachtungsperiode. Dies gilt vor allem für den regelmäßigen Austausch der berichtspflichtigen Unternehmen, der zur gerechten Verteilung der Lasten etwa alle drei bis vier Jahre vorgenommen wird. Ausgenommen von dieser Regelung sind Wirtschaftszweige mit strukturellen Besonderheiten oder geringer Besetzungszahl (z.B. Schiffbau), deren Erfassung als Totalerhebung erfolgt. Zudem wird auf einen Austausch der Unternehmen ab 500 Beschäftigte verzichtet, da sonst die Qualität der Ergebnisse zu stark abnehmen würde. Im Betrachtungszeitraum fand ein Austausch der berichtspflichtigen Unternehmen in den Jahren 1977 (als Sonderfall, da seitdem das gesamte produzierende Handwerk berücksichtigt wird), 1978, 1981, 1984, 1988 und 1992 statt. Es ist somit nicht auszuschließen, daß die ausgewiesenen Anteilswerte der Kostenarten kleinerer Unternehmen aufgrund von Veränderungen in der Stichprobe verzerrt werden. Dieses Problem läßt sich aufgrund der Datenbasis nicht abschließend klären.

1.1.2. Disaggregation nach Wirtschaftszweigen

Die Zugehörigkeit eines Unternehmens zu einem Wirtschaftszweig wird in der amtlichen Statistik der Bundesrepublik Deutschland durch das Prinzip des wirtschaftlichen Schwerpunktes bestimmt, so daß alle Unternehmen zum Verarbeitenden Gewerbe gerechnet werden, deren wirtschaftliche Tätigkeit schwerpunktmäßig der Wirtschaftsabteilung 1 der "Systematik der Wirtschaftszweige (WZ)" zuzuordnen ist. Für Erhebungen im Bereich des Verarbeitenden Gewerbes erfolgt eine weitere Untergliederung nach der "Systematik der Wirtschaftszweige, Fassung für die Statistik im Produzierenden Gewerbe - SYPRO -", die von der WZ abgeleitet wird und über ein von der WZ abweichendes Nummernsystem verfügt. Insgesamt umfaßt das Verarbeitende Gewerbe die in Tabelle 10 dargestellten Hauptgruppen und 35 SYPRO-Zweisteller, die sich ihrerseits in SYPRO-Viersteller untergliedern lassen.

Tabelle 10: Systematik der Wirtschaftszweige des Verarbeitenden Gewerbes

Hauptgruppen	SYPRO-Zweisteller (SYPRO-Nummer)
Grundstoff- und Produktionsgütergewerbe	22 Mineralölverarbeitung 24 Herstell. u. Verarb. v. Spalt- u. Brutstoffen 25 Gewinnung u. Verarb. v. Steinen u. Erden 27 Eisenschaffende Industrie 28 NE-Metallerzeugung, NE-Metallhalbwerkzeuge 29 Gießerei 30 Stab- u. Drahtziehereien, Kaltwalzwerke 40 Chemische Industrie 53 Holzbearbeitung 55 Zellstoff-, Holzschliff-, Papier- u. Pappeeerzeug. 59 Gummiverarbeitung
Investitionsgüter produzierendes Gewerbe	30 Herstellung v. Stahl, Stahlverformung, Stahlveredelung u. -härtung 31 Stahl- u. Leichtmetallbau, Schienenfahrzeugbau 32 Maschinenbau 33 Straßenfahrzeugbau, Reparatur von Kfz. usw. 34 Schiffbau 35 Luft- und Raumfahrzeugbau 36 Elektrotechnik, Reparatur von Haushaltsgeräten 37 Feinmechanik, Optik, Herstell. v. Uhren 38 Herstellung von Eisen, Blech und Metallwaren 50 Herstellung v. Büromaschinen, ADV-Geräten u. -einrichtungen
Verbrauchsgüter produzierendes Gewerbe	39 Herstellung v. Musikinstrumenten, Spielwaren, Füllhaltern 51 Feinkeramik 52 Herstellung und Verarbeitung von Glas 54 Holzverarbeitung 56 Papier- u. Pappeverarbeitung 57 Druckerei, Vervielfältigung 58 Herstellung von Kunststoffwaren 61 Ledererzeugung 62 Lederverarbeitung 63 Textilgewerbe 64 Bekleidungsgewerbe 65 Reparatur v. Gebrauchsgütern
Nahrungs- u. Genußmittel produzierendes Gew.	68 Ernährungsgewerbe 69 Tabakverarbeitung

Da innerhalb des Betrachtungszeitraums die jeweils gültige Fassung der WZ in den Jahren 1979 und 1990 durch eine aktualisierte Ausgabe ersetzt wurde, könnte die Datenbasis während des Untersuchungszeitraums eine Veränderung erfahren haben. Eine Umstellung der "Wirtschaftszweigesystematik" führt im allgemeinen zu Umgruppierungen von Unternehmensgruppen. Einzelne Gruppen werden ihrem bisherigen Wirtschaftszweig ausgegliedert und einem anderen zugeordnet. Dies kann möglicherweise die Kostenstruktur der vom Wechsel betroffenen Wirtschaftszweige beeinflussen. Allerdings war die permanent aktualisierte "SYPRO" im Bereich des Verarbeitenden Gewerbes von den Veränderungen der "Wirtschaftszweigesystematik" nicht betroffen, so daß eine Vergleichbarkeit der Daten auf der Ebene der Wirtschaftszweige gegeben ist. Insofern hat sich die Unterteilung des Verarbeitenden Gewerbes in die einzelnen Wirtschaftszweige sowie die Bezeichnung der Wirtschaftszweige während der Betrachtungsperiode nicht verändert.

Auch wenn die Gliederung der Wirtschaftszweige keine (exogene) Veränderung in Form einer Neuklassifizierung erfuhr, kann sich die Zuordnung einzelner Unternehmen aufgrund einer Verlagerung der wirtschaftlichen Schwerpunkttätigkeit verändert haben. Ändert ein Unternehmen seine Produktionspalette, mit der Folge einer Schwerpunktverlagerung der Produktion, so ändert sich auch seine Wirtschaftszweigezuordnung. In diesem Fall müßte der gesamte Kostenblock des betreffenden Unternehmens aus dem einen Wirtschaftszweig abgezogen und dem, dem neuen Schwerpunkt entsprechenden Wirtschaftszweig, hinzugefügt werden. Daraus können sich Rückwirkungen auf die Kostenstruktur der vom Wechsel betroffenen Wirtschaftszweige ergeben, da sich die Berücksichtigung oder Nichtberücksichtigung einzelner Unternehmens - insbesondere bei Wirtschaftszweigen mit geringen Besetzungszahlen (z.B. 24 Herstellung und Verarbeitung von Spalt- und Brutstoffen) - direkt in den ausgewiesenen Kostendaten widerspiegelt.

Eine Eliminierung dieser Einflüsse wäre mit erheblichem statistischen Aufwand verbunden und ist zudem beim gegenwärtigen Stand des statistischen Erhebungssystems in der Bundesrepublik nicht durchführbar[6]. Daher beeinflußt dieser Aspekt ganz wesentlich die Entscheidung, ob die empirische Analyse auf der Ebene der SYPPO-Zweisteller oder auf der Ebene der tiefergegliederten SYPRO-Viersteller erfolgen soll. Für die Wahl von Branchengruppen (SYPRO-Zweisteller) als Untersuchungsobjekt spricht, daß sich in der Vergangenheit das Wachstum und die Diversifikation der Unternehmen - und somit eine mögliche Verlagerung des wirtschaftlichen Schwerpunkts - überwiegend innerhalb der SYPRO-Zweisteller vollzogen

[6] Vgl. B. Görzig, 1991, S. 18.

hat[7], da die Schwerpunktverlagerung zumeist nur zwischen sehr eng benachbarten Branchen mit ähnlichen Produkten stattfand. Schwerpunktverlagerungen, die auf der Ebene der SYPRO-Viersteller noch ins Gewicht fallen können, treten somit auf der Ebene der Zwei-Steller häufig nicht mehr in Erscheinung. Aufgrund dieser Vorteile bietet es sich an, die empirische Untersuchung auf Ebene der SYPRO-Zweisteller durchzuführen. Allerdings kann trotz dieser breiten Abgrenzung ein möglicher Wirtschaftszweigewechsel nicht gänzlich ausgeschlossen werden, doch dürfte möglichen Verzerrungen nur eine geringe quantitative Bedeutung beikommen.

Eine Ausnahme bei der Wahl der Aggregationsebene bildet die SYPRO-Nummer 30, die vom Statistischen Bundesamt nicht exakt dem "Grundstoff- und Produktionsgütergewerbe" bzw. dem "Investitionsgüter produzierenden Gewerbe" zugerechnet werden kann. Daher wird im Rahmen der amtlichen Statistik eine Aufsplitterung in fünf SYPRO-Viersteller vorgenommen, wobei die Nummern 3011, 3015 und 3030 dem "Grundstoff- und Produktionsgütergewerbe" zugeordnet werden, während die Nummern 3021 und 3025 zum "Investitionsgüter produzierenden Gewerbe" zählen.

Eng verflochten mit der Problematik der Wirtschaftszweigewechsler, bei dem es um die Schwerpunktverlagerung ganzer Unternehmen geht, ist die von vielen Unternehmen in den letzten Jahren durchgeführte Veräußerung einzelner Unternehmensteile (Spin-Offs). Zentraler Gegenstand aller Aktivitäten, die im Rahmen eines Spin-Offs erfolgen, ist die Gründung eines neuen Unternehmens, bei der die Übertragung und Nutzung von Know-how, Verfahren und Produktionsabläufen aus einer bestehenden Organisation oder Unternehmung eine tragende Funktion innerhalb des neuen Unternehmens einnehmen. Diese Übertragung erfolgt zumeist durch ehemalige Mitarbeiter, die ihr bisheriges Unternehmen, das als incubator organization bezeichnet wird, verlassen haben, um eigenständig bisher verwendetes Know-how etc. zu nutzen und weiterzuentwickeln[8]. Andere Beschreibungen sehen in einem Spin-Off den Prozeß der Ausgliederung von Teilbetrieben aus einem bestehenden Unternehmen mit der Zielsetzung, die dort ausgeübte Funktion bzw. Tätigkeit als öffentliche Leistung auch anderen Unternehmen anzubieten, und somit effizienter zu nutzen[9]. Dabei kann das Gründungsunternehmen in

---

[7] Vgl. E. Kaufer, 1980, S. 24; H. Glaab, 1983, S. 781; B. Görzig, 1991, S. 18.

[8] Vgl. A.C. Cooper, 1971, S. 35.

[9] Vgl. P. McGuire, 1976, S. 25.

völliger Unabhängigkeit zum bestehenden Unternehmen existieren oder über eine finanzielle Verbindung, beispielsweise in Form einer Minderheitsbeteiligung bzw. durch aktive Zusammenarbeit weiterhin in Beziehung zum Mutterunternehmen stehen.

Die Zielsetzung seitens des bestehenden Unternehmens orientieren sich an der Vermeidung von Nachteilen und ungünstigen Entwicklungen, die sich ergeben würden, wenn das bestehende Unternehmen die separate Entwicklung nicht durchführen würde. Wichtigstes Motiv sind die verbesserten Möglichkeiten für die Entwicklung des Teilbetriebes. Von der Verbesserung der Unternehmenssituation verspricht man sich schließlich auch positive Auswirkungen auf das Mutterunternehmen, da die von ihr in diesem Bereich getätigten Investitionen und die Arbeitsplätze nicht in dem Maße gefährdet sind, wie es bei einer Einschränkung oder gar Schließung des Bereiches der Fall wäre. Beispiele für die Ausgliederung von einzelnen Funktionsbereichen aus industriellen Unternehmen sind vielfältig[10]. Da im Zuge unsicherer und unstetiger Nachfrage die Skalenerträge im Vertrieb und der Verwaltung weniger durchschlagen, kam es in der Vergangenheit häufig zu einer Auslagerung von Diensten wie beispielsweise Rechnungswesen, Finanzabteilung, Revision, Unternehmensberatung und Rechtsberatung, um sich auf diese Weise die Vorteile kleiner Verwaltungseinheiten zunutze zu machen.

Da diese Tätigkeiten bei einem industriellen Unternehmen nur Nebentätigkeiten darstellen, ist mit der Ausgliederung in der Regel kein Wirtschaftszweigwechsel verbunden. Die bisherige Haupttätigkeit bleibt Haupttätigkeit und determiniert insofern den wirtschaftlichen Schwerpunkt. Allerdings führt die Auslagerung der Nebentätigkeit dazu, daß sich die Kostenstruktur des Mutterunternehmens verändert. Insbesondere in Wirtschaftszweigen mit geringen Besetzungszahlen, in denen die Erhebung als Vollerhebung durchgeführt wird, kann dies zu Verzerrungen in den ausgewiesenen Daten führen. Da weder die Verlagerung der wirtschaftlichen Haupttätigkeit noch die Implikationen aus der Ausgrenzung von Unternehmensteilen aus den Daten der Kostenstrukturstatistik ersichtlich sind, wird im Rahmen der empirischen Untersuchung eine Plausibilitätskontrolle mit den Beschäftigtenzahlen vorgenommen, so daß "auffällige" Sprünge und Verzerrungen in den Kostendaten auch aus diesem Blickwinkel untersucht werden können.

---

[10] Vgl. W. Fuchs, 1994, S.239 ff.

1.1.3. Disaggregation nach Unternehmensgrößenklassen

Vergleichbar mit der vorstehenden Problematik ist die wechselnde Zuordnung von Unternehmen aufgrund von Schwankungen in der Unternehmensgröße. Allerdings handelt es sich dabei nicht um die Verlagerung des Produktionsschwerpunktes, sondern um Größenklassenwechsel innerhalb eines Wirtschaftszweiges. In einer dynamischen Wirtschaft, die durch ständige Expansions- und Schrumpfungsprozesse gekennzeichnet ist, ist zu erwarten, daß das quantitative Gewicht dieser Vorgänge erheblich größer ist als das der veränderten Wirtschaftszweigzuordnung durch Verlagerung der Produktion.

Eine Klassenwechslerbereinigung zur Korrektur der unternehmensgrößenspezifischen Entwicklung von Niveaugrößen, die aus Wachstums- und Schrumpfungsprozessen der Unternehmen resultieren, wird durch das Statistische Bundesamt nicht vorgenommen. Insofern lassen sich die Einflüsse aufgrund von Größenklassenwechslern auch im Rahmen dieser Arbeit nicht exakt quantifizieren. Um jedoch Anhaltspunkte von bedeutenden Größenklassenwechslern zu gewinnen, erfolgt im Rahmen der empirischen Untersuchung - wie bei der Interpretation möglicher Wirtschaftszweigwechsler - ein Abgleich mit den Beschäftigtenzahlen und der Entwicklung der Umsätze in den einzelnen Branchengruppen und Unternehmensgrößenklassen. Ein besonderes Augenmerk wird dabei auf die unteren Größenklassen gelegt, da die (absolut) engeren Grenzen der unteren Beschäftigungsgrößenklassen für ein häufigeres Wechselverhalten als in den oberen Klassen sprechen. Zudem reagieren die Unternehmen in kleinen und mittleren Größenklassen konjunkturreagibler und sind in besonderem Maße von Fluktuation (Liquidation und Neugründung) betroffen, was sich auch in der Schwankung der Beschäftigtenzahlen widerspiegelt[11].

Beim Abgleich der Beschäftigtenzahlen mit den Umsätzen ist allerdings zu berücksichtigen, daß die Zuordnung von Unternehmen zu Beschäftigtengrößenklassen lediglich ein statistischer Eingruppierungsvorgang ist. Wenn die Produktion eines Unternehmens wächst oder schrumpft, erfolgt im allgemeinen eine Anpassung des Faktoreinsatzes an die veränderten Produktionsmengen. Sofern unterschiedliche Produktionsniveaus auch unterschiedliche Produktionsprozesse und damit Faktoreinsatzrelationen erforderlich machen,

---

[11] Darauf deutet auch eine Auswertung des Statistischen Bundesamtes auf der Betriebsebene hin, die eine relativ hohe Zahl von Klassenwechslern bei kleineren Beschäftigtengrößenklassen ermittelte. Vgl. G. Stock, 1987, S. 860.

wird sich - ceteris paribus bei unveränderten Faktorpreisen - auch die Kostenstruktur verändern.

Aufgrund der strukturellen Besonderheiten bzw. geringen Besetzungszahlen in einzelnen Wirtschaftszweigen wird die Disaggregation nach Unternehmensgrößenklassen in den einzelnen Branchengruppen vom Statistischen Bundesamt nicht einheitlich vorgenommen. Insgesamt werden in der Kostenstrukturerhebung die auf in Tabelle 11 mit "x" gekennzeichneten 16 verschiedenen Unternehmensgrößenklassen ausgewiesen.

Tabelle 11: Einteilung der Unternehmensgrößenklassen nach Beschäftigten

Beschäftigte	bis	49	99	199	499	999	1000 <
von							
20		x	x		x		
50			x	x	x		x
100				x	x	x	x
200					x		x
500						x	x
1000							x

Ein zentrales Ziel dieser Untersuchung besteht darin, die Entwicklung der Kostenstrukturen in den einzelnen Unternehmensgrößenklassen intersektoral zu analysieren. Da die zur Anwendung kommenden statistischen Methoden teilweise jedoch eine identische Anzahl von Klassen und Klassengrenzen erfordern, werden die 16 Unternehmensgrößenklassen im empirischen Teil der Arbeit, wenn nötig, zu den in Tabelle 12 dargestellten sechs Größenklassen zusammengefaßt. Diese Einteilung entspricht der Disaggregation in der Mehrzahl der Wirtschaftszweige, so daß nur geringfügige Anpassungen erforderlich werden. Bei Unternehmensgrößenklassen, deren Zuordnung nicht eindeutig möglich ist, wird der Mittelwert als Kriterium zur Eingruppierung herangezogen.

Diese Umgruppierung ist nicht nur durch die verwendeten statistischen Tests erforderlich, sondern sie erleichtert auch die Interpretation der Ergebnisse, da zwischen "Kleinen und mittleren Unternehmen" (KuM) sowie zwischen "Großunternehmen" (GU) unterschieden werden kann[12]. Durch diese Klassi-

[12] Zur Abgrenzung gegenüber dem Begriff "Mittelständische Unternehmen", der einen soziologischen Bezug auf die gesellschaftliche Stellung des Betriebsinhabers enthält vgl. z.B. K.J. Ganzel, 1962; K.A. Andreae, 1962.

fizierung werden kleine und mittlere Unternehmen in den relevanten Teilen der Arbeit zu einer Klasse zusammengefaßt und gegen Großunternehmen abgegrenzt. Eine analoge Vorgehensweise findet man auch in der amerikanischen Literatur, wo zwischen "small business" und "big business" unterschieden wird[13]. Auch wenn die betriebswirtschaftliche Lehre des Small Business Management in der Bundesrepublik im Gegensatz zur USA nicht sehr weit entwickelt ist, existieren verschiedene Definitionen zur Abgrenzung zwischen KuM und GU. Neben vereinzelten qualitativen Merkmalen[14] finden sich eine Vielzahl quantitativer Indikatoren.

Tabelle 12: Einteilung der Größenklassen zur intersektoralen Analyse

Größenklasse	Beschäftigte
GK 1: 20- 49	20-49
GK 2: 50- 99	20-99, 50-99
GK 3: 100-199	50-199, 100-199
GK 4: 200-499	20-499, 200-499, 50-499, 100-499
GK 5: 500-999	50-1000, 100-999
GK 6: 1000 und mehr	50-1000<, 100-1000<, 200-1000<, 500-1000<, 1000<

Am häufigsten zur Anwendung gelangende Indikatoren sind die "Anzahl der Mitarbeiter", der "Umsatz" sowie der "Kapitaleinsatz des Unternehmens", wobei der Indikator "Anzahl der Mitarbeiter" dominiert[15]. Allerdings gibt es trotz der Dominanz der Mitarbeiterzahl bis heute keine einheitliche, wissenschaftlich abgesicherte Definition von KuM mit diesem Indikator[16], was vor allem auf die Unterschiede in den einzelnen Branchen zurückzuführen ist. Daher findet sich in der Betriebswirtschaftslehre der KuM der Lösungsansatz, KuM nach Branchen differenziert zu definieren. Dabei ist problematisch, daß Branchen und damit auch die Volkswirtschaft Veränderungen unterworfen sind, d.h. die Definitionen ständig auf ihre Aktualität überprüft

[13] Vgl. dazu auch H. Kreikebaum, 1984, S. 645-659, insbesondere S. 646.

[14] Vgl. Marbach, 1942, S. 137; Ganzel, 1962, S. 136 ff.; Hruschka, 1976, S. 4 f.; Gutersohn, 1977, S. 215; Bickel, 1988, S. 51 ff.; Pfohl, Kellerwessel, 1990, S. 5 f.

[15] Diese Tatsache kann mit Gründen der statistischen Verfügbarkeit und der empirischen Operationalität in Zusammenhang gebracht werden. Denn gerade von KuM werden Wertgrößen wie Umsatz- und Kapitalziffern ungerne bekanntgegeben, soweit sie nicht der Publizitätspflicht unterliegen. Vgl. Pleitner, 1981, S. 23; Mugler, 1986, S. 59.

[16] Vgl. Mugler, 1986, S. 59 ff.

werden müssen. Da in der Literatur andererseits häufig die Forderung erhoben wird, daß die Auswahl und Definition der Merkmale nach Zweckmäßigkeiten erfolgen soll[17], werden trotz der genannten Probleme oftmals branchenübergreifende Größenklasseneinteilungen gewählt. Die vom "Institut für Mittelstandsforschung" verwendete Einteilung kann als allgemein akzeptiert und auch für die vorliegende Untersuchung als geeignet angesehen werden[18]. KuM sind demnach alle Unternehmen, die nicht mehr als 500 Mitarbeiter beschäftigen und Großunternehmen (GU) sind alle Unternehmen mit 500 und mehr Mitarbeitern. Die Trennlinie innerhalb der KuM zwischen kleinen und mittleren Unternehmen soll dabei bei 50 Mitarbeitern liegen.

1.2. Untersuchungszeitraum und Konjunkturphasen

Durch das "Gesetz zur Neuordnung der Statistik im Produzierenden Gewerbe vom 6. November 1975“ erfolgten wesentliche Veränderungen der Grundgesamtheit im Rahmen der Kostenstrukturerhebung. Von besonderer Bedeutung ist dabei, daß seitdem auch das gesamte produzierende Handwerk berücksichtigt wird, während vormals nur handwerklich-industrielle Unternehmen einbezogen wurden. Da diese Veränderungen erstmalig bei der Erhebung im Jahr 1977 Anwendung fanden, kann die Analyse frühestens in diesem Jahr beginnen[19]. Das neueste veröffentlichte Jahr ist das Jahr 1993, so daß der Beobachtungszeitraum der vorliegenden Untersuchung vor allem durch die vorhandene Datenbasis determiniert ist.

Neben der verfügbaren Datenlage ist die konjunkturelle Situation ein weiteres entscheidendes Kriterium, das den Untersuchungszeitraum dieser Arbeit bestimmt. Dabei sollte das letzte Jahr einen Bezug zum ersten Jahr des Untersuchungszeitraums haben. Gemessen an den von der Deutschen Bundesbank errechneten Trendabweichungen des Nettoproduktionsindex lag das Jahr 1977 am Anfang einer Phase der konjunkturellen Erholung, während das Jahr 1993 das Ende der letzten Rezession markierte. Insofern deckt der Untersuchungszeitraum zwei Konjunkturzyklen ab.

---

[17] Vgl. z.B. W. Lücke, 1967, S. 21.

[18] Vgl. Bundesminister für Wirtschaft, 1986, S. 19.

[19] Vgl. hierzu: A. Sobotschinski, 1976; M. Jäger, 1984.

Zur Abgrenzung der konjunkturellen Abschwung- und Aufschwungphasen kommen grundsätzlich mehrere Konzepte der Konjunkturdiagnose in Betracht[20]. In der vorliegenden Arbeit wird einem Ansatz der Deutschen Bundesbank gefolgt. Diese verwendet im Rahmen der Ermittlung saisonbereinigter Wirtschaftszahlen ein ursprünglich vom Bureau of the Census konzipiertes und von ihr weiterentwickeltes Verfahren zur Zeitreihendekomposition[21]. Ausgangspunkt der Dekomposition ist die Berechnung von Trendwerten mit Verfahren der gleitenden Mittelung. Dem schließt sich ein mehrstufiger, teilweise iterativer und interaktiver Algorithmus zur Ermittlung von Saisonkomponenten an. Der Index der industriellen Nettoproduktion[22] ist die zentrale Zeitreihe, die dieser Prozedur unterworfen wird. Der so ermittelte Trend dieser Reihe dient in Verbindung mit den saisonbereinigten Werten zur Abgrenzung der besprochenen Konjunkturphasen: Phasen mit abnehmender Abweichung - es wird die Differenz, nicht der Betrag der Differenz betrachtet - der saisonbereinigten Werte vom Trend werden als Phasen konjunktureller Abschwächung (Abschwungphasen) aufgefaßt; Phasen mit zunehmender Trendabweichung sind als Phasen konjunktureller Erholung (Aufschwungphasen) anzusehen. Als Phasen konjunktureller Abschwächung gelten demnach die Jahre 1980, 1981, 1982 , 1992 und 1993[23].

---

[20] Einen Überblick gibt Körber-Weik, 1983, S. 145-184.

[21] Vgl. Deutsche Bundesbank, 1987a.

[22] Vgl. zum System der Produktionsindizes: P. v.d.Lippe, 1990, S. 257.

[23] Vgl. Deutsche Bundesbank, Saisonbereinigte Wirtschaftszahlen, August 1994, S. 85.

2. Methoden der deskriptiven Untersuchung

Sollen theoretische Konstrukte empirisch dargestellt werden, so sind zunächst geeignete Darstellungsformen und Maßgrößen für die enthaltenen Begriffe zu entwickeln. Bei dem zugrundeliegenden Themenkomplex gilt dies vor allem für den Strukturbegriff, den Begriff der strukturellen Änderung sowie den Effizienzbegriff. Damit im deskriptiven Teil der empirischen Untersuchung ein Überblick über die Entwicklung der Kostenstrukturen und der Kosteneffizienz in den Unternehmen des Verarbeitenden Gewerbes gegeben werden kann, wird im folgenden eine Operationalisierung dieser Begriffe vorgenommen.

2.1. Methoden zur Operationalisierung der Kostenstrukturentwicklung

Von der Vielzahl mehr oder weniger klarer Definitionen der Wirtschaftsstrukturen und deren Wandel dominieren in der neueren Literatur zur empirischen Wirtschaftsforschung der Strukturbegriff des Statistikers und der Strukturbegriff des Ökonometrikers[24]. Wie bereits erläutert, lehnt sich die vorliegende Arbeit an der statistischen Interpretation an und versteht unter Struktur das Verhältnis der Teile eines Ganzen, d.h. "die Beziehung der Teile eines Ganzen zueinander und zum Ganzen, das innere Gefüge"[25]. Charakteristisch für den "statistischen Strukturbegriff" ist, daß er auf quantifizierbare Aspekte des Strukturphänomens abhebt und für die inhaltliche Konkretisierung relativ offen ist. Daraus erklärt sich auch die erhebliche Bedeutung von Strukturkennziffern für die empirische Wirtschaftsforschung. In den folgenden Abschnitten werden die Methoden dargestellt, die im Rahmen der deskriptiven Kostenstrukturanalyse Anwendung finden werden. Im einzelnen wird erörtert, in welcher Weise "Struktur", "Strukturänderung" "Geschwindigkeit der Strukturänderung" und der „Beitrag sektoraler Sonderentwicklungen“ operationalisiert werden können.

---

[24] Vgl. hierzu F. Machlup, 1958, der 25 Strukturbegriffe erörtert und J. Åkerman, 1960, der 5 Strukturbegriffe unterscheidet. Die beiden angeführten Strukturbegriffe wurden von Bombach im Anschluß an J. Åkerman in die deutsche Literatur eingeführt. Vgl. G. Bombach, 1964, S. 11; J. Åkerman, 1960.

[25] A.E. Ott, 1977, S. 550.

2.1.1. Struktur von Kostenarten

Das Verhältnis der Teile eines Ganzen zueinander wird dadurch bestimmt, daß zwei verschiedenartige Teile A und B zueinander oder zu einer übergeordneten Gesamtheit in Beziehung gesetzt werden. Bei den so gebildeten Verhältniszahlen können Gliederungszahlen und Beziehungszahlen unterschieden werden[26].

1. Beziehungszahlen setzen verschiedenartige, allerdings sachlich zusammenhängende Größen zueinander in Beziehung, so daß man als Ergebnis "Strukturrelationen" $(b=A/B)$ erhält. Im Rahmen der empirischen Wirtschaftsforschung können z.B. Pro-Kopf-Zahlen, Kapitalintensitäten oder auch Produktivitäten als Beziehungszahlen aufgefaßt werden.

2. Zum anderen werden die Teile (A_i) ins Verhältnis zur übergeordneten Gesamtheit $(A = \sum A_i)$ gesetzt, so daß sich Gliederungszahlen bzw. Strukturquoten $(a_i = A_i/A)$ ergeben.

Durch die Bildung dieser Verhältniszahlen steht die statistische Struktur im Gegensatz zu Niveau, da nur die Zusammenfassung derartiger Strukturkennzahlen die statistische Struktur, z.B. in Form der Verteilung eines Merkmals ergibt[27]. Zur Darstellung der Kostenstruktur werden im folgenden Strukturquoten (im Gegensatz zu Strukturrelationen) gebildet, da die einzelnen Kostenarten in Beziehung zur Gesamtmasse (Bruttoproduktionswert) und nicht in Relation zueinander gesetzt werden.

Ausgehend von einer Variablen $X_{ij}(t)$ als Kostengesamtheit von n Einzelelementen[28] $x_{ij}(t)$ der Kostenarten $i = 1...n$ eines Wirtschaftszweiges j läßt sich die Struktur der Kostengesamtheit in der Periode t durch Anteilswerte darstellen.

---

[26] In einer weiteren Abgrenzung können auch Indexzahlen unterschieden werden, die kardinalskalierte Zeitreihenwerte in Beziehung zum Wert eines Basisjahres setzen. Vgl. G. Bamberg, F. Baur, 1986, S. 53f.

[27] Vgl. G. Bombach, 1964, S. 13; K. Herdzina, 1981, S. 120.

[28] Die folgenden Ausführungen gelten unter der Annahme strikt positiver Einzelwerte. Von den beiden Indizes i und j sei der jeweils erste der Laufindex, der zweite sei fix.

Die Anteilswerte $\alpha_{ij}(t)$ stellen die Anteile der Kostenarten $i = 1 \ldots n$ an der Kostengesamtheit des jeweiligen Wirtschaftszweiges $j = 1 \ldots m$ dar und sind definiert als:

$$(1) \quad \alpha_{ij}(t) = \frac{x_{ij}(t)}{X_{ij}(t)} \quad mit \sum_{i=1}^{n} a_{ij}(t) = 1 \quad und \sum_{i=1}^{n} x_{ij}(t) = X_{ij}$$

2.1.2. Strukturänderung von Kostenarten

Mit der vorstehenden Darstellungsform einer "Struktur" wird die nach Kostenarten *i* gegliederte Kostengesamtheit eines Wirtschaftszweiges *j* zu einem bestimmten Zeitpunkt *t* beschrieben und damit ein eher statischer Aspekt betont. "Strukturänderungen" rücken demgegenüber den dynamischen Aspekt in den Vordergrund und stellen - entsprechend der vorstehenden Strukturdefinition - Verschiebungen im Gefüge bzw. Verschiebungen im Verhältnis der Teile dar[29], die für einzelne Kostenarten *i* bestimmt werden können[30].

Meßtechnische Probleme können sich bei der Quantifizierung der Strukturänderung dadurch ergeben, daß nicht generell jede "Verschiebung im Verhältnis der Teile" als Strukturwandlung bezeichnet wird. Strukturwandlungen werden häufig als langfristige Erscheinungen angesehen, die unstetig auftreten und/oder von Dauer bzw. irreversibel sind[31]. Es besteht jedoch keine Einigkeit über derartige zusätzliche Eigenschaften: Redl schließt vollständige Brüche mit der bisherigen Entwicklung aus und Thalheim bestreitet den Dauercharakter von Strukturwandlungen[32]. Da es im Hinblick auf die Fragestellung dieser Untersuchung auch nicht sinnvoll erscheint, den Begriff des Strukturwandels von vornherein mit zusätzlichen Eigenschaften einzugrenzen, wird im Rahmen der empirischen Analyse jede Verschiebung im Gefüge der Kostenarten als Kostenstrukturänderung bezeichnet.

---

[29] Vgl. A.E. Ott, 1977, S. 551; J. Niehans, 1964, S. 19.

[30] Es kann sich dabei sowohl um Strom- als auch um Bestandsgrößen handeln. Vgl. G. Bombach, 1964, S. 13 f.; R. Krengel, 1977, S. 31 ff.

[31] Vgl. A.E. Ott, 1977, S. 551; J. Åkerman, 1960, S. 192 f.; H.-R. Peters, 1978, S. 264.

[32] Vgl. F. Redl, 1963/64a, S. 193; K.C. Thalheim, 1965, S. 66.

Grundsätzlich können sich Strukturwandlungen auf die Entwicklung einer Kostenart *i* in einer Periode *T* beziehen oder die Entwicklung einer Kostenart *i* zwischen zwei Zeitpunkten *t* und *t-1* beschreiben. Während für die erstere Fragestellung der "intertemporale Variationskoeffizient" als Maß der Veränderung dient, kommen für die Schwankung zwischen zwei Zeitpunkten eine Darstellung als Differenz oder als Relation in Betracht.

Auf diesen beiden allgemeinen Darstellungsformen aufbauend, läßt sich zur Darstellung einer Kostenstruktur aus den Anteilswerten $\alpha_{ij}(t)$ die Wachstumsrate $w_{ij}(t°)$ einer Kostenart *i* in einem Wirtschaftszweig *j* ableiten, welche dem Zeitpunkt *t* zugeordnet ist. Änderungen der Anteilswerte basieren demnach auf einer von der Gesamtheit abweichenden zeitlichen Entwicklung der Einzelelemente. Als Indikator der Wachstumsrate $w_{ij}(t°)$ wird im folgenden nicht die Differenz, sondern der Quotient aus den Anteilswerten $\alpha_{ij}(t)$ einer Kostenart *i* in einem Wirtschaftszweig bzw. einer Unternehmensgrößenklasse gebildet, welche dem Zeitpunkt *t* zugeordnet wird.

$$(2) \quad w_{ij}(t°) = \frac{d\alpha_{ij}(t°)}{\alpha_{ij}(t)} \qquad \text{mit} \quad d\alpha_{ij}(t°) = \alpha_{ij}(t) - \alpha_{ij}(t-1)$$

Dabei bedeutet eine Wachstumsrate > 1 eine Erhöhung, = 1 eine Konstanz und < 1 eine Verringerung des Anteilswertes einer Kostenart *i* zwischen den Zeitpunkten *(t-1)* und *t*. Der Vorteil der auf diese Weise definierten Wachstumsrate besteht darin, daß das Niveau der betreffenden Anteilswerte berücksichtigt wird. Bei geringen Anteilswerten einer Kostenart besteht jedoch der Nachteil, daß die Wachstumsraten ein verzerrtes Bild vermitteln können[33]. Daher wird in der vorliegenden Untersuchung eine Erweiterung vorgenommen und zusätzlich die Differenz $\alpha_{ij}(t) - \alpha_{ij}(t-1)$ berücksichtigt. Diese Differenz gibt die Änderungen von Anteilswerten in Prozent an und zeigt somit den Einfluß der geänderten Anteilswerte auf die Kostengesamtheit von 100 Prozent deutlicher an.

Während sich mit der vorstehenden Definition einer Wachstumsrate die Kostenstrukturänderung zwischen zwei beliebigen Zeitpunkten beschreiben läßt, dient der "intertemporale Variationskoeffizient" als Maß, das die Richtung einer strukturellen Entwicklung in einer Periode *T* angibt. Da im Rahmen der empirischen Untersuchung nicht nur die Kostenstrukturentwicklung in den einzelnen Wirtschaftszweigen, sondern auch disaggregiert

---

[33] So stellt beispielsweise ein von 0,2 % in Periode t-1 auf 0,3% in Periode t gestiegener Anteilswert einer Kostenart eine Steigerung mit einer Wachstumsrate von 50 % dar.

nach Unternehmensgrößenklassen analysiert werden soll, können intertemporale Variationskoeffizienten auch für einzelne Beschäftigtengrößenklassen gebildet werden. Dabei repräsentieren $j = 1...m$ Größenklassen. Definiert ist der intertemporale Variationskoeffizient als:

$$(3) \quad v_{ij}(T) = \frac{\sigma_{ij}(T)}{\overline{\alpha_{ij}(t)}} * 100 \qquad \text{mit} \quad \sigma_{ij}(T) = \sqrt{\frac{1}{k}\sum_{t=1}^{k}\left[\alpha_{ij}(t) - \overline{\alpha_{ij}(t)}\right]^2}$$

Der intertemporale Variationskoeffizient $v_{ij}(T)$ drückt die Streuung der Anteilswerte $\alpha_{ij}(t)$ einer Kostenart i innerhalb eines Wirtschaftszweiges bzw. einer Beschäftigtengrößenklasse j über den gesamten Beobachtungszeitraum T mit den Perioden $t = 1...k$ aus. Er setzt die Standardabweichung $\sigma_{ij}(T)$ der Kostenart i während der Beobachtungsperiode T in Beziehung zum durchschnittlichen Anteil, der sich aus den Anteilen der Kostenart in den einzelnen Perioden berechnet. Je höher der intertemporale Variationskoeffizient ist, desto stärker schwankte ein Anteilswert $\alpha_{ij}(t)$ im Beobachtungszeitraum um den Mittelwert $\sigma_{ij}(t)$, d.h. desto stärkeren Schwankungen der Bedeutung einer Kostenart sah sich ein Wirtschaftszweig gegenüber. Somit ist der intertemporale Variationskoeffizient dazu geeignet, die veränderte Bedeutung einzelner Kostenarten innerhalb des gesamten Beobachtungszeitraumes bzw. in einzelnen Teilperioden auszudrücken. Als Maßgröße für die Geschwindigkeit struktureller Änderungen eignet sich die Änderung des Variationskoeffizienten jedoch weniger, da er nur auf die Analyse einer Kostenart i abzielt. Daher bleibt beispielsweise die Frage, inwieweit durch eine Strukturänderung die Struktur auf einer höheren Ebene berührt wird, unberücksichtigt, obwohl es sich dabei auch um strukturelle Änderungen im weiteren Sinne handelt[34]. Dieser Aspekt betrifft die Geschwindigkeit struktureller Änderungen und ist Gegenstand der folgenden Ausführungen.

2.1.3. Geschwindigkeit der Strukturänderung von Kostenarten

Strukturquoten dienen nicht nur als einfache Meßzahlen der komparativ-statischen Betrachtung des Strukturwandels, sondern bilden auch die Grundlage für Meßzahlen höherer Ordnung. Während sich mit den beiden vorstehenden Darstellungsformen einer Strukturänderung aufzeigen ließ, wie sich die Bedeutung einer Kostenart i in einem Wirtschaftszweig j bzw. einer

[34] Vgl. G. Lehnert, 1968, S. 127 (Fußnote 18).

Unternehmensgrößenklasse verändert hat, läßt sich der Beitrag, den diese Veränderung zum Bedeutungswandel einer Kostenart *i* auf einer übergeordneten Ebene (z.B. "Hauptgruppen", "Verarbeitendes Gewerbe" in seiner Gesamtheit) beiträgt, nicht quantifizieren. Summarische Maße zur Messung des (globalen) Strukturwandels stellen die sogenannten Tempomaße des Strukturwandels dar. Diese globalen Strukturmaße sollen die Heftigkeit struktureller Änderungen einer Kostenart *i* messen, die sich zwischen den Perioden *t* und *t-1* auf einer übergeordneten Ebene ergab.

In der empirischen Wirtschaftsforschung existieren eine Reihe von Tempomaßzahlen, die grundsätzlich zur Messung einer Strukturänderungsgeschwindigkeit in Betracht kommen. Die führenden deutschen Wirtschaftsforschungsinstitute, die sich im Rahmen ihrer Strukturberichterstattung auch mit dem Tempo strukturellen Wandels befassen, konnten sich jedoch nicht auf ein einziges Maß einigen. Als empfehlenswert wurden die Summe der absoluten Anteilsdifferenzen ("Beitragssummen-Norm"), der euklidische Abstand sowie die Summe der relativen Anteilsdifferenzen erachtet[35], doch bleibt insgesamt festzuhalten, daß die Eigenschaften einzelner Tempomaße nur wenig untersucht wurden.

Für die vorliegende Arbeit soll als Maßgröße der Geschwindigkeit struktureller Änderungen eine erweiterte Form der Summe der absoluten Anteilsdifferenzen Verwendung finden. Dieses Maß der Strukturänderungsgeschwindigkeit $g_i(t°)$ ist definiert als[36]:

$$(4) \qquad g_i(t°) = \sum_{j=1}^{m} \left| \frac{\alpha_{ij}(t)}{\alpha_{ij}(t-1)} : \frac{\alpha_i(t)}{\alpha_i(t-1)} - 1 \right| * \left[\left(\frac{BPW_j(t)}{BPW(t)} + \frac{BPW_j(t-1)}{BPW(t-1)} \right) : 2 \right] * 100$$

Dazu wird der Wachstumsquotient aus $\alpha_{ij}(t)$ und $\alpha_{ij}(t-1)$ einer Kostenart *i* in einem Wirtschaftszweig *j* (bzw. einer Unternehmensgrößenklasse *j*) gebildet und zum Wachstumsquotienten aus $\alpha_i(t)$ und $\alpha_i(t-1)$ der Anteilswerte der übergeordneten Ebene - verstanden als die vier Hauptgruppen bzw. das Verarbeitende Gewerbe in seiner Gesamtheit - in Relation gesetzt. Der Ausdruck in der eckigen Klammer dient als Gewichtungsfaktor, der das Gewicht des Wirtschaftszweiges *j* (bzw. der Unternehmensgrößenklasse *j*) auf der

[35] Vgl. K.-D. Schmidt, 1984, S. 184.

[36] Vgl. E. v.Knorring, 1978, S. 73f. Ähnliche Meßgrößen finden sich auch bei: Sachverständigenrat, 1965, Anhang IV, Zif. 2.und 3.; H.-J. Dinter, 1969, S. 447-455.

übergeordneten Ebene dadurch berücksichtigt, daß ein Mittelwert der Gewichtungsfaktoren in den zugrundeliegenden Zeitpunkten gebildet wird. Da die Anteilswerte der Wirtschaftszweige bzw. der Unternehmensgrößenklassen in der empirischen Untersuchung bei der Aggregation zu den Ergebnissen der übergeordneten Ebene nach dem Anteil am Bruttoproduktionswert gewichtet werden, wird dieser auch zur Messung der Strukturänderungsgeschwindigkeit als Gewichtungsfaktor herangezogen. Um den Beitrag einzelner Wirtschaftszweige zum Ergebnis der Strukturänderungsgeschwindigkeit aufzuzeigen, werden diese Gewichtungsfaktoren mit 100 multipliziert. Da über alle Wirtschaftszweige bzw. Unternehmensgrößenklassen j summiert wird, repräsentiert jeder Summand den absoluten Beitrag in Prozent, den ein Wirtschaftszweig zur Strukturänderungsgeschwindigkeit $g_i(t°)$ beiträgt.

Bleiben die Anteilswerte der Kostenart i in allen Wirtschaftszweigen j konstant, d.h. bleibt die Struktur der Variablen konstant, dann nimmt die Strukturänderungsgeschwindigkeit den Wert Null an. Bei Werten > 0 liegt eine Strukturänderung vor. Im Zeitablauf steigende Werte für $g_i(t°)$ bedeuten eine Beschleunigung der strukturellen Änderung, sinkende Werte für $g_i(t°)$ bedeuten hingegen eine Verlangsamung der strukturellen Änderung. Die Definition der Strukturänderungsgeschwindigkeit hat zur Konsequenz, daß bereits relativ kleine Änderungen von Anteilswerten stark gewichteter Wirtschaftszweige bzw. Unternehmensgrößenklassen vergleichsweise große Variationen in der Strukturänderungsgeschwindigkeit bewirken. Weiterhin kann bei stark gewichteten Wirtschaftszweigen eine Änderung des Anteilswertes einer Kostenart i auf der übergeordneten Ebene zu einem großen Beitrag zum Wert der Strukturänderungsgeschwindigkeit führen, selbst wenn der Anteilswert auf der untergeordneten Ebene in der Perioden $t-1$ und t konstant blieb.

2.1.4. Beitrag sektoraler Sonderentwicklungen

Nachdem im vorstehenden Gliederungspunkt eine Maßzahl zur Messung der globalen Kostenstruktur behandelt wurde, geht es im folgenden um die Quantifizierung der zugrundeliegenden sektoralen Entwicklungen. Dabei wird nicht nur der Beitrag der einzelnen Wirtschaftszweige im Rahmen der übergeordneten Veränderungen untersucht, sondern gleichzeitig auch darauf eingegangen, inwieweit sich sektorspezifische Veränderungsmuster erkennen lassen. Dies betrifft sowohl das Niveau der Strukturquoten als auch deren Entwicklung im Zeitablauf. Zur Quantifizierung dieser Entwicklungen wird im folgenden auf Basis eines komponentenanalytisches Verfahren eine

Funktion entwickelt, mit deren Hilfe sektorspezifische Veränderungsmuster identifiziert werden können. Da dieses Verfahren nur selten in statistischen Lehrbüchern angesprochen wird, werden zunächst die Grundmodelle der Komponentenanalyse skizziert und die grundlegenden methodischen Probleme erörtert.

2.1.4.1. Die Komponentenanalyse

Komponentenanalytische Methoden kommen in weiten Teilen der empirischen Wirtschaftsforschung zur Anwendung[37]. Einen festen Platz haben sie beispielsweise in der Strukturberichterstattung der Wirtschaftsforschungsinstitute[38]. Einige der statistischen Konzepte des Sachverständigenrates haben gleichfalls komponentenanalytischen Charakter[39]. Darüber hinaus kommen sie bei der einzelwirtschaftlichen Finanzanalyse in Form von sogenannten zahlenlogisch-analytischen Kennzahlensystem zur Anwendung[40]. Trotz dieser universellen Einsatzbereiche haben komponentenanalytische Verfahren bislang kaum Eingang in die Lehrbücher der statistischen Methodenlehre gefunden.

Ziel der Komponentenanalyse ist es[41],

- bestehende Verbindungen zwischen einzelnen ökonomischen Kennzahlen darzustellen, um dadurch ein Gesamtbild der für einen Analysezweck relevanten Kennziffern zu erhalten,

- Kennzahlen in sie determinierende Elemente zu zerlegen,

- die Veränderung von Kennzahlen in die Veränderungen der sie bestimmenden Kennzahlen aufzuspalten,

---

[37] Vgl. zu den Möglichkeiten der Komponentenanalyse z.B. E. v.Knorring, 1978, S. 562; W. Neubauer, 1990.

[38] Vgl. z.B. Ifo, 1981.

[39] Vgl. z.B. Sachverständigenrat, 1990, S. 309-316.

[40] Einen Überblick bietet R. Buchner, 1985, S. 34-54.

[41] Vgl. z.B. A. Wagner, 1972, S. 61

- Hinweise auf erklärende Ursachen bestimmter Phänomene zu erhalten.

Zu Beginn einer Komponentenanalyse steht die Definition einer geeigneten Komponentenfunktion. Hinsichtlich ihrer Konstruktion lassen sich zwei Typen von Komponentenfunktionen unterscheiden: definitorische und nichtdefinitorische. Bei definitorischen Komponentenfunktionen wird die abhängige Variable Y durch solche Komponenten bestimmt, die Y selbst nicht enthalten. Einer definitorischen Komponentenfunktion liegen häufig grundlegende ökonomische Verbindungen (z.B. Umsatz als Produkt aus Menge und Preis) oder eine Definition von Summen (Bruttoproduktionswert = Jahreserfolg + Summe der einzelnen Kostenarten). Kennzeichen der nichtdefinitorischen Komponentenfunktionen ist, daß die abhängige Variable Y selbst in den sie erklärenden Komponenten enthalten ist. Dieser Sachverhalt resultiert daraus, daß der Ausgangspunkt der Ableitung nichtdefinitorischer Komponentenfunktionen die Tautologie Y = Y ist, die anschließend durch additive oder multiplikative Elemente erweitert wird. Ist die Interpretation der Komponenten einer definitorischen Funktion bereits gegeben, muß sie bei nichtdefinitorischen separat erfolgen.

Nach Abschluß der Konstruktion einer Funktion, kann diese im Rahmen einer Niveauanalyse oder zur Durchführung einer Veränderungsanalyse verwendet werden. Bei der Niveauanalyse steht die Frage im Vordergrund, wie sich das Niveau der abhängigen Variable Y durch das Niveau der Komponenten bestimmt. Bei der Veränderungsanalyse wird betrachtet, welchen Beitrag die Veränderungen der Komponenten zur Veränderung der abhängigen Variable leisten. Da die Funktion im Rahmen der gegebenen Fragestellung definitorischer Art sein wird, erfolgt eine knappe Darstellung, wie eine definitorische Komponentenfunktion im Rahmen einer Niveau- bzw. einer Veränderungsanalyse eingesetzt werden kann. Nichtdefinitorische Komponentenfunktionen sollen dabei nicht weite berücksichtigt werden.

Die Niveauanalyse bildet den Ausgang der komponentenanalytischen Auswertung. Zudem ist sie Voraussetzung für die zumeist - wie auch hier - im Mittelpunkt stehende Veränderungsanalyse. Definitorische Komponentenfunktionen ergeben sich direkt aufgrund der für die abhängige Variable Y geltenden Definitionsgleichung nach dem additiven Zerlegungstyp ($Y = K_1 + K_2$) bzw. nach dem multiplikativen Zerlegungstyp ($Y = K_1 * K_2$).
Bei einer Veränderungsanalyse können grundsätzlich absolute oder relative Veränderungen analysiert werden. Allerdings muß die Funktionsdefinition hinsichtlich des Zerlegungstyps berücksichtigen, daß absolute Veränderun-

gen nur durch additive Funktionstypen und relative Veränderungen nur durch multiplikative Komponentenfunktionen methodisch problemlos erfaßt werden können. Nur in diesen Fällen läßt sich die Änderung von Y ohne Residuum in die Änderungen der beteiligten Komponenten zerlegen. Bei der Ermittlung absoluter Veränderungen multiplikativer Komponentenfunktionen und relativer Veränderungen additiver Funktionen verbleiben Änderungsteile, die nicht einzelnen Komponenten zuzuordnen sind. Diese als Joint-Effekte bezeichneten Änderungsteile stellen eines der am stärksten diskutierten methodischen Probleme der Komponentenanalyse dar[42]. Allerdings können Joint-Effekte gänzlich vermieden werden, sofern die in Frage stehende Komponentenfunktion einem der beiden Grundtypen (rein additiv oder rein muliplikativ) angehört und die Analyse durch die Betrachtung des entsprechenden Zerlegungstyps (absolut oder relativ) erfolgt. Da in der gegebenen Fragestellung das Ausmaß unterschiedlicher sektoraler Strukturen und sektorspezifischer Veränderungsmuster untersucht werden soll und in diesem Rahmen additive Verbindungen betrachtet werden, wird zur Eliminierung der Joint-Effekte im folgenden eine additive Komponentenfunktion definiert.

2.1.4.2. Methode zur Messung sektoraler Sonderentwicklungen

Das nachfolgende komponentenanalytische Verfahren ist formal mit der in der empirischen Regionalforschung eingesetzten sogenannten Shift-Share-Analyse verwandt[43]. Allerdings besteht nur insoweit Verwandtschaft, als daß die wirtschaftszweigespezifische Struktur einer Untersuchungsgröße berücksichtigt wird. Im Mittelpunkt der vorliegenden Untersuchung steht eine definitorische Komponentenfunktion. Diese soll dazu dienen, die Hintergründe der relativen Veränderungen der Kostenanteile auf der Ebene des gesamten Verarbeitenden Gewerbes zu messen.

Die im theoretischen Bezugsrahmen erarbeiteten Ergebnisse deuten darauf hin, daß die Kostenstrukturen deutliche sektorale Besonderheiten erkennen lassen. Dies wird sich sowohl auf das Niveau der Quoten als auch auf deren Entwicklung im Zeitablauf beziehen. Bezüglich des Niveaus der einzelnen Strukturquoten dürften personalkosten-, materialkosten- und kapitalkostenintensive Wirtschaftszweige zu identifizieren sein. Zudem sollte auch die Entwicklung der Quoten hinsichtlich des Trends und hinsichtlich der

---

[42] Vgl. V. Timmermann, 1982, S. 31.

[43] Vgl. z.B. E.S. Dunn, 1980; J.M. Esteban-Marquillas, 1972; H. Tengler, 1989.

Schwankungen zu einem großen Teil wirtschaftszweigespezifisch erfolgen. Zu berücksichtigen ist in diesem Zusammenhang, daß die Quoten der Gesamtheit der Unternehmen gewichtete Mittel der sektoralen Quoten der einzelnen Kostenarten sind. Das einem Wirtschaftszweig zugeordnete Gewicht ist der relative Anteil an der Kostengesamtheit (verstanden als Bruttoproduktionswert) aller Unternehmen, den der betreffende Wirtschaftszweig besitzt. Neben der Entwicklung der sektoralen Kostenstrukturquoten ist es also die Gewichtung des einzelnen Wirtschaftszweiges (verstanden als Anteil eines Wirtschaftszweiges am Bruttoproduktionswert aller Unternehmen des Verarbeitenden Gewerbes), die die Kostenstruktur aller Unternehmen bestimmt. Im vorliegenden Abschnitt soll daher versucht werden, beide Einflüsse quantitativ zu erfassen.

Dazu wird eine Komponentenfunktion definiert, die die absolute Veränderung der Kostenstrukturquoten für alle Unternehmen in folgende drei Effekte zerlegt. Erstens in einen Effekt, der den Beitrag der Veränderung sektoraler Kostenstrukturquoten erfaßt. Zweitens in einen Effekt, der den Beitrag der Verschiebung der Bruttoproduktionswertanteile erfaßt, wodurch auch der sektorale Strukturwandel berücksichtigt wird. Drittens in einen Mischeffekt, der den Beitrag einer gemeinsamen Veränderung der sektoralen Kostenstrukturquoten und der Verschiebung der Bruttoproduktionswerte repräsentiert. Formal läßt sich diese Komponentenfunktion definieren als:

$$\Delta\,\alpha_{i(t)} = \sum_{j} \left(\left(\alpha_{ij(t)} * a_{j(0)} - \alpha_{ij(0)} * a_{j(0)}\right) + \left(\alpha_{ij(0)} * a_{j(t)} - \alpha_{ij(0)} * a_{j(0)}\right) + \left(\alpha_{ij(t)} - \alpha_{j(0)}\right) *\left(a_{j(t)} * a_{j(0)}\right)\right)$$

$$= \sum_{j} \left(\alpha_{ij(t)} - \alpha_{ij(0)}\right)* a_{j(0)} + \sum_{j} \left(a_{j(t)} - a_{j(0)}\right) * \alpha_{ij(0)} + \sum_{j} \left(\alpha_{ij(t)} - \alpha_{j(0)}\right) *\left(a_{j(t)} * a_{j(0)}\right)).$$

Quoteneffekt Anteilseffekt Mischeffekt

$\Delta\,\alpha_{i(t)}$ bezeichnet die absolute Veränderung der Strukturquote der Kostenart *i* von Periode *0* zu Periode *t* für die Gesamtheit der betrachteten Unternehmen bzw. für die Unternehmen einer Hauptgruppe. $\alpha_{ij(t)}$ bzw. $\alpha_{ij(0)}$ stellt den Anteil der Kostenart i in Wirtschaftszweig *j* und Periode *t* bzw. *0* dar. $a_{j(0)}$ bzw. $a_{j(t)}$ gibt den Anteil des Wirtschaftszweiges *j* am gesamten Bruttoproduktionswert aller Unternehmen in Periode *t* bzw. *0* an. Die drei beschriebenen Effekte werden durch die drei vorstehenden Summenausdrücke ausgedrückt. Der erste Summenausdruck wird mit Quoteneffekt bezeichnet, da er jene hypothetische Veränderung darstellt, die die Kostenstruktur erfahren hätte, wenn sich nur die sektoralen Kostenstrukturquoten, nicht jedoch die Anteile der Bruttoproduktionswerte verändert hätten. Der zweite Summand stellt den Anteilseffekt dar, d.h. jene Veränderung, die sich allein aufgrund einer Verschiebung der sektoralen Bruttoproduktionswertanteile ergeben hätte. Der dritte Summand schließlich stellt einen Mischeffekt dar, der den Beitrag der gemeinsamen Veränderung von Kostenartenquoten und Bruttoproduktionswertanteilen angibt. Unter Gliederungspunkt 1.3. im empirischen Teil der Arbeit werden die sektoralen Sonderentwicklungen auf der Ebene des gesamten Verarbeitenden Gewerbes dargestellt. Die Komponenten dabei bilden die einzelnen Wirtschaftszweige.

2.2. Kennzahlen zur Messung der Effizienz

Die empirische Untersuchung des Effizienzkriteriums erfordert die Transformation des theoretischen Konstruktes in empirisch meßbare Kennzahlen. Der allgemeine Begriff "Kennzahl" kann unterschiedlich weit gefaßt werden, wobei häufig nur relative (im Gegensatz zu absoluten) Zahlen bzw. nur eine bestimmte Art von Relativzahlen als Kennzahlen bezeichnet werden[44].

Wie bereits vorstehend erläutert, können Relativzahlen (oder Verhältniszahlen) sowohl Gliederungszahlen als auch Beziehungszahlen sein, die absolute Zahlen miteinander in Beziehung setzen. Gliederungszahlen (auch Quoten bzw. Anteilsziffern) setzen eine statistische Teilmasse zu einer Gesamtmasse in Beziehung (z.B. Anteil der Personalkosten an den Gesamtkosten). Sachlogisch bezeichnet man diese Anteilsziffer als "bedeutungsmäßiges Gewicht" der Teilmasse (Personalkosten) an der Gesamtmasse (Gesamtkosten). In Abgrenzung hierzu stehen die Beziehungszahlen, die wesensverschiedene statistische Massen in Relation zueinandersetzen. Ihre Definition ergibt sich aus der Zahlenlogik[45], wobei die Sachlogik die Bildung sinnvoller Relationen verlangt. In den folgenden Abschnitten werden die in der empirischen Untersuchung relevanten Effizienzindikatoren definiert, wobei der Charakter dieser Kennzahlen - im Gegensatz zur Operationalisierung der Kostenstruktur - den Beziehungszahlen entspricht.

Aus den Kosten- und Leistungsdaten der Kostenstrukturerhebung lassen sich wichtige Produktivitäts- und Rentabilitätskennzahlen ableiten, die Aussagen über die Kosteneffizienz von Unternehmen ermöglichen. Während Gewinngrößen die Rentabilität der Unternehmen widerspiegeln und somit umfas-

---

[44] Vgl. H. Staehle, 1969, S. 49 ff.; R. Hofmann, 1977, S. 206 f.

[45] Vgl. G. Menges, 1982, S. 173.

sende Effizienzkennzahlen sind, dienen Produktivitäts- und Kostenvariablen als Ausdruck für Faktoreinsatz und betriebliche Transformation[46]. Neben den umfassenden Rentabilitätszahlen werden letztere zusätzlich gebildet, um eine Unterscheidung vorzunehmen, inwieweit Effizienzveränderungen auf produktionstechnische bzw. auf pekuniäre Entwicklungen zurückzuführen sind und inwieweit unternehmensgrößenspezifische Effizienzunterschiede in den einzelnen Wirtschaftszweigen bestehen.

2.2.1. Kennzahlen der Rentabilität

Die Grundlage der Ermittlung von Rentabilitätskennzahlen bildet der Unternehmensgewinn (Jahresüberschuß) bzw. der Gewinn von Unternehmensgrößenklassen, der in der Kostenstrukturerhebung als Residualgröße zwischen Umsatz und den einzelnen Kostenarten - analog zur betriebswirtschaftlichen Gewinn- und Verlustrechnung - ermittelt werden kann[47]. Der nach diesem Schema ableitbare betriebs- und periodenbedingte Jahresüberschuß vor Ertragsteuern umfaßt die Verzinsung des Eigenkapitals, den Gewinn im engeren Sinne sowie gegebenenfalls den (kalkulatorischen) Unternehmerlohn für die Tätigkeit des Unternehmers im eigenen Unternehmen[48].

Da der Gewinn von Unternehmen unterschiedlicher Größen und Branchen nicht direkt, sondern nur als relative Kennzahl, vergleichbar ist, werden in der empirischen Untersuchung folgende drei Kennziffern als Rentabilitätsindikatoren Berücksichtigung finden.

---

[46] Vgl. R. Spies, 1986, S. 64 ff.

[47] Vgl. hierzu Gliederungspunkt 1.2. im zweiten Teil der Arbeit.

[48] Eigenkapitalverzinsung und Unternehmerlohn sind fiktiv anfallende Opportunitätskosten, die zum Ausgleich für andere mögliche Verwendungen von Kapital und Arbeitskraft berücksichtigt werden. Dabei hängt der Ansatz des Unternehmerlohns von der Rechtsform des Unternehmens ab. Während die Gehaltszahlungen (angestellter) Manager bei Kapitalgesellschaften in der Position "Personalkosten" berücksichtigt werden - also vor der Berechnung des Jahresüberschuß von der Wertschöpfung abgezogen werden - erhalten die im Unternehmen tätigen Eigentümer von Einzelfirmen und Personengesellschaften für ihre Unternehmensleitung kein Arbeitsentgelt. Als Äquivalent wird ein Bestandteil des Gewinns als Arbeitsentgelt bewertet, so daß der eigentliche Gewinn niedriger als der ausgewiesene ausfällt. Kontrollrechnungen lassen jedoch vermuten, daß der Einfluß dieser Verzerrungen nur zu einer vernachlässigbar geringen Beeinflussung der empirischen Ergebnisse führen dürfte. Vgl. L. Uhlmann, 1987, S. 5 f.; R. Spies, 1986, S. 68 f.

- Zur Ermittlung der Rentabilität, die die Unternehmen aus ihrer abgesetzten Leistung erzielen konnten, wird der Gewinn in Relation zum Jahresumsatz gesetzt. Die Umsatzrendite, die als wichtigster Effizienzindikator identisch mit der in industrieökonomischenUntersuchungen verwendeten Price-Cost-Margin (PCM) ist, wird ermittelt als[49]:

$$\text{Umsatzrendite} = \frac{\text{Jahresüberschuß}}{\text{Umsatz}} * 100$$

- Zur Ermittlung der Rentabilität, die die Unternehmen aus ihrer Produktionsleistung erzielen konnten, wird der Jahresüberschuß auf die Wertschöpfung bezogen. Durch diesen Effizienzindikator können Einflüsse durch unterschiedliche Produktionstiefen abgeschätzt werden.

$$\text{Wertschöpfungsrentabilität} = \frac{\text{Jahresüberschuß}}{\text{Wertschöpfung}} * 100$$

- Eine weitere wichtige Kennzahl für die Rentabilität von Unternehmen ist der Cash-flow, der in der Literatur in verschiedenen Fassungen anzutreffen ist[50]. Ausgangspunkt der Definition einer Cash-flow-Kennzahl ist die Überlegung, daß der öffentlich ausgewiesene Gewinn eines Unternehmens aufgrund bilanzpolitischer Gestaltungsspielräume seiner wesentlichen Funktion, als Maßstab für die Entwicklung eines Unternehmen zu dienen[51], nur bedingt nachkommt. Die Kennziffer Cash-flow hat in der Finanzwirtschaft daher die Aufgabe, durch Berücksichtigung zusätzlicher Größen eine objektivere Beurteilung des abgelaufenen Periodenerfolgs sowie eine Einschätzung der zukünftigen Entwicklung eines Unternehmens zu erleichtern[52]. In diesem Rahmen erlangt der Cash-flow besonders als Instrument zur Beurteilung der Finanzkraft eines Unternehmens Bedeutung, da er als ein brauchbares Maß für die in der zurückliegenden Periode aus eigener Kraft (z.B. für Forschungs- und Wachstumsinvestitio-

---

[49] Vgl. S.J. Liebowitz, 1982, S. 291-304.

[50] Vgl. L. Pehridon, M. Steiner, 1980, S. 280 ff.

[51] Vgl. E. Kosiol, S. 106.

[52] Vgl. W. Juesten, C. v.Villiez, 1992, S. 44.

nen) erwirtschafteten Mittel angesehen wird[53]. Während in den USA im allgemeinen das "net income" und die Abschreibungen (depreciation) in den Cash-flow einbezogen werden, erfordert die deutsche Bilanzierungspraxis die Berücksichtigung weiterer Posten (Veränderung der langfristigen Rückstellungen, Veränderung der Rücklagen, Veränderung des Sonderpostens mit Rücklageanteil, außerordentliche Aufwendungen und Erträge). Da diese Positionen aber nicht als Prädikatsmerkmale der Kostenstrukturerhebung ausgewiesen werden, wird der auf den Umsatz bezogene Cash-flow näherungsweise wie folgt definiert.

$$\text{Cash-flow} = \frac{\text{Jahresüberschuß+Abschreibungen}}{\text{Umsatz}} * 100$$

Diese Kennzahl kann als ein Indikator der Finanzkraft aufgefaßt werden, welcher angibt, wieviel DM einer Unternehmung für Ausschüttung, Tilgung und Reinvestition pro 100 DM verbleiben.

2.2.2. Kennzahlen der Produktivität

Zur Operationalisierung des Effizienzbegriffs werden neben den vorstehenden Rentabilitätskennzahlen zusätzlich Produktivitätskennzahlen gebildet, um neben einer umfassenden Effizienzentwicklung auch Anhaltspunkte über die Bedeutung von produktionstechnischen und pekuniären Veränderungen zu erhalten. In der Ökonomie wird "Produktivität" eindeutig definiert als Relation von Output zu Input, doch beginnen bereits bei der Festlegung eines geeigneten Output- und Inputmaßes zahlreiche konzeptionelle und meßtechnische Probleme. Am schwersten wiegt dabei das Bewertungsproblem, das durch Zusammenfassung einer Vielzahl von Einzelgrößen zu homogenen Meßziffern entsteht. Sowohl auf der Output- als auch auf der Inputseite müssen in ihrer physischen Beschaffenheit sehr unterschiedliche Faktoren jeweils auf einen einheitlichen Maßstab umgerechnet werden, um addierbar zu sein. Je inhomogener die einzelnen Bestandteile sind, desto fragwürdiger wird die Aggregation und desto größere Meßfehler sind zu erwarten[54].

Als Outputmaß wird in der Regel die Bruttowertschöpfung verwendet. Sie bietet gegenüber dem Produktionswert oder dem Umsatz den Vorteil, nur

---

[53] Vgl. W. Juesten, C. v. Villiez, 1992, S. 127.

[54] Vgl. G. Fürst, 1971.

die wirtschaftliche Leistung zu erfassen, die in der Produktionsstätte erzeugt wird, in der auch die Inputfaktoren eingesetzt sind. Vorleistungen, die von außen bezogen werden, bleiben außer Betracht[55].

Üblicherweise wird der Output nicht zum gesamten Input in Beziehung gesetzt, sondern nur zu einzelnen Inputkategorien wie Arbeit, Kapital oder Material. Der Nachteil dieser partiellen Produktivitäten ist, daß in ihnen nicht nur die wirtschaftliche Leistung des jeweils betrachteten Faktors zum Ausdruck kommt, da der Zähler der Produktivität das Ergebnis aller Faktoren und nicht nur einiger weniger angibt. Will man zumindest im marginalen Bereich zu Aussagen darüber gelangen, wie die Veränderung der Einsatzmenge eines Inputs den Output beeinflußt, so müßte die Grenzproduktivität dieses Inputs bekannt sein. Direkt meßbar sind jedoch nur Durchschnittsproduktivitäten. Der Vorteil von partiellen Faktorproduktivitäten liegt allerdings darin, daß das Bewertungsproblem auf der Inputseite in Grenzen gehalten werden kann. Zudem dürfte es in einer empirischen Untersuchung nie gelingen, sämtliche Produktionsfaktoren in die Analyse zu integrieren, so daß in dieser Arbeit auf die Betrachtung partieller Produktivitäten abgestellt wird.

In Statistiken ausgewiesene Produktivitätsmaßzahlen sind aufgrund einer vergleichsweise guten Datenbasis überwiegend auf den Faktor Arbeit bezogen. Definieren läßt sich die Arbeitsproduktivität als Verhältnis des produzierten Outputs zur eingesetzten Arbeit. Zur Bestimmung des Indikators für die eingesetzte Arbeit können verschiedene Möglichkeiten Anwendung finden[56]. So präferiert beispielsweise Irsch die Personalkosten als Indikator für die eingesetzte Arbeit[57], doch wird diese Größe auch von der Höhe der Löhne und Gehälter beeinflußt. Um mögliche produktionstechnische Effizienzveränderungen darzustellen, die nicht von pekuniären Entwicklungen überlagert werden, wird in dieser Untersuchung die Anzahl der Beschäftigten als Indikator für den Arbeitseinsatz verwendet. Auch wenn mit dieser Abgrenzung verschiedene Aspekte wie z.B. die unterschiedliche Qualifikation der Beschäftigten unberücksichtigt bleiben müssen, so kommt sie der Zielsetzung dieser Untersuchung entgegen, da sich die Produktivitätsveränderungen - ausgedrückt durch die Anzahl der

[55] Vgl. H. Lützel, 1973.

[56] Vgl. R. Zwer, 1986, S. 270.

[57] Vgl. N. Irsch, 1984, S. 39.

eingesetzten Beschäftigten - aufgrund einer gewandelten Produktionstechnik in Form von Verfahrens- und Prozeßinnovationen aufzeigen lassen.

$$\text{Arbeitsproduktivität} = \frac{Wertschöpfung(DM)}{Beschäftigtenzahl}$$

In einem engen Zusammenhang zur Arbeitsproduktivität steht die Produktivität des eingesetzten Kapitals, da im allgemeinen Arbeit und Kapital in bestimmten Grenzen substituierbar sind. Ebenso wie bei der Wahl eines geeigneten Indikators für den Arbeitseinsatz ist die Ermittlung des Kapitaleinsatzes mit Schwierigkeiten verbunden, da bei der Ermittlung des Kapitalstocks Produktionsanlagen der unterschiedlichsten Jahrgänge zu einer Größe zusammengefaßt werden. Hinzu kommt im Rahmen dieser Arbeit das Problem, daß in der Kostenstrukturerhebung keine Daten über das tatsächlich eingesetzte Kapital verfügbar sind. Daher wird die Leistungsabgabe des Faktors Kapital als Proxivariable durch die Verwendung der Abschreibungen, wie sie in der Kostenstrukturstatistik ausgewiesen werden, ausgedrückt.

$$\text{Kapitalintensität} = \frac{Abschreibungen(DM)}{Beschäftigtenzahl}$$

Nachdem die vorstehenden drei Produktivitätskennzahlen vorzugsweise auf produktionstechnische Veränderungen abzielten, werden zusätzlich die Personalkosten der Unternehmen als Indikator für pekuniäre Veränderungen in die Betrachtung einbezogen. Dadurch lassen sich Aussagen über Effizienzveränderungen finden, da aus der Entwicklung der Personalkosten je Beschäftigten in Verbindung mit der Arbeitsproduktivität auf die X-Ineffizienz der Beschäftigten in den entsprechenden Unternehmen geschlossen werden kann[58].

$$\text{Direkte Lohnquote} = \frac{DirektePersonalkosten(DM)}{Beschäftigtenzahl}$$

$$\text{Indirekte Lohnquote} = \frac{Personalzusatzkosten(DM)}{Beschäftigtenzahl}$$

---

[58] Vgl. R. Spies, 1986, S. 74.

3. Methoden und Ablauf der analytischen Untersuchung

Das Ziel bei der Erarbeitung des konzeptionellen Bezugsrahmens in Teil 2 der Arbeit besteht darin, einen theoretischen Hintergrund zu entwickeln, der Aussagen über wichtige Einflußgrößen von Kostenstruktur und Kosteneffizienz beinhaltet. Die folgenden Ausführungen sollen (Abschnitt 3.1.) diesen Bezugsrahmen durch kontextanalytische und effizienzanalytische Fragestellungen konkretisieren. Dazu wird ein Hypothesensystem formuliert, dessen Annahmen die Erkenntnisse des theoretischen Bezugsrahmens zugrundeliegen. Im Anschluß daran (Abschnitt 3.2.) werden die zur Hypothesenprüfung zum Einsatz kommenden statistischen Verfahren besprochen, wobei es sich um die einfache, univariate Varianzanalyse[59] sowie den Newman-Keuls-Test als Zusatzrechnung der Varianzanalyse handelt.

3.1. Hypothesenformulierung und Operationalisierung

Während der deskriptive Teil der empirischen Untersuchung darüber Aufschluß geben soll, wie sich Kostenstrukturen und Kosteneffizienz im Zeitablauf verändert haben, wird im analytischen Teil untersucht, welche Einflußgrößen von signifikanter Bedeutung für diese Entwicklungen waren. Analog zum deskriptiven Untersuchungsteil ist auch die analytische Untersuchung in eine "Kostenstrukturuntersuchung" und eine "Kosteneffizienzuntersuchung" zweigeteilt. Dazu werden aus dem erarbeiteten konzeptionellen Bezugsrahmen mögliche erklärende Variablen abgeleitet und operationalisiert[60]. Bei diesem Vorgehen ist zu berücksichtigen, daß die Hypothesen keine ethisch-normativen Aussagen und keine Tautologien enthalten sollten und nicht kontradiktorisch gestaltet sind[61]. Konkret wird bei der Erarbeitung und Operationalisierung nach folgendem Schema vorgegangen:

---

[59] Als "einfach" ("mehrfach") sind Modelle mit nur einer (mehreren) exogenen Variablen, als "univariat" ("multivariat") Modelle mit nur einer (mehreren) endogenen Variablen zu verstehen.

[60] Vgl. A. Kieser, H. Kubicek, S. 77 f.

[61] Vgl. Witte, Sp. 614.

- Begründung der Auswahl von Kontextfaktoren und Formulierung der zu überprüfenden Hypothese
- Operationalisierung der Hypothese

3.1.1. Hypothese über den Zusammenhang zwischen Wirtschaftszweigezugehörigkeit und Kostenstrukturentwicklung

Die Wirtschaftszweigezugehörigkeit ist als ein schwer greifbarer Einflußfaktor zu beurteilen, da die Analyse systematischer Einflüsse der Branche auf die Entwicklung der Kostenstrukturen bislang nur vereinzelt untersucht wurden. Der Einflußfaktor "Wirtschaftszweigezugehörigkeit" sollte jedoch in die Kontextanalyse aufgenommen werden, da er als (begrenzter) Indikator der Fertigungstechnologie gesehen werden kann[62]. Deshalb soll in diesem Rahmen untersucht werden, ob die Zugehörigkeit eines Wirtschaftszweiges zu einer Hauptgruppe des Verarbeitenden Gewerbes als systematischer Einflußfaktor auf die Entwicklung der Kostenstrukturen betrachtet werden kann.

In bisherigen Kostenuntersuchungen wird zwar darauf verwiesen, daß die in den einzelnen Wirtschaftszweigen unterschiedliche Zahl von Produktionsstufen bzw. die Intensität der Umwandlung der Produkte und die damit verbundene Wertschöpfung zu unterschiedlichen Gewichtungen der einzelnen Kostenarten im Rahmen der Kostenstrukturen führen[63]. Allerdings reichen die vorliegenden Erkenntnisse über den Zusammenhang von Wirtschaftszweigezugehörigkeit und der Kostenstrukturentwicklung nicht aus, um konkrete Hypothesen über die Einflußbeziehung einzelner Wirtschaftszweige zu formulieren. Deshalb wird eine globale Hypothese formuliert, die besagt, daß zwischen den Wirtschaftszweigen einerseits sowie der Zusammensetzung und Entwicklung der sektoralen Kostenstrukturen ein statistisch signifikanter Zusammenhang besteht.

Zur Operationalisierung des Indikators "Wirtschaftszweigezugehörigkeit wird auf die Wirtschaftszweigesystematik der Kostenstrukturstatistik zurückgegriffen, wobei die Wirtschaftszweige nach folgenden Kriterien zu Gruppen komprimiert werden:

---

[62] Vgl. H. Übele, 1981, S. 58.

[63] Vgl. R. Clemens, H. Wollrab, 1981, S. 30.

Die Wirtschaftszweige werden den drei Hauptgruppen "Grundstoff- und Produktionsgütergewerbe", "Investitionsgüter produzierendes Gewerbe" sowie „Verbrauchsgüter produzierendes sowie "Nahrungs- und Genußmittelgewerbe" zugeordnet, so daß die Hypothese 1 wie folgt konkretisiert werden kann:

- „Die Zugehörigkeit eines Wirtschaftszweiges zu einer Hauptgruppe besitzt einen statistisch signifikanten Einfluß auf die Zusammensetzung und Entwicklung der Kostenstruktur".

Im Rahmen einer zweiten Operationalisierung werden die Wirtschaftszweige nach "typischen" Kostenstrukturen geordnet, wobei sich die Systematisierung an der spezifischen Kostenstruktur des Jahres 1977 orientiert. Als "typisch" wird dabei eine Kostenstruktur bezeichnet, die eine arbeits-, kapital- oder materialintensive Produktion widerspiegelt. Bei der Zuordnung der einzelnen Wirtschaftszweige wird wie folgt vorgegangen[64]: Für jeden Wirtschaftszweig wird der Anteil der (direkten) Personalkosten, der Kapitalkosten sowie der Materialkosten ermittelt. Diese Anteilswerte werden nach Größe geordnet, so daß jedem Wirtschaftszweig jeweils ein Rang auf der Personalkosten-, Kapitalkosten- und Materialkostenskala zugewiesen wird. Als "intensiv" werden dann diejenigen Wirtschaftszweige bezeichnet, die sich im oberen Quartil der jeweiligen Skala befinden. Befindet sich ein Wirtschaftszweig auf zwei Skalen im oberen Quartil, so wird er demjenigen Kostenstrukturtyp zugeordnet, dessen Kostenart den höheren Rang auf der jeweiligen Skala besitzt. Befindet sich ein Wirtschaftszweig auf keiner dieser Skalen im oberen Quartil, so wird er einer vierten Gruppe, den "sonstigen Kostenstrukturen", zugeordnet. Insofern kann Hypothese 2 konkretisiert werden:

- „Die Zugehörigkeit eines Wirtschaftszweiges zu einer "typischen" Kostenstruktur übt einen statistisch signifikanten Einfluß auf die Entwicklung der Kostenstruktur in der Betrachtungsperiode aus".

[64] Diese Vorgehensweise wurde gewählt, da eine Zuordnung auf Basis der relativen Kostenartenanteile zur Folge gehabt hätte, daß die Mehrzahl der Wirtschaftszweige durch eine materialkostenintensive Kostenstruktur geprägt wäre.

3.1.2. Hypothese über den Einfluß von Umfelddynamik und Umfeldkomplexität

In den vergangenen Jahren haben sich die wirtschaftlichen Rahmenbedingungen der Unternehmen tiefgreifend verändert. Zu nennen sind dabei vor allem der beschleunigte technologische Wandel, die Verflechtungen in den Wirtschaftsbeziehungen sowie die Stagnation auf vielen Gütermärkten[65]. Da diese Entwicklungen das Handeln der Unternehmen beeinflußte und im wesentlichen die Komplexität und Dynamik des jeweiligen Unternehmensumfeldes widerspiegeln, werden die Faktoren "Umfelddynamik" und "Umfeldkomplexität" in die Kontextanalyse einbezogen.

Dynamik kann allgemein als Resultat der Änderungshäufigkeit des relevanten Umfelds, der Stärke der Änderungen und deren Irregularität gesehen werden. Insofern dürfte zwischen der Dynamik des Umfeldes und dem Grad der Anpassungsnotwendigkeit eines Unternehmens ein enger Zusammenhang bestehen. Je größer die wahrgenommene Umfelddynamik, desto rascher dürften die Unternehmen mit Veränderungen im Führungs- und Leistungssystem reagieren. Komplexität hingegen stellt auf die Produkt-Marktbeziehung ab und spiegelt die Zahl und Verschiedenartigkeit der von einem Unternehmen zu berücksichtigenden Faktoren wider. So verändert die Anpassung eines Unternehmens an die Umfeldkomplexität u.a. den Bedarf an Koordinations- und Informationsinstrumenten und erfordert eine ständig neue Positionierung des Unternehmens im Markt.

Wie die Ausführungen in Teil 2 der Arbeit gezeigt haben, dürften vor allem diejenigen Unternehmen, welche in den letzten Jahren in einem besonders komplexen und dynamischen Umfeld standen, zur Sicherung ihres Erfolges verstärkt Rationalisierungen vorgenommen und die Einführung neuer Technologien vorangetrieben haben. Da mit der Einführung neuer Technologien jedoch spezifische Kostenstrukturentwicklungen verbunden sind, ist zu vermuten, daß sich dies in der Entwicklung der Kostenstrukturen widerspiegelt[66]. Vor diesem Hintergrund kann Hypothese 3 wie folgt formuliert werden:

---

[65] Vgl. K. Liessmann, 1990, S. 305.

[66] Vgl. hierzu auch die Ausführungen auf den Seiten S. 64 ff.

- „Zwischen der Komplexität und Dynamik der Wirtschaftszweige einerseits und der Entwicklung der Kostenstrukturen andererseits besteht ein statistisch signifikanter Zusammenhang.“.

Nach dieser Hypothesenformulierung sind die Faktoren "Umfelddynamik" und "Umfeldkomplexität" mit einem Indikatoren zu operationalisieren. Der übergeordnete Einflußfaktor "Umfeld" fand in einer Vielzahl organisationstheoretisch orientierter Untersuchungen Berücksichtigung. Döpke klassifiziert die einzelnen Untersuchungen danach, welche Maße zur Erfassung des Umfeldes eingesetzt werden[67]. Im einzelnen unterscheidet er "objektive Größen zur Messung des Umfeldes", "subjektive Urteile über die Dynamik und Komplexität des Umfeldes" sowie "Maße, die das wahrgenommene Umfeld als Ganzes zu erfassen versuchen". Da aufgrund der vorhandenen Datenbasis aber nicht auf subjektive Urteile befragter Personen bzw. Maße des wahrgenommenen Umfeldes zurückgegriffen werden kann, wird versucht, die Komplexität und Dynamik durch einen objektiven Indikator mit den Ausweisen der Kostenstrukturstatistik zu messen.

Die Operationalisierung der "Umfeldkomplexität" und „Umfeldkomplexität“ soll verdeutlichen, daß die Produkt-Markt-Beziehungen in den einzelnen Wirtschaftszweigen unterschiedlich hoch sind. Inwieweit eine Unternehmung bestehende Erfolge sichern und langfristig verteidigen kann, bestimmt sich vor allem durch ihr Kosten- bzw. Leistungspotential[68]. Diese zeigen sich z.B. in Kosten-, Qualitäts-, und Distributionsvorteilen, die einzelne Unternehmen gegenüber ihren Konkurrenten besitzen. Falls ein Unternehmen im Hinblick auf diese Kriterien über kostengünstigere oder leistungsstärkere Faktorausprägungen als die Konkurrenzunternehmen verfügt, besitzt es einen Wettbewerbsvorteil[69]. Im Rahmen der Standortdiskussion wird häufig die These vertreten, daß hohe Wachstumsraten eines Wirtschaftszweiges - neben den Einflüssen der Nachfrage- und Kundenstruktur - die Fähigkeit der Unternehmen widerspiegeln, sich erfolgreich im Wettbewerb zu behaupten. Dies wird häufig auf innerbetriebliche Reorganisationen zu-

---

[67] Vgl. U. Döpke, 1986, S. 134.

[68] Vgl. H.-C. Phohl, 1988, S. 815.

[69] Vgl. zur begrifflichen Abgrenzung M.E. Porter, 1986, S. 21 und R. Bieker, 1989, S. 24.

rückgeführt, zu denen vor allem auch die Einführung neuer Technologien zählen[70].

In der vorliegenden Untersuchung wird daher das "Ausmaß des Wachstums der jeweiligen Branche während der Betrachtungsperiode" als Indikator zur Messung der Umfelddynamik und Umfeldkomplexität gewählt. Allgemein schlägt sich betriebliches Wachstum in der Änderung einer oder mehrerer Kennzahlen im Zeitablauf nieder[71]. In der Bilanz bzw. in der Gewinn- und Verlustrechnung eines Unternehmens zeigen sich Wachstumsvorgänge somit in der Zu- oder Abnahme entsprechender Positionen. Aufgrund der Datenlage der Kostenstrukturerhebung, die an der Gewinn- und Verlustrechnung der Unternehmen anknüpft, werden diese Änderungen in der empirischen Untersuchung durch die Wachstumsrate des Bruttoproduktionswertes (einer Branche) erfaßt, wodurch letztendlich die Steigerung der Gesamtleistung in der Betrachtungsperiode gezeigt wird.

3.1.3. Hypothese über den Einfluß von Beschäftigungsschwankungen

Im theoretischen Teil der Untersuchung wurde der Einfluß von Konjunktur und Reagibilität der einzelnen Kostenarten auf die Kostenstruktur untersucht. Die Ergebnisse dieser Diskussion lassen erwarten, daß bei einer sinkenden Beschäftigung Kostenarten mit hohen fixen Bestandteil von den Unternehmen nur bedingt abgebaut werden können. Dies dürfte zur Folge haben, daß Kostenarten mit einem hohen Fixkostenanteil bei rückläufiger Beschäftigung gemessen an den Gesamtkosten c.p. an Bedeutung gewinnen sollten. Insofern läßt sich folgende Hypothese formulieren (Hypothese 4):

- „Zwischen der Entwicklung der Anteilswerte sowie dem konjunkturellen Umfeld besteht ein statistisch signifikanter Zusammenhang. Darüberhinaus besteht in Zeiten einer rückläufigen Beschäftigung zwischen Anteilsentwicklung der (fixen) Kapital- und Personalkosten ein signifikanter Unterschied gegenüber der Entwicklung der Anteilswerte der „Materialkosten und Kosten für bezogene Leistungen."

[70] Vgl. z.B. U. Adler, 1990, S. 19; J. Goldberg, 1991, S. 166.

[71] Vgl. H. Albach, 1965, S. 10.

3.1.4. Hypothesen zur Effizienz der Unternehmen

Die Durchführung einer Effizienzanalyse sowie die Beurteilung der Frage, welcher Zusammenhang zwischen der Entwicklung der Kostenstrukturen einerseits und der Effizienz andererseits besteht, stellen den zweiten Schritt des Untersuchungsmodells dar. Darüber hinaus soll untersucht werden, welche Bedeutung andere mögliche Einflußfaktoren auf die Veränderung der Effizienz besaßen. Hierzu wird der Einfluß der „Unternehmensgröße" und der „Branchenabhängigkeit" geprüft.

In industrieökonomischen Untersuchungen wird zumeist davon ausgegangen, daß Großunternehmen aufgrund produktionstechnischer und pekuniärer Größenvorteile effizienter wirtschaften als kleinere und mittlere Unternehmen. Zugleich wird aber auch das Argument vertreten, daß die Einführung der neuen Technologien besonders den kleinen und mittleren Produktionseinheiten zugute kam: Demnach ermöglicht die Computertechnik den Einsatz kleinerer Automationsgrößen, so daß die Kostendegression der Großserienfertigung flacher wird und sich die Skalenökonomie zugunsten kleinerer Unternehmen verschiebt[72]. Beispielsweise ermöglichen NC- bzw. CNC-Maschinen eine große Flexibilität sowohl im Umfang und in der Produktvariation als auch hinsichtlich der Umstellungsgeschwindigkeit der Maschinen und widerlegen damit die für die Kleinserienfertigung bestehende Annahme, flexible Fertigung und hohe Automation wären nicht vereinbar[73]. Somit wird die spezifische Organisation kleinerer Unternehmen, insbesondere im Hinblick auf Autonomie und Flexibilität, als eine wesentliche Voraussetzung für einen effizienten Einsatz neuer Technologien angesehen[74]. Anknüpfend an diesen organisationstheoretischen Zusammenhängen und den Erkenntnissen der Industrieökonomie läßt sich die Effizienzhypothese 1 wie folgt formulieren:

- „Zwischen der Unternehmensgröße und der Höhe und Entwicklung der Effizienz besteht ein statistisch signifikanter Zusammenhang, wobei davon auszugehen ist, daß größere Unternehmen effizienter wirtschaften als kleine und mittlere Unternehmen. Gleichzeitig ist davon auszugehen, daß

---

[72] Vgl. Z. Acs, D.B. Audretsch, 1989, S. 6; M.J. Piore, C.F. Sabel, 1984.

[73] Vgl. H.D. Müller, A. Schmid, 1989, S. 138.

[74] Vgl. E. Poutsma, 1991, S. 102.

sich die Effizienzvorteile der Großunternehmen während der Betrachtungsperiode reduziert haben."

Neben dem Einflußfaktor „Unternehmensgröße" ist davon auszugehen, daß auch die Zugehörigkeit eines Unternehmens zu einem bestimmten Wirtschaftszweig in einen Zusammenhang zur Effizienz steht. Hierauf lassen vor allem die unterschiedlichen Rahmenbedingungen wie z.B. die Konkurrenzverhältnisse, die Nachfrage- und Kundenstruktur sowie die technisch-organisatorische Dynamik schließen. Als Beispiel gelten einerseits das handwerklich vorgeprägte, stark geschrumpfte Bekleidungsgewerbe, das in einem starken Preiswettbewerb mit ausländischen Herstellern steht und andererseits der Bereich der Reparatur- und Wartungsbetriebe, der von der enorm gestiegenen Ausstattung der Haushalte mit höherwertigen Massengütern profitierte. Vor diesem Hintergrund kann die Effizienzhypothese 2 wie folgt konkretisiert werden:

- „Zwischen der Zugehörigkeit eines Wirtschaftszweiges zu einer Hauptgruppe des Verarbeitenden Gewerbes einerseits und der Effizienz der Unternehmen besteht ein Zusammenhang".

Die dritte Hypothese knüpft an der vorstehenden zweiten Effizienzhypothese an, wobei die Veränderungen der Effizienz nunmehr im Zusammenhang mit der Kostenstrukturentwicklung gesehen werden soll. Konkret soll untersucht werden, inwieweit sich Verbindungen zwischen der spezifischen Entwicklung der Kostenstrukturen und der Entwicklung der Effizienz aufzeigen lassen, die auf mögliche produktionstechnische Veränderungen der Unternehmen zurückzuführen sind. Im Vergleich zu den Hypothesen, die im Rahmen der Kontextanalyse zur Kostenstrukturentwicklung formuliert wurden, wechselt dabei das Abhängigkeitsverhältnis des Merkmals "Entwicklung der Kostenstruktur". Während dieses Merkmal in der Kontextanalyse die abhängige Variable darstellt, wirkt es in der Effizienzanalyse als unabhängige Variable auf die Effizienz. Insofern läßt sich die Effizienzhypothese 3 wie folgt konkretisieren.

- „Es ist zu erwarten, daß zwischen der Zugehörigkeit eines Wirtschaftszweiges zu einer „typischen" Kostenstruktur und der Entwicklung der Effizienz ein Zusammenhang besteht".

3.2. Methoden zur Hypothesendiskussion

Nachdem vorstehend das Hypothesensystem formuliert worden ist, werden im folgenden die zum Einsatz kommenden statistischen Verfahren besprochen. Dabei handelt es sich um die einfache, univariate Varianzanalyse[75] sowie um den Newman-Keuls-Test als Zusatzrechnung der Varianzanalyse Bevor jedoch im einzelnen auf diese Verfahren eingegangen wird, wird zuvor das Grundprinzip statistischer Tests skizziert.

3.2.1. Grundprinzip statistischer Tests

Hypothesen werden üblicherweise mit statistischen Tests (Signifikanztests) geprüft, deren Grundprinzip kurz dargestellt werden soll. Hypothesen sind aufgrund von theoretischen Überlegungen gewonnene Aussagen, im betrachteten Fall einerseits über den Zusammenhang zwischen Einflußfaktoren und der Entwicklung der Kostenstrukturen und andererseits zwischen der Kostenstrukturentwicklung und der Effizienz der Unternehmen. Forschungshypothesen sind in operationalen (statistischen) Hypothesen zu konkretisieren, wobei das Gegenteil des zu Beweisenden, die sogenannte Nullhypothese H_0 , getestet wird[76]:

Nullhypothese H_0:	kein Zusammenhang/Unterschied zwischen bestimmten Elementen
Gegenhypothese H_1:	Zusammenhang zwischen bestimmten Elementen

Diese Vorgehensweise wird generell gewählt, da in der Wissenschaftstheorie unbestritten ist, daß Aussagen selbst nicht bewiesen werden können und nur solange Geltung besitzen, bis sie falsifiziert sind[77]. Signifikanztests ermitteln die Wahrscheinlichkeit, mit der das gefundene empirische Ergebnis auftreten kann, wenn die Populationsverhältnisse der Nullhypothese entsprechen. Ist diese Wahrscheinlichkeit kleiner als α%, bezeichnet man das Stichprobenergebnis als statistisch signifikant. Für α sind in den Sozialwissenschaften per

---

[75] Als "einfach" ("mehrfach") sind Modelle mit nur einer (mehreren) exogenen Variablen, als "univariat" ("multivariat") Modelle mit nur einer (mehreren) endogenen Variablen zu verstehen.

[76] Vgl. T. Günther, 1991, S. 255.

[77] Vgl. K. Popper, 1973, S. 3 ff.

Konvention die Werte 5% bzw. 1% festgelegt. Stichprobenergebnisse, deren Wahrscheinlichkeit bei Gültigkeit der H_0 kleiner als z.B. 1% sind, sind auf dem 1%-(Signifikanz-) Niveau signifikant. Ein sehr signifikantes Ergebnis trägt damit nur wenig zur Stützung der Nullhypothese bei. Man verwirft deshalb die H_0 und akzeptiert die H_1. Andernfalls, bei einem nicht signifikanten Ergebnis, wird die Nullhypothese beibehalten und die Gegenhypothese verworfen.

Zu diesem Zweck wird in jeder hypothesenprüfenden Untersuchung ein statistischer Kennwert bestimmt, der möglichst die gesamte hypothesenrelevante Information einer Untersuchung zusammenfaßt. Hierbei kann es sich, je nach Art der Hypothese und der Art der Variablenoperationalisierung um Mittelwertdifferenzen, Häufigkeitsdifferenzen, Rangsummen, Korrelationen o.ä. handeln. Die Kennwerte sind stichprobenabhängig und werden wie Zufallsvariablen behandelt. Eine Signifikanzaussage ist dadurch eine bedingte Wahrscheinlichkeitsaussage. Sie betrifft die Wahrscheinlichkeit des durch den statistischen Kennwert beschriebenen Stichprobenergebnisses unter der Annahme, die Nullhypothese H_0 sei richtig[78]. Ist diese Wahrscheinlichkeit kleiner als ein zuvor festgelegtes Signifikanzniveau (z.B. 5%), wird die Nullhypothese H_0 zugunsten der Gegenhypothese H_1 verworfen.

$0{,}05 \geq p \Rightarrow H_0$ ablehnen
$0{,}05 < p \Rightarrow H_0$ nicht ablehnen

Ein signifikantes Ergebnis sagt nichts über die Wahrscheinlichkeit von Hypothesen aus, sondern "nur" etwas über die Wahrscheinlichkeit eines statistischen Kennwertes bei Gültigkeit der Nullhypothese. Da ein Signifikanzniveau Schlußfolgerungen von der Stichprobe auf die Grundgesamtheit zieht, ist zu untersuchen, wie groß die Gefahr falscher Implikationen ist.

---

[78] Der Signifikanztest läuft im Detail wie folgt ab: Der empirisch ermittelte Kennwert wird mit dem mathematisch-transformierten (theoretischen) Kennwert, der von der entsprechenden Kennwertverteilung α% (1% oder 5%) abschneidet, verglichen. Ist der empirische Kennwert größer als dieser "kritische" Tabellenwert, beträgt seine Wahrscheinlich für die Annahme, H_0 sei richtig, zusammen mit der Wahrscheinlichkeit für noch extremere Kennwerte weniger als α%. Das Ergebnis ist statistisch signifikant. Vgl. J. Bortz, 1984, S. 369 ff.

Dabei werden zwei Arten von Fehlern unterschieden[79]:

Fehler 1. Art (α-Fehler):	Die Nullhypothese H_0 wird aufgrund der Stichprobeverworfen, obwohl sie zutrifft.
Fehler 2. Art (β-Fehler):	Die Nullhypothese H_0 wird nicht verworfen, obwohl sie falsch ist.

Für die statistische Überprüfung ist von vornherein festzulegen, welchen α-Fehler man maximal zulassen will. Je kleiner man den α-Fehler auswählt, desto geringer ist der Fehler, die Nullhypothese zu verwerfen und die Gegenhypothese zu bestätigen. Gleichzeitig steigt aber auch das Risiko, daß die Nullhypothese nicht verworfen wird, obwohl sie falsch ist. In den Analysen des empirischen Teils wird von einem Signifikanzniveau von $\alpha = 5\%$ und 1 % ausgegangen.

3.2. Varianzanalyse

Die Varianzanalyse in ihrer allgemeinen Form untersucht, welchen Beitrag eine (mehrere) unabhängige Variable(n) zur Erklärung einer (mehrerer) abhängiger Variablen leisten. Da in der vorliegenden Untersuchung aufgrund der Komplexität der Datenbasis ein einfaches, univariates Modell zur Anwendung kommt, wird in der empirischen Untersuchung analysiert, in welchem Ausmaß die jeweilige exogene Variable auf die abhängige Variable Einfluß nimmt.

Im Rahmen der Kostenstrukturanalyse wird untersucht, welchen Einfluß Wirtschaftszweigezugehörigkeit, Zugehörigkeit zu einer bestimmten Unternehmensgrößenklasse, Umfelddynamik und Umfeldkomplexität, die Zugehörigkeit zu einer „typischen" Kostenstruktur sowie die konjunkturelle Situation auf die Entwicklung der Kostenstrukturen in den letzten Jahren besessen haben. Als abhängige Variablen werden die Anteile der einzelnen Kostenarten an den Gesamtkosten verwendet. Während die abhängige Variable bei der Anwendung der Varianzanalyse metrisches Skalenniveau aufweisen muß und dies auch erfüllt wird, gilt dies nicht in allen Fällen für die unabhängigen Variablen, die in der Varianzanalyse nominalskaliert sein müssen. Insofern werden die ordinalen und metrischen Skalenniveaus der

[79] Vgl. G. Bamberg, F. Baur, 1987, S. 181 bzw. S. 207 ff.

unabhängigen Variablen vor dem Hypothesentest gegebenenfalls in nominale Klassen umgeschlüsselt[80].

Auch wenn die Varianzanalyse keine kausalen Aussagen bietet, so läßt sie aufgrund der Betrachtung der einzelnen Varianzen Vermutungen über den Einfluß der einzelnen Variablenwirkung auf den abhängigen Kostenstrukturparameter zu. Dazu zerlegt die Varianzanalyse die Gesamtmittelwertabweichung der abhängigen Variablen in einen durch die unabhängige Variable erklärten Anteil und in einen nicht erklärten Anteil. Je größer das Verhältnis von erklärter zu unerklärter Varianz ist, desto höher ist die Güte eines untersuchten Modells. Das wesentliche Kriterium für die Beurteilung der Güte der Schätzung eines Zusammenhangs ist das Bestimmtheitsmaß. Es gibt an, welcher Prozentsatz der Summe der quadrierten Gesamtabweichungen auf die Summe der Abweichungsquadrate des zugrundeliegenden Modells entfällt.

In der statistischen Terminologie wird das Bestimmtheitsmaß im Rahmen der Varianzanalyse als empirischer F-Wert bezeichnet. Keine Wirkung der unabhängigen Variablen muß dann vermutet werden, wenn der empirische F-Wert klein ist. Bei einem hohen empirischen F-Wert kann die Abweichung auf die unabhängige Variable zurückzuführen sein, möglicherweise aber auch ein Ausdruck für eine durch Umwelteinflüsse bedingte Abweichung sein. Den Maßstab zur Beantwortung dieser Frage beschreiben die theoretische F-Verteilung und das Signifikanzniveau. Die F-Verteilung ist die Prüfverteilung, an der die empirischen F-Werte gemessen werden. Gesucht wird der Bereich auf der theoretischen F-Verteilung, bestimmt durch Grenzwerte, in dem mit einer definierten Wahrscheinlichkeit der empirische F-Wert erwartet wird, wenn kein Einfluß der unabhängigen Variablen vermutet werden kann.

Der Einfluß der unabhängigen Variablen wird dazu üblicherweise mit Hilfe der „Nullhypothese" beurteilt, der die Arbeitshypothese gegenübergestellt wird. Die Nullhypothese postuliert, daß die gefundene Schätzgleichung als ganze unbrauchbar ist. Das Ergebnis des Vergleiches des empirischen mit dem theoretischen F-Wert sollte eine Annahme oder eine Ablehnung der Nullhypothese erlauben. Das Entscheidungskriterium für den F-Test lautet:

---

[80] Vgl. zu den Voraussetzungen für den Einsatz der Varianzanalyse sowie den Maßnahmen bei Fehlen dieser Voraussetzungen. C. Schuchard-Ficher, 1980, S. 41 ff.

Ist der theoretische F-Wert (F_{tab} d.h. aus der F-Tabelle) kleiner oder gleich dem empirischen F-Wert (F_{emp}), dann ist die Hypothese H_0 zu verwerfen, und es kann angenommen werden, daß der Zusammenhang zwischen der exogenen und der endogenen Variablen nicht zufällig ist[81].

$F_{emp} < F_{tab} \Rightarrow H_0$ bestätigen
$F_{emp} \geq F_{tab} \Rightarrow H_0$ ablehnen

Die Varianzanalyse i.e.S. ist damit beendet, daß eine Vermutung über die Wirkung der unabhängigen Variablen ausgesprochen wird. Von besonderer Bedeutung im Rahmen der vorliegenden Untersuchung ist jedoch die Frage, welche der Ausprägungen der unabhängigen Variablen sich hinsichtlich ihrer Wirkung auf die abhängige Variable signifikant unterscheiden. Diese Fragestellung wird in einer Zusatzrechnung zur Varianzanalyse behandelt. Hierzu wird der Newman-Keuls-Test Anwendung finden[82].

Ausgangspunkt der Betrachtung sind dabei die Differenzen zwischen den Gruppenmittelwerten, die dahingehend interpretiert werden können, daß sie sich statistisch signifikant voneinander unterscheiden oder aber daß mögliche Abweichungen „zufällig" auf Umwelteinflüsse zurückzuführen sind. Ziel des Newman-Keuls-Tests ist zu prüfen, ob die Nullhypothese, die von einer identischen Wirkung aller untersuchten Gruppeneinteilungen ausgeht, mit einer bestimmten Irrtumswahrscheinlichkeit verworfen werden kann.

Um diesen Test durchführen zu können, gruppiert man zunächst die Gruppenmittelwerte der Größe nach. Im Anschluß daran werden die Mittelwertdifferenzen gebildet. Mit Rückgriff auf die mittlere quadratische Abweichung innerhalb der Gruppen ($MQ_{innerhalb}$) wird hieraus eine Testgröße, der empirische q-Wert, entwickelt. Als Vergleichsmaßstab für den empirischen q-Wert muß ein theoretischer q-Wert ermittelt werden. Hierzu wird die Zahl der Freiheitsgrade der $MQ_{innerhalb}$ sowie die Spannweite notwendig. Übersteigt der empirische q-Wert den theoretischen q-Wert bei einem bestimmten Signifikanzniveau (im Rahmen der empirischen Analysen wird ein Niveau von 1 % und 5 % gewählt), so bedeutet dies, daß die Wirkung der Gruppen hinsichtlich der Höhe und Entwicklung der abhängigen Variablen mit einer

[81] K. Backhaus et al., 1990, S. 27 f.

[82] Vgl. z.B. W.D. Fröhlich, J. Becker, 1972, S. 280-283.

sehr geringen Irrtumswahrscheinlichkeit signifikant verschieden ist. Auf diese Weise lassen sich alle Gruppen bilateral miteinander vergleichen.

Allerdings sagt das Ergebnis des Newman-Keuls-Tests nichts darüber aus, welche Gruppe eine größere bzw. eine geringere Wirkung auf die abhängige Variable hat. Vielmehr beschränkt sich die Untersuchung auf die Feststellung signifikanter Mittelwertunterschiede. Mit Hilfe des deskriptiven Datenmaterials wird jedoch beim Vorliegen statistisch signifikanter Wirkungsunterschiede untersucht, wie die Höhe und Richtung der Zusammenhänge gestaltet ist.

4. TEIL: EMPIRISCHE ANALYSEN ZUR ENTWICKLUNG VON KOSTENSTRUKTUR UND KOSTENEFFIZIENZ

Ziel dieser Arbeit ist es, die Entwicklung von Kostenstruktur und Kosteneffizienz in den Unternehmen des Verarbeitenden Gewerbes aufzuzeigen und in den zuvor erarbeiteten Untersuchungskontext einzuordnen. Im folgenden werden dazu verschiedene deskriptive und analytische Untersuchungen durchgeführt, die jeweils einen anderen Erkenntniswert aufweisen. Zunächst wird in Kapitel 1 der grundlegende Befund zur Entwicklung der Kostenstrukturen während der Untersuchungsperiode von 1977 bis 1993 ermittelt. Dabei wird die Analyse des Untersuchungsobjekts „Kostenstruktur" in einem deskriptiven und einen analytischen Abschnitt untergliedert. Im Mittelpunkt des anschließenden Kapitel 2 steht dann die Analyse der Entwicklung der Kosteneffizienz, wobei auch hier die Zweiteilung vorgenommen wird.

1. Empirische Analyse zur Entwicklung der Kostenstrukturen

Im Mittelpunkt des Kapitels steht eine deskriptive und analytische Untersuchung der Entwicklung der Kostenstrukturen im Verarbeitenden Gewerbe der Bundesrepublik Deutschland zwischen 1977 und 1993.

1.1. Entwicklung der Kostenstruktur im Verarbeitenden Gewerbe

Zunächst wird die zeitliche Entwicklung der Kostenstrukturen für das gesamte Verarbeitenden Gewerbe dargestellt und unter Bezugnahme auf die vorstehend erarbeiteten internen und externen Kosteneinflußgrößen interpretiert. Das Ziel dieser Darstellung besteht darin, einen Überblick über die Kostenstrukturentwicklung zu geben und dabei die einzelnen Aspekte der verschiedenen Untersuchungsziele, insbesondere die Entwicklung in konjunkturellen Abschwungphasen und größenklassenspezifische Entwicklungstendenzen, zu beleuchten. Die Gliederung der Kostenarten entspricht dabei der auf den Seiten 35 ff. erarbeiteten Kostenkategorisierung.

1.1.1. Materialkosten und Kosten für bezogene Leistungen

Während des gesamten Betrachtungszeitraums waren die „Materialkosten und Kosten für bezogene Leistungen" die bedeutendste Kostenartenhauptgruppe und besaßen einen durchschnittlichen Anteil von 54,5 Prozent am Bruttoproduktionswert. Disaggregiert nach Unternehmensgrößenklassen

lassen sich nur geringfügige Unterschiede erkennen: Die durchschnittlichen Werte lagen zwischen 55,8 Prozent (GK 3) und 53,5 Prozent (GK 5). Während der Beobachtungsperiode war der Kostenblock in allen Unternehmensgrößenklassen - mit Ausnahme der GK 6, in der er stagnierte - rückläufig, wobei der Bedeutungsverlust bei den kleineren Unternehmen (-9,6 Prozent in GK 1 und -7,0 Prozent in GK 2) besonders ausgeprägt war. Die über den gesamten Zeitraum und zwischen den Größenklassen synchrone Entwicklung bestätigt auch der intertemporale Variationskoeffizient. Dieser betrug zwischen 3,3 Prozent (GK 1) und 2,2 Prozent (GK 4) und war damit zum einen sehr niedrig und besaß nur geringe Unterschiede zwischen den Größenklassen.

Abb. 6: Materialkosten und Kosten für bezogene Leistungen im Verarbeitenden Gewerbe (1977-1993)

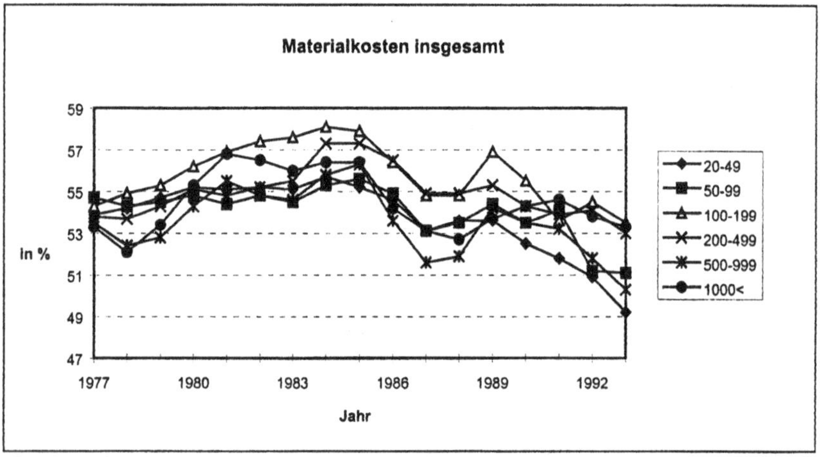

Quelle: eigene Berechnungen aus: Kostenstrukturerhebung lfd. Jhg.

Ein eindeutiger Einfluß konjunktureller Entwicklungen auf die Entwicklung des Anteilswertes ist in keiner Größenklassen erkennbar. Während der Anteilswert in der ersten Aufschwungphase überwiegend stagnierte, nahm die Bedeutung im Konjunkturaufschwung zwischen 1983 und 1991 bei den größeren Unternehmen zu und bei den kleineren tendenziell ab. In den Abschwungphasen nahm die Bedeutung dieses Kostenblocks in allen Größenklassen tendenziell zu. Dieses Ergebnis kann als ein erstes Indiz gesehen werden, daß die Materialkosten sowie die Kosten für bezogene Leistungen offensichtlich doch nicht sofort der rückläufigen Beschäftigung angepaßt werden können und die These einer hohen Reagibilität nicht unbedingt zutreffend ist.

Materialkosten

Die bedeutendste Kostenart innerhalb dieser Hauptgruppe stellen die Materialkosten dar, wobei die größenspezifischen Unterschiede bei einer Schwankungsbreite der durchschnittlichen Anteilswerte zwischen 38,7 Prozent (GK 6) und 44,6 Prozent (GK 3) ausgeprägter sind, als in der gesamten Kostenartenhauptgruppe. Während der Betrachtungsperiode war die Entwicklung des Materialkostenanteils in allen Größenklassen rückläufig. Den größten Bedeutungsschwund - und gleichzeitig auch die stärksten Schwankungen gemessen am intertemporalen Variationskoeffizienten - erfuhren dabei die Unternehmen mit 500 und mehr Beschäftigten (GK 5 und 6).

Abb. 7: Entwicklung der Materialkosten im Verarbeitenden Gewerbe (1977-1993)

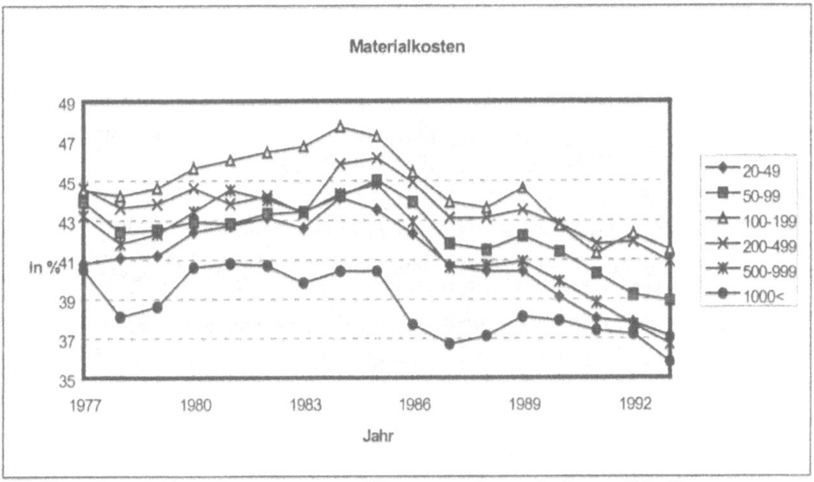

Quelle: eigene Berechnungen aus: Kostenstrukturerhebung lfd. Jhg.

Analog zur Entwicklung der gesamten Hauptgruppe läßt sich auch bei den Materialkosten kein eindeutiger Einfluß konjunktureller Schwankungen erkennen. Während der Anteilswert in Aufschwungphasen eine signifikante Abnahme erfuhr, stieg er in der ersten Abschwungphase an, war in der zweiten Abschwungphase allerdings rückläufig. Von größerer Bedeutung als der konjunkturelle Rahmen für die Entwicklung des Materialkostenanteils dürfte hingegen die Entwicklung der Rohststoffpreise sowie des DM-Außenwertes sein. Als die Entwicklung dieser beiden Einflußfaktoren Anfang der 80er Jahre zu einer Verteuerung der importierten Vorprodukte führte, kam es zu einem Anstieg des Materialkostenanteils. Mit den tendenziell rückläufigen Importpreisen ab Mitte des letzten Jahrzehnts, ermäßigte sich dann auch wieder der Materialkostenanteil in allen Beschäftigtenklassen.

Energiekosten

Nach der Abgrenzung des Statistischen Bundesamtes sind die Kosten für Energie bereits in den Materialkosten enthalten und wurden somit bereits im vorstehenden Abschnitt implizit berücksichtigt. Ab dem Berichtsjahr 1980 werden sie jedoch explizit als „Darunter-Position“ ausgewiesen, so daß eine separate Erörterung ab dieser Zeit möglich ist. In verschiedenen Untersuchungen wird der Anteil der Energiekosten am Bruttoproduktionswert als Indiz für die Auswirkungen von Preissteigerungen im Energiebereich angeführt[1] und als Grund für eine Vielzahl von Unternehmensinsolvenzen gesehen[2]. Angesichts des relativ geringen Anteils dieser Kostenart am Bruttoproduktionswert erscheint dies jedoch überraschend. So betrug der Anteilswert nach 1980 3 Prozent im Jahre 1993 sogar nur noch 2,3 Prozent. Dabei waren die relativen Anteile in den größeren Unternehmen der GK 5 und 6 am höchsten.

Im Gegensatz zum Materialkostenanteil ist der Zusammenhang zwischen Entwicklung des Energiekostenanteils und konjunkturellem Hintergrund recht eindeutig. In beiden Abschwungphasen des Beobachtungszeitraums nahm der Anteilswert mehr oder weniger stark zu, in der Aufschwungphase war er hingegen in allen Unternehmensgrößenklassen rückläufig. Allerdings schlugen sich auch in der Entwicklung dieser Kostenart die Veränderung des DM-Außenwertes sowie der Rohstoffpreise nieder. Angesichts der teilweise dramatischen Rohstoffpreisentwicklung konnten die Kostenanteile für den Energieverbrauch jedoch relativ konstant gehalten werden, was auf zahlreiche Substitutionsprozesse und Verbrauchseinschränkungen der Unternehmen zurückzuführen war, welche den Preisanstieg abfederten. So wurde in den energieintensiven Wirtschaftszweigen zu Beginn der achtziger Jahre verstärkt schweres Heizöl durch Steinkohlekoks ersetzt[3] und der Kohlever-

---

[1] Vgl. G. Stock, 1983, S. 684.

[2] Vgl. J. Wolf, 1987.

[3] Vgl. Statistisches Bundesamt, 1981, S. 111.

brauch stark eingeschränkt bzw. fast völlig durch andere Energieträger ersetzt. Auch beim Gasverbrauch erfolgte eine Verschiebung vom Kokereigas hin zum Erdgas und Erdölgas[4]. Die Entspannung bei den internationalen Energiepreisen, die Aufwertung der D-Mark und die Weiterentwicklung der Brenntechnik führten dann wieder zu sinkenden Anteilswerten[5]. Insofern kann die Entwicklung des Energiekostenanteils nur bedingt mit der vermeintlich hohen Reagibilität dieser Kostenart erklärt werden.

Abb. 8: Entwicklung der Energiekosten im Verarbeitenden Gewerbe (1980-1993)

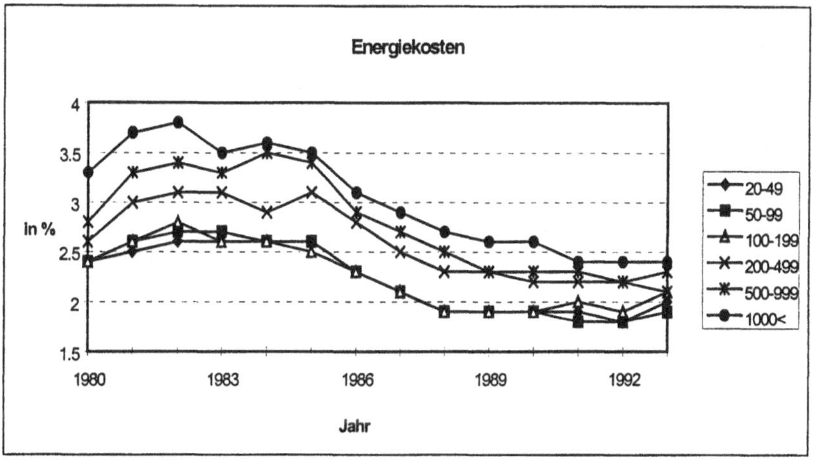

Quelle: eigene Berechnungen aus: Kostenstrukturerhebung lfd. Jhg.

Entwicklung der Kosten für den Einsatz an Handelsware

Handelswaren werden von Unternehmen vor allem dann eingesetzt, wenn andere inländische oder ausländische Unternehmen diese Erzeugnisse preiswerter herstellen können und diese als fertige Teile in den Produktionsprozeß einfließen bzw. das eigene Sortiment ergänzen. Bei der Entwicklung dieser relativ bedeutenden Position zeigt sich in der Betrachtungsperiode

---

[4] Vgl. G. Neckermann, 1987, S. 151; G. Neckermann, 1992, S. 161 ff.

[5] Vgl. RWI, 1987, S. 131; G. Neckermann, 1992, S. 157 ff.

kein einheitliches Bild: Während in den ersten Jahren eine Zunahme der Handelstätigkeit zu beobachten war, setzte sich dieser Prozeß seit Beginn der achtziger Jahre nicht weiter fort. Seit 1983 schwankte der Kostenanteil für den Einsatz an Handelsware um 10 Prozent und lag zuletzt auf dem Höchstwert von 10,6 Prozent.

Zwischen den einzelnen Unternehmensgrößenklassen verlief die Entwicklung höchst unterschiedlich, wobei die Bedeutung von Handelswaren mit zunehmender Größenklassen gestiegen ist. Während der Anteil um rund ein Drittel in der GK 1 abnahm und in der GK 2 stabil blieb, nahm er in den anderen Klassen zwischen 13,3 Prozent und 26,4 Prozent zu. Diese Strukturunterschiede lassen darauf schließen, daß der Bezug von Handelsware für größere Unternehmen in den letzten Jahren bedeutsamer als für kleinere Unternehmen gewesen ist.

Abb. 9: Entwicklung des Anteils für Handelswaren im Verarbeitenden Gewerbe (1977-1993)

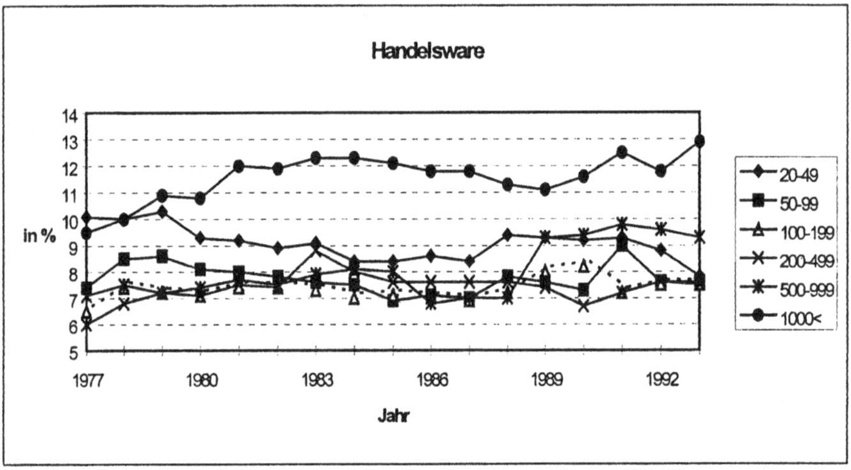

Quelle: eigene Berechnungen aus: Kostenstrukturerhebung lfd. Jhg.

Ein Grund für diese Entwicklung ist sicherlich darin zu sehen, daß insbesondere Großunternehmen in den letzten Jahren eine Verringerung der Fertigungstiefe, eine Auslagerung von Produktion und Diensten oder andere unternehmensinterne Reorganisationen vorgenommen haben. In einer solchen unternehmensübergreifenden Form der Arbeitsteilung wird zunehmend auf Leistungen anderer - oftmals kleinerer Unternehmen - zurückgegriffen. Verstärkt wurden diese Prozesse durch die Einführung von

Just-in-time Verfahren sowie der anderen großbetrieblichen Rationalisierungsstrategien, da die Großunternehmen nicht nur die Produktion, sondern auch die Entwicklung von Komponenten an die kleineren Unternehmen abgegeben haben[6].

Angesichts dieser Entwicklungen überrascht die unternehmensgrößenspezifische Entwicklung des Anteilswertes in konjunkturellen Abschwungphasen. Während die kleineren Unternehmen der GK 1 und 2 ihren Einsatz an Handelsware mit der rückläufigen Beschäftigung in beiden Abschwungphasen reduzieren konnten, erfuhr der Anteilswert in den anderen Größenklassen sogar einen Bedeutungsgewinn. Insofern bestätigt diese Entwicklung - ceteris paribus - die These, daß die größeren Unternehmen durch die Einführung neuer Produktionstechnologien und die Auslagerung von Unternehmensteilen nicht spürbar an Flexibilität gewinnen konnten. Diese Zahl isoliert betrachtet deutet vielmehr darauf hin, daß kleinere Unternehmen immer noch über eine größere organisatorische Flexibilität verfügen und im Hinblick auf ihre Handelstätigkeit schneller auf eine veränderte Nachfrage reagieren können.

Entwicklung der Kosten für Lohnarbeiten

Der absolute Kostenanteil für Lohnarbeiten ist im Verarbeitenden Gewerbe während der Betrachtungsperiode leicht um 0,7 Prozentpunkte auf 2,3 Prozent gestiegen. Relativ gesehen stellt diese Entwicklung jedoch einen Anstieg von rund einem Drittel dar, so daß die Lohnarbeiten zu den Kostenarten zählen, deren relatives Gewicht am deutlichsten zugenommen hat. Die Entwicklung der Anteilswerte für die Beschäftigtengrößenklassen zeigt, daß die Kosten für Lohnarbeiten in den mittleren Klassen GK 2, 3 und 4 zu Beginn der Betrachtungsperiode die größte Bedeutung besaßen. Da der Bedeutungsgewinn in den anderen Klassen jedoch größer ausfiel, ergab sich zum Ende des Untersuchungszeitraums ein recht einheitliches Bild. Der kontinuierliche Bedeutungsgewinn während des Untersuchungszeitraums ergab für diese Kostenart mit 13,4 Prozent einen hohen intertemporalen Variationskoeffizienten. Da der Anstieg des Anteilswertes jedoch bei allen Unternehmen zu beobachten war, lag die Schwankungsintensität in allen Klassen eng beieinander.

---

[6] Vgl. G. Tichy, 1991, S. 25.

Abb.10: Entwicklung des Anteils für Lohnarbeiten Verarbeitenden Gewerbe (1977-1993)

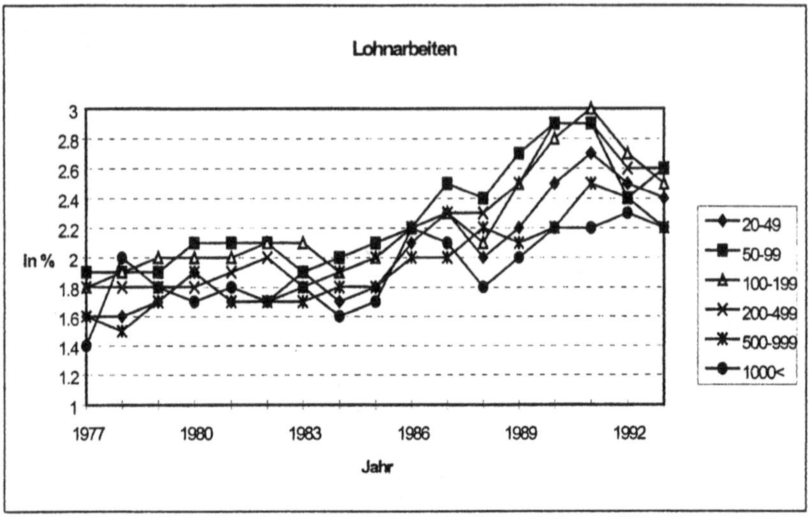

Quelle: eigene Berechnungen aus: Kostenstrukturerhebung lfd. Jhg.

In den Abschwungphasen kam es bei der Gesamtheit der Unternehmen nicht einheitlich zu einer Reduzierung des Kostenanteils. In den einzelnen Größenklassen fiel diese Entwicklung zwar in der zweiten Abschwungphase einheitlich aus. Während der ersten konjunkturellen Schwächeperiode wurde der Anteilswert von den Unternehmen der GK 1, 5 und 6 reduziert, in den übrigen Größenklassen war hingegen ein Anteilsgewinn zu beobachten.

Der insgesamt recht stetige Bedeutungsgewinn kann analog zum gestiegenen Einsatz an Handelsware als Indiz einer wachsenden Arbeitsteilung und einer Verringerung der Fertigungstiefe aufgefaßt werden. Zwar kann der - insbesondere ab 1985/86 zu beobachtende - Anstieg des Anteilswertes der Kosten für Lohnarbeiten auch als Reaktion auf den gleichzeitigen Rückgang des Kostenanteils für Materialverbrauch gesehen werden. Die rückläufige Entwicklung des Materialkostenanteils dürfte jedoch nicht den gesamten Anstieg des Kostenanteils für Lohnarbeiten erklären.

Entwicklung der Kosten für sonstige industrielle und handwerkliche Dienstleistungen

Die Höhe des Kostenanteils für sonstige industrielle und handwerkliche Dienstleistungen hat im Verarbeitenden Gewerbe im Betrachtungszeitraum um 0,5 Prozentpunkte auf 2,2 Prozent zugenommen. Dies entspricht einem relativen Anstieg von rund 23 Prozent. Offensichtlich ist dieser Trend auch im Zusammenhang mit der Tendenz zur „lean production" und der Auslagerung von Unternehmensbereichen zu sehen. Zu beobachten war der Bedeutungsgewinn dieser Kostenart in allen Beschäftigtengrößenklassen, wobei die Anteilswerte in den größeren Unternehmen höher waren als bei den Unternehmen der kleineren Klassen. Gleichzeitig schwankte die Bedeutung dieser Kostenart in den kleineren und größeren Unternehmen vergleichsweise gering. Die höchsten Werte des intertemporalen Variationskoeffizienten lagen in den mittleren Größenklassen GK 3,4 und 5.

Abb. 11: Entwicklung des Anteils für bezogene Dienstleistungen im Verarbeitenden Gewerbe (1977-1993)

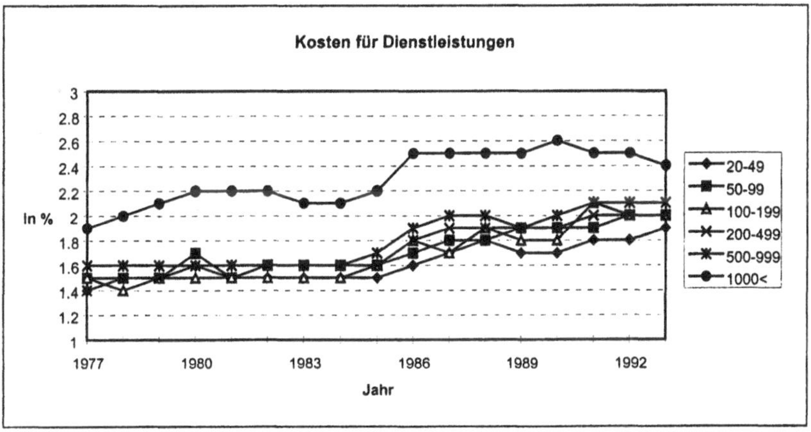

Quelle: eigene Berechnungen aus: Kostenstrukturerhebung lfd. Jhg.

Bezogen auf die einzelnen Größenklassen und die Gesamtheit der Unternehmen ist auf der Ebene des Verarbeitenden Gewerbes kein signifikanter Einfluß konjunktureller Schwankungen festzustellen. In beiden Abschwungphasen gab es Klassen in denen sowohl ein Bedeutungsverlust als auch ein -gewinn festzustellen war. Bezogen auf die Gesamtheit der Unternehmen kam es in der ersten Abschwungphase zu einem Anstieg des Kostenanteils und in der zweiten zu einem Rückgang.

1.1.2. Entwicklung der Kostenartenhauptgruppe „Personalkosten"

Der Anteil der gesamten Personal- und Sozialkosten weist für das Verarbeitende Gewerbe im Darstellungszeitraum eine Entwicklung auf, die der Verlaufsform der Kostenartenhauptgruppe „Materialkosten und Kosten für bezogene Leistungen" entgegengesetzt war. Während der Anteilswert zwischen 1977 und 1985 rückläufig war und seinen niedrigsten Wert von 24,3 Prozent erreichte, stieg er in den folgenden Jahren bis auf 27,2 Prozent im Jahre 1993 an. Während der Betrachtungsperiode ist der Anteil der gesamten Personalkosten um 0,6 Prozentpunkte gestiegen.

Bezogen auf die einzelnen Größenklassen ergab sich zwar ein einheitlicher Verlauf in allen Unternehmen. Hingegen war das Ausmaß dieser Entwicklung unterschiedlich stark. Besonders deutlich sind die Anteile der Personalkosten in den kleineren Unternehmen der GK 1 und 2 gestiegen. Gemessen an den intertemporalen Variationskoeffizienten schwankte der Personalkostenanteil in den größeren Unternehmen der GK 4,5 und 6 besonders stark.

Abb.12: Entwicklung des Anteils für Personalkosten im Verarbeitenden Gewerbe (1977-1993)

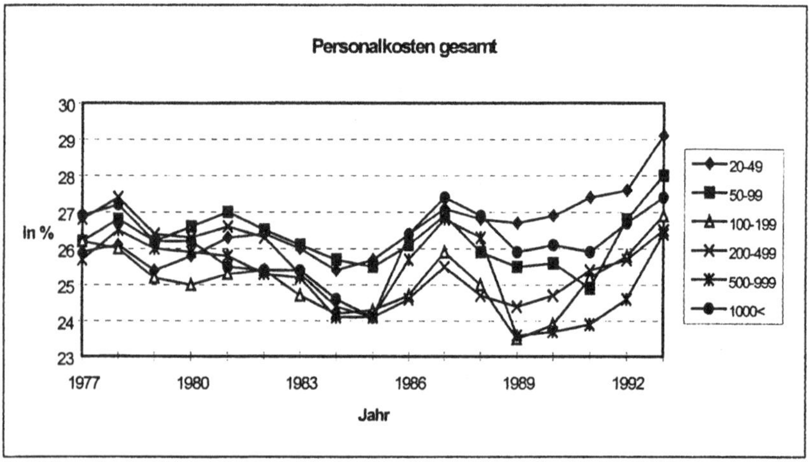

Quelle: eigene Berechnungen aus: Kostenstrukturerhebung lfd. Jhg.

Hinsichtlich des Einflusses konjunktureller Schwankungen ergab sich kein einheitliches Bild. In der zweiten Abschwungphase nahm der Anteilswert in allen Unternehmensgrößenklassen recht deutlich zu. In der ersten Periode nahm die Bedeutung dieser Kostenartenhauptgruppe nur in den unteren drei Größenklassen zu, in den Unternehmen der GK 4, 5 und 6 jedoch ab. Diese Entwicklung bestätigt insofern nur in der zweiten Abschwungphase die theoretischen Überlegungen, die von einem relativ geringen Reagibilitätsgrad dieser Kostenartenhauptgruppe ausgehen. Zu erklären ist die differenzierte Entwicklung in der ersten konjunkturellen Abschwungphase aber auch mit dem damaligen Preisschock bei energetischen und nichtenergetischen Rohstoffen, welcher zu einem deutlichen Anstieg des Anteilswertes für „Materialkosten und Kosten für bezogene Leistungen" geführt hat. Dieser Anteilswert erhöhte sich besonders stark bei den Unternehmen der GK 4, 5 und 6, so daß sich als Konsequenz auch der relative Anteil der Personalkosten reduzierte.

Entwicklung der Bruttolohnsumme

Der Anteil der Bruttolohnsumme am Bruttoproduktionswert ist im Verarbeitenden Gewerbe im Betrachtungszeitraum von 13,3 Prozent auf 11,6 Prozent zurückgegangen. Besonders deutlich fiel der Rückgang in den Unternehmen der GK 3 bis 6 aus, während der Anteilswert in den Unternehmen mit bis zu 100 Beschäftigten nahezu konstant blieb. Bemerkenswert ist, daß zwar einerseits der Anteil der Bruttolohnsumme am Bruttoproduktionswert mit zunehmender Unternehmensgröße abnimmt, daß andererseits aber der Rückgang des Anteils in den größeren Unternehmen am stärksten ausfiel. Diese Entwicklung deutet darauf hin, daß die größeren Unternehmen in den vergangenen Jahren die stärksten innerbetrieblichen Anpassungsmaßnahmen durchgeführt haben und Arbeitskräfte durch Kapital substituiert haben. Unterstrichen wird diese Vermutung auch durch die Schwankungen der relativen Anteilswerte in den einzelnen Unternehmensgrößenklassen. Auch hier zeigt sich, daß die Intensität der Schwankungen des Anteilswertes der Bruttolohnsumme in größeren Unternehmen der GK 3 bis 6 am stärksten ausfiel. Dies kann gleichfalls als ein Indiz für recht deutliche Anpassungsmaßnahmen aufgefaßt werden.

Bezüglich des Verhaltens des Anteilswertes in konjunkurellen Schwächephasen läßt sich kein einheitliches Bild beobachten. In der ersten Phase nahm der Wert in allen Unternehmensgrößen ab bzw. stagnierte in der GK 1. In der zweiten Abschwungperiode zu Beginn der 90er Jahre war das Ergebnis uneinheitlicher. In der GK 4 war der Wert rückläufig, in der GK 3 stagnierte er und in den anderen Klassen nahm er zu. Insofern zeigen diese Zahlen für die Gesamtheit des Verarbeitenden Gewerbes, daß die

Unternehmen nicht grundsätzlich den Kostenblock „Bruttolöhne" reduzieren können, sondern daß

Abb.13: Entwicklung des Anteils der Bruttolohnsumme im Verarbeitenden Gewerbe (1977-1993)

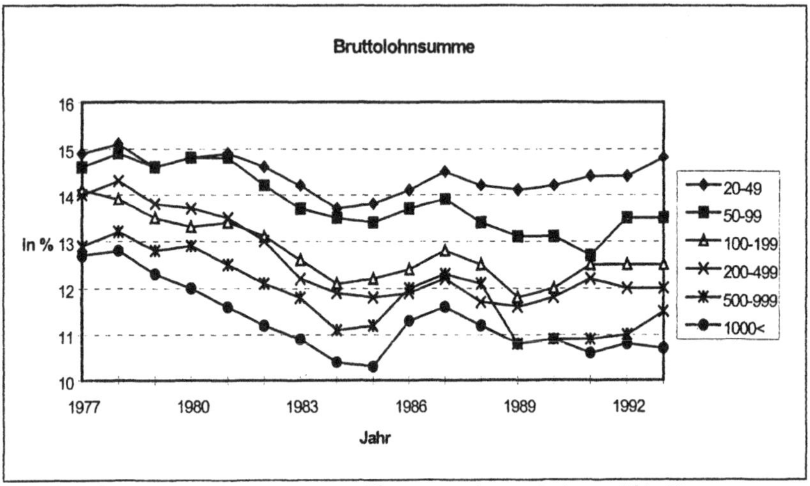

Quelle: eigene Berechnungen aus: Kostenstrukturerhebung lfd. Jhg.

bestimmte Abbauhemmnisse bestehen. Diese Beobachtung dürfte auch - trotz des Bedeutungsverlustes - für die erste Abschwungphase gelten, da die abnehmende Bedeutung der Bruttolohnsumme auch auf den damaligen Bedeutungsgewinn des Materialkostenanteils zurückzuführen ist.

Entwicklung der Bruttogehaltsumme

Im Gegensatz zur rückläufigen Entwicklung der Bruttolohnsumme hat sich der Anteilswert der Bruttogehaltsumme in der Betrachtungsperiode recht deutlich erhöht. Bemerkenswert ist dabei, daß die kleineren Unternehmen den höchsten Zuwachs zu verzeichnen hatten, obwohl die Anteilswerte zu Beginn des Untersuchungszeitraums dort am niedrigsten waren. Insofern bestätigt sich auf Basis dieser Daten die Hypothese, daß die innerbetrieblichen Anpassungsmaßnahmen der Unternehmen zu einem Bedeutungsgewinn des Bruttogehaltsanteils geführt haben. Für die intertemporalen Variationskoeffizienten bezüglich der Bruttogehaltsumme weisen die unteren beiden Unternehmensgrößenklassen die höchsten Werte aus. Beim Vergleich der intertemporalen Variationskoeffizienten der Anteilswerte von Bruttolohn- und Bruttogehaltsumme zeigt sich, daß die Bruttogehaltsumme in den unteren drei Größenklassen stärker schwankte als die Bruttolohnsumme. In den oberen drei Größenklassen schwankte die Bruttolohnsumme hingegen stärker als die Bruttogehaltsumme.

Abb. 14: Entwicklung des Anteils der Bruttogehaltsumme im Verarbeitenden Gewerbe (1977-1993)

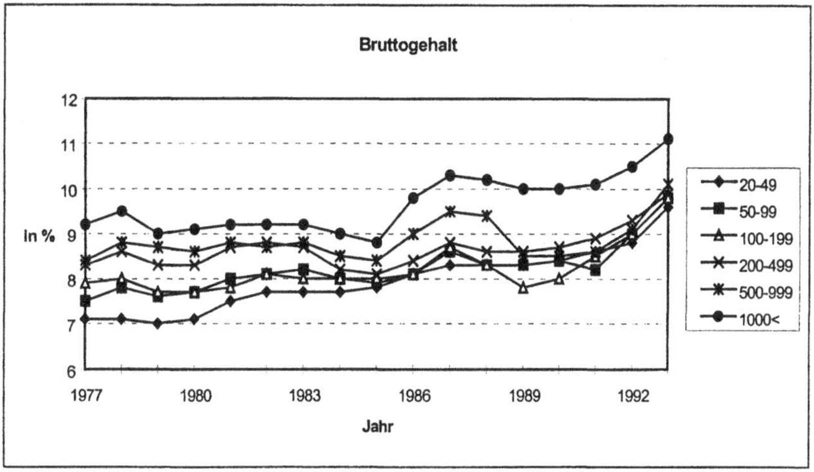

Quelle: eigene Berechnungen aus: Kostenstrukturerhebung lfd. Jhg.

Bezüglich der Entwicklung der Anteilswerte ergibt sich eine einheitlich Bild. In beiden konjunkturellen Abschwungphasen sind die Anteilswerte in allen Größenklassen gestiegen. Auffällig ist dabei, daß die durchschnittlichen jährlichen Wachstumsraten in allen Klassen größer waren, als die durchschnittlichen jährlichen Wachstumsraten, die sich für den gesamten Betrachtungszeitraum ergeben. Bruttogehälter haben insofern in wachstumsschwachen Jahren tendenziell an Bedeutung gewonnen, was auf das Bestehen institutioneller Hemmnisse bei der Anpassung dieser Kostenart an einen Beschäftigungsrückgang hinweist.

Entwicklung der gesetzlichen Sozialkosten

Der Anteil der gesetzlichen Sozialkosten am Bruttoproduktionswert ist im Betrachtungszeitraum um 0,4 Prozentpunkte auf 3,8 % gestiegen. Hier kommen vor allem die gestiegenen Beiträge zur Kranken-, Arbeitslosen- und

Rentenversicherung zum Ausdruck. Da die Beitragssätze im Betrachtungszeitraum relativ stabil geblieben sind, dürften die gestiegenen Anteilswerte vor allem auf den Einfluß geänderter Beitragsbemessungsgrenzen sowie auf die Gehaltsentwicklung der sozialversicherungspflichtigen Beschäftigten zurückzuführen sein.

Zu Beginn des Untersuchungszeitraums lag der Anteilswert für die gesetzlichen Sozialkosten in den einzelnen Beschäftigtengrößenklassen sehr nah zusammen. In der Untersuchungsperiode hat die Bedeutung dieser Kostenart besonders stark in den drei unteren Größenklassen zugenommen, so daß sich am Ende des Betrachtungszeitraums ein

Abb. 15: Entwicklung des Anteils der gesetzlichen Sozialkosten im Verarbeitenden Gewerbe (1977-1993)

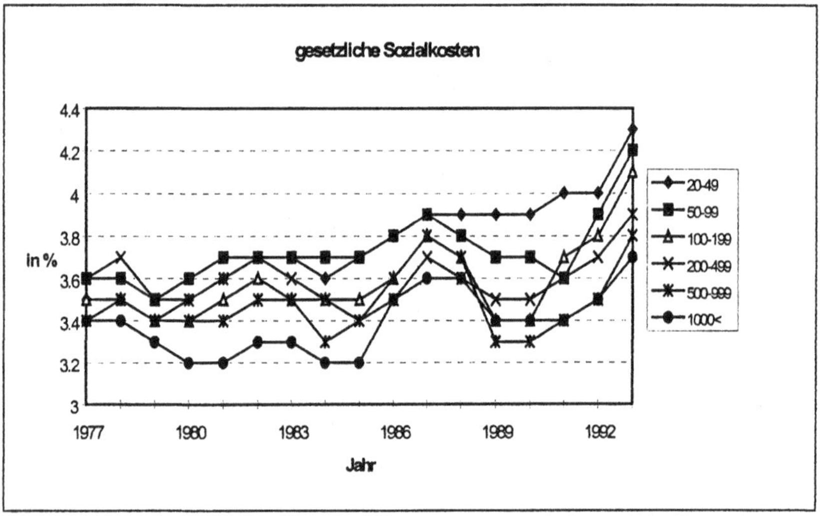

Quelle: eigene Berechnungen aus: Kostenstrukturerhebung lfd. Jhg.

deutliches Gefälle ergab: Der Anteil der gesetzlichen Sozialkosten ist in kleineren Unternehmen höher als in größeren Unternehmen. Die Betrachtung der intertemporalen Variationskoeffizienten zeigt, daß die Anteile der gesetzlichen Sozialkosten am Bruttoproduktionswert in den unteren drei Größenklassen stärker schwankten als in den oberen Klassen. Ein einheitliches Bild ergibt sich auch für den Zusammenhang zwischen Entwicklung des Anteilswertes und konjunkturellen Schwächephasen. In beiden Perioden gesamtwirtschaftlicher Wachstumsschwäche haben sich die

Anteilswerte der gesetzlichen Sozialkosten in allen Größenklassen deutlich erhöht.

Anteil der sonstigen Sozialkosten

Der Anteil der sonstigen Sozialkosten am Bruttoproduktionswert ist im gesamten Verarbeitenden Gewerbe zwischen 1977 und 1993 geringfügig um 0,1 Prozentpunkte auf 1,3 % gestiegen. In den einzelnen Größenklassen war die Entwicklung unterschiedlich. Während der Anteilswert in den GK 1, 2 und 5 unverändert blieb, ist er in den GK 3 und 4 gesunken und in GK 6 gestiegen. Für die intertemporalen Variationskoeffizienten in den einzelnen Größenklassen gilt, daß die Anteilswerte in den GK 2, 3 und 6 stärker schwankten als in den anderen drei Größenklassen. In den letztgenannten drei Klassen waren die Anteilswerte der sonstigen Sozialkosten stärkeren Schwankungen unterworfen waren als die Anteilswerte der Bruttolohnsumme, der Bruttogehaltsumme und der gesetzlichen Kosten.

Abb. 16: Entwicklung des Anteils der sonstigen Sozialkosten im Verarbeitenden Gewerbe (1977-1993)

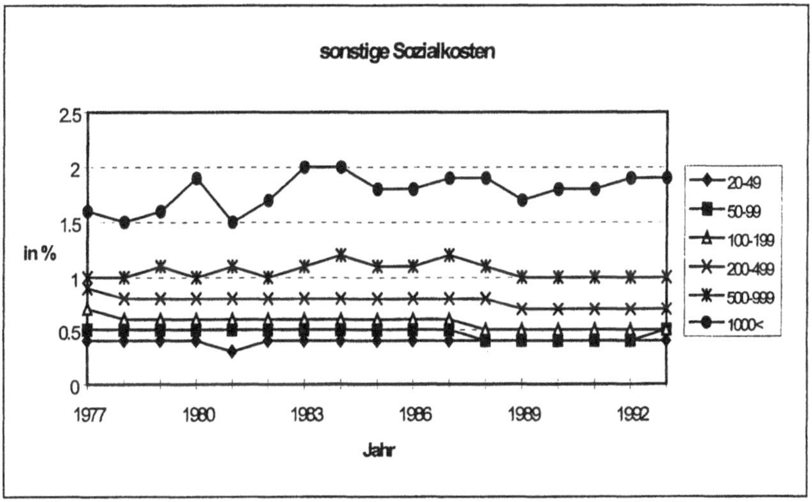

Quelle: eigene Berechnungen aus: Kostenstrukturerhebung lfd. Jhg.

Angesichts des relativ niedrigen Anteilswertes - und der damit möglichen zufallsbedingten Schwankungen - läßt sich kein eindeutiger Zusammenhang zwischen der Veränderung des Anteilswertes und konjunkturellen

Schwächephasen ableiten. Eine einheitliche Richtungsänderung hat nicht stattgefunden, zumeist sind die Anteilswerte konstant geblieben.

1.1.3. Entwicklung der Kostenartenhauptgruppe „Kapitalkosten“

Der Anteil der Kostenartenhauptgruppe „Kapitalkosten“ am Bruttoproduktionswert hat sich im Betrachtungszeitraum im Verarbeitenden Gewerbe um 1 Prozentpunkt auf 5,7 % im Jahre 1993 erhöht. Am Anfang des Untersuchungszeitraums war der Anteilswert in der GK 6 im Vergleich zu den anderen Klassen mit 5,2 % relativ hoch. Da der Anteilswert in dieser Klasse jedoch nur relativ gering gestiegen ist, kam es in der Betrachtungsperiode zu einer deutlichen Nivellierung zwischen den Größenklassen. Dementsprechend niedrig fiel in der GK 6 auch der intertemporale Variatiationskoeffizient mit 6,3 % aus. In den konjunkturellen Abschwungphasen erhöhte sich der Anteilswert in allen Größenklassen. Setzt man den Anstieg in Relation zum - im Vergleich zu den anderen Kostenartenhauptgruppen - niedrigen Anteilswert, so war der Bedeutungsgewinn in dieser Kostenartenhauptgruppe am höchsten.

Abb. 17: Entwicklung des Anteils der Kapitalkosten im Verarbeitenden Gewerbe (1977-1993)

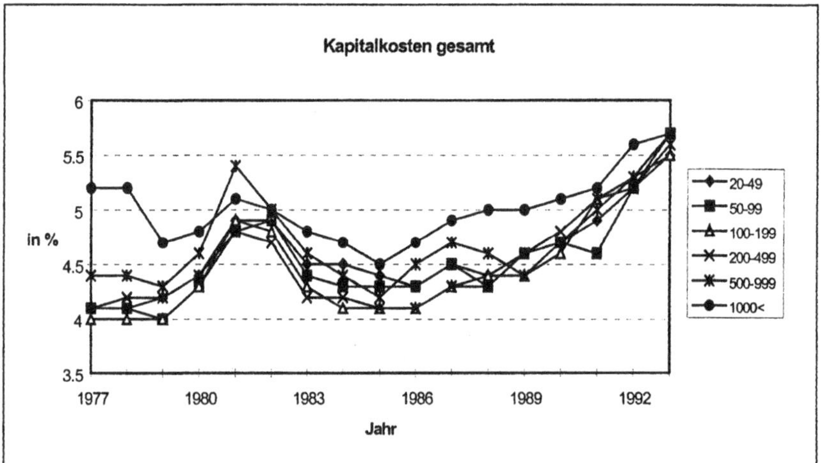

Quelle: eigene Berechnungen aus: Kostenstrukturerhebung lfd. Jhg.

Anteile der Abschreibungen

Da die Kosten für Abschreibungen - in Abgrenzung der gegebenen Datenbasis - rund drei Viertel der gesamten Kapitalkosten ausmachen, sind sie für die Entwicklung des Anteilswertes der Kostenartenhauptgruppe „Kapitalkosten" maßgeblich verantwortlich. In der Betrachtungsperiode ist der Anteilswert der Abschreibungen bezogen auf alle Unternehmen um 0,8 Prozentpunkte auf 4,3 % gestiegen. Verantwortlich für diese Entwicklung war vor allem der im Zuge der Wiedervereinigung einsetzende Anstieg der Investitionstätigkeit. Die steuerlichen Abschreibungssätze des § 7 EStG haben sich hingegen im Betrachtungszeitraum nicht wesentlich verändert. Einfluß auf die Höhe der Abschreibungen dürfte allenfalls das zweite HaushaltsstrukturG und das BilanzrichtlinienG ausgeübt haben. Während das HaushaltsstrukturG seit dem 29.07.1981 zu erhöhten AfA-Sätzen geführt hat, ist der Geschäfts- oder Firmenwert nach dem BilanzrichtlinienG vom 19.12.1985 mit einer auf 15 Jahre gesetzlich festgeschriebenen Nutzungsdauer als abnutzbares Wirtschaftsgut zu behandeln[7].

Abb. 18: Entwicklung des Anteils für Abschreibungen im Verarbeitenden Gewerbe (1977-1993)

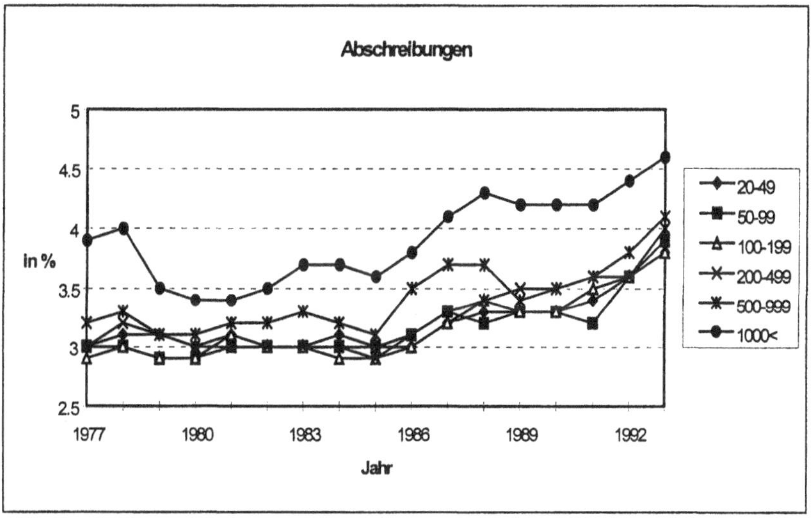

Quelle: eigene Berechnungen aus: Kostenstrukturerhebung lfd. Jhg.

[7] Vgl. Blümich, Brandis, .1993, §7 EStG. Rz. 13 ff.

Wie auf der Ebene der Kostenartenhauptgruppe besteht auch bei den Abschreibungen ein positiver Zusammenhang zwischen „Entwicklung und Niveau der Anteilswerte" sowie dem Merkmal „Unternehmensgröße": Sowohl zu Beginn als auch am Ende der Betrachtungsperiode war der Anteil an Kapitalkosten in den größeren Unternehmen höher als in kleineren Unternehmen. Gemessen am intertemporalen Variationskoeffizienten waren die Schwankungen der Anteilswerte in den GK 1 bis 5 vergleichbar hoch. Auffällig ist jedoch der intertemporale Variationskoeffizient in der GK 6. Bezüglich der Entwicklung des Anteilswertes in konjunkturellen Schwächephasen läßt sich auf Basis dieser Daten keine eindeutige Entwicklungstendenz beobachten. In der zweiten konjunkturellen Abschwungphase nahmen die Anteilswerte in allen Größenklassen zu. In der ersten Periode nahmen sie in vier Klassen zu und in zwei Klassen reduzierten sie sich.

Anteile der Fremdkapitalzinsen

Der Anteil der Fremdkapitalzinsen am Bruttoproduktionswert ist im Betrachtungszeitraum von 1,2 im Jahre 1977 auf 1,4 % im Jahre 1993 gestiegen. Während der gesamten Untersuchungsperiode spiegelt sich in der Veränderung der Anteilswerte die Entwicklung der Kapitalmarktzinsen wider[8]. Als der Zinstrend in den ersten Jahren der Untersuchungsperiode aufwärts gerichtet war, nahmen auch die Anteilswerte zu. Gleichzeitig bewirkte die rückläufige Zinsentwicklung zur Mitte der achtziger Jahre eine abnehmende Bedeutung der Zinsbelastung. Mit dem Zinsanstieg im Zuge der Wiedervereinigung erhöhte sich der Anteilswert in den letzten Jahren des Untersuchungszeitraums dann wieder. Bezüglich der Entwicklung der Anteilswerte in Zeiten rückläufiger Beschäftigung zeigt sich in den beiden Abschwungphasen ein einheitliches Bild. In beiden Perioden ist es den Unternehmen nicht gelungen, ihre Zinslast der rückläufigen Beschäftigung anzupassen, so daß sich die Anteilswerte in beiden Abschwungphasen erhöht haben.

[8] Vgl. G. Stock, 1995, S. 48.

Abb. 19: Entwicklung des Anteils für Fremdkapitalzinsen im Verarbeitenden Gewerbe (1977-1993)

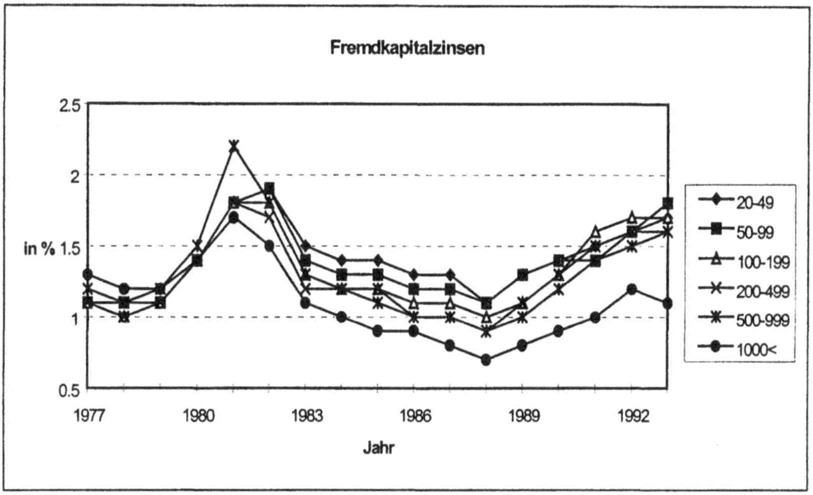

Quelle: eigene Berechnungen aus: Kostenstrukturerhebung lfd. Jhg.

Allerdings ist die Entwicklung der Anteilswerte der Fremdkapitalzinsen in den Beschäftigtengrößenklassen unterschiedlich verlaufen. Ein Vergleich der für 1977 und 1993 ausgewiesenen Anteilswerte zeigt, daß der Anstieg der Anteilswerte bis 1982 und zwischen 1988 und 1993 besonders deutlich bei den Unternehmen mit bis zu 999 Beschäftigten ausfiel. Durch diese ungleiche Entwicklung der Anteilswerte ist im Vergleich der Jahre 1977 und 1993 eine deutliche Differenzierung zwischen den Beschäftigtengrößenklassen eingetreten. In den Werten des intertemporalen Variationskoeffizienten schlägt sich dies nur bedingt nieder, da er zwar bei den Unternehmen der GK 5 am stärksten schwankte, bei den Unternehmen der GK 6 jedoch am zweitstärksten. Zurückzuführen könnte diese Entwicklung auf verschiedene Ursachen sein: Zum einen zeigen die Datenausweise der Bilanzstatistik der Deutschen Bundesbank, daß sich die Fremdmittelquote für alle Unternehmen des Verarbeitenden Gewerbes während des Betrachtungszeitraums nur unwesentlich verändert hat[9]. Aller-

[9] Als Fremdmittelquote wird in diesem Zusammenhang das Verhältnis von Fremdmitteln und Bilanzsumme verstanden. Der Berichtskreis der Bilanzstatistiken entspricht allerdings nicht der Kostenstrukturerhebung, so das diese Daten allgemeine, in diesem Zusammenhang jedoch ausreichende, Anhaltspunkte über die Entwicklung der Finanzierungsstruktur im Verarbeitenden Gewerbe liefert. Vgl. zu den Ergebnissen der Bilanzstatistik: Monatsberichte der Deutschen Bundesbank, Diverse Jahrgänge.

dings findet dabei keine größenklassenspezifische Disaggregation statt. Insofern können Großunternehmen beispielsweise verstärkt auf die Aufnahme von Eigenmitteln zurückgegriffen haben[10]. Zum anderen kann sich die überwiegende Fristigkeit der Fremdmittel in den verschiedenen Größenklassen unterscheiden, so daß sich Veränderungen in der Zinsstruktur auf die Anteilswerte der Fremdkapitalzinsen auswirken.

1.1.4. Entwicklung der Kostenartenhauptgruppe „sonstige Kosten"

In der vierten Kostenartenhauptgruppe sind mehrere heterogene Positionen zusammengefaßt. Insgesamt hat diese Sammelposition in der Betrachtungsperiode an Bedeutung gewonnen und besaß 1993 einen Anteil von 15 Prozent am Bruttoproduktionswert.

Abb. 20: Entwicklung des Anteils der sonstigen Kosten im Verarbeitenden Gewerbe (1977-1993)

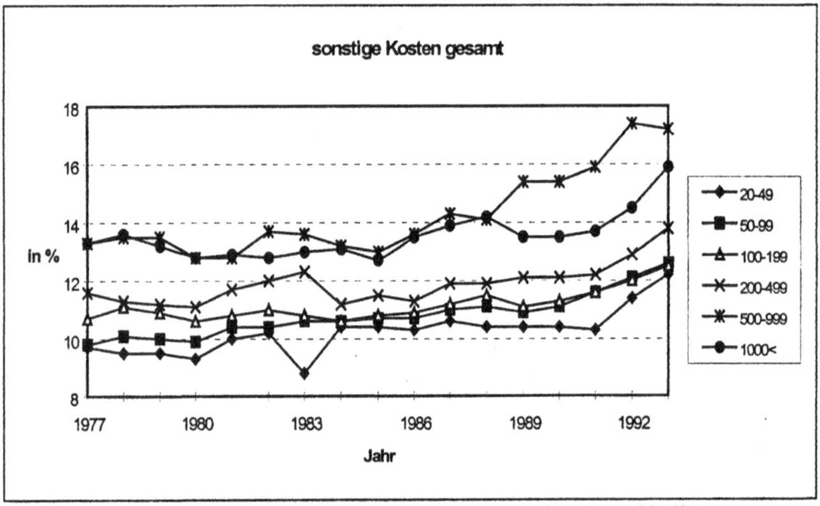

Quelle: eigene Berechnungen aus: Kostenstrukturerhebung lfd. Jhg.

---

[10] So ist die Anzahl der börsennotierten Unternehmen in den 80er Jahren allein von 459 im Jahre 1980 auf 501 im Jahre 1990 gestiegen. Vgl. die Dezember-Ausgaben des Statistischen Bundesamtes der Fachserie 9: Geld und Kredit, Reihe 2.

Besonderes Gewicht haben diese Kostenarten dabei in den größeren Unternehmen mit 500 und mehr Beschäftigten. Hinsichtlich der Entwicklung dieser Kostenartenhauptgruppe in Zeiten rückläufiger Konjunktur zeigt sich jedoch kein einheitliches Verlaufsbild.

Anteile der Kostensteuern

Unter den Kostensteuern (abzüglich Subventionen) sind in der Kostenstrukturerhebung neben den Verbrauchsteuern auf selbst hergestellte Erzeugnisse die Grund- und Gewerbesteuer, die Kraftfahrzeugsteuer, die Vermögensteuer bei Kapitalgesellschaften sowie öffentliche Gebühren und Beiträge für bestimmte Leistungen des Staates wie Eichgebühren u.ä. enthalten. Der Anteil der Kostensteuern an der Gesamtleistung lag in allen Unternehmen 1993 mit 3,5 % 0,5 Prozentpunkte unter dem Wert zu Beginn der Betrachtungsperiode. Bis auf die GK 5 war er in allen Größenklassen rückläufig, was vor allem auf den sprunghaften Anstieg des Anteilswertes im Jahre 1989 zurückzuführen ist.

Abb. 21: Entwicklung des Anteils der Kostensteuern im Verarbeitenden Gewerbe (1977-1993)

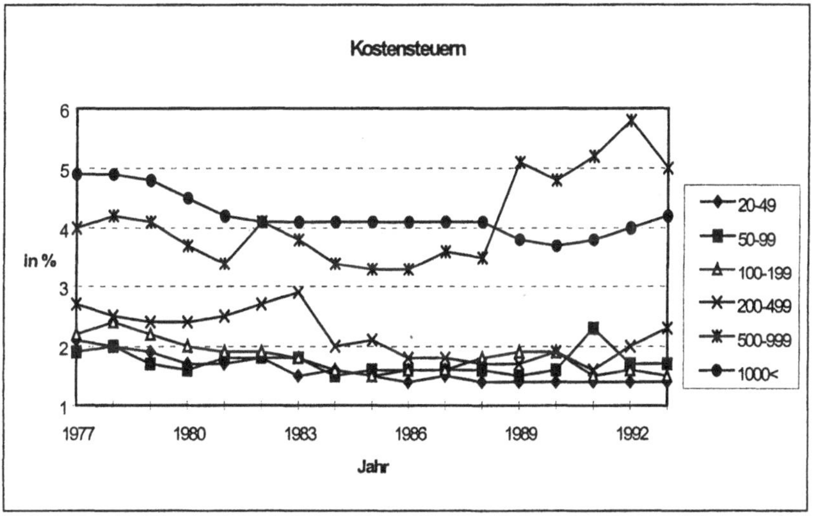

Quelle: eigene Berechnungen aus: Kostenstrukturerhebung lfd. Jhg.

Insgesamt zeigt sich, daß der Anteilswert für Kostensteuern für die Unternehmen mit 500 und mehr Beschäftigten größer ist als bei den kleineren

Unternehmen. Offenbar sind die meisten von Kostensteuern stark belasteten Unternehmen in diesen Beschäftigtengrößenklassen angesiedelt. Für die intertemporalen Variationskoeffizienten weisen die unteren fünf Größenklassen deutlich höhere Werte als GK 6. Sowohl auf der Ebene der einzelnen Unternehmensgrößenklassen als auch bei der Unternehmensgesamtheit sind keine unmittelbaren Einflüsse von konjunkturellen Schwächephasen auf die Anteilswerte der Kostensteuern erkennbar.

Anteile der Mieten und Pachten

Der Anteilswert der Mieten und Pachten am Bruttoproduktionswert hat im Betrachtungszeitraum für die Unternehmensgesamtheit um 0,8 Basispunkte zugenommen und belief sich 1993 auf 1,7 Prozent. Zurückzuführen ist dieser Anstieg vor allem auf eine stärkere Zunahme des Mietens und Leasens bei der Beschaffung von Produktions- und Datenverarbeitungsanlagen sowie von Kraftfahrzeugen. Verstärkt war dieser Trend bei kleineren und mittleren Unternehmen zu beobachten, so daß sich zum Ende der Betrachtungsperiode in der Disaggregation nach Größenklassen ein anderes Bild als im Jahre 1977 zeigte:

Abb. 22: Entwicklung des Anteils für Mieten und Pachten im Verarbeitenden Gewerbe (1977-1993)

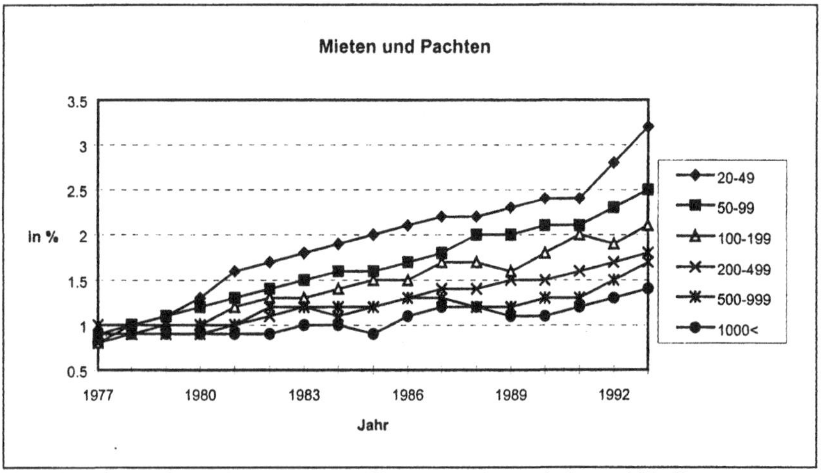

Quelle: eigene Berechnungen aus: Kostenstrukturerhebung lfd. Jhg.

Lagen die Anteilswerte zu Beginn des Untersuchungszeitraums sehr eng beieinander, so war mit wachsender Beschäftigtengrößenklasse der Anteil der Mieten und Pachten am Bruttoproduktionswert zurückgeht. Für die Schwankungen des Anteilswertes läßt sich feststellen, daß sich die kleineren Beschäftigtengrößenklassen durch die zunehmende Verbreitung des Anlagenleasing stärkeren Schwankungen der Anteilswerte gegenüber sahen als die Unternehmen der größeren Beschäftigtengrößenklassen. In der Betrachtungsperiode hat der Anteil von Mieten und Pachten ständig zugenommen. Dies gilt sowohl für die konjunkturellen Schwächephasen, als auch für die Einzeljahre.

Anteile der übrigen sonstigen Kosten

In die übrigen sonstigen Kosten fließen als Sammelposition verschiedene Kostenarten wie beispielsweise Werbe- und Vertreterkosten, Reisekosten, Provisionen, Lizenzgebühren, Kosten für den Abtransport von Gütern durch fremde Unternehmen, Porto- und Postgebühren sowie Prüfungs-, Beratungs- und Rechtskosten ein. Hatten diese Kosten 1977 noch einen Anteil von 7,6 % am Bruttoproduktionswert, so haben sie sich bis 1993 auf 9,8 % erhöht.

Abb. 23: Entwicklung des Anteils der übrigen sonstigen Kosten im Verarbeitenden Gewerbe (1977-1993)

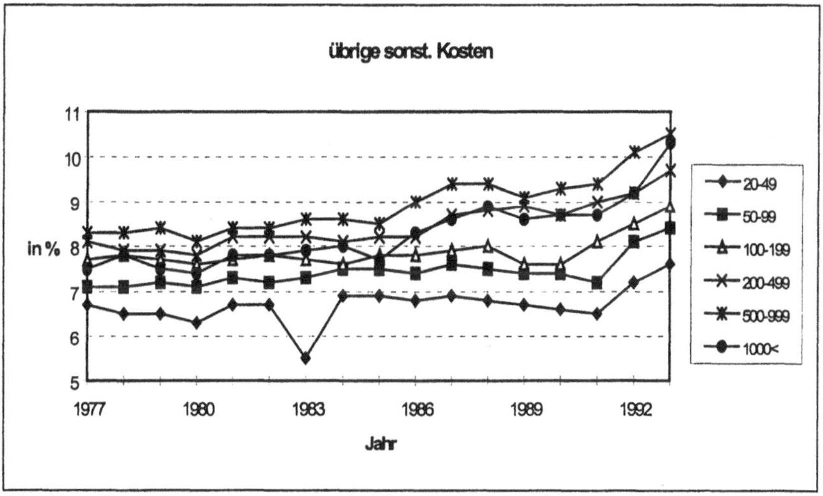

Quelle: eigene Berechnungen aus: Kostenstrukturerhebung lfd. Jhg.

Lagen die Anteilswerte in den einzelnen Größenklassen am Anfang des Untersuchungszeitraums recht eng beieinander, so hat sich 1993 eine deutliche Differenzierung zwischen den Größenklassen eingestellt. Die Anteilswerte waren am Ende der Betrachtungsperiode in den größeren Unternehmen der GK 5 und 6 deutlich höher als in kleineren Unternehmen. Dementsprechend weisen auch die intertemporalen Variationskoeffizienten in den größeren Unternehmen die höchsten Werte auf. Der stark gestiegene Anteilswertes in den größeren Unternehmensklassen deutet darauf hin, daß die Inanspruchnahme von Leistungen durch Dritte, die einen Großteil dieser Kostenart ausmachen, bei den größeren Unternehmen zugenommen haben. Hierin dürfte sich auch die Entwicklung des „Outsourcing“ von Unternehmensteilen widerspiegeln, die gerade von den größeren Unternehmen in den letzten Jahren an Bedeutung gewonnen hat. Diese Tendenz hatte auch in konjunkturellen Abschwungphasen an. In allen Beschäftigtengrößenklassen hat der Anteilswert in Zeiten rückläufiger Beschäftigung an Bedeutung gewonnen.

1.1.5. Zusammenfassung

Die vorstehende Untersuchung hat gezeigt, daß auf der Ebene des Verarbeitenden Gewerbes zwischen 1977 und 1993 keine gravierenden Änderungen der Kostenstruktur aufgetreten sind. Dabei ist die Bedeutung der Kostenartenhauptgruppe „Materialkosten und Kosten für bezogene Leistungen“ bis zur Mitte der achtziger Jahre gestiegen ist, während die Anteilswerte der „Personalkosten“ in dieser Zeit rückläufig waren. In der zweiten Hälfte der Betrachtungsperiode verlief die Entwicklung der Anteilswerte entgegengesetzt. Im Vergleich zum Beginn der Betrachtungsperiode hat die Bedeutung der „Materialkosten und Kosten für bezogene Leistungen“ geringfügig abgenommen und der Anteil der „Personalkosten“ gemessen am Bruttoproduktionswert geringfügig zugenommen. Überraschend ist der Befund jedoch insofern, daß der Anteil der Personalkosten nur geringfügig gestiegen ist. Diese Entwicklungslinie bestätigt den überragenden Einfluß der externen Bestimmungsdeterminanten. Interessant ist bei der Entwicklung der Gesamtposition „Personalkosten“, daß sich die Anteilswerte der „Bruttolohnsumme“ deutlich reduzierten und die der „Bruttogehaltsumme“ signifikant erhöhten. Die Anteilswerte der „Kapitalkosten“ haben während des gesamten Betrachtungszeitraums ebenso wie die Anteile der Sammelposition „sonstige Kosten“ kontinuierlich an Bedeutung gewonnen.

Im theoretischen Teil der Arbeit wurde eine Darstellung möglicher Determinanten vorgenommen, die auf die Kostenstrukturen der Unternehmen in den letzten Jahren eingewirkt beeinflußt haben dürften. Angesichts der vorstehenden Ergebnisse zeigt sich, daß sich diese ursächlichen Faktoren im Lichte der empirischen Befunde weitgehend bestätigen. In der Entwicklung der Anteilswerte der „Materialkosten und Kosten für bezogene Leistungen“ sowie der Werte der „Personalkosten“ spiegelt sich in der Tendenz die Verlaufsform wider, die die unternehmensexternen Determinanten vermuten ließen. Als wesentliche Bestimmungsfaktoren zeigen sich hier die Entwicklung des Nominallohnes, die Höhe der Beschäftigung sowie die Veränderung der Importpreise. Die Veränderung des Anteilswertes der „Kapitalkosten“ folgt im wesentlichen der Zinsentwicklung auf dem deutschen Kapitalmarkt.

Allerdings kommen neben den unternehmensexternen Faktoren auch die unternehmensinternen Determinanten zur Geltung, welche aus den innerbetrieblichen Anpassungsmaßnahmen der Unternehmen resultieren. So scheint sich in den gestiegenen Kapitalkosten, den rückläufigen Anteilswerten der Bruttolohnsumme und der gestiegenen Bedeutung der Bruttogehaltsumme die These zu bestätigen, daß die Unternehmen vielfältige Anpassungsmaßnahmen zur Verbesserung ihrer Wettbewerbsposition unternommen haben. In diesem Zusammenhang sind auch die gestiegenen Anteilswerte für die Kostenarten „Dienstleistungen“, „Mieten und Pachten“ sowie „sonstige Kosten“ zu sehen.

Die These, daß kleinere und mittlere Unternehmen flexibler auf Entwicklung der Unternehmensumwelt reagieren, hat sich nicht bestätigt. Die Ausprägungen der intertemporalen Variationskoeffizienten lassen kein stabiles Muster zwischen den Größenklassen erkennen. Auf Basis dieser Daten scheint sich auch nicht die These zu bestätigen, daß sich die Anteilswerte der „Materialkosten und Kosten für bezogene Leistungen“ in konjunkturellen Abschwungphasen reduzieren und die Anteilswerte der „Personalkosten“ und „Kapitalkosten“ aufgrund institutioneller Abbauhemmnisse ansteigen.

1.1.6. Sektorale Besonderheiten

Bislang wurde die Kostenstrukturentwicklung auf das Verarbeitende Gewerbe bezogen. Betrachtet man jedoch die Anteilswerte der einzelnen Wirtschaftszweige, so lassen sich deutliche sektorale Unterschiede erkennen.

Zumeist gilt dabei, daß ein relativ hoher Anteil der Kostenartenhauptgruppe „Materialkosten und Kosten für bezogene Leistungen“ mit einem vergleichsweise geringen Anteil an „Personalkosten“ verbunden ist.

Den größten Anteil besaß die Kostenartenhauptgruppe „Materialkosten und Kosten für bezogene Leistungen“ in den Wirtschaftszweigen Ledererzeugung, NE-Metallerzeugung und NE-Metallhalbwerkzeuge sowie im Ernährungsgewerbe. Relativ geringe Anteilswerte weisen die Tabakverarbeitung (SYPRO 69) und die Feinkeramik (SYPRO 51) auf. Auf der Ebene der Hauptgruppen hatte das Investitionsgütergewerbe einen Anteil von 50,1 %, das Grundstoffgewerbe einen Anteil von 50,9, das Verbrauchsgüterproduzierende Gewerbe einen Anteil von 47,8 % und das Nahrungs- und Genußmittelgewerbe einen Anteil von 57 %.

Den höchsten Anteil der Personalkosten an der Gesamtleistung hatten die Unternehmen der Feinkeramik (42,7 %), im Luft- und Raumfahrzeugbau (40,6 %) und in den Gießereien (39,1 %). Den bei weitem niedrigsten Anteil der Personalkosten an der Gesamtleistung wiesen 1993 die Mineralölverarbeitung (3,1 %) und die Tabakverarbeitung (5,6 %) auf. Dies hängt insbesondere mit dem hohen Anteil der Verbrauchsteuern an der Gesamtleistung dieser Wirtschaftszweige zusammen, die den Bruttoproduktionswert stark erhöhen. Ebenfalls niedrig waren die Personalkostenanteile im Ernährungsgewerbe (14,6 %), in der Wirtschaftsgruppe NE-Metallerzeugung, NE-Metallhalbzeugwerke (20,3 %) und in der Zellstoff-, Holzschliff-, Papier- und Pappeerzeugung (21,3 %). Auf der Ebene der Hauptgruppen war die Relation umgekehrt zur Rangfolge bei den Materialkosten. Auffällig ist der niedrige Wert im Nahrungs- und Genußmittelgewerbe in Höhe von 13,8 %.

In der dritten Kostenartenhauptgruppe, der „sonstigen Kosten“, sind Positionen zusammengefaßt, deren Bedeutung in den einzelnen Wirtschaftszweigen sehr unterschiedlich ist. Als Wirtschaftsgruppe mit einem hohen Anteil dieser Kostenposition im Jahr 1993 seien die Tabakverarbeitung und die Mineralölverarbeitung erwähnt, die über einen großen Anteil an Verbrauchsteuern verfügen. Überdurchschnittlich hoch ist auch der Anteilswert in der Chemischen Industrie, in der Feinkeramik sowie in der Papier- und Pappeerzeugung.

Relativ hohe Anteilswerte an der Kostenartenhauptgruppe „Kapitalkosten“ waren 1993 in den Wirtschaftszweigen „Zellstoff-, Holzschliff-, Papier- und Pappeerzeugung (10,6 %), bei der Herstellung und Verarbeitung von Glas

(7,3 %) sowie in der Herstellung von Büromaschinen, ADV-Geräten und -einrichtungen zu beobachten. Bei den anderen Wirtschaftszweigen lagen die Werte etwa zwischen 2 % und 5 % eng beieinander.

1.2. Geschwindigkeit des Strukturwandels

Nachfolgend wird untersucht, wie sich die Geschwindigkeit der Struktur der vier Kostenartenhauptgruppen im Betrachtungszeitraum entwickelt hat. Aufgrund der Konstruktion des verwendeten Tempomaßes nimmt die Strukturänderungsgeschwindigkeit den Wert 0 an, wenn die Anteilswerte einer Kostenartenhauptgruppe im Zeitablauf konstant bleibt. Bei Werten > 0 liegt eine Strukturänderung vor. Dabei bedeuten im Zeitablauf steigende Werte eine Beschleunigung des Tempos, sinkende Werte hingegen eine Verlangsamung der strukturellen Änderung.

Für alle Unternehmen des Verarbeitenden Gewerbes lassen die Strukturänderungsgeschwindigkeiten der vier Kostenartenhauptgruppen erkennen, daß in der Betrachtungsperiode ständig strukturelle Änderungen stattgefunden haben. Von einer tendenziellen Beschleunigung, wie sie die gestiegene Dynamik und Komplexität der Unternehmensumwelt erwarten läßt, kann jedoch nicht grundsätzlich gesprochen werden. Vielmehr lag in der zweiten Hälfte der Betrachtungsperiode eher eine tendenzielle Verlangsamung vor.

Abb. 24: Tempo des Wandels der Kostenstruktur im Verarbeitenden Gewerbe (1977-1993)

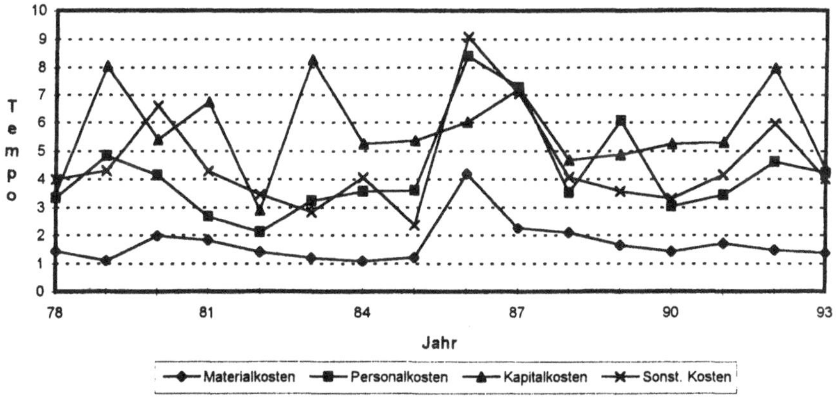

Quelle: eigene Berechnungen aus: Kostenstrukturerhebung lfd. Jhg.

Während des gesamten Untersuchungszeitraums hat sich die Geschwindigkeit bei allen vier Kostenartenhauptgruppen synchron entwickelt. Bei allen Kostenartenhauptgruppen verzeichnen die Jahre 1985/1986 die stärkste Intensität des Strukturwandels. Angesichts der in diesem Zeitraum stark gesunkenen Rohstoffpreise, die sich in tendenziell niedrigeren Materialkostenanteilen niederschlugen, ist dieser Befund in erster Linie auf den deutlichen Rückgang der Anteilswerte für die „Materialkosten und Kosten für bezogene Leistungen" zurückzuführen. Indirekt wirkte sich diese Entwicklung auch auf die Anteilswerte der anderen drei Kostenartenhauptgruppen aus, die in diesem Zeitraum tendenziell erhöhten.

Vor allem bei den Kostenartenhauptgruppen „Personalkosten", „Kapitalkosten" sowie den „sonstigen Kosten" zeigt das Tempomaß deutliche kurzfristige Schwankungen, deren Frequenz kürzer als diejenige der konjunkturellen Zyklen ist. Allerdings läßt ein Vergleich der Strukturänderungsgeschwindigkeit mit dem konjunkturellen Hintergrund kein einheitliches Verhalten erkennen. Zwar lagen die höchsten Werte der Strukturänderungsgeschwindigkeit in den Phasen eines konjunkturellen Aufschwungs. Ein temporäres Hoch wurde jedoch auch in der letzten konjunkturellen Abschwungphase erreicht.

Da der Beitrag eines Wirtschaftszweiges an der Strukturänderung einer Kostenartenhauptgruppe mit dem Anteil des Bruttoproduktionswertes des betreffenden Wirtschaftszweiges am gesamten Bruttoproduktionswert des Verarbeitenden Gewerbes gewichtet wird, können die eigentlichen Strukturverschiebungen verstärkt oder gedämpft werden, wenn sich die Bedeutung der Wirtschaftszweige verändert. Angesichts der Konstruktion des Tempomaßes gilt dabei, daß die Strukturveränderung stark gewichteter Wirtschaftszweige in einem größeren Umfang die Strukturveränderung einer Kostenartenhauptgruppe tangieren als die Veränderungen gering gewichteter Wirtschaftszweige. Inwieweit die zuvor beschriebenen Strukturänderungsgeschwindigkeiten auf Strukturveränderungen i.e.S. zurückzuführen sind, bzw. auf Wachstums- oder Schrumpfungseffekte der Wirtschaftszweige beruhen, wird im anschließenden Abschnitt 1.3. untersucht.

1.3. Der Beitrag sektoraler Sonderentwicklungen

Die Betrachtung der Kostenstrukturen im Vorabschnitt hat deutliche sektorale Besonderheiten erkennen lassen. Das betrifft sowohl das Niveau der Kostenartenanteile als auch deren Entwicklung im Zeitablauf. Bezüglich des

Niveaus konnten materialkosten-, personalkosten- und kapitalkostenintensive Wirtschaftszweige identifiziert werden. Die Entwicklung der Anteilswerte ist hinsichtlich des Trends und hinsichtlich der Schwankungen zu einem großen Teil sektorspezifisch. Angesichts der relativ stabilen Entwicklung der Kostenstruktur für die Gesamtheit der Unternehmen des Verarbeitenden Gewerbes scheinen diese sektoralen Besonderheiten teilweise aber auch gegenläufigen Charakter zu besitzen.

Von Bedeutung ist in diesem Zusammenhang, daß die Kostenartenanteile der Gesamtheit der Unternehmen mit den Bruttoproduktionswerten gewichtete Mittel der sektoralen Anteilswerte sind. Neben der Entwicklung der sektoralen Kostenstruktur ist es also der Anteil eines Wirtschaftszweiges am gesamten Bruttoproduktionswert des Verarbeitenden Gewerbes, der die Kostenstruktur aller Unternehmen bestimmt. Während das Gewicht

Abb.25: Anteilswert der Materialkosten und der Kosten für bezogene Leistungen im Verarbeitenden Gewerbe (1977-1993)

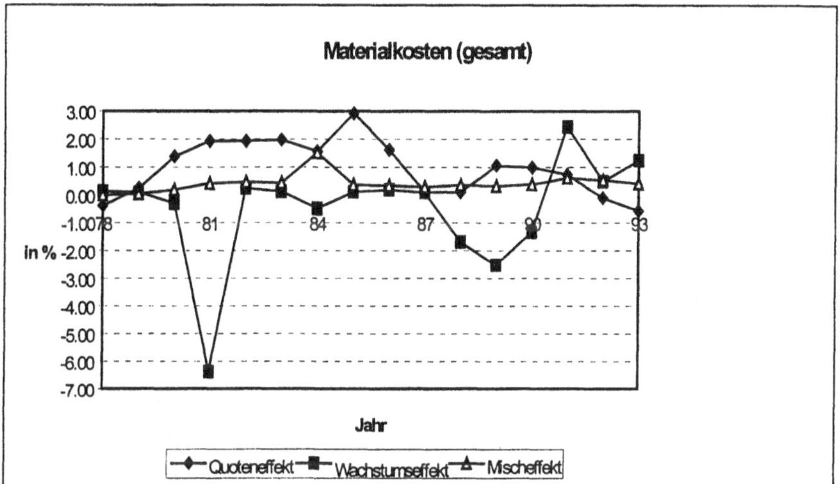

Quelle: eigene Berechnungen aus: Kostenstrukturerhebung lfd. Jhg.

Abb.26: Anteilswert der gesamten Personalkosten im Verarbeitenden Gewerbe (1977-1993)

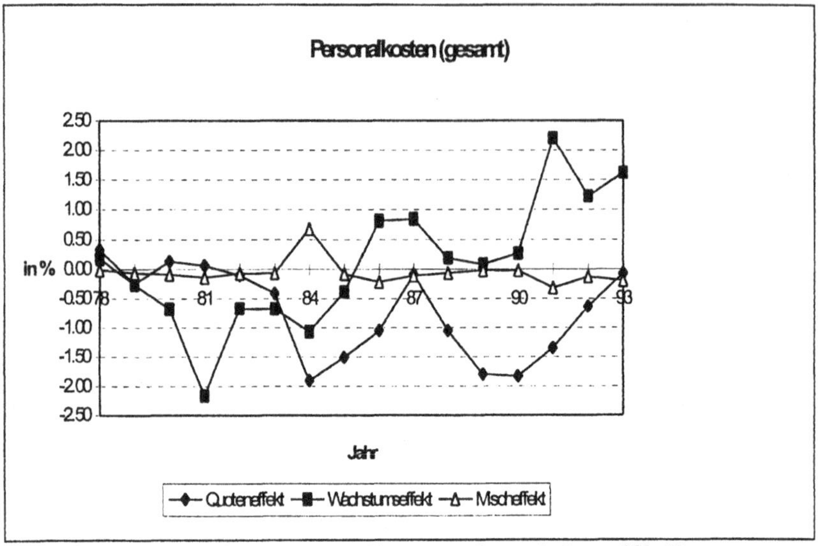

Quelle: eigene Berechnungen aus: Kostenstrukturerhebung lfd. Jhg.

stagnierender Wirtschaftszweige an Bedeutung verliert, erfahren wachstumsstarke Wirtschaftszweige einen Bedeutungsgewinn. Im folgenden soll anhand der Abbildungen auf den beiden folgenden Seiten untersucht werden, welche quantitative Bedeutung beiden Einflüssen zukommt. Hierzu wird auf die definierte Komponentenfunktion zurückgegriffen, die die absolute Veränderung des jeweiligen Kostenartenanteils für alle Unternehmen in drei Effekte unterteilt. Erstens in einen Effekt, der den Beitrag der Veränderung sektoraler Kostenanteilswerte umfaßt („Quoteneffekt"),zweitens in einen Effekt, der den Beitrag des Wachstums erfaßt („Wachstumseffekt") und drittens einen Mischeffekt, der den Beitrag einer gemeinsamen Veränderung der ersten beiden Effekte beinhaltet („Mischeffekt"). Wie im vorstehenden Abschnitt beziehen sich die folgenden Ausführungen auf die Entwicklung der aggregierten Kostenartenhauptgruppen.

Abb.27: Anteilswert der Kapitalkosten im Verarbeitenden Gewerbe (1977-1993)

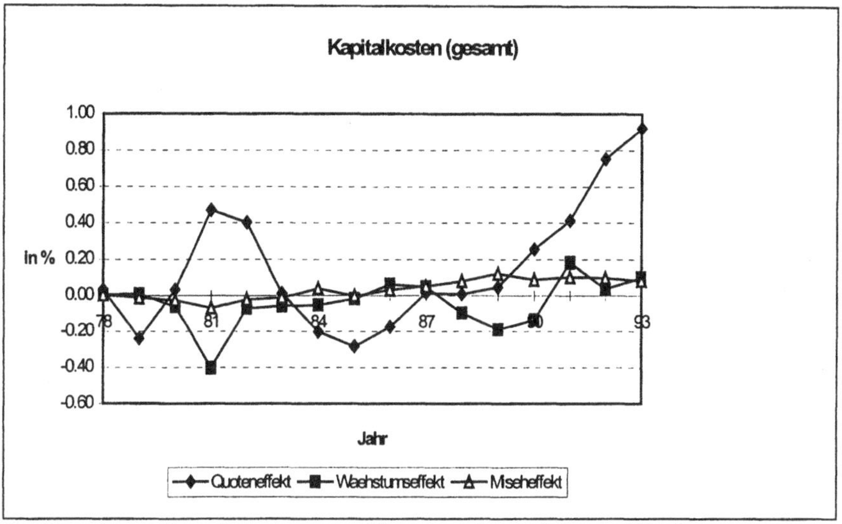

Quelle: eigene Berechnungen aus: Kostenstrukturerhebung lfd. Jhg.

Abb.28: Anteilswert der sonstigen Kosten im Verarbeitenden Gewerbe (1977-1993)

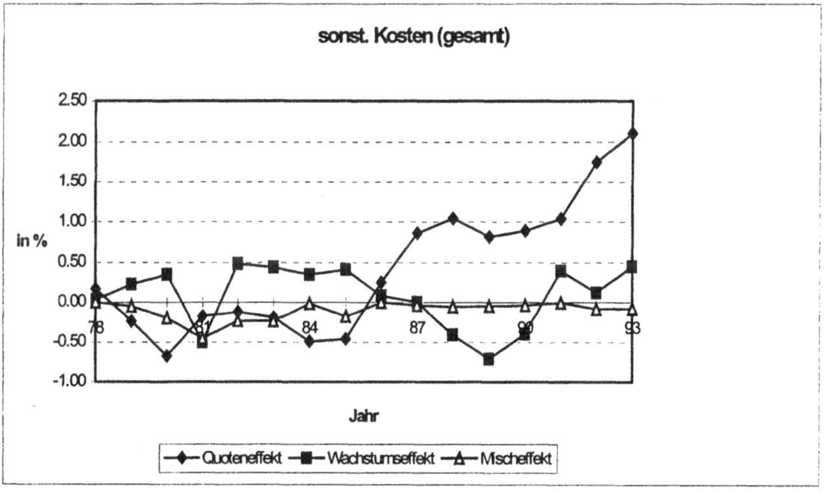

Quelle: eigene Berechnungen aus: Kostenstrukturerhebung lfd. Jhg.

Bei allen vier Kostenartenhauptgruppen zeigt sich eine überragende Bedeutung des Quoteneffekts. Bei der Entwicklung der Personalkosten sowie der Kosten für Material und bezogene Leistungen übt der Wachstumseffekt gleichfalls einen hohen Einfluß aus. Der Mischeffekt ist hingegen in allen vier Kostenartenhauptgruppen vernachlässigbar gering. Angesichts dieser Ergebnisse lassen sich die Ursachen der Kostenstrukturentwicklung konkretisieren.

Aufgrund der überragenden Bedeutung des Quoteneffekts bei den Kapitalkosten und den sonstigen Kosten kann ausgeschlossen werden, daß der Anstieg der Anteilswerte für Kapitalkosten bzw. für die sonstigen Kosten allein darauf zurückzuführen ist, daß kapitalintensive bzw. Wirtschaftszweige mit hohem Anteil an sonstigen Kosten an Bedeutung gewonnen haben. Wegen der geringen Bedeutung des Wachstumseffekts darf vielmehr auf Verhaltensänderungen der Unternehmen geschlossen werden[11].

Bei den Kostenartenhauptgruppen Materialkosten und Kosten für bezogene Leistungen sowie den Personalkosten ist der Wachstumseffekt von größerer Bedeutung. Zwar kann aufgrund des hohen Bedeutung des Quoteneffekts auch hinsichtlich dieser beiden Kostenarten von Verhaltensänderungen der Unternehmen ausgegangen werden, doch sind Veränderungen durch Wachstums- und Schrumpfungsprozesse ebenfalls zu berücksichtigen. So wurde beispielsweise der Bedeutungsgewinn der Materialkosten in der ersten Hälfte der 80er Jahre durch einen negativen Wachstumsbeitrag gebremst. An diesem Befund zeigt sich, daß materialkostenintensive Wirtschaftszweige in dieser Zeit besonders deutlich unter den gestiegenen Materialkosten litten. Ihre Expansion verlief in diesen Jahren unterdurchschnittlich, so daß materialkostenintensive Wirtschaftszweige in diesen Jahren (gemessen am Bruttoproduktionswert) an Bedeutung einbüßten.

Der für die Gesamtheit der Unternehmen des Verarbeitenden Gewerbes seit Mitte der 80er Jahre festzustellende Bedeutungsgewinn der Personalkosten ist gleichfalls detaillierter zu betrachten. Seit Mitte der 80er Jahre ist bei den Personalkosten ein deutlich negativer Quoteneffekt festzustellen, der tendenziell zu rückläufigen Anteilswerten führt. Dieser Effekt deutet auf die zahlreichen Rationalisierungsmaßnahmen der Unternehmen und den Beschäftigungsrückgang hin. Konterkariert wurde dieser Einfluß hingegen durch einen überragenden positiven Wachstumseffekt, der darauf hinweist,

[11] Vgl. H. Enke u.a., 1984, S. 156.

daß vor allem personalkostenintensivere Wirtschaftszweige im Verarbeitenden Gewerbe an Bedeutung gewonnen haben.

1.4. Bestimmungsgründe für die Entwicklung der Kostenstrukturen

Im vorstehenden deskriptiven Teil der empirischen Kostenstrukturanalyse wurde die Entwicklung der Kostenstrukturen in den Unternehmen des Verarbeitenden Gewerbe zwischen 1977 und 1993 nachgezeichnet und unter verschiedenen Blickwinkeln betrachtet. Im diesen Abschnitt erfolgt eine Analyse der Kostenstrukturentwicklung im Zusammenhang mit den möglichen Einflußfaktoren, die im theoretischen Teil der Arbeit herausgestellt wurden.

Während sich die vorstehenden Ausführungen bislang vorzugsweise auf die Strukturveränderungen des gesamten Verarbeitenden Gewerbes bezogen, werden die Wirtschaftszweige nun - teilweise auch nach Unternehmensgrößenklassen disaggregiert - separat betrachtet. Zur Durchführung der Varianzanalyse erfolgt eine Gruppenbildung entsprechend der jeweiligen Fragestellung. Das Ziel des vorliegenden Abschnitts besteht darin, den Zusammenhang zwischen der sektoralen Kostenstrukturentwicklung und den im theoretischen Rahmen erarbeiteten Einflußfaktoren auf empirische Relevanz zu testen. Nach einer Vorbemerkung zur Durchführung der Zusammenhangsanalyse werden in den folgenden Gliederungspunkten der Einfluß der „Zugehörigkeit eine Wirtschaftszweigs zu einer Hauptgruppe“, die „Zugehörigkeit zu einer bestimmten Kostenstruktur“, der „Einfluß des Unternehmensumfelds“ sowie der „konjunkturelle Einfluß“ auf die Zusammensetzung und Entwicklung der Kostenstrukturen geprüft.

1.4.1. Vorbemerkung

Um den Rahmen der Untersuchung nicht zu sprengen und gleichzeitig den Blick für die wesentlichen Aspekte nicht zu versperren, werden in der Zusammenhangsanalyse nicht alle Kostenarten einzeln betrachtet. Vielmehr bezieht sich die Untersuchung auf die vier Kostenartenhauptgruppen. Bei der Durchführung der Varianzanalyse und des abschließenden Newman-Keuls-Tests wird entsprechend der Ausführungen im methodischen Teil auf Basis einer Irrtumswahrscheinlichkeit von 5% bzw. 1% untersucht, welchen

Einfluß das jeweilige Merkmal ausübt. Die tabellarische Darstellung der Untersuchungsergebnisse erfolgt in einheitlicher Form.

Da neben den („erklärten") Auswirkungen der unabhängigen Variablen, auch „unerklärte" (Umwelt-) Einflüsse die Entwicklung der abhängigen Variable beeinflussen können, wird zur Abschätzung der relativen Bedeutung dieser beiden Einflußfaktoren eine Aufspaltung der Gesamtabweichung vorgenommen. Als Schätzgröße für die erklärte Abweichung wird die „Summe der quadrierten Abweichungen zwischen den Gruppen" ($SAQ_{zwischen}$) aufgeführt. Als Schätzgröße für die unerklärte Abweichung dient die „Summe der quadrierten Abweichungen innerhalb der Gruppen" ($SAQ_{innerhalb}$). Als Ergebnis der Varianzanalyse wird der empirische F-Wert ausgewiesen und mit dem theoretischen F-Wert verglichen. Dadurch kann festgestellt werden, ob zwischen der unabhängigen und der abhängigen Variablen von einem Zusammenhang auszugehen ist (auf einem Signifikanzniveau von 1 % bzw. 5 %) oder ob kein signifikanter Zusammenhang besteht.

Da neben der Analyse des Einflußgrades auch untersucht werden soll, ob sich bestimmte Gruppen in ihrem Wirkungsgrad auf die abhängige Variable unterscheiden, werden die Ergebnisse des Newman-Keuls-Tests aufgeführt. Dabei gilt es zu untersuchen, ob sich jeweils zwei Gruppen in ihrer Wirkung auf die abhängige Variable mit einer bestimmten Irrtumswahrscheinlichkeit (1 % bzw. 5 %) signifikant voneinander unterscheiden oder ob eine identische Wirkung zu vermuten ist. Werden signifikante Unterschiede festgestellt, wird anhand des empirischen Datenmaterials versucht, die Richtung dieses Zusammenhangs abzuschätzen.

1.4.2. Einfluß der Zugehörigkeit eines Sektors zu einer Hauptgruppe auf die Höhe und Entwicklung der Kostenanteile

Zur Durchführung der Zusammenhangsanalyse zwischen Branchenzugehörigkeit und Kostenstrukturentwicklung werden die Wirtschaftszweige entsprechend der Wirtschaftszweigesystematik den Hauptgruppen „Grundstoffindustrie" (K1), Investititionsgüterindustrie (K2) und „Nahrungs- und Verbrauchsgüterindustrie" (K3) zugeordnet[12]. Im Anschluß daran wird untersucht, ob ein signifikanter Einfluß zwischen der

[12] Vgl. Tabelle 10 auf Seite 161.

Tabelle 13a: Zusammenhang zwischen Branchenzugehörigkeit und Entwicklung der Materialkosten und Kosten für bezogene Leistungen in den Unternehmen des Verarbeitenden Gewerbes (1977-1993)

Jahr	SAQ innerh.	SAQ zwisch.	emp. F-Wert	Zusammenhang auf Niveau	Signifikante Unterschiede zwischen		
					K1 und K2	K1 und K3	K2 und K3
1977	114,58	825,55	7,21	1%	1%	1%	n.s.
1978	107,49	851,50	7,92	1%	1%	1%	n.s.
1979	106,28	865,35	8,14	1%	1%	1%	n.s.
1980	108,68	885,80	8,15	1%	1%	1%	n.s.
1981	108,11	896,95	8,30	1%	1%	1%	n.s.
1982	125,39	933,60	7,45	1%	1%	1%	n.s.
1983	125,71	933,45	7,43	1%	1%	1%	n.s.
1984	192,23	916,65	4,77	1%	1%	1%	n.s.
1985	112,54	952,00	8,46	1%	1%	1%	n.s.
1986	103,57	937,95	9,06	1%	1%	1%	n.s.
1987	98,08	899,30	9,17	1%	1%	1%	n.s.
1988	112,06	914,70	8,16	1%	1%	1%	n.s.
1989	106,70	929,30	8,71	1%	1%	1%	n.s.
1990	109,84	930,65	8,47	1%	1%	1%	n.s.
1991	87,10	918,15	10,54	1%	1%	1%	n.s.
1992	85,05	903,25	10,62	1%	1%	1%	n.s.
1993	81,18	894,45	11,02	1%	1%	1%	n.s.

Quelle: eigene Berechnungen aus Kostenstrukturstatistik, lfd. Jg.

Tabelle 13b: Zusammenhang zwischen Branchenzugehörigkeit und Entwicklung der Personalkosten in den Unternehmen des Verarbeitenden Gewerbes (1977-1993)

Jahr	SAQ innerh.	SAQ zwisch.	emp. F-Wert	Zusammenhang auf Niveau	Signifikante Unterschiede zwischen		
					K1 und K2	K1 und K3	K2 und K3
1977	72,29	495,65	6,86	1%	5%	n.s.	n.s.
1978	78,38	502,35	6,41	1%	5%	n.s.	n.s.
1979	76,00	489,10	6,44	1%	1%	n.s.	n.s.
1980	69,42	486,45	7,01	1%	1%	n.s.	n.s.
1981	67,81	486,90	7,18	1%	1%	n.s.	n.s.
1982	69,15	496,05	7,17	1%	1%	n.s.	n.s.
1983	70,23	491,30	7,00	1%	1%	n.s.	n.s.
1984	69,88	458,40	6,56	1%	1%	n.s.	n.s.
1985	67,98	471,60	6,94	1%	1%	n.s.	n.s.
1986	60,85	472,35	7,76	1%	1%	n.s.	5%
1987	70,16	492,85	7,02	1%	1%	n.s.	5%
1988	61,16	471,20	7,70	1%	1%	n.s.	n.s.
1989	63,28	461,40	7,29	1%	1%	n.s.	n.s.
1990	59,02	453,20	7,68	1%	1%	n.s.	n.s.
1991	61,00	469,00	7,69	1%	5%	n.s.	n.s.
1992	60,97	481,40	7,90	1%	5%	n.s.	n.s.
1993	67,31	496,90	7,38	1%	n.s.	n.s.	n.s.

Quelle: eigene Berechnungen aus Kostenstrukturstatistik, lfd. Jg.

Tabelle 13c: Zusammenhang zwischen Branchenzugehörigkeit und Entwicklung der Kapitalkosten in den Unternehmen des Verarbeitenden Gewerbes (1977-1993)

Jahr	SAQ inner.	SAQ zwi.	emp. F-Wert	Zusammenhang auf Niveau	Signifikante Unterschiede zwischen		
					K1 und K2	K1 und K3	K2 und K3
1977	1,63	79,60	48,98	1%	5%	1%	n.s.
1978	1,96	80,85	41,21	1%	n.s.	n.s.	n.s.
1979	1,63	79,10	48,55	1%	n.s.	n.s.	n.s.
1980	1,55	82,05	53,10	1%	n.s.	n.s.	n.s.
1981	2,01	90,60	45,17	1%	n.s.	n.s.	n.s.
1982	1,90	91,40	48,20	1%	n.s.	n.s.	n.s.
1983	1,99	82,90	41,69	1%	n.s.	n.s.	n.s.
1984	2,16	80,15	37,17	1%	n.s.	n.s.	n.s.
1985	1,53	80,20	52,27	1%	n.s.	n.s.	n.s.
1986	1,71	81,35	47,56	1%	n.s.	n.s.	n.s.
1987	1,89	84,95	44,96	1%	n.s.	n.s.	n.s.
1988	2,06	85,70	41,57	1%	n.s.	n.s.	n.s.
1989	2,02	87,35	43,20	1%	n.s.	n.s.	n.s.
1990	2,71	91,25	33,63	1%	n.s.	n.s.	n.s.
1991	2,57	94,35	36,77	1%	n.s.	n.s.	n.s.
1992	3,02	100,65	33,32	1%	n.s.	n.s.	n.s.
1993	3,56	105,05	29,49	1%	n.s.	n.s.	n.s.

Quelle: eigene Berechnungen aus Kostenstrukturstatistik, lfd. Jg.

Tabelle 13a: Zusammenhang zwischen Branchenzugehörigkeit und Entwicklung der sonstigen Kosten in den Unternehmen des Verarbeitenden Gewerbes (1977-1993)

Jahr	SAQ inner.	SAQ zwi.	emp. F-Wert	Zusammenhang auf Niveau	Signifikante Unterschiede zwischen		
					K1 und K2	K1 und K3	K2 und K3
1977	4,41	157,50	35,70	1%	n.s.	n.s.	n.s.
1978	15,58	175,80	11,28	1%	n.s.	n.s.	n.s.
1979	12,85	166,70	12,97	1%	n.s.	n.s.	n.s.
1980	8,29	163,30	19,70	1%	n.s.	n.s.	n.s.
1981	7,45	169,60	22,77	1%	n.s.	n.s.	n.s.
1982	7,66	175,85	22,96	1%	n.s.	n.s.	n.s.
1983	7,19	175,20	24,36	1%	n.s.	n.s.	n.s.
1984	10,64	171,10	16,09	1%	n.s.	n.s.	n.s.
1985	9,16	170,35	18,60	1%	n.s.	n.s.	n.s.
1986	12,96	182,85	14,11	1%	n.s.	n.s.	n.s.
1987	15,44	188,80	12,23	1%	n.s.	n.s.	n.s.
1988	17,23	189,30	10,99	1%	n.s.	n.s.	n.s.
1989	16,80	185,90	11,06	1%	n.s.	n.s.	n.s.
1990	15,03	189,05	12,58	1%	n.s.	n.s.	n.s.
1991	17,44	193,00	11,07	1%	n.s.	n.s.	n.s.
1992	23,11	206,80	8,95	1%	n.s.	n.s.	n.s.
1993	22,23	214,25	9,64	1%	n.s.	n.s.	n.s.

Quelle: eigene Berechnungen aus Kostenstrukturstatistik, lfd. Jg.

Zugehörigkeit zu einer der drei Gruppen einerseits und der Kostenstrukturveränderung der Gruppen andererseits besteht. Als Ergebnis zeigt sich, daß bei allen vier Kostenartenhauptgruppen ein hochsignifikanter Zusammenhang (auf dem Signifikanzniveau von 1 %) besteht. Dies resultiert daraus, daß die Produktionsstrukturen - und damit auch die Kostenstrukturen - einerseits homogen in den einzelnen Hauptgruppen sind, gleichzeitig aber auch zwischen den Hauptgruppen deutliche Unterschiede bestehen[13]. Die Summe der quadrierten Abweichungen innerhalb der Gruppen, die als Ausdruck für die Wirkung unerklärter Einflüsse (z.B. Umwelteinflüsse) zu interpretieren ist, ist bei allen vier Kostenartenhauptgruppen deutlich niedriger als die $SAQ_{zwischen}$, deren Höhe vorrangig vom Einfluß der unabhängigen Variablen bestimmt wird. Der Anteil der erklärten Abweichung ist somit größer als der Anteil der unerklärten Abweichung. Dieses Ergebnis kommt auch in den empirischen F-Werte zum Ausdruck, die bei einem Signifikanzniveau von 1 % über den theoretischen F-Werten liegen[14]. Insofern kann davon ausgegangen werden, daß die Wirtschaftszweigezugehörigkeit in den vergangenen Jahren einen Einfluß auf die Entwicklung der Kostenstrukturen besaß.

Gleichzeitig läßt sich bei allen vier Kostenarten im Zeitablauf eine Veränderung der empirischen F-Werte erkennen. Zurückzuführen sind diese Entwicklungen auf die Veränderungen der Werte für die $SAQ_{zwischen}$ und die $SAQ_{innerhalb}$. Besonders deutlich wird dies bei den „Materialkosten und den Kosten für bezogene Leistungen" sowie den „Kapitalkosten". Während sich die Abweichung zwischen den Gruppen in beiden Kostenartenhauptgruppen vergleichsweise stetig entwickelten, haben sich die Werte für die Abweichungen innerhalb der Gruppen spürbar erhöht (bei den Materialkosten und Kosten für bezogene Leistungen gilt dieser Befund bis zur Mitte der achtziger Jahre). Da die $SAQ_{zwischen}$ als ein guter Schätzer für die erklärte Abweichung (d.h. in diesem Zusammenhang für die Zugehörigkeit eines Wirtschaftszweiges zu einer Hauptgruppe) angesehen wird, kann dieser Befund dahingehend interpretiert werden, daß

---

[13] Während beispielsweise die Wirtschaftszweige der K1 über einen relativ hohen Materialanteil (Gruppenmittelwert:56%) und einen relativ niedrigen Personalkostenanteil (Gruppenmittelwert: 24 %) verfügen, liegt in der K2 der Gruppenmittelwert der Materialkosten bei 48 % und bei den Personalkosten bei 34 %.

[14] Bei 2 Freiheitsgraden im Zähler und 33 Freiheitsgraden im Nenner ergibt sich bei einer Vertrauenswahrscheinlichkeit von 0,99 ein theoretischer F-Wert von 5,39. Vgl. L. Sachs, 1978, S. 120.

offensichtlich exogene Einflüsse (wie beispielsweise die Verteuerung der energetischen und nichtenergetischen Rohstoffe) nicht in gleichem Maße auf alle Hauptgruppen einwirkten und strukturelle Anpassungsmaßnahmen nicht von den Unternehmen aller Wirtschaftszweige vorgenommen wurden.

Insgesamt kann somit festgehalten werden, daß nur mit einer geringen Restwahrscheinlichkeit von 1 % davon auszugehen ist, daß zwischen Branchenzugehörigkeit und Entwicklung der Kostenstrukturen ein Einfluß besteht, obwohl tatsächlich kein Einfluß besteht, oder: die Branchenzugehörigkeit weist mit großer Wahrscheinlichkeit einen Einfluß auf die Höhe und Entwicklung aller vier Kostenartenanteile auf.

Aussagen darüber, welche Ausprägung der unabhängigen Variablen (hier die Zugehörigkeit zu einer der drei Hauptgruppen) sich hinsichtlich ihrer Wirkung auf die Höhe und Entwicklung der Kostenartenanteile unterscheiden, zeigen die Ergebnisse des Newman-Keuls-Tests. Wie die Ergebnisse der letzten drei Spalten ausweisen, differieren nur die Ausprägungen der Zugehörigkeit zum „Produktionsgüterindustrie" und die Zugehörigkeit zur „Investitionsgüterindustrie" bzw. zur „Nahrungs- und Verbrauchsgüterindustrie in ihrer Wirkung auf die Materialkosten und die Personalkosten. Zusammengefaßt bedeutet dies, daß der Zusammenhang zwischen Branchenzugehörigkeit und Kostenstrukturentwicklung zwar sehr hoch ist, daß die Abweichungen der Kostenstrukturentwicklung aber nur bedingt voneinander abweichen. Offensichtlich relativiert die Gruppenbildung die im deskriptiven Teil festgestellten - teilweise deutlichen - Unterschiede in der sektoralen Zusammensetzung der Kostenstrukturen.

1.4.3. Einfluß der Konjunktur auf die Höhe und Entwicklung der Kostenanteile

Im theoretischen Teil der Arbeit wurde der Einfluß von Konjunktur und Reagibilität der einzelnen Kostenarten auf die Kostenstruktur diskutiert. Dabei wurde festgestellt, daß bei sinkender Beschäftigung die Kostenarten mit hohen fixen Bestandteilen nur bedingt angepaßt werden können. Dies dürfte zur Folge haben, daß die entsprechenden Kostenarten bei rückläufiger Beschäftigung gemessen an den Gesamtkosten c.p. an Bedeutung gewinnen sollten. In der Diskussion der Kostenkategorien wurde erarbeitet, daß vor allem die Kostenartenhauptgruppen „Personalkosten" und „Kapitalkosten" überwiegend fixer Natur sind, während „Materialkosten und Kosten für bezogene Leistungen" als variabel angesehen werden können.

Tabelle 14a: Zusammenhang zwischen Konjunktur und Materialkosten in den Unternehmen des Verarbeitenden Gewerbes (1977-1993)

SYPRO-Nummer	SAQ innerhalb	SAQ zwischen	emp. F-Wert	Signifik. Niveau	Signifikante Untersch.	Gruppen-MW K1 > K2
22	435,27	0,73	0,03	n.s.	n.s.	ja
25	52,76	0,29	0,08	n.s.	n.s.	ja
27	46,81	0,42	0,13	n.s.	n.s.	ja
28	140,98	0,22	0,02	n.s.	n.s.	ja
29	543,25	25,29	0,70	n.s.	n.s.	nein
3011	241,27	13,91	0,86	n.s.	n.s.	nein
3015	58,74	4,18	1,07	n.s.	n.s.	ja
40	131,81	1,00	0,11	n.s.	n.s.	ja
53	59,96	4,27	1,07	n.s.	n.s.	nein
55	95,99	12,14	1,90	n.s.	5%	ja
59	125,03	0,59	0,07	n.s.	n.s.	nein
3021	40,16	13,12	4,90	5%	1%	nein
3025	31,82	0,52	0,24	n.s.	n.s.	nein
31	2489,40	54,70	0,33	n.s.	n.s.	ja
32	8,46	1,07	1,90	n.s.	5%	nein
33	88,31	0,05	0,01	n.s.	n.s.	ja
34	137,56	3,40	0,37	n.s.	n.s.	ja
35	222,58	51,73	3,49	n.s.	1%	ja
36	15,99	4,09	3,84	n.s.	1%	ja
37	38,54	1,07	0,42	n.s.	n.s.	ja
38	9,10	0,00	0,00	n.s.	n.s.	ja
50	3,46	1,23	5,97	n.s.	n.s.	ja
39	21,16	1,28	0,91	n.s.	n.s.	nein
51	25,94	7,63	4,41	n.s.	1%	ja
52	64,96	0,00	0,00	n.s.	n.s.	ja
54	67,53	9,30	2,07	n.s.	5%	nein
56	62,24	0,12	0,03	n.s.	n.s.	nein
57	35,98	0,40	0,17	n.s.	n.s.	nein
58	6,02	2,87	7,15	5%	1%	nein
61	6,23	2,33	9,67	n.s.	n.s.	ja
62	35,98	0,40	0,17	n.s.	n.s.	nein
63	22,23	1,62	1,09	n.s.	n.s.	nein
64	33,12	0,08	0,04	n.s.	n.s.	nein
68	105,26	7,75	1,10	n.s.	n.s.	nein
69	191,10	1,58	0,12	n.s.	n.s.	nein

Quelle: eigene Berechnungen aus Kostenstrukturstatistik, lfd. Jg.

Tabelle 14b: Zusammenhang zwischen Konjunktur und Personalkosten in den Unternehmen des Verarbeitenden Gewerbes (1977-1993)

SYPRO-Nummer	SAQ innerhalb	SAQ zwischen	emp. F-Wert	Signifik. Niveau	Signifikante Untersch.	Gruppen-MW K1 > K2
22	4,07	1,24	4,55	5%	1%	nein
25	6,43	0,00	0,00	n.s.	n.s.	ja
27	61,83	7,59	1,84	n.s.	n.s.	ja
28	63,40	5,33	1,26	n.s.	n.s.	ja
29	447,51	41,28	1,38	n.s.	n.s.	ja
3011	27,16	21,62	11,94	1%	1%	ja
3015	15,14	4,51	4,47	n.s.	1%	ja
40	41,15	4,21	1,53	n.s.	n.s.	ja
53	25,56	0,24	0,14	n.s.	n.s.	ja
55	53,96	3,60	1,00	n.s.	n.s.	ja
59	370,33	18,03	0,73	n.s.	n.s.	ja
3021	29,01	1,13	0,58	n.s.	n.s.	ja
3025	26,20	15,42	8,83	1%	1%	ja
31	34,79	2,47	0,99	n.s.	n.s.	nein
32	11,76	3,98	5,08	5%	1%	ja
33	39,84	7,68	2,89	n.s.	5%	ja
34	199,90	12,76	0,96	n.s.	n.s.	nein
35	226,80	24,17	1,60	n.s.	n.s.	nein
36	22,77	0,19	0,13	n.s.	n.s.	ja
37	47,22	1,72	0,55	n.s.	n.s.	ja
38	11,42	0,80	1,05	n.s.	n.s.	ja
50	3,46	1,23	5,97	n.s.	n.s.	ja
39	56,20	0,06	0,02	n.s.	n.s.	ja
51	19,83	1,04	0,78	n.s.	n.s.	ja
52	32,38	1,64	0,76	n.s.	n.s.	ja
54	62,24	0,12	0,03	n.s.	n.s.	nein
56	50,49	4,55	1,35	n.s.	n.s.	ja
57	8,06	6,88	12,81	1%	1%	ja
58	191,10	1,58	0,12	n.s.	n.s.	nein
61	6,23	2,33	9,67	n.s.	n.s.	ja
62	8,06	6,88	12,81	1%	1%	ja
63	24,14	4,05	2,52	n.s.	5%	ja
64	94,02	0,04	0,01	n.s.	n.s.	ja
68	3,33	0,42	1,89	n.s.	5%	ja
69	14,74	1,76	1,79	n.s.	n.s.	ja

Quelle: eigene Berechnungen aus Kostenstrukturstatistik, lfd. Jg.

Tabelle 14c: Zusammenhang zwischen Konjunktur und Kapitalkosten in den Unternehmen des Verarbeitenden Gewerbes (1977-1993)

SYPRO-Nummer	SAQ innerhalb	SAQ zwischen	emp. F-Wert	Signifik. Niveau	Signifikante Untersch.	Gruppen-MW K1 > K2
22	1,40	0,14	1,54	n.s.	nein	nein
25	1,38	1,86	20,13	1%	1%	ja
27	11,77	3,47	4,42	n.s.	1%	ja
28	3,54	2,48	10,52	1%	1%	ja
29	5,28	3,98	11,31	1%	1%	ja
3011	4,14	3,40	12,32	1%	1%	ja
3015	1,88	1,92	15,37	1%	1%	ja
40	6,16	1,55	3,76	n.s.	1%	ja
53	5,29	2,60	7,37	5%	1%	ja
55	30,02	5,05	2,53	n.s.	5%	ja
59	23,06	0,38	0,25	n.s.	nein	ja
3021	11,71	1,93	2,48	n.s.	5%	ja
3025	2,80	2,08	11,16	1%	1%	ja
31	8,38	2,24	4,01	n.s.	1%	ja
32	1,52	1,76	17,41	1%	1%	ja
33	1,80	0,75	6,28	5%	1%	ja
34	2,16	0,02	0,11	n.s.	nein	nein
35	7,92	0,00	0,01	n.s.	nein	ja
36	0,71	0,23	4,85	5%	1%	ja
37	4,18	0,38	1,35	n.s.	nein	ja
38	2,48	0,94	5,71	5%	1%	ja
50	3,46	1,23	5,97	5%	1%	ja
39	8,19	4,55	8,32	5%	1%	ja
51	6,03	0,53	1,31	n.s.	nein	ja
52	0,48	0,86	26,92	1%	1%	ja
54	4,11	1,17	4,28	5%	1%	ja
56	7,14	0,18	0,38	n.s.	1%	ja
57	2,38	1,35	8,50	5%	1%	ja
58	0,80	1,26	15,82	1%	1%	ja
61	6,23	2,33	9,67	1%	1%	ja
62	3,62	2,28	9,43	1%	1%	ja
63	0,46	1,23	39,89	1%	1%	ja
64	1,33	0,70	7,91	5%	1%	ja
68	1,39	0,04	0,42	n.s.	nein	ja
69	2,48	0,94	5,71	5%	1%	ja

Quelle: eigene Berechnungen aus Kostenstrukturstatistik, lfd. Jg.

Im folgenden wird die Hypothese, daß in den Jahren einer (gesamtwirtschaftlich) rückläufigen Beschäftigung Personalkosten und Kapitalkosten an Bedeutung gewinnen und die Kostenartenhauptgruppe Materialkosten und Kosten für bezogene Leistungen an Bedeutung verliert, auf empirische Relevanz getestet. Dazu werden die drei relevanten Kostenartenhauptgruppen für jeden SYPRO-Zweisteller bzw. Viersteller separat untersucht. Die Phase einer rückläufigen konjunkturellen Beschäftigung wird dabei als K1 bezeichnet und die Jahre eines Konjunkturaufschwungs als K2. Analog zur vorstehenden Untersuchung enthalten die folgenden drei Tabellen die Werte für die $SAQ_{innerhalb}$ und $SAQ_{zwischen}$, um die Bedeutung der unerklärten und der erklärten Komponenten an der Gesamtabweichung aufzuzeigen. Zum Testen der „Nullhypothese" wird daneben der empirische F-Wert aufgeführt und mit dem theoretischen F-Wert verglichen, so daß sich Aussagen über einen möglichen signifikanten Zusammenhang finden lassen. Abschließend wird das Ergebnis der Analyse zur Ermittlung der Wirkungsunterschiede der Ausprägungen der unabhängigen Variablen angegeben. Eine Erweiterung erhalten die drei folgenden Tabellen gegenüber den anderen Darstellungen insoweit, daß für die Wirtschaftszweige ausgewiesen wird, ob die Mittelwerte der jeweiligen Kostenartenhauptgruppen in Phasen eines Konjunkturaufschwungs unter denen in den Jahren eines Konjunkturabschwungs liegen oder ob die Relation umgekehrt ist.

Wie die letzte Spalte der Tabelle 14c zeigt, sind die durchschnittlichen Mittelwerte der Kostenartenhauptgruppe „Kapitalkosten" bei einem Konjunkturabschwung nur in zwei Wirtschaftszweigen niedriger als in den Jahren einer anziehenden Konjunktur. Bei der Kostenartenhauptgruppe „Personalkosten" gilt dieser Befund für sechs Wirtschaftszweige. Ein anderes Bild ergibt sich hingegen bei den „Materialkosten und den Kosten für bezogene Leistungen". Hier waren die durchschnittlichen Mittelwerte bei einem Konjunkturabschwung in siebzehn Wirtschaftszweigen höher als bei einem Konjunkturaufschwung. Insofern scheint sich die These zu bestätigen, daß „Kapitalkosten" und „Personalkosten" institutionelle Abbauhemmnisse aufweisen, die zu tendenziell höheren Anteilswerten in Zeiten einer rückläufigen Beschäftigung führen.

Allerdings läßt sich dieser Befund nicht durchgängig als signifikant gesichert bezeichnen. Bei den „Materialkosten und Kosten für bezogene Leistungen" sowie den „Personalkosten" übersteigen die $SAQ_{innerhalb}$ die $SAQ_{zwischen}$ in den meisten Wirtschaftszweigen sehr deutlich, was zu niedrigen empirischen F-Werten führt. Diese Werte sind bei den wenigsten Sektoren - und wenn doch, dann überwiegend nur auf dem Niveau von 5 % - nicht signifikant. Es kann daher nur mit einer recht hohen Irrtumswahrscheinlichkeit davon ausgegangen werden, daß die Konjunktur einen Einfluß auf die Entwicklung der „Personalkosten" sowie der „Materialkosten und Kosten für bezogene Leistungen" ausübt. Dementsprechend bestehen auch bei den meisten Wirtschaftszweigen keine signifikanten Wirkungsunterschiede der konjunkturellen Situation auf die Höhe und Entwicklung der beiden entsprechenden Anteilswerte.

Bei den „Kapitalkosten" sind die Zusammenhänge hingegen eindeutiger; nur bei dreizehn Wirtschaftszweigen lagen die empirischen F-Werte unter den theoretischen F-Werten, so daß sich bei den meisten Sektoren ein signifikanter Zusammenhang zwischen Konjunktur und Anteilswert erkennen ließ. Dies bestätigt auch der Test der Wirkungsunterschiede: Bei der Mehrzahl der Sektoren ist die Wirkung von „Konjunkturaufschwung" und „Konjunkturabschwung" auf die Höhe und Entwicklung der Anteilswerte der „Kapitalkosten" signifikant verschieden.

1.4.4. Einfluß der Zugehörigkeit zu einer „typischen" Kostenstruktur auf die Höhe und Entwicklung der Kostenanteile

In Abschnitt 1.2.2. konnte gezeigt werden, daß die Zugehörigkeit eines Wirtschaftszweiges zu einer Hauptgruppe in einem engen Zusammenhang mit der Entwicklung der Kostenstrukturen stand. In diesem Abschnitt soll untersucht werden, ob die spezifischen Produktionsstrukturen der Wirtschaftszweige, welche sich letztendlich in der Zusammensetzung der Kostenstruktur widerspiegeln, in einem signifikanten Zusammenhang zur Veränderung der Kostenstrukturen stehen. Diese Frage kann vor dem Hintergrund der Standortdiskussion gesehen werden, in der oftmals auf die Benachteiligung bestimmter Wirtschaftszweige hingewiesen wird. Insofern können die folgenden Ausführungen Aufschluß darüber geben, ob sich bestimmte „typische" Kostenstrukturen unterschiedlich entwickelten. Im folgenden Teil wird in einem zweiten Schritt untersucht, ob sich signifikante Unterschiede in der Kosteneffizienz ergeben. d.h. beispielsweise, ob personalintensive Wirtschaftsbereiche „noch" personalintensiver wurden und insofern unter den Lohnentwicklungen besonders „zu leiden" hatten.

Im folgenden werden die Wirtschaftszweige nach „typischen" Kostenstrukturen geordnet, wobei sich die Systematisierung an den Anteilswerten des Jahres 1977 orientiert Als „typisch" wird dabei eine Kostenstruktur bezeichnet, die eine arbeits-, kapital- oder materialintensive Produktion repräsentiert. Wirtschaftszweige, die keiner dieser Klassen zugeordnet werden können, werden in der Gruppe „sonstige Kostenstrukturen“ geführt. Entsprechend dem zuvor erarbeiteten Zuordnungskriterium[15] ergibt sich folgende Zuordnung der Wirtschaftszweige:

1. materialintensive Kostenstrukturen: 22, 28, 3011, 3015, 33, 53, 61, 64, 68.

2. personalintensive Kostenstrukturen: 29, 3025, 32, 35, 36, 37, 51, 57, 59.

3. kapitalintensive Kostenstrukturen: 25, 27, 3021, 40, 52, 55, 58, 62, 63.

4. sonstige Kostenstrukturen: 31, 34, 38, 50, 39, 54, 56, 69.

Um die Frage zu klären, ob sich die Zuordnung während der Betrachtungsperiode bei der Wahl eines anderen Basisjahres geändert hätte, konnte festgestellt werden, daß die Zuordnungen zu den Gruppen identisch blieben. Dies ist auch ein Indiz dafür, daß sich die Kostenstrukturen im Untersuchungszeitraum nicht fundamental verändert haben.

Zur Durchführung der Varianzanalyse wird die Gruppe der materialintensiven Kostenstrukturen mit K1, die der personalintensiven mit K2, die der kapitalintensiven mit K3 und die Gruppe der sonstigen Kostenstrukturen mit K4 bezeichnet. Analog zu den beiden vorstehenden Untersuchung enthalten die folgenden vier Tabellen die Werte für die $SAQ_{innerhalb}$ und $SAQ_{zwischen}$, um die Bedeutung der unerklärten und der erklärten Komponenten an der Gesamtabweichung aufzuzeigen. Zum Testen der „Nullhypothese“ wird daneben der empirische F-Wert aufgeführt und mit dem theoretischen F-Wert verglichen[16]. Abschließend wird das Ergebnis der Analyse zur Ermittlung der Wirkungsunterschiede der Ausprägungen der unabhängigen Variablen angegeben.

---

[15] Siehe S. 182.

[16] Bei einem Signifikanzniveau von 1 % beträgt der theoretische F-Wert 4,51 und bei einer Vertrauenswahrscheinlichkeit von 95 % beläuft sich der theoretische F-Wert auf 3,32.

Tab.15a: Zusammenhang zwischen der Zugehörigkeit zu einer "typischen" Kostenstruktur und der Entwicklung der Materialkosten und der Kosten für bezogene Leistungen

Jahr	SAQ	SAQ	emp.	Signifikanz	Signifikante Gruppenunterschiede zwischen						Gruppenmittelwerte			
	innerhalb	zwischen	F-Wert	Niveau	K1/K2	K1/K3	K1/K4	K2/K3	K2/K4	K3/K4	K1	K2	K3	K4
1977	2074,81	2346,48	11,31	1%	1%	5%	1%	5%	n.s.	n.s.	63,78	41,62	51,89	45,38
1978	2014,23	2345,64	11,65	1%	1%	5%	1%	5%	n.s.	n.s.	63,41	41,24	51,56	45,06
1979	1983,67	2404,82	12,12	1%	1%	5%	1%	5%	n.s.	n.s.	64,40	42,27	52,53	45,29
1980	2195,58	2301,04	10,48	1%	1%	5%	1%	5%	n.s.	n.s.	65,26	43,49	53,73	46,81
1981	2300,02	2672,62	12,01	1%	1%	5%	1%	5%	n.s.	n.s.	66,57	44,27	54,74	46,83
1982	2242,20	2866,09	13,21	1%	1%	5%	1%	5%	n.s.	n.s.	67,22	44,32	54,67	46,41
1983	2172,49	2922,76	13,90	1%	1%	1%	1%	5%	n.s.	n.s.	67,41	44,03	54,46	46,73
1984	3940,72	3917,35	10,27	1%	1%	n.s.	1%	n.s.	n.s.	5%	67,73	44,39	55,58	40,50
1985	1796,79	2717,03	15,63	1%	1%	1%	1%	5%	n.s.	n.s.	67,80	45,21	55,83	48,05
1986	2104,61	2119,10	10,40	1%	1%	1%	1%	n.s.	n.s.	n.s.	66,13	46,69	53,17	47,75
1987	1532,03	2076,04	14,00	1%	1%	1%	1%	5%	n.s.	n.s.	63,20	43,02	52,21	46,59
1988	1965,33	2239,99	11,78	1%	1%	1%	1%	n.s.	n.s.	n.s.	64,84	44,12	52,49	47,04
1989	1751,64	2282,33	13,46	1%	1%	1%	1%	n.s.	n.s.	n.s.	65,76	45,02	53,52	47,49
1990	2016,11	2155,27	11,05	1%	1%	1%	1%	n.s.	n.s.	n.s.	65,70	45,51	52,93	48,00
1991	1436,34	1834,40	13,20	1%	1%	1%	1%	n.s.	n.s.	n.s.	63,79	45,02	52,81	47,71
1992	1357,26	1770,54	13,48	1%	1%	1%	1%	n.s.	n.s.	n.s.	62,89	44,99	51,74	46,24
1993	1348,47	1715,15	13,14	1%	1%	1%	1%	n.s.	n.s.	n.s.	62,21	44,51	51,21	45,94

Tab.15b: Zusammenhang zwischen der Zugehörigkeit zu einer "typischen" Kostenstruktur und der Entwicklung der "Personalkosten"

Jahr	SAQ	SAQ	emp.	Signifikanz	Signifikante Gruppenunterschiede zwischen						Gruppenmittelwerte			
	innerhalb	zwischen	F-Wert	Niveau	K1/K2	K1/K3	K1/K4	K2/K3	K2/K4	K3/K4	K1	K2	K3	K4
1977	1435,15	1878,28	13,09	1%	1%	5%	5%	1%	1%	n.s.	19,58	40,31	28,24	27,70
1978	1400,10	1696,49	12,12	1%	1%	5%	5%	1%	1%	n.s.	19,81	39,70	28,69	28,84
1979	1433,89	1753,48	12,23	1%	1%	5%	5%	1%	5%	n.s.	18,83	38,98	27,14	29,06
1980	1419,91	1549,87	10,92	1%	1%	n.s.	5%	1%	5%	n.s.	19,29	38,24	27,16	28,75
1981	1318,87	1539,86	12,06	1%	1%	5%	5%	1%	5%	n.s.	19,54	37,96	27,31	28,85
1982	1383,12	1582,12	11,82	1%	1%	5%	5%	1%	5%	n.s.	19,30	37,94	27,17	29,05
1983	1402,65	1622,24	11,95	1%	1%	5%	1%	1%	5%	n.s.	18,77	37,67	27,07	28,89
1984	1349,17	1568,95	11,63	1%	1%	n.s.	5%	1%	5%	n.s.	18,07	36,63	25,77	27,51
1985	1421,35	1542,50	11,21	1%	1%	n.s.	1%	1%	n.s.	n.s.	17,96	36,23	25,38	28,39
1986	1723,70	1203,67	7,22	1%	1%	n.s.	5%	n.s.	n.s.	n.s.	18,52	34,71	26,39	28,51
1987	1408,82	1648,22	12,09	1%	1%	5%	5%	1%	5%	n.s.	18,86	37,94	27,33	28,56
1988	1588,96	1223,49	7,96	1%	1%	n.s.	5%	5%	n.s.	n.s.	18,67	35,04	26,08	28,04
1989	1263,08	1470,32	12,03	1%	1%	5%	1%	1%	5%	n.s.	17,53	35,44	25,07	27,55
1990	1386,30	1182,03	8,81	1%	1%	n.s.	5%	5%	5%	n.s.	17,84	34,04	25,62	26,10
1991	1134,29	1352,03	12,32	1%	1%	5%	5%	1%	1%	n.s.	18,82	36,06	26,28	25,95
1992	1144,16	1325,79	11,97	1%	1%	5%	n.s.	1%	1%	n.s.	19,53	36,61	27,20	26,59
1993	1171,76	1397,42	12,32	1%	1%	5%	n.s.	5%	1%	n.s.	20,30	37,73	28,63	26,73

Tab.15c: Zusammenhang zwischen der Zugehörigkeit zu einer "typischen" Kostenstruktur und der Entwicklung der "Kapitalkosten"

Jahr	SAQ	SAQ	emp.	Signifikanz	Signifikante Gruppenunterschiede zwischen						Gruppenmittelwerte			
	innerhalb	zwischen	F-Wert	Niveau	K1/K2	K1/K3	K1/K4	K2/K3	K2/K4	K3/K4	K1	K2	K3	K4
1977	34,52	37,64	10,90	1%	n.s.	1%	n.s.	5%	n.s.	1%	3,96	4,79	6,38	3,70
1978	36,17	37,79	10,45	1%	n.s.	1%	n.s.	5%	5%	1%	3,96	4,91	6,32	3,61
1979	30,61	25,01	8,17	1%	n.s.	1%	n.s.	n.s.	n.s.	1%	3,81	4,86	5,90	3,86
1980	28,65	24,84	8,67	1%	n.s.	1%	n.s.	n.s.	n.s.	1%	4,01	5,01	6,08	4,03
1981	41,06	31,32	7,88	1%	n.s.	1%	n.s.	n.s.	n.s.	1%	4,43	5,52	6,70	4,40
1982	41,98	26,88	6,62	1%	n.s.	1%	n.s.	n.s.	n.s.	1%	4,47	5,56	6,47	4,30
1983	47,05	22,23	4,88	1%	n.s.	1%	n.s.	n.s.	n.s.	5%	3,92	5,22	5,76	3,96
1984	45,37	27,45	6,25	1%	5%	1%	n.s.	n.s.	n.s.	1%	3,86	5,06	5,74	3,55
1985	30,22	19,95	6,82	1%	n.s.	1%	n.s.	n.s.	5%	1%	3,73	5,02	5,56	3,95
1986	29,89	26,62	9,20	1%	5%	1%	n.s.	n.s.	5%	1%	3,72	5,12	5,80	3,86
1987	33,83	29,82	9,11	1%	5%	1%	n.s.	n.s.	5%	1%	3,94	5,30	6,11	3,96
1988	39,35	32,30	8,48	1%	1%	1%	n.s.	n.s.	1%	1%	3,89	5,64	6,00	3,95
1989	35,77	29,58	8,54	1%	n.s.	1%	n.s.	n.s.	1%	1%	3,88	5,50	6,18	4,34
1990	53,49	39,47	7,62	1%	5%	1%	n.s.	n.s.	1%	1%	4,09	6,07	6,41	4,18
1991	51,76	35,14	7,02	1%	n.s.	1%	n.s.	n.s.	n.s.	1%	4,38	5,80	6,80	4,49
1992	62,29	39,58	6,57	1%	n.s.	1%	n.s.	n.s.	n.s.	1%	4,71	6,07	7,31	4,81
1993	73,25	51,42	7,25	1%	n.s.	1%	n.s.	n.s.	n.s.	1%	4,91	6,49	7,71	4,76

Tab.15d: Zusammenhang zwischen der Zugehörigkeit zu einer "typischen" Kostenstruktur und der Entwicklung der "sonstigen Kosten"

Jahr	SAQ	SAQ	emp.	Signifikanz	Signifikante Gruppenunterschiede zwischen						Gruppenmittelwerte			
	innerhalb	zwischen	F-Wert	Niveau	K1/K2	K1/K3	K1/K4	K2/K3	K2/K4	K3/K4	K1	K2	K3	K4
1977	469,78	3,96	0,08	n.s.	n.s.	n.s.	n.s.	n.s.	n.s.	n.s.	10,41	10,33	10,87	9,87
1978	481,11	1,05	0,02	n.s.	n.s.	n.s.	n.s.	n.s.	n.s.	n.s.	10,55	10,64	10,92	10,44
1979	380,30	9,71	0,25	n.s.	n.s.	n.s.	n.s.	n.s.	n.s.	n.s.	9,91	9,41	10,84	10,26
1980	258,42	3,21	0,12	n.s.	n.s.	n.s.	n.s.	n.s.	n.s.	n.s.	9,44	9,84	10,30	9,97
1981	245,85	7,12	0,29	n.s.	n.s.	n.s.	n.s.	n.s.	n.s.	n.s.	9,46	10,22	10,67	10,37
1982	234,25	10,20	0,44	n.s.	n.s.	n.s.	n.s.	n.s.	n.s.	n.s.	9,54	10,29	11,01	10,59
1983	214,89	15,01	0,70	n.s.	n.s.	n.s.	n.s.	n.s.	n.s.	n.s.	9,30	10,43	11,10	10,41
1984	331,44	15,76	0,48	n.s.	n.s.	n.s.	n.s.	n.s.	n.s.	n.s.	9,27	10,60	10,80	9,46
1985	272,33	12,04	0,44	n.s.	n.s.	n.s.	n.s.	n.s.	n.s.	n.s.	9,40	9,52	10,64	10,66
1986	406,28	3,50	0,09	n.s.	n.s.	n.s.	n.s.	n.s.	n.s.	n.s.	10,30	10,71	11,17	10,87
1987	492,57	1,15	0,02	n.s.	n.s.	n.s.	n.s.	n.s.	n.s.	n.s.	11,03	10,92	11,40	11,06
1988	551,34	1,12	0,02	n.s.	n.s.	n.s.	n.s.	n.s.	n.s.	n.s.	11,01	11,17	11,40	10,91
1989	540,10	1,54	0,03	n.s.	n.s.	n.s.	n.s.	n.s.	n.s.	n.s.	10,90	10,94	11,22	10,60
1990	487,68	1,52	0,03	n.s.	n.s.	n.s.	n.s.	n.s.	n.s.	n.s.	10,81	11,14	11,39	11,14
1991	566,50	0,76	0,01	n.s.	n.s.	n.s.	n.s.	n.s.	n.s.	n.s.	11,39	11,18	11,57	11,26
1992	749,85	1,81	0,02	n.s.	n.s.	n.s.	n.s.	n.s.	n.s.	n.s.	12,37	11,79	12,23	12,30
1993	739,31	4,46	0,06	n.s.	n.s.	n.s.	n.s.	n.s.	n.s.	n.s.	12,87	12,02	12,90	12,63

Wie die letzten Spalten der Tabelle 15a zeigen, sind die durchschnittlichen Mittelwerte der „Materialkosten und Kosten für bezogene Leistungen“ bei den materialintensiven Wirtschaftszweigen (K1) am höchsten und bei den personalintensiven Wirtschaftszweigen (K2) am niedrigsten. Ein entgegengesetzter Befund ergibt sich bei den Mittelwerten der „Personalkosten“. Hier liegen die höchsten Werte bei den personalintensivsten Wirtschaftszweigen und die niedrigsten Anteilswerte bei den materialintensiven Wirtschaftszweigen. Insgesamt ist während der Betrachtungsperiode bei allen Kostenartenhauptgruppen eine Nivellierung der Bedeutung zwischen den Wirtschaftszweigen festzustellen. Während die Gruppe mit den durchschnittlich höchsten Anteilen einer Kostenartenhauptgruppe diese relativ reduzierte, sind die Anteilswerte bei den jeweils anderen drei Gruppen gestiegen bzw. weniger stark zurückgegangen. Insofern haben die Unternehmen des Verarbeitenden Gewerbes zwar erkennbare Veränderungen in den Produktionsstrukturen vorgenommen, um ihre „spezifische Lastigkeit“ zu reduzieren. Gleichwohl bleiben die „Grundstrukturen“ vom Beginn der Betrachtungsperiode bestehen, so daß sich bei der Zuordnung der Wirtschaftszweige zu einer Gruppe keine Veränderungen ergeben hätten.

Der Befund einer Stabilität der Kostenstrukturen bestätigen auch die Werte der Summenabweichungen. Bei den „Materialkosten und Kosten für bezogene Leistungen“ sowie den „Personalkosten“ übersteigen die Werte der $SAQ_{zwischen}$ die Werte der $SAQ_{innerhalb}$ in den meisten Wirtschaftszweigen sehr deutlich, was zu entsprechend hohen empirischen F-Werten führt. Diese Werte sind bei allen Wirtschaftszweigen auf dem Niveau von 1 % signifikant, so daß die Zugehörigkeit zu einer „typischen“ Kostenstrukturgruppe nur mit einer geringen Irrtumswahrscheinlichkeit keinen Einfluß auf die Höhe und Entwicklung der Anteile der Kostenartenhauptgruppen „Materialkosten und Kosten für bezogene Leistungen“ sowie „Personalkosten“ ausübt.

Ob sich die Zugehörigkeiten in ihrer Wirkung auf die abhängige Variable voneinander unterscheiden, zeigen die Ergebnisse der Gruppenunterschiede. Bei der Entwicklung der „Materialkosten und der Kosten für bezogene Leistungen“ ist vor allem die Gruppe K1 von den anderen drei Gruppen mit einer sehr geringen Irrtumswahrscheinlichkeit signifikant verschieden. Interessant ist dabei auch die zeitliche Entwicklung der Signifikanzwerte zwischen den K2 und K3. Während sich bis zum 1983 auf dem Niveau von 5 % ein signifikanter Wirkungsunterschied zeigte, sind seitdem (mit Ausnahme der Jahre 1985 und 1987) keine signifikanten Unterschiede mehr festzustellen. Dieser Befund bestätigt das deskriptive Ergebnis, daß sich im Betrachtungszeitraum eine Nivellierung der Kostenartenanteile zwischen den Wirtschaftszweigen eingestellt hat. Bei den Gruppenunterschieden hinsichtlich der Entwicklung der „Personalkosten" lassen sich markante Abweichungen vor allem zwischen der K2 und den anderen drei Gruppen feststellen.

Insgesamt zeigen die Ergebnisse, daß sich die Kostenstrukturen zwischen den Wirtschaftszweigen zwar nivelliert haben. Die Wirtschaftszweige die zu Beginn der Betrachtungsperiode als „materialintensiv" bzw. „personalintensiv" zu bezeichnen waren, sind dies auch während der letzten Jahre geblieben, so daß sich maßgebliche Abhängigkeiten nur begrenzt relativiert haben.

Bei der Zusammenhangsanalyse zwischen der Zugehörigkeit zu einer „typischen" Kostenstruktur und der Entwicklung der „Kapitalkosten" sowie der „sonstigen Kosten" sind die Ergebnisse weniger eindeutig. Zwar besteht zwischen der Gruppenzugehörigkeit und der Entwicklung und Höhe der Kapitalkostenanteile ein signifikanter Zusammenhang, durchgängig signifikante Wirkungsunterschiede bestehen allerdings nur zwischen den Gruppen K1 und K3 sowie K3 und K4. Bei der Analyse der „sonstigen Kosten" zeigen sich weder bei Zusammenhangsanalyse noch bei den Gruppenunterschieden signifikante Ergebnisse. In diesem Befund spiegelt sich die Tatsache wider, daß die Gruppenmittelwert nur geringe Abweichungen aufweisen und daß die Entwicklungstendenz in allen vier Gruppen gleich verlief. Maßgebliche Bestimmungsfaktoren für die Höhe und Entwicklung der „sonstigen Kosten" sind somit vor allem in Umwelteinflüssen anzusehen, die in der Untersuchung nicht kontrolliert werden können.

1.4.5. Einfluß von Umfelddynamik und Umfeldkomplexität auf die Höhe und Entwicklung der Kostenartenanteile

Da die Veränderungen in den wirtschaftlichen Rahmenbedingungen das Handeln der Unternehmen in den vergangenen Jahren beeinflußt hat, wurden die Faktoren „Umfelddynamik" und „Umfeldkomplexität" als unabhängige Variable, die die Kostenstrukturveränderung der letzten Jahre beeinflußt haben kann, in die Kontextanalyse einbezogen. Hierzu wurde die Hypothese aufgestellt, daß insbesondere die Unternehmen, die in den letzten Jahren in einem besonders komplexen und dynamischen Umfeld standen, zur Sicherung ihres Erfolges verstärkt Rationalisierungen vorgenommen und die Einführung neuer Technologien vorangetrieben haben. Insofern wurde die Hypothese formuliert, daß die Dynamik und Komplexität des Umfeldes in einem Zusammenhang mit der Kostenstrukturentwicklung der einzelnen Wirtschaftszweige stand.

Zur Operationalisierung der Umfelddynamik und Umfeldkomplexität wird das „Ausmaß des Wachstums der jeweiligen Branche während der Betrachtungsperiode" als Indikator gewählt. Dabei wird konkret auf die prozentuale Veränderung des Bruttoproduktionswertes eines Wirtschaftszweiges zwischen 1977 und 1993 abgestellt. Je nach Ausmaß des Wachstums werden die Wirtschaftszweige einer Gruppe mit überdurchschnittlichen Wachstumsraten (K1), einer Gruppe mit durchschnittlichen Wachstumsraten (K2) und einer Gruppe mit unterdurchschnittlichen Wachstumsraten (K3) zugeordnet. Bei der Zuteilung der Wirtschaftszweige ergab sich folgende Zuordnung der SYPRO-Nummern:

K1: 35, 58, 62, 36, 33, 38, 50, 57, 3025, 3021, 25 und 32

K2: 69, 37, 52, 22, 31, 54, 56, 55, 68, 59, 51 und 39

K3: 40, 53, 28, 29, 3015, 64, 3011, 63, 34, 27 und 61

Im Gegensatz zu den vorstehenden Analysen zielt die folgende Betrachtung nicht auf die Veränderung der Anteilswerte auf der Ebene der Kostenartenhauptgruppen ab, sondern auf die von neuen Technologien beeinflußten Kostenarten. Dies sind insbesondere die Kosten für bezogene Leistungen, die Bruttolohn- und Bruttogehaltsumme sowie die beiden Komponenten der Kapitalkosten[17].

---

[17] Vgl. hierzu die Ausführungen in Abschnitt 2.1.2. im 2. Teil auf Seite den Seiten 74.

Tabelle 16a: Zusammenhang zwischen Wachstum und Entwicklung der Kosten für bezogene Leistungen in den Unternehmen des Verarbeitenden Gewerbes (1977-1993)

Jahr	SAQ inner.	SAQ zwi.	emp. F-Wert	Signifik. Niveau	Signifik.Unterschiede K1/K2	K1/K3	K2/K3	Gruppenmittelwerte K1	K2	K3
1977	13,67	0,57	0,64	n.s.	n.s.	n.s.	n.s.	1,63	1,45	1,77
1978	14,09	0,24	0,26	n.s.	n.s.	n.s.	n.s.	1,68	1,52	1,70
1979	15,29	0,28	0,29	n.s.	n.s.	n.s.	n.s.	1,73	1,56	1,77
1980	16,59	0,24	0,23	n.s.	n.s.	n.s.	n.s.	1,80	1,66	1,86
1981	13,94	0,32	0,36	n.s.	n.s.	n.s.	n.s.	1,74	1,59	1,83
1982	13,11	0,24	0,30	n.s.	n.s.	n.s.	n.s.	1,78	1,63	1,83
1983	12,56	0,22	0,29	n.s.	n.s.	n.s.	n.s.	1,80	1,62	1,76
1984	12,86	0,27	0,33	n.s.	n.s.	n.s.	n.s.	1,87	1,65	1,81
1985	13,46	0,34	0,40	n.s.	n.s.	n.s.	n.s.	1,96	1,74	1,94
1986	18,97	0,17	0,15	n.s.	n.s.	n.s.	n.s.	2,12	1,95	2,06
1987	23,47	0,31	0,21	n.s.	n.s.	n.s.	n.s.	2,18	2,00	2,21
1988	30,39	0,01	0,00	n.s.	n.s.	n.s.	n.s.	2,19	2,23	2,22
1989	24,06	0,61	0,40	n.s.	n.s.	n.s.	n.s.	2,19	1,98	2,29
1990	31,08	0,45	0,23	n.s.	n.s.	n.s.	n.s.	2,22	2,18	2,44
1991	33,39	1,75	0,84	n.s.	n.s.	n.s.	n.s.	2,33	2,13	2,67
1992	31,79	1,54	0,77	n.s.	n.s.	n.s.	n.s.	2,32	2,13	2,65
1993	28,14	1,37	0,78	n.s.	n.s.	n.s.	n.s.	2,29	2,08	2,56

Quelle: eigene Berechnungen aus Kostenstrukturstatistik, lfd. Jg.

Tabelle 16b: Zusammenhang zwischen Wachstum und Entwicklung der Bruttolohnsumme in den Unternehmen des Verarbeitenden Gewerbes (1977-1993)

Jahr	SAQ inner.	SAQ zwi.	emp. F-Wert	Signifik. Niveau	Signifik.Unterschiede K1/K2	K1/K3	K2/K3	Gruppenmittelwerte K1	K2	K3
1977	1247,45	80,29	1,00	n.s.	n.s.	n.s.	n.s.	17,18	14,81	13,42
1978	1288,67	73,42	0,88	n.s.	n.s.	n.s.	n.s.	17,27	14,93	13,70
1979	1312,61	62,48	0,74	n.s.	n.s.	n.s.	n.s.	16,60	14,92	13,22
1980	1196,71	71,10	0,92	n.s.	n.s.	n.s.	n.s.	16,64	14,48	13,09
1981	1188,68	71,40	0,93	n.s.	n.s.	n.s.	n.s.	16,48	14,38	12,90
1982	1129,46	73,73	1,04	n.s.	n.s.	n.s.	n.s.	15,95	14,05	12,37
1983	1117,35	64,45	0,92	n.s.	n.s.	n.s.	n.s.	15,44	13,88	12,09
1984	1018,98	72,69	1,11	n.s.	n.s.	n.s.	n.s.	14,92	12,94	11,37
1985	1046,43	68,91	1,05	n.s.	n.s.	n.s.	n.s.	14,89	13,18	11,43
1986	895,68	123,84	2,21	n.s.	n.s.	n.s.	n.s.	15,25	13,20	10,61
1987	1052,36	73,18	1,11	n.s.	n.s.	n.s.	n.s.	15,49	13,29	11,97
1988	997,84	60,14	0,96	n.s.	n.s.	n.s.	n.s.	14,92	12,44	11,92
1989	919,24	67,75	1,18	n.s.	n.s.	n.s.	n.s.	14,47	12,66	11,04
1990	903,21	71,48	1,27	n.s.	n.s.	n.s.	n.s.	14,63	11,99	11,32
1991	904,01	54,68	0,97	n.s.	n.s.	n.s.	n.s.	14,73	12,33	11,90
1992	879,46	54,29	0,99	n.s.	n.s.	n.s.	n.s.	14,88	12,35	12,15
1993	907,34	47,10	0,83	n.s.	n.s.	n.s.	n.s.	14,94	12,44	12,56

Quelle: eigene Berechnungen aus Kostenstrukturstatistik, lfd. Jg.

Tabelle 16c: Zusammenhang zwischen Wachstum und Entwicklung der Bruttogehaltsumme in den Unternehmen des Verarbeitenden Gewerbes (1977-1993)

Jahr	SAQ inner.	SAQ zwi.	emp. F-Wert	Signifik. Niveau	Signifik.Unterschiede K1/K2	K1/K3	K2/K3	Gruppenmittelwerte K1	K2	K3
1977	530,09	66,99	1,96	n.s.	n.s.	n.s.	n.s.	10,88	7,76	8,23
1978	524,50	59,97	1,77	n.s.	n.s.	n.s.	n.s.	10,57	7,72	7,88
1979	479,28	66,99	2,17	n.s.	n.s.	n.s.	n.s.	10,57	7,50	7,81
1980	414,20	66,68	2,50	n.s.	n.s.	n.s.	n.s.	10,81	7,74	8,07
1981	439,78	79,77	2,90	n.s.	n.s.	n.s.	n.s.	10,97	7,83	7,75
1982	447,74	80,16	2,86	n.s.	n.s.	n.s.	n.s.	10,95	7,85	7,67
1983	450,79	92,03	3,16	n.s.	n.s.	n.s.	n.s.	10,66	7,35	7,09
1984	480,98	86,96	2,89	n.s.	n.s.	n.s.	n.s.	10,61	7,57	7,05
1985	540,59	96,30	2,85	n.s.	n.s.	n.s.	n.s.	10,89	7,70	7,14
1986	567,76	95,67	2,70	n.s.	n.s.	n.s.	n.s.	11,28	7,90	7,70
1987	530,91	93,54	2,82	n.s.	n.s.	n.s.	n.s.	10,83	7,46	7,32
1988	477,54	76,95	2,58	n.s.	n.s.	n.s.	n.s.	10,47	7,75	7,03
1989	455,17	79,02	2,78	n.s.	n.s.	n.s.	n.s.	10,45	7,36	7,21
1990	455,45	72,31	2,54	n.s.	n.s.	n.s.	n.s.	10,68	7,71	7,60
1991	485,96	82,04	2,70	n.s.	n.s.	n.s.	n.s.	11,23	7,97	8,05
1992	468,55	82,80	2,83	n.s.	n.s.	n.s.	n.s.	11,70	8,36	8,58
1993	470,87	83,03	2,89	n.s.	n.s.	n.s.	n.s.	11,94	8,44	8,96

Quelle: eigene Berechnungen aus Kostenstrukturstatistik, lfd. Jg.

Tabelle 16d: Zusammenhang zwischen Wachstum und Entwicklung der Kosten für Abschreibungen in den Unternehmen des Verarbeitenden Gewerbes (1977-1993)

Jahr	SAQ inner.	SAQ zwi.	emp. F-Wert	Signifik. Niveau	Signifik.Unterschiede K1/K2	K1/K3	K2/K3	Gruppenmittelwerte K1	K2	K3
1977	55,13	6,25	1,76	n.s.	n.s.	n.s.	n.s.	3,88	3,34	4,41
1978	51,05	4,02	1,22	n.s.	n.s.	n.s.	n.s.	3,70	3,29	4,15
1979	49,02	5,57	1,76	n.s.	n.s.	n.s.	n.s.	3,68	3,09	4,09
1980	54,16	6,22	1,78	n.s.	n.s.	n.s.	n.s.	3,83	3,09	4,11
1981	56,41	5,61	1,59	n.s.	n.s.	n.s.	n.s.	3,86	3,08	3,97
1982	62,32	4,71	1,21	n.s.	n.s.	n.s.	n.s.	3,73	3,15	4,04
1983	50,04	3,73	1,15	n.s.	n.s.	n.s.	n.s.	3,93	3,25	3,97
1984	52,68	4,48	1,36	n.s.	n.s.	n.s.	n.s.	4,00	3,16	3,75
1985	57,16	4,54	1,27	n.s.	n.s.	n.s.	n.s.	4,13	3,29	3,91
1986	57,61	6,62	1,84	n.s.	n.s.	n.s.	n.s.	4,41	3,44	4,29
1987	70,36	1,92	0,44	n.s.	n.s.	n.s.	n.s.	4,33	3,84	4,35
1988	65,07	2,11	0,52	n.s.	n.s.	n.s.	n.s.	4,34	3,77	4,18
1989	78,50	0,58	0,12	n.s.	n.s.	n.s.	n.s.	4,31	4,01	4,23
1990	71,60	3,09	0,69	n.s.	n.s.	n.s.	n.s.	4,31	3,78	4,48
1991	79,73	4,98	1,00	n.s.	n.s.	n.s.	n.s.	4,58	3,88	4,75
1992	94,14	7,82	1,33	n.s.	n.s.	n.s.	n.s.	4,77	4,04	5,19
1993	92,34	7,54	1,31	n.s.	n.s.	n.s.	n.s.	4,83	4,14	5,23

Quelle: eigene Berechnungen aus Kostenstrukturstatistik, lfd. Jg.

Tabelle 16e: Zusammenhang zwischen Wachstum und Entwicklung der Kosten für Zinsaufwand in den Unternehmen des Verarbeitenden Gewerbes (1977-1993)

Jahr	SAQ inner.	SAQ zwi.	emp. F-Wert	Signifik. Niveau	Signifik.Unterschiede K1/K2	K1/K3	K2/K3	Gruppenmittelwerte K1	K2	K3
1977	8,05	2,89	5,56	1%	n.s.	5%	1%	1,09	1,02	1,69
1978	7,22	2,34	5,01	5%	n.s.	5%	5%	1,12	1,13	1,70
1979	9,06	1,92	3,29	n.s.	n.s.	n.s.	5%	1,43	1,36	1,91
1980	14,58	2,15	2,29	n.s.	n.s.	n.s.	n.s.	1,85	1,78	2,36
1981	13,78	1,50	1,75	n.s.	n.s.	n.s.	n.s.	1,77	1,74	2,20
1982	10,19	1,51	2,37	n.s.	n.s.	n.s.	n.s.	1,33	1,28	1,75
1983	7,23	1,06	2,27	n.s.	n.s.	n.s.	n.s.	1,23	1,16	1,57
1984	7,20	1,34	2,98	n.s.	n.s.	n.s.	n.s.	1,22	1,08	1,55
1985	7,29	1,59	3,48	5%	n.s.	n.s.	5%	1,14	1,01	1,52
1986	8,62	2,10	3,89	5%	n.s.	n.s.	5%	1,08	0,93	1,52
1987	10,32	1,50	2,33	n.s.	n.s.	n.s.	n.s.	0,96	0,95	1,40
1988	11,10	1,17	1,68	n.s.	n.s.	n.s.	n.s.	1,19	1,06	1,50
1989	12,66	0,80	1,01	n.s.	n.s.	n.s.	n.s.	1,33	1,33	1,65
1990	11,49	1,23	1,71	n.s.	n.s.	n.s.	n.s.	1,48	1,36	1,81
1991	14,13	1,30	1,47	n.s.	n.s.	n.s.	n.s.	1,55	1,61	1,99
1992	16,63	1,26	1,22	n.s.	n.s.	n.s.	n.s.	1,61	1,59	2,01
1993	17,23	1,34	1,32	n.s.	n.s.	n.s.	n.s.	1,63	1,62	2,10

Quelle: eigene Berechnungen aus Kostenstrukturstatistik, lfd. Jg.

Wie die letzten Spalten der Tabellen 16 zeigen, läßt sich bei keiner der relevanten Kostenarten ein stabiler Zusammenhang zwischen Anteilswert und Wachstumsraten erkennen. Die Rangfolge der Gruppenmittelwerte variiert sowohl zwischen den einzelnen Kostenarten als auch oftmals innerhalb einer Kostenart während des Betrachtungszeitraums. Dementsprechend überwiegen bei allen Kostenarten die unerklärten Abweichungen (hohe Werte für die $SAQ_{innerhalb}$), so daß sich geringe empirische F-Werte ergeben. Der Zusammenhang zwischen Wachstum und Entwicklung der relevanten Kostenarten sowie die Wirkungsunterschiede zwischen den Gruppen ist nicht signifikant. Zwar kann dieser Befund bei der Auswahl anderer Indikatoren zur Operationalisierung der „Umfelddynamik" bzw. der „Umfeldkomplexität" durchaus relativiert werden. Ob die „Dynamik" und „Komplexität" des Umfelds jedoch in einem (signifikanten) Zusammenhang mit der Entwicklung der Kostenstrukturen stehen wird - m.a.W., ob alle Unternehmen in einer komplexen Umwelt drastische Veränderungen im Produktionsprozeß vornehmen, oder ob es doch nur in Einzelfällen erfolgen wird - ist angesichts des vorliegenden Befunds zu bezweifeln.

2. Hypothesen zur Effizienz der Unternehmen

Die Durchführung einer Effizienzanalyse sowie die Beurteilung der Frage, welcher Zusammenhang zwischen Kostenstrukturentwicklung und Effizienzveränderung der Unternehmen besteht, stellen den zweiten Schritt des Untersuchungsmodells dar. Hierzu werden im folgenden verschiedene Analysen durchgeführt, die die Bedeutung der Kostenstrukturentwicklung zusammen mit anderen möglichen Einflußfaktoren beleuchtet.

2.1. Entwicklung der Effizienz im Verarbeitenden Gewerbe

Die Durchführung einer Effizienzanalyse sowie die Beurteilung der Frage, welcher Zusammenhang zwischen die Kostenstrukturentwicklungen und Effizienzveränderung besteht, stellen den zweiten Schritt des Untersuchungsmodells dar. Bevor die hierzu formulierten Hypothese auf empirische Relevanz getestet werden, wird zunächst - analog zum vorstehenden ersten Kapitel - eine deskriptive Darstellung der Effizienzentwicklung gegeben.

Entsprechend der zugrundeliegenden Fragestellung wird zum einen untersucht, wie sich die Effizienz der Unternehmen in der Untersuchungsperiode entwickelt hat. In einem zweiten Schritt soll geprüft werden, inwieweit sich größenklassentypische Effizienzunterschiede bei den Unternehmen erkennen lassen (Querschnittsbetrachtung) und inwieweit die Branchenzugehörigkeit als Einflußfaktor die Kosteneffizienz der Unternehmen beeinflußt hat. Das dritte Untersuchungsziel besteht darin, eine Verbindung zwischen der Entwicklung der Kostenstrukturen und der Entwicklung der Kosteneffizienz zu schaffen.

Entwicklung der Kosteneffizienz der Unternehmen

Im folgenden wird ein Überblick über die Entwicklung der Effizienz der Unternehmen des Verarbeitenden Gewerbes gegeben. Hierzu wird die Veränderung der Rentabilitäts- und Faktoreinsatzkennzahlen während des Untersuchungszeitraums - nach Größenklassen disaggregiert - nachgezeichnet.

Entwicklung der Umsatzrendite

Die nach Größenklassen disaggregierten Umsatzrenditen der Unternehmen des Verarbeitenden Gewerbes sind in Abb. 27 dargestellt. Während der Betrachtungsperiode ist in allen Unternehmensgrößenklassen ein Rückgang der Umsatzrenditen zu beobachten. Besonders ausgeprägt fiel der Rückgang in den konjunkturellen Abschwungphasen der Jahre 1980-1982 sowie 1992-1993 aus. Zwischen 1983 und 1988 hingegen ist ein deutlicher Anstieg der Umsatzrenditen zu beobachten.

Abb. 29: Entwicklung der Umsatzrendite im Verarbeitenden Gewerbe (1977-1993)

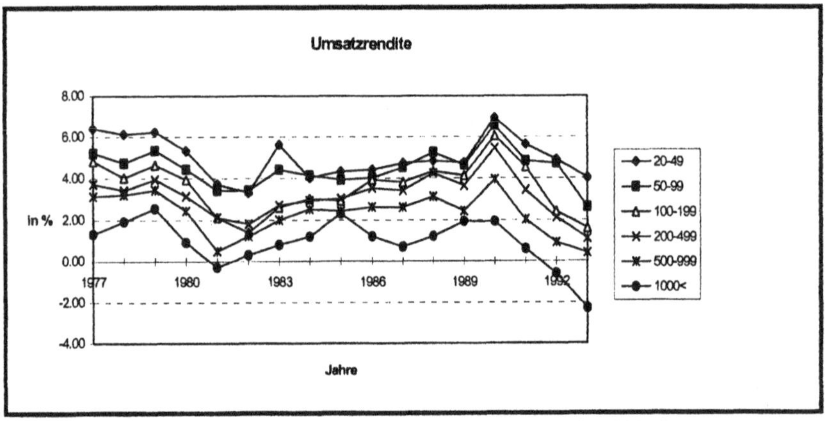

Quelle: eigene Berechnungen aus Kostenstrukturstatistik, lfd. Jg.

Während des gesamten Untersuchungszeitraums bestand ein stabiler und gegenläufiger Zusammenhang zwischen Unternehmensgröße und Umsatzrendite, d.h. daß die kleinen Unternehmen (auf der Ebene des gesamten Verarbeitenden Gewerbes) in jedem Jahr des Untersuchungszeitraums die höchsten Umsatzrenditen aufwiesen. Zwischen 1977 und 1986 ist jedoch ein Abschmelzen des Renditevorsprungs zu beobachten. In dieser Periode haben die Großunternehmen mit mehr als 1000 Beschäftigten ihre Umsatzrenditen im Vergleich zu den anderen Größenklassen, relativ halten können. Von 1986 bis zum Ende des Untersuchungszeitraums haben die kleineren Unternehmen ihren Renditevorsprung dann wieder deutlich erhöhen können, wobei die Renditedifferenzen am Ende der Betrachtungsperiode größer waren als in den ersten Jahren.

Zurückzuführen ist diese Entwicklung zum einen auf den zunächst zu beobachtenden allgemeinen Rückgang und den anschließenden Anstieg der Umsatzrenditen. Damit einher ging zunächst eine geringere und später eine größere Bandbreite in den Renditen der Unternehmensgrößenklassen[18]. Andererseits kann die deutlich verbesserte Position der kleineren Unternehmen in den letzten Jahren isoliert betrachtet auch als Indiz für den Erfolg dieser Unternehmen gewertet werden.

Entwicklung der Wertschöpfungsrentabilität

Wie Abb. 28 ausweist, folgte die Entwicklung der Wertschöpfungsrentabilität weitgehend dem Verlaufsbild der Umsatzrenditen. Dies ist vor allem darauf zurückzuführen, daß die Unterschiede in der Produktionstiefe zwischen kleinen und mittleren Unternehmen und Großunternehmen zum einen nur gering sind und sich darüber hinaus während der Betrachtungsperiode die Rangfolge der Größenklassen hinsichtlich der Höhe der Wertschöpfung nicht verändert hat.

Abb. 30: Entwicklung der Wertschöpfungsrentabilität im Verarbeitenden Gewerbe (1977-1993)

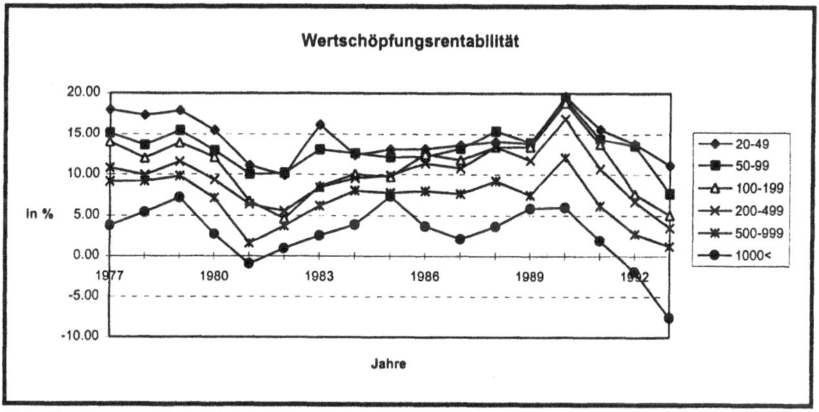

Quelle: eigene Berechnungen aus Kostenstrukturstatistik, lfd. Jg.

[18] Sachverständigenrat, 1984, Tz. 159.

Während des Untersuchungszeitraums hat sich in allen Unternehmensgrößenklassen ein tendenzieller Rückgang der Wertschöpfungsrentabilität ergeben, wobei dieser Rückgang in den konjunkturellen Abschwungphasen der Jahre 1980-1982 sowie zwischen 1990-1993 besonders ausgeprägt war. Ab 1983 war hingegen auch bei diesem Indikator ein tendenzieller Anstieg zu beobachten. Allerdings lief dieser Erholungstrend nicht - wie bei der Umsatzrendite - im Jahr 1988 aus, sondern reichte bis 1990.

Analog zum Befund der Umsatzrenditen war der Zusammenhang zwischen Unternehmensgröße und Umsatzrendite während des gesamten Untersuchungszeitraums stabil und gegenläufig, d.h. kleinere Unternehmen besaßen durchgängig die höhere Wertschöpfungsrentabilität. Im Gegensatz zur Veränderung der Umsatzrenditen sind die Perioden, in denen die Differenzen zusammenliefen bzw. sich ausweiteten, aber weniger deutlich. Tendenziell lassen sich nur die Jahre zwischen 1977 und 1985 eindeutig als Periode rückläufiger Differenzen beschreiben, d.h. daß sich der Abstand zwischen den Werten der GK 6 und den jeweiligen Ergebnissen der verbleibenden fünf Größenklassen reduzierte. In den folgenden Jahren verläuft die Entwicklung in den einzelnen Größenklassen sehr heterogen und teilweise auch erratisch; auffällig ist nur noch der starke Anstieg der Differenzen in den letzten beiden Jahren der Betrachtungsperiode, d.h. daß sich die Wertschöpfungsquote bei den Unternehmen der GK 6 deutlicher als bei den Unternehmen der anderen Größenklassen verschlechtert hat.

Insgesamt läßt sich für das Verarbeitende Gewerbe feststellen, daß die Entwicklung von Wertschöpfungsrentabilität und Umsatzrentabilität ähnlich, allerdings nicht deckungsgleich verlief. Aus diesem Ergebnis ist zu schließen, daß Veränderungen der konjunkturellen Bedingungen - die mit einem Anstieg des Bruttoproduktionswertes einhergehen - nur bedingt zu einer Veränderung der Wertschöpfung führen. Hinzu kommen die unterschiedlich hohen Wertschöpfungsrentabilitäten zwischen den Größenklassen sowie die relativen Veränderungen zwischen den Größenklassen.

Entwicklung des Cash-flow

Die nach Größenklassen disaggregierte Entwicklung des Cash-flow ist in Abb.28 dargestellt. Während der Betrachtungsperiode hat sich der Cash-flow in allen Unternehmensgrößenklassen einheitlich entwickelt. Vom Beginn der Betrachtungsperiode bis zum Jahre 1985 sowie zwischen 1991 und 1993 war ein Rückgang des Indikators festzustellen. In den Jahren 1986 bis 1990 verbesserte sich der Cash-flow in den Unternehmen. Verglichen mit den Werten zu Beginn des Betrachtungszeitraums hat sich der Cash-flow im Jahr 1993 in allen Größenklassen ermäßigt.

Abb.31: Entwicklung des Cash-flow im Verarbeitenden Gewerbe (1977-1993)

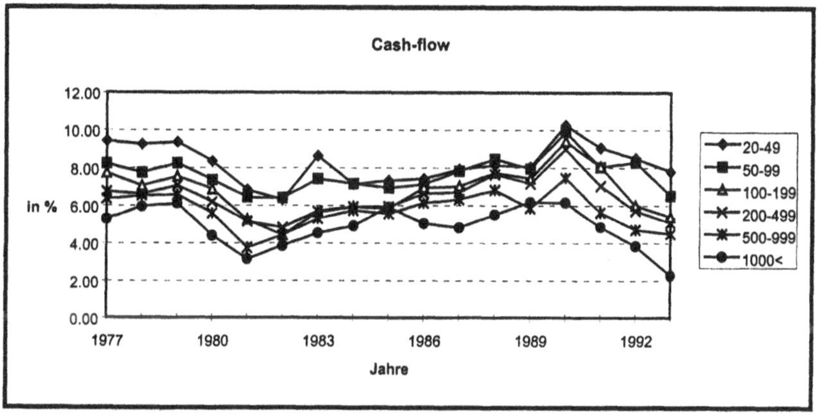

Quelle: eigene Berechnungen aus Kostenstrukturstatistik, lfd. Jg.

Insofern hat sich die Möglichkeit der Unternehmen, aus dem Rückfluß des investierten Kapitals durch Abschreibungen sowie dem Jahresüberschuß neue Investitionen zu finanzieren, reduziert.

Während des gesamten Untersuchungszeitraums bestand auch beim Cash-flow ein stabiler und gegenläufiger Zusammenhang zwischen Unternehmensgröße und Merkmalsausprägung, d.h. daß die kleinen Unternehmen in jedem Jahr des Untersuchungszeitraums den höchsten Cash-flow erreichten. Darin zeigt sich, daß der Finanzierungsspielraum für kleine Unternehmen der GK 1 zumeist überdurchschnittlich hoch war. Zwischen 1977 und 1986 hat sich die Differenz der GK 1 bis 5 im Vergleich zu den Unternehmen der

GK 6 reduziert und im den folgenden Jahren wieder ausgeweitet. Insofern ist die Entwicklungstendenz des Cash-flow und die der beiden vorstehenden Indikatoren weitgehend identisch. Allerdings verlief die Entwicklung des Cash-flow stetiger und die größenklassenspezifischen Unterschiede waren (mit Ausnahme der Unternehmen mit 20-49 Beschäftigten) weniger ausgeprägt als bei den ersten beiden Indikatoren. Dies ist vor allem damit zu begründen, daß der Anteil der Abschreibungen mit zunehmender Größe steigt und die Höhe des Gewinns mit zunehmender Größe abnimmt, so daß sich insgesamt eine Nivellierung zwischen den Größenklassen ergibt.

Entwicklung der Arbeitsproduktivität

Eng verbunden mit der Wertschöpfungsanalyse ist die Arbeitsproduktivität, d.h. die erzielte Wertschöpfung je Beschäftigten. Im Sinne einer Verteilungsrechnung kann die Wertschöpfung auch als der Wert aufgefaßt werden, der im Verlaufe des Geschäftsjahres an Personal und Sozialversicherung (Personalaufwand), Staat (Steuern, Abgaben) Kapitalgeber (Finanzaufwand, Dividenden) und ans Unternehmen selbst (Selbstfinanzierung) verteilt wird. Die Arbeitsproduktivität kann daher als ein Maß für den absoluten Beitrag, den eine Arbeitskraft zur gesamten Wertschöpfung beiträgt, aufgefaßt werden.

Tabelle 17 zeigt, daß der Zusammenhang zwischen Unternehmensgröße und Arbeitsproduktivität während des gesamten Untersuchungszeitraums stabil und positiv zueinander verlief. Zugleich ist die Arbeitsproduktivität in der Betrachtungsperiode deutlich angestiegen und hat sich in jeder Größenklasse nahezu verdoppelt. Absolut gesehen haben sich die Abstände zwischen den GK 1 bis 4 nur geringfügig verändert. Gleichzeitig hat sich der absolute Abstand der GK 5 und 6 zu den anderen vier Klassen im gesamten Betrachtungszeitpunkt ausgeweitet, was darauf zurückzuführen ist, daß die Großunternehmen mit 500 und mehr Beschäftigten ihre Arbeitsproduktivität überdurchschnittlich erhöhen konnten.

Auffällig ist bei dieser Entwicklung, daß sich die absoluten Abstände zwischen den GK 1 bis 5 zur GK 6 nur bis zum Jahr 1985 erhöht haben. Danach ist die überdurchschnittlich gute Entwicklung der GK 6 zum Stillstand gekommen. Zurückzuführen ist dies nur bedingt auf eine verstärkte Reduzierung der Beschäftigtenzahl in den unteren fünf Größenklassen, sondern vor allem auf die unterschiedliche Entwicklung der Wertschöpfungsquoten. Während die Wertschöpfungsquote bei den Unternehmen mit mehr als 1000 Beschäftigten stagnierte, haben die kleineren Unternehmen ihre Wertschöpfungsquote ausgeweitet. Daraus kann geschlossen werden, daß die Integration in den Unternehmen mit weniger als 1000 Beschäftigten zugenommen hat, d.h. mehr Fabrikationsstufen selbst wahrgenommen haben, wohingegen die Unternehmen der GK 6 gerade in den letzten Jahren verstärkt die Leistungen von anderen Unternehmen oder Zulieferern inanspruchgenommen haben.

Tab.17: Entwicklung der Arbeitsproduktivität je Beschäftigten im Verarbeitenden Gewerbe (1977-1993)

	20-49	50-99	100-199	200-499	500-999	1000<
1977	35938	36778	38410	40128	43720	49383
1978	37607	38416	39757	41425	46328	52282
1979	40425	41113	43268	44597	49678	57548
1980	42520	43200	46169	47321	51504	59105
1981	42931	45121	46072	49519	53213	60302
1982	44596	47679	47710	52094	57128	64710
1983	48727	49966	50382	55521	59699	68327
1984	48237	51085	52797	56556	63091	72495
1985	50206	52751	54160	59155	64170	77554
1986	51956	54889	57896	61454	65223	75567
1987	54303	57186	59562	63173	68446	77113
1988	56416	60144	62436	66593	71698	81514
1989	58145	61238	65462	67756	78526	85328
1990	63318	65933	70423	72762	82289	86891
1991	67690	71651	73561	74766	87228	92544
1992	68512	73754	73322	77713	90373	96497
1993	69544	72255	73865	79504	89747	94869

Quelle: eigene Berechnungen aus Kostenstrukturstatistik, lfd. Jg.

Entwicklung der Kapitalintensität

Der Kapitaleinsatz je Arbeitsplatz und die Kapitalintensität einer Größenklasse können als ein Maßstab für das Ausmaß der Technisierung von Produktion und Verwaltung aufgefaßt werden. Da im Rahmen der Kostenstrukturstatistik keine Daten über den Kapitalbestand verfügbar sind, wird die Höhe der Abschreibungen als Proxivariable verwandt, da diese Größe in einer längerfristigen Betrachtung auf die Höhe der Kapitalausstattung der Arbeitsplätze hindeutet. Wie Tabelle 18 ausweist, waren die Abschreibungen je Beschäftigten während des gesamten Untersuchungszeitraums mit zunehmender Unternehmensgröße höher. Während sich die absoluten Differenzen zwischen der GK 6 und den anderen fünf Größenklassen während der Betrachtungsperiode ausgeweitet haben, ist die Kapitalintensität in den kleineren Größenklassen im Untersuchungszeitraum am stärksten gestiegen. So hat sich die Kapitalintensität der Unternehmen der GK 1 bis 5 rund verdreifacht, die Kapitalintensität der GK 6 hingegen nur etwas mehr als verdoppelt.

Tab. 18: Entwicklung der Kapitalintensität (Abschreibungen je Beschäftigten) im Verarbeitenden Gewerbe (1977-1993)

	20-49	50-99	100-199	200-499	500-999	1000<
1977	3037	3207	3248	3510	4115	5599
1978	3312	3331	3571	3865	4368	5941
1979	3622	3476	3791	4090	4438	5805
1980	3730	3685	4145	4276	4766	6090
1981	3973	3981	4592	4502	5338	6592
1982	4006	4257	4693	4809	5642	7236
1983	4225	4448	4972	5189	6099	8051
1984	4615	4701	5104	5563	6471	8681
1985	4578	4900	5253	5643	6438	8892
1986	4653	5172	5549	6165	7002	8808
1987	5022	5518	5883	6576	7448	9581
1988	5460	5694	6613	7188	7849	10654
1989	5627	6142	7060	7700	8317	11061
1990	5936	6456	7308	7958	8889	11512
1991	6411	6865	7849	8437	9662	12418
1992	6948	7630	8380	8910	10470	13565
1993	7300	8264	8854	10096	11017	14355

Quelle: eigene Berechnungen aus Kostenstrukturstatistik, lfd. Jg.

Angesichts der größenklassenspezifischen Unterschiede in der Kapitalintensität überraschen auch die Unterschiede in der Arbeitsproduktivität nicht, da die Arbeitsplätze in größeren Unternehmen offensichtlich kapitalintensiver ausgestattet sind und die Arbeitsproduktivität der Beschäftigten insofern höher ist. Gleichzeitig deutet die relative Veränderung zwischen den Größenklassen darauf hin, daß kleinere und mittlere Unternehmen auf eine kapitalintensivere Produktion umgestellt haben und dabei vor allem auch auf den Einsatz neuer Technologien zurückgegriffen haben dürften. In Verbindung mit den Ergebnissen bezüglich der Rentabilitätskennzahlen dürfte sich diese Vermutung bestätigen, da die Rentabilität der kleineren Unternehmen durchgängig höher war und sich auch relativ den größeren Unternehmen verbessert hat.

Entwicklung der direkten Personalkosten je Beschäftigten

Die Quote der direkten Personalkosten ist von der Zahl der Beschäftigten und der Höhe der durchschnittlichen direkten Löhne und Gehälter abhängig. Die Personalkosten je Beschäftigten (ausschließlich der gesetzlichen und freiwilligen Sozialkosten) sind in Tabelle 19 dargestellt. Dabei zeigt sich, daß während des gesamten Untersuchungszeitraums ein stabiler Zusammenhang zwischen Unternehmensgröße und Höhe der direkten Personalkosten je Beschäftigten bestand. Die Unternehmen mit über 1000 Beschäftigten hatten 1993 45 % höhere direkte Personalkosten je Beschäftigten als die der Unternehmen der GK 1, welche die niedrigsten direkten Personalkosten je Beschäftigten besaßen.

Gegenüber der Größenklasse 5 mit den zweithöchsten Personalkosten je Beschäftigten betrug der Abstand immerhin noch 17 %. Die Vergleichszahlen für 1977 betrugen 41 % bzw. 15 %, was bedeutet, daß sich nicht nur die absoluten, sondern auch die relativen Abstände zwischen den Größenklassen vergrößert haben. Insgesamt sind die direkten Personalkosten während des Untersuchungszeitraums in jeder Größenklasse stetig gestiegen. Dieser Befund gilt auch für die Jahre 1977 bis 1985, in denen der Anteil der direkten Personalkosten am Bruttoproduktionswert rückläufig waren.

Tab. 19: Direkte Personalkosten je Beschäftigten im Verarbeitenden Gewerbe (1977-1993)

	20-49	50-99	100-199	200-499	500-999	1000<
1977	22271	23628	24636	26089	27389	31438
1978	23718	25204	26068	27657	29120	33122
1979	25237	26610	27713	29160	30780	35325
1980	27228	28589	30017	31357	33055	37791
1981	28706	30257	31406	33313	35531	40330
1982	29775	31644	33162	34943	36675	42175
1983	30842	32470	34140	36149	38074	43738
1984	31860	33691	35374	37271	39634	45515
1985	32962	34786	36590	38723	40703	47175
1986	34431	36370	37919	40373	42015	48910
1987	35784	37622	39524	41850	43886	51175
1988	37225	38613	40457	42916	45607	53021
1989	38195	39833	41930	44437	47213	54778
1990	40653	42064	44291	46613	49272	57288
1991	43367	44835	47097	49453	52337	61203
1992	44774	47686	50045	52716	55381	65668
1993	46875	49371	51961	55274	58040	68031

Quelle: eigene Berechnungen aus Kostenstrukturstatistik, lfd. Jg.

Die These, daß Großunternehmen pekuniäre Nachteile aufgrund höherer Personalkosten haben, scheint zumindest teilweise bestätigt. Einschränkend muß hinzugefügt werden, daß diese Zahlen keine Aussage über den Grad der Qualifikation der Beschäftigten und die (auch daraus) resultierende Arbeitsproduktivität beinhalten. Bei einer Analyse der Arbeitsproduktivität zeigt sich jedoch, daß die Produktivitätsgewinne bei den Unternehmen mit 1000 und mehr Beschäftigten am niedrigsten ausfielen und somit die Lohnstückkosten gerade in dieser Größenklassen am stärksten gestiegen sind.

Entwicklung der gesetzlichen und freiwilligen Sozialkosten je Beschäftigten

Die Entwicklung der - neben den direkten Personalkosten von den Unternehmen - zu entrichtenden gesetzlichen und freiwilligen Sozialkosten je Beschäftigten ist in Tabelle 20 auf der folgenden Seite dargestellt. Auch bei diesem Indikator zeigt sich, daß größere Unternehmen die höheren Aufwendungen je Beschäftigten hatten, wobei diese Feststellung sowohl für die gesetzlichen als auch für die freiwilligen Sozialkosten gilt. Während der Abstand bei den gesetzlichen und freiwilligen Sozialkosten in den ersten fünf Größenklassen relativ eng beieinander lag, hatten die Unternehmen der GK 6 deutlich höhere Aufwendungen. Während der Betrachtungsperiode hat sich dieser Abstand weiter ausgeweitet, da die Steigerungsraten bei den Unternehmen der GK 1 bis 5 zwischen 120 % und 128 % betrugen, wohingegen die indirekten Personalkosten in der GK 6 mit 143 % überdurchschnittlich gestiegen sind. Insgesamt scheint sich auch durch diesen Indikator die These zu bestätigen, daß größere Unternehmen über höhere Personalnebenkosten verfügen.

Tab.20: Indirekte Personalkosten je Beschäftigten im Verarbeitenden Gewerbe (1977-1993)

	20-49	50-99	100-199	200-499	500-999	1000<
1977	3948	4383	4703	5265	5658	7178
1978	4167	4552	4880	5435	5956	7278
1979	4440	4795	5229	5674	6442	8126
1980	4849	5209	5718	6129	6765	9134
1981	4998	5574	6074	6603	7507	9113
1982	5474	5960	6570	7213	7935	10337
1983	5774	6227	6795	7610	8502	11533
1984	5955	6582	7216	7973	9100	12200
1985	6257	6859	7427	8173	9345	12349
1986	6514	7174	7769	8552	9403	12285
1987	6749	7357	8089	8968	10066	12852
1988	7114	7474	8169	9302	10182	13627
1989	7332	7631	8343	9239	10519	13431
1990	7735	8022	8637	9550	10921	14253
1991	8296	8581	9419	10078	11809	15375
1992	8492	9113	10009	10890	12399	16648
1993	9029	9959	10719	11610	12898	17476

Quelle: eigene Berechnungen aus Kostenstrukturstatistik, lfd. Jg.

2.2. Hypothesen zur Effizienz der Unternehmen

Die Durchführung einer Effizienzanalyse sowie die Beurteilung der Frage, welcher Zusammenhang zwischen Kostenstrukturentwicklung und Effizienzveränderung der Unternehmen besteht, stellen den zweiten Schritt des Untersuchungsmodells dar. Hierzu werden im folgenden verschiedene Analysen durchgeführt, die die Bedeutung der Kostenstrukturentwicklung zusammen mit zwei anderen möglichen Einflußfaktoren, der Unternehmensgröße und der Branchenzugehörigkeit, beleuchten. Das Hauptziel dieser Untersuchungen besteht darin, die relative Bedeutung der Kostenstrukturveränderungen für die Entwicklung der Effizienz der Unternehmen aufzuzeigen.

2.2.1. Zusammenhang zwischen Branchenzugehörigkeit und Effizienz der Unternehmen

Als wesentlicher Einflußfaktor auf die Veränderung der Effizienz der Unternehmen wird häufig das Argument vertreten, daß die Branche, insbesondere hinsichtlich der Konkurrenzverhältnisse sowie hinsichtlich der Nachfrage- und Kundenstruktur die Effizienz der Unternehmen beeinflußt. Hinzu kommt die wirtschaftszweigespezifische Entwicklungsrichtung der technisch-organisatorischen Veränderungen, die je nach Technikeinsatz und Branche differieren. Anknüpfend an diesen Überlegungen wird im folgenden untersucht, inwieweit die Zugehörigkeit der Wirtschaftszweige zu den drei Hauptgruppen einen Einfluß auf Höhe und Entwicklung der Kosteneffizienz besitzt.

Zusammenhang zwischen der Branchenzugehörigkeit und der Effizienz

Wie die (ungewichteten) Gruppenmittelwerte der drei Rentabilitätsindikatoren Umsatzrendite, Wertschöpfungsrentabilität und Cash-flow in den Tabellen 21a-c anzeigen, werden die höchsten Werte von den Unternehmen der Nahrungs- und Verbrauchsgüterindustrie erzielt. Dabei entspricht die Entwicklungsrichtung der Indikatoren in allen drei Hauptgruppen dem Verlauf, der im vorstehenden Abschnitt für das gesamte Verarbeitende Gewerbe nachgezeichnet wurde. Insofern überrascht es nicht, daß die Branchenzugehörigkeit in der Mehrzahl der Jahre einen signifikanten Einfluß auf Höhe und Entwicklung der drei Rentabilitätsindikatoren ausübt. Dieses Ergebnis ist maßgeblich darauf zurückzuführen, daß die in der Betrachtungsperiode liegenden gesamtwirtschaftlichen Aufschwung- und Abschwungphasen jeden Wirtschaftszweig tangierten.

Tab. 21a: Einfluß von Wirtschaftszweigezugehörigkeit auf die Umsatzrentabilität der Unternehmen im Verarbeitenden Gewerbe (1977-1993)

Jahr	SAQ innerhalb	SAQ zwischen	emp. F-Wert	Zusam. auf Niveau	Signifik. Untersch. zwis. K1/K2	K1/K3	K2/K3	Gruppenmittelwerte K1	K2	K3
1977	255	359	20,35	1%	5%	1%	n.s.	1	3	6
1978	207	284	19,86	1%	n.s.	1%	n.s.	1	4	5
1979	252	115	6,60	1%	n.s.	n.s.	n.s.	2	4	5
1980	251	108	6,24	1%	5%	n.s.	n.s.	2	2	5
1981	151	266	25,59	1%	5%	1%	n.s.	-1	2	3
1982	339	265	11,73	1%	5%	n.s.	n.s.	-1	1	2
1983	360	191	7,93	1%	5%	n.s.	n.s.	0	2	3
1984	263	83	4,56	5%	5%	n.s.	n.s.	1	2	3
1985	262	18	1,05	n.s.	5%	n.s.	n.s.	2	2	3
1986	369	16	0,67	n.s.	n.s.	n.s.	n.s.	2	2	3
1987	294	46	2,34	n.s.	n.s.	n.s.	n.s.	2	2	4
1988	458	3	0,08	n.s.	n.s.	1%	n.s.	3	3	3
1989	268	3	0,15	n.s.	n.s.	1%	n.s.	3	2	3
1990	160	38	3,36	5%	n.s.	1%	n.s.	2	3	3
1991	105	99	13,55	1%	5%	1%	n.s.	1	2	3
1992	193	88	6,59	1%	5%	1%	n.s.	0	1	2
1993	312	460	21,36	1%	n.s.	1%	n.s.	-3	1	2

Quelle: eigene Berechnungen aus Kostenstrukturstatistik, lfd. Jg.

Als sich zwischen den Jahren 1984 und 1990 branchenspezifische Veränderungstendenzen einstellten, wurde dieser enge Wirkungszusammenhang jedoch temporär unterbrochen. Insgesamt zeigt sich bei allen drei Indikatoren ein überwiegender Gleichlauf zwischen den Hauptgruppen, so daß der Einfluß der Branchenzugehörigkeit als insgesamt sehr hoch anzusehen ist. Angesichts der synchronen Verlaufs zwischen den einzelnen Gruppen läßt sich zwischen den Ausprägungen der unabhängigen Variablen hinsichtlich ihrer Effizienzwirkung allenfalls nur ein schwach signifikanter Gruppenunterschied feststellen.

Zusammenhang zwischen Branchenzugehörigkeit und Faktoreinsatzkennzahlen

Bei der Analyse der vier Faktoreinsatzkennzahlen Arbeitsproduktivität, Kapitalintensität, direkte Personalkosten je Beschäftigten und indirekte Personalkosten je Beschäftigten zeigt sich ein noch engerer Wirkungsgrad der Branchenzugehörigkeit als bei den drei Rentabilitätskennzahlen. Die deutlichen Mittelwertunterschiede zwischen den drei Gruppen drücken aus, daß die Faktoreinsatzindikatoren in erster Linie von den branchenspezifischen Produktionstechnologien beeinflußt werden. Insofern lassen sich - insbesondere zwischen den Gruppen 1 und 3 - signifikante Wirkungsunterschiede erkennen.

Tab. 21b: Einfluß von Wirtschaftszweigezugehörigkeit auf die Wertschöpfungsrentabilität der Unternehmen im Verarbeitenden Gewerbe (1977-1993)

Jahr	SAQ innerhalb	SAQ zwischen	emp. F-Wert	Sig. niveau	Signifik. Untersch. zwis. K1/K2	K1/K3	K2/K3	Gruppenmittelwerte K1	K2	K3
1977	1447	2502	25,07	1%	5%	1%	n.s.	1	8	13
1978	1295	1974	22,10	1%	n.s.	1%	n.s.	1	8	11
1979	1289	878	9,88	1%	n.s.	n.s.	n.s.	4	8	12
1980	2024	661	4,73	5%	5%	n.s.	n.s.	3	4	11
1981	1341	1607	17,38	1%	5%	1%	n.s.	-3	4	6
1982	2930	1100	5,63	1%	5%	n.s.	n.s.	-2	2	5
1983	3287	985	4,50	5%	5%	n.s.	n.s.	0	4	7
1984	2340	345	2,14	n.s.	5%	n.s.	n.s.	3	5	8
1985	2588	117	0,68	n.s.	5%	n.s.	n.s.	5	4	8
1986	3629	163	0,68	n.s.	n.s.	n.s.	n.s.	5	3	8
1987	2188	269	1,84	n.s.	n.s.	n.s.	n.s.	4	3	9
1988	4803	99	0,31	n.s.	n.s.	1%	n.s.	7	5	8
1989	2195	60	0,41	n.s.	n.s.	1%	n.s.	7	5	9
1990	1453	118	1,17	n.s.	n.s.	1%	n.s.	5	6	8
1991	754	922	17,73	1%	5%	1%	n.s.	2	5	9
1992	1577	589	5,42	1%	5%	1%	n.s.	0	2	6
1993	3234	2826	12,67	1%	n.s.	1%	n.s.	-7	1	5

Quelle: eigene Berechnungen aus Kostenstrukturstatistik, lfd. Jg.

Tab. 21c: Einfluß von Wirtschaftszweigezugehörigkeit auf den Cash-flow der Unternehmen im Verarbeitenden Gewerbe (1977-1993)

Jahr	SAQ innerhalb	SAQ zwischen	emp. F-Wert	Sig. niveau	Signifik. Untersch. zwis. K1/K2	K1/K3	K2/K3	Gruppenmittelwerte K1	K2	K3
1977	208	104	10,44	1%	n.s.	n.s.	n.s.	5	7	9
1978	160	80	9,38	1%	n.s.	n.s.	n.s.	5	7	8
1979	81	40	3,97	5%	n.s.	n.s.	n.s.	6	7	9
1980	72	36	3,42	5%	n.s.	n.s.	n.s.	5	5	8
1981	191	95	13,83	1%	n.s.	n.s.	n.s.	3	5	6
1982	188	94	6,57	1%	n.s.	n.s.	n.s.	2	5	6
1983	124	62	4,54	5%	n.s.	n.s.	n.s.	4	5	6
1984	57	28	2,51	n.s.	n.s.	n.s.	n.s.	5	6	6
1985	36	18	1,25	n.s.	n.s.	n.s.	n.s.	5	5	7
1986	11	6	0,35	n.s.	n.s.	n.s.	n.s.	6	5	7
1987	34	17	0,84	n.s.	n.s.	n.s.	n.s.	7	5	7
1988	14	7	0,35	n.s.	n.s.	n.s.	n.s.	7	6	7
1989	6	3	0,24	n.s.	n.s.	n.s.	n.s.	7	6	7
1990	6	3	0,28	n.s.	n.s.	n.s.	n.s.	6	6	7
1991	62	31	5,93	1%	n.s.	n.s.	n.s.	5	6	7
1992	58	29	3,74	5%	n.s.	n.s.	n.s.	4	5	6
1993	290	145	14,99	1%	n.s.	n.s.	n.s.	2	5	6

Quelle: eigene Berechnungen aus Kostenstrukturstatistik, lfd. Jg.

Tab. 21d: Einfluß von Wirtschaftszweigezugehörigkeit auf die Arbeitsproduktivität der Unternehmen im Verarbeitenden Gewerbe (1977-1993)

Jahr	SAQ innerhalb	SAQ zwischen	emp. F-Wert	Sig. niveau	Signifik. Untersch. zwis. K1/K2	K1/K3	K2/K3	Gruppenmittelwerte K1	K2	K3
1977	1975140061	987570031	24,64	1%	n.s.	5%	n.s.	47803	42832	37228
1978	2043773042	1021886521	25,35	1%	n.s.	5%	n.s.	49855	44651	39928
1979	3696920561	1848460281	26,99	1%	n.s.	5%	n.s.	56387	46301	41302
1980	3319775364	1659887682	27,22	1%	n.s.	5%	n.s.	57946	48766	43760
1981	2804860668	1402430334	25,38	1%	n.s.	5%	n.s.	56316	50992	43826
1982	10906223225	5453111612	13,09	1%	n.s.	5%	n.s.	57723	55597	45140
1983	12602226849	6301113425	13,39	1%	n.s.	5%	n.s.	61248	57254	46495
1984	13809401936	6904700968	12,38	1%	n.s.	5%	n.s.	67845	60669	47889
1985	10399922418	5199961209	11,16	1%	n.s.	5%	n.s.	71224	61946	49326
1986	13335229974	6667614987	11,20	1%	n.s.	5%	n.s.	74901	63568	50806
1987	16164750634	8082375317	12,91	1%	n.s.	5%	n.s.	76575	66669	52330
1988	20722913228	10361456614	15,29	1%	n.s.	5%	n.s.	74867	68135	53900
1989	40141281650	20070640825	20,45	1%	n.s.	5%	n.s.	71077	73390	55517
1990	23735065058	11867532529	12,04	1%	n.s.	5%	n.s.	91308	75654	57183
1991	33009505630	16504752815	11,84	1%	n.s.	5%	n.s.	96982	80926	58898
1992	31572963291	15786481645	13,55	1%	n.s.	5%	n.s.	96728	83466	60665
1993	42458598076	21229299038	17,87	1%	n.s.	5%	n.s.	92689	79784	62485

Quelle: eigene Berechnungen aus Kostenstrukturstatistik, lfd. Jg.

Tab. 21e: Einfluß von Wirtschaftszweigezugehörigkeit auf die Kapitalintensität der Unternehmen im Verarbeitenden Gewerbe (1977-1993)

Jahr	SAQ innerhalb	SAQ zwischen	emp. F-Wert	Sig. niveau	Signifik. Untersch. zwis.			Gruppenmittelwerte		
					K1/K2	K1/K3	K2/K3	K1	K2	K3
1977	1164485418	582242709	24,76	1%	1%	1%	n.s.	10605	3824	3916
1978	1250382578	625191289	24.00	1%	1%	1%	n.s.	11066	4029	4128
1979	1339572360	669786180	23,04	1%	1%	1%	n.s.	11583	4171	4493
1980	1348864248	674432124	28,78	1%	1%	1%	n.s.	12107	4669	4981
1981	1613754751	806877375	33,12	1%	1%	1%	n.s.	13459	5323	5626
1982	12016168136	6008084068	10,74	1%	1%	1%	n.s.	13981	5819	6433
1983	15034007462	7517003731	11,02	1%	1%	1%	n.s.	14033	5534	6979
1984	16353961958	8176980979	10,42	1%	1%	1%	n.s.	15509	6285	7379
1985	14673955560	7336977780	10,52	1%	1%	1%	n.s.	15708	6404	7135
1986	18299115350	9149557675	11,15	1%	1%	1%	n.s.	15419	6679	7701
1987	33122072324	16561036162	12,20	1%	1%	1%	n.s.	15513	9745	9678
1988	35636543253	17818271627	12,13	1%	1%	1%	n.s.	16667	7242	10100
1989	48260396274	24130198137	13,89	1%	1%	1%	n.s.	14236	8051	11029
1990	31254760020	15627380010	11,00	1%	1%	1%	n.s.	21734	8716	10246
1991	41819595815	20909797907	11,85	1%	1%	1%	n.s.	20445	9361	11248
1992	44261725534	22130862767	11,75	1%	1%	1%	n.s.	21522	10536	11649
1993	51757384533	25878692267	12,10	1%	1%	1%	n.s.	21737	10115	12380

Quelle: eigene Berechnungen aus Kostenstrukturstatistik, lfd. Jg.

Tab. 21f: Einfluß von Wirtschaftszweigezugehörigkeit auf die direkten Personalkosten der Unternehmen im Verarbeitenden Gewerbe (1977-1993)

Jahr	SAQ innerhalb	SAQ zwischen	emp. F-Wert	Sig. niveau	Signifik. Untersch. zwis.			Gruppenmittelwerte		
					K1/K2	K1/K3	K2/K3	K1	K2	K3
1977	513246951	955465229	26,99	1%	n.s.	5%	n.s.	31433	28958	22971
1978	501636350	754787867	21,82	1%	n.s.	5%	n.s.	32802	30127	25479
1979	587219818	1187098087	29,31	1%	n.s.	5%	n.s.	34931	31127	25932
1980	609805631	1219207113	28,99	1%	n.s.	5%	n.s.	37022	33472	27781
1981	733826512	1374586249	27,16	1%	n.s.	5%	n.s.	39046	35387	29048
1982	65923820958	2550943495	5,80	1%	n.s.	5%	n.s.	40559	38301	29919
1983	68420880426	2535096880	5,56	1%	n.s.	5%	n.s.	42160	39155	30817
1984	74932149801	2880069571	5,57	1%	n.s.	5%	n.s.	44204	40177	31741
1985	76907938394	2695810108	5,26	5%	n.s.	5%	n.s.	45538	41878	32694
1986	88084426072	3217846537	5,48	1%	n.s.	5%	n.s.	47285	43588	33674
1987	98631634907	3732952623	5,68	1%	n.s.	5%	n.s.	48785	45271	34685
1988	126251578412	7955131523	9,45	1%	n.s.	5%	n.s.	45419	45656	35725
1989	131857750094	12230280679	13,91	1%	n.s.	5%	n.s.	42825	48560	36797
1990	146505174288	10868388114	10,76	1%	n.s.	5%	n.s.	52477	51063	37901
1991	159493178246	7369241619	6,70	1%	n.s.	5%	n.s.	60335	54569	39038
1992	193751689419	9317083537	6,97	1%	n.s.	5%	n.s.	60177	58502	40209
1993	198654231587	9589504755	7,00	1%	n.s.	5%	n.s.	62863	55864	41415

Quelle: eigene Berechnungen aus Kostenstrukturstatistik, lfd. Jg.

Tab. 21g: Einfluß von Wirtschaftszweigezugehörigkeit auf die indirekten Personalkosten der Unternehmen im Verarbeitenden Gewerbe (1977-1993)

Jahr	SAQ innerhalb	SAQ zwischen	emp. F-Wert	Sig. niveau	Signifik. Untersch. zwis. K1/K2	K1/K3	K2/K3	Gruppenmittelwerte K1	K2	K3
1977	92826491	146557890	22,89	1%	n.s.	5%	n.s.	7465	5710	4479
1978	100478956	143362651	20,69	1%	n.s.	5%	n.s.	7793	5912	4941
1979	254179063	238422948	13,60	1%	n.s.	5%	n.s.	8667	6132	5096
1980	249221681	250577392	14,58	1%	n.s.	5%	n.s.	9214	6760	5460
1981	147310574	201097855	19,79	1%	n.s.	5%	n.s.	9195	7000	5739
1982	144667956	205839592	21,34	1%	n.s.	5%	n.s.	9652	7787	6137
1983	272752894	361407494	19,88	1%	n.s.	5%	n.s.	10997	8379	6479
1984	503157140	492118766	14,18	1%	n.s.	5%	n.s.	12322	8801	7149
1985	446651864	568017811	19,08	1%	n.s.	5%	n.s.	12656	8958	7293
1986	380889072	464330177	18,29	1%	n.s.	5%	n.s.	12608	9433	7569
1987	420209926	519355313	18,54	1%	n.s.	5%	n.s.	13201	9871	7891
1988	577988066	326926402	8,48	1%	n.s.	5%	n.s.	12399	9800	8100
1989	409343691	133940995	4,91	5%	n.s.	[illegible]%	n.s.	11356	10267	8303
1990	470332075	466005476	14,37	1%	n.s.	5%	n.s.	13902	10914	8677
1991	884851813	793501267	13,00	1%	n.s.	5%	n.s.	15976	11979	9218
1992	823135033	607316750	10,70	1%	n.s.	5%	n.s.	15915	12735	9808
1993	1289447528	984718239	11,07	1%	n.s.	5%	n.s.	17485	12178	10519

Quelle: eigene Berechnungen aus Kostenstrukturstatistik, lfd. Jg.

2.2.2. Zusammenhang zwischen Unternehmensgröße und Effizienz der Unternehmen

Anknüpfend an den organisationstheoretischen Zusammenhängen und den Erkenntnissen der Industrieökonmie soll im folgenden untersucht werden, ob Großunternehmen aufgrund pekuniärer und produktionstechnischer Vorteile effizienter wirtschaften als kleine und mittlere Unternehmen. Da im Rahmen der Kostenstrukturerhebung nur einzelne Wirtschaftszweige nach Größenklassen disaggregiert ausgewiesen werden, konnten in der folgenden Untersuchung nicht alle Wirtschaftszweige berücksichtigt werden.

Neben der Elimination einzelner Wirtschaftszweige mußte zur Durchführung der Varianzanalyse eine Gruppenbildung vorgenommen[19]. Diese Einteilung war zum einen erforderlich, da die unabhängigen Variablen zur Durchführung der Zusammenhangsanalyse nominalskaliert sein müssen. Zum anderen mußte eine einheitliche Gruppenbildung gefunden werden, da sich in der Kostenstrukturerhebung eine Vielzahl verschiedener Größenklassen findet.

Einfluß der Unternehmensgröße auf die Rentabilitätskennzahlen

Wie die vorstehenden Ausführungen gezeigt haben, bestand zwischen den beiden Rentabilitätskennzahlen „Umsatzrendite" und „Wertschöpfungsrentabilität" ein enger Gleichlauf und ein (stabiler) inverser Zusammenhang zwischen Unternehmensgröße und Höhe des Indikators. Durch die in den Untersuchungszeitraum fallenden Konjunkturschwankungen waren in erster Linie somit zwar die Branchen betroffen, indirekt jedoch auch die Unternehmensgrößenklassen. Insofern war der Zusammenhang zwischen der Unternehmensgröße sowie der Höhe und Entwicklung der beiden Indikatoren während der gesamten Betrachtungsperiode hoch signifikant.

Demgegenüber war der Erklärungsanteil der Unternehmensgröße am Cashflow nicht in jedem Jahr signifikant. Dieser Unterschied zur Umsatzrendite und Wertschöpfungsrentabilität dürfte vor allem auf eine höhere Branchenabhängigkeit der Abschreibungen zurückzuführen sein. Insbesondere in der

---

[19] Vgl. hierzu die Einteilung in Gliederungspunkt 1.1.3. auf Seite 158 ff.

Tab. 22a: Zusammenhang zwischen Unternehmensgröße und Umsatzrentabilität der Unternehmen im Verarbeitenden Gewerbe (1977-1993)

	SAQ inner.	SAQ zwi.	emp F-Wert	Signifik. Niveau	Signifikante Gruppenunterschiede auf Niveau	GK6	GK5	GK4	GK3	GK2
1977	1495	313	5,984573	1%	GK 5	n.s.				
					GK4	n.s.	n.s.			
					GK3	5%	n.s.	n.s.		
					GK2	1%	5%	n.s.	n.s.	
					GK1	1%	n.s.	5%	n.s.	n.s.
1978	1078	264	6,711519	1%	GK 5	n.s.				
					GK4	5%	n.s.			
					GK3	1%	n.s.	n.s.		
					GK2	1%	n.s.	n.s.	n.s.	
					GK1	1%	n.s.	n.s.	n.s.	n.s.
1979	1017	337	9,611653	1%	GK 5	n.s.				
					GK4	5%	n.s.			
					GK3	1%	5%	n.s.		
					GK2	1%	1%	n.s.	n.s.	
					GK1	1%	1%	n.s.	n.s.	n.s.
1980	602	285	11,82864	1%	GK 5	n.s.				
					GK4	5%	5%			
					GK3	1%	5%	n.s.		
					GK2	1%	1%	n.s.	n.s.	
					GK1	1%	1%	1%	n.s.	n.s.
1981	721	179	5,691272	1%	GK 5	n.s.				
					GK4	n.s.	n.s.			
					GK3	5%	5%	n.s.		
					GK2	1%	5%	n.s.	n.s.	
					GK1	1%	1%	n.s.	n.s.	n.s.
1982	881	132	3,286131	5%	GK 5	n.s.				
					GK4	n.s.	n.s.			
					GK3	n.s.	n.s.	n.s.		
					GK2	1%	n.s.	n.s.	n.s.	
					GK1	1%	n.s.	n.s.	n.s.	n.s.
1983	1091	161	3,393609	1%	GK 5	n.s.				
					GK4	n.s.	n.s.			
					GK3	n.s.	n.s.	n.s.		
					GK2	5%	n.s.	n.s.	n.s.	
					GK1	1%	n.s.	n.s.	n.s.	n.s.
1984	693	109	2,413217	5%	GK 5	n.s.				
					GK4	n.s.	n.s.			
					GK3	n.s.	n.s.	n.s.		
					GK2	5%	n.s.	n.s.	n.s.	
					GK1	1%	n.s.	n.s.	n.s.	n.s.
1985	733	113	3,441311	1%	GK 5	n.s.				
					GK4	n.s.	n.s.			
					GK3	5%	n.s.	n.s.		
					GK2	1%	n.s.	n.s.	n.s.	
					GK1	1%	n.s.	n.s.	n.s.	n.s.
1986	670,3632889	132,865215	4,796412	1%	GK 5	n.s.				
					GK4	n.s.	n.s.			
					GK3	n.s.	5%	n.s.		
					GK2	1%	5%	n.s.	n.s.	
					GK1	1%	1%	5%	n.s.	n.s.

Quelle: eigene Berechnungen aus Kostenstrukturstatistik, lfd. Jg.

Tab. 22a: Zusammenhang zwischen Unternehmensgröße und Umsatzrentabilität der Unternehmen im Verarbeitenden Gewerbe (1977-1993)

1987	635	155	5,524277	1%	GK 5	n.s.				
					GK4	n.s.	n.s.			
					GK3	n.s.	n.s.	n.s.		
					GK2	1%	5%	n.s.	n.s.	
					GK1	1%	1%	n.s.	n.s.	n.s.
1988	817	170	4,955586	1%	GK 5	n.s.				
					GK4	n.s.	n.s.			
					GK3	n.s.	n.s.	n.s.		
					GK2	5%	5%	n.s.	n.s.	
					GK1	1%	1%	n.s.	n.s.	n.s.
1989	415	103	4,063636	1%	GK 5	n.s.				
					GK4	n.s.	n.s.			
					GK3	1%	5%	n.s.		
					GK2	1%	5%	n.s.	n.s.	
					GK1	1%	n.s.	n.s.	n.s.	n.s.
1990	888	325	10,31487	1%	GK 5	n.s.				
					GK4	n.s.	n.s.			
					GK3	1%	n.s.	n.s.		
					GK2	1%	5%	n.s.	n.s.	
					GK1	1%	1%	1%	n.s.	n.s.
1991	1061	323	8,275916	1%	GK 5	n.s.				
					GK4	n.s.	n.s.			
					GK3	5%	n.s.	n.s.		
					GK2	1%	5%	n.s.	n.s.	
					GK1	1%	1%	1%	n.s.	n.s.
1992	404	197	8,777604	1%	GK 5	n.s.				
					GK4	n.s.	5%			
					GK3	1%	1%	n.s.		
					GK2	1%	1%	n.s.	n.s.	
					GK1	1%	1%	1%	n.s.	n.s.
1993	1746	384	5,417815	1%	GK 5	n.s.				
					GK4	n.s.	n.s.			
					GK3	n.s.	5%	n.s.		
					GK2	1%	5%	n.s.	n.s.	
					GK1	1%	1%	n.s.	n.s.	n.s.

Quelle: eigene Berechnungen aus Kostenstrukturstatistik, lfd. Jg.

Tab. 22b: Zusammenhang zwischen Unternehmensgröße und Wertschöpfungsrentabilität der Unternehmen im Verarbeitenden Gewerbe (1977-1993)

	SAQ innerhalb	SAQ zwischen	emp F-Wert	Signifik. Niveau	Signifikante Gruppenunterschiede auf Niveau	GK6	GK5	GK4	GK3	GK2
1977	7988	1180	4,224567	1%	GK 5	n.s.				
					GK4	n.s.	n.s.			
					GK3	n.s.	n.s.	n.s.		
					GK2	n.s.	5%	n.s.	n.s.	
					GK1	1%	n.s.	n.s.	n.s.	n.s.
1978	5862	1701	7,949166	1%	GK 5	n.s.				
					GK4	5%	n.s.			
					GK3	1%	n.s.	n.s.		
					GK2	1%	5%	n.s.	n.s.	
					GK1	1%	n.s.	n.s.	n.s.	n.s.
1979	5991	2082	10,07966	1%	GK 5	n.s.				
					GK4	n.s.	n.s.			
					GK3	1%	5%	n.s.		
					GK2	1%	1%	n.s.	n.s.	
					GK1	1%	1%	5%	n.s.	n.s.
1980	3275	1786	13,63855	1%	GK 5	n.s.				
					GK4	5%	5%			
					GK3	1%	5%	n.s.		
					GK2	1%	1%	5%	n.s.	
					GK1	1%	1%	1%	n.s.	n.s.
1981	5151	1342	5,991141	1%	GK 5	n.s.				
					GK4	n.s.	n.s.			
					GK3	5%	5%	n.s.		
					GK2	1%	5%	n.s.	n.s.	
					GK1	1%	1%	n.s.	n.s.	n.s.
1982	5469	994	3,998596	1%	GK 5	n.s.				
					GK4	n.s.	n.s.			
					GK3	n.s.	n.s.	n.s.		
					GK2	1%	n.s.	n.s.	n.s.	
					GK1	1%	n.s.	n.s.	n.s.	n.s.
1983	5879	1021	4,065561	1%	GK 5	n.s.				
					GK4	n.s.	n.s.			
					GK3	5%	n.s.	n.s.		
					GK2	5%	5%	n.s.	n.s.	
					GK1	1%	n.s.	n.s.	n.s.	n.s.
1984	3995	838	3,229693	5%	GK 5	n.s.				
					GK4	n.s.	n.s.			
					GK3	n.s.	n.s.	n.s.		
					GK2	5%	5%	n.s.	n.s.	
					GK1	1%	1%	5%	5%	n.s.
1985	4752	945	4,453436	1%	GK 5	n.s.				
					GK4	n.s.	n.s.			
					GK3	5%	n.s.	n.s.		
					GK2	1%	5%	n.s.	n.s.	
					GK1	1%	n.s.	n.s.	n.s.	n.s.

Quelle: eigene Berechnungen aus Kostenstrukturstatistik, lfd. Jg.

Tab. 22b: Zusammenhang zwischen Unternehmensgröße und Wertschöpfungsrentabilität der Unternehmen im Verarbeitenden Gewerbe (1977-1993)

1986	4375,60532	947,050389	5,281105	1%	GK 5	n.s.				
					GK4	n.s.	n.s.			
					GK3	n.s.	n.s.	n.s.		
					GK2	5%	5%	5%	n.s.	
					GK1	1%	1%	1%	n.s.	n.s.
1987	10661	1235	2,619005	5%	GK 5	n.s.				
					GK4	n.s.	n.s.			
					GK3	n.s.	n.s.	n.s.		
					GK2	n.s.	5%	n.s.	n.s.	
					GK1	5%	n.s.	n.s.	n.s.	n.s.
1988	4526	1157	6,081685	1%	GK 5	n.s.				
					GK4	n.s.	n.s.			
					GK3	n.s.	5%	n.s.		
					GK2	5%	5%	n.s.	n.s.	
					GK1	1%	1%	n.s.	n.s.	n.s.
1989	3542	474	2,220112	n.s.	GK 5	n.s.				
					GK4	n.s.	n.s.			
					GK3	n.s.	n.s.	n.s.		
					GK2	n.s.	5%	n.s.	n.s.	
					GK1	5%	n.s.	n.s.	n.s.	n.s.
1990	5435	2029	10,52873	1%	GK 5	n.s.				
					GK4	n.s.	n.s.			
					GK3	n.s.	5%	n.s.		
					GK2	1%	5%	n.s.	n.s.	
					GK1	1%	1%	1%	5%	n.s.
1991	9626	1642	4,638917	1%	GK 5	n.s.				
					GK4	n.s.	n.s.			
					GK3	n.s.	n.s.	n.s.		
					GK2	n.s.	5%	n.s.	n.s.	
					GK1	1%	1%	5%	n.s.	n.s.
1992	2441	1116	8,41636	1%	GK 5	n.s.				
					GK4	n.s.	5%			
					GK3	1%	1%	n.s.		
					GK2	1%	1%	n.s.	n.s.	
					GK1	1%	1%	1%	n.s.	n.s.
1993	16976	2847	4,192349	1%	GK 5	n.s.				
					GK4	n.s.	n.s.			
					GK3	n.s.	5%	n.s.		
					GK2	1%	5%	n.s.	n.s.	
					GK1	1%	n.s.	n.s.	n.s.	n.s.

Quelle: eigene Berechnungen aus Kostenstrukturstatistik, lfd. Jg.

Tab. 22c: Zusammenhang zwischen Unternehmensgröße und Cash-flow der Unternehmen im Verarbeitenden Gewerbe (1977-1993)

	SAQ innerhalb	SAQ zwischen	emp F-Wert	Signifik. Niveau	Signifikante Gruppenunterschiede auf Niveau	GK6	GK5	GK4	GK3	GK2
1977	1534	225	4,196448	1%	GK 5	n.s.				
					GK4	n.s.	n.s.			
					GK3	n.s.	n.s.	n.s.		
					GK2	5%	n.s.	n.s.	n.s.	
					GK1	1%	n.s.	n.s.	n.s.	n.s.
1978	1177	191	4,436837	1%	GK 5	n.s.				
					GK4	n.s.	n.s.			
					GK3	5%	n.s.	n.s.		
					GK2	1%	n.s.	n.s.	n.s.	
					GK1	1%	n.s.	n.s.	n.s.	n.s.
1979	1255	252	5,81813	1%	GK 5	n.s.				
					GK4	n.s.	n.s.			
					GK3	1%	n.s.	n.s.		
					GK2	1%	n.s.	n.s.	n.s.	
					GK1	1%	n.s.	n.s.	n.s.	n.s.
1980	772	203	6,587121	1%	GK 5	n.s.				
					GK4	n.s.	n.s.			
					GK3	5%	5%	n.s.		
					GK2	1%	5%	n.s.	n.s.	
					GK1	1%	1%	n.s.	n.s.	n.s.
1981	796	118	3,417641	1%	GK 5	n.s.				
					GK4	n.s.	n.s.			
					GK3	n.s.	n.s.	n.s.		
					GK2	1%	n.s.	n.s.	n.s.	
					GK1	1%	n.s.	n.s.	n.s.	n.s.
1982	923	78	1,855763	n.s.	GK 5	n.s.				
					GK4	n.s.	n.s.			
					GK3	n.s.	n.s.	n.s.		
					GK2	n.s.	n.s.	n.s.	n.s.	
					GK1	5%	n.s.	n.s.	n.s.	n.s.
1983	1195	121	2,364797	n.s.	GK 5	n.s.				
					GK4	n.s.	n.s.			
					GK3	n.s.	n.s.	n.s.		
					GK2	5%	n.s.	n.s.	n.s.	
					GK1	5%	n.s.	n.s.	n.s.	n.s.
1984	833	100	1,858101	n.s.	GK 5	n.s.				
					GK4	n.s.	n.s.			
					GK3	n.s.	n.s.	n.s.		
					GK2	5%	n.s.	n.s.	n.s.	
					GK1	5%	n.s.	n.s.	n.s.	n.s.
1985	979	66	1,498911	n.s.	GK 5	n.s.				
					GK4	n.s.	n.s.			
					GK3	n.s.	n.s.	n.s.		
					GK2	n.s.	n.s.	n.s.	n.s.	
					GK1	n.s.	n.s.	n.s.	n.s.	n.s.

Quelle: eigene Berechnungen aus Kostenstrukturstatistik, lfd. Jg.

Tab. 22c: Zusammenhang zwischen Unternehmensgröße und Cash-flow der Unternehmen im Verarbeitenden Gewerbe (1977-1993)

1986	1046,27851	96,3589108	2,247162	n.s.	GK 5	n.s.				
					GK4	n.s.	n.s.			
					GK3	n.s.	n.s.	n.s.		
					GK2	n.s.	n.s.	n.s.	n.s.	
					GK1	n.s.	n.s.	n.s.	n.s.	n.s.
1987	1023	79	1,741042	n.s.	GK 5	n.s.				
					GK4	n.s.	n.s.			
					GK3	n.s.	n.s.	n.s.		
					GK2	n.s.	n.s.	n.s.	n.s.	
					GK1	5%	n.s.	n.s.	n.s.	n.s.
1988	1480	96	1,539632	n.s.	GK 5	n.s.				
					GK4	n.s.	n.s.			
					GK3	n.s.	n.s.	n.s.		
					GK2	n.s.	n.s.	n.s.	n.s.	
					GK1	n.s.	n.s.	n.s.	n.s.	n.s.
1989	759	58	1,266556	n.s.	GK 5	n.s.				
					GK4	n.s.	n.s.			
					GK3	n.s.	n.s.	n.s.		
					GK2	n.s.	n.s.	n.s.	n.s.	
					GK1	n.s.	n.s.	n.s.	n.s.	n.s.
1990	1092	150	3,863917	1%	GK 5	n.s.				
					GK4	n.s.	n.s.			
					GK3	n.s.	n.s.	n.s.		
					GK2	n.s.	n.s.	n.s.	n.s.	
					GK1	1%	n.s.	n.s.	n.s.	n.s.
1991	1476	128	2,364881	n.s.	GK 5	n.s.				
					GK4	n.s.	n.s.			
					GK3	n.s.	n.s.	n.s.		
					GK2	n.s.	n.s.	n.s.	n.s.	
					GK1	5%	n.s.	n.s.	n.s.	n.s.
1992	594	128	3,954296	1%	GK 5	n.s.				
					GK4	n.s.	n.s.			
					GK3	5%	5%	n.s.		
					GK2	5%	5%	n.s.	n.s.	
					GK1	1%	1%	n.s.	n.s.	n.s.
1993	1290	211	4,078861	1%	GK 5	n.s.				
					GK4	n.s.	n.s.			
					GK3	n.s.	5%	n.s.		
					GK2	1%	5%	n.s.	n.s.	
					GK1	1%	n.s.	n.s.	n.s.	n.s.

Quelle: eigene Berechnungen aus Kostenstrukturstatistik, lfd. Jg.

zweiten Hälfte der achtziger Jahre, als die Abschreibungen stark an Bedeutung gewonnen haben, war der Zusammenhang nicht signifikant.

Insgesamt zeigen die Ergebnisse der Varianzanalyse, daß der Erklärungsgehalt der Unternehmensgröße auf die Höhe und Entwicklung der Gesamtrentabilität der Unternehmen als sehr hoch bezeichnet werden kann. Dies bedeutet, daß die Renditevarianz durch das Zusammenwirken von ebenfalls signifikaten Brancheneinflüssen (d.h. von einem branchenüblichen Gewinn) und von dem Gewinn der Unternehmensgrößenklasse bestimmt wird. Insofern ist davon auszugehen, daß sich signifikante Abweichungen zwischen der Höhe der Kennzahlen und den einzelnen Größenklassen erkennen lassen. Bei allen drei Indikatoren (beim Cash-flow allerdings nur bedingt) ergeben sich vor allem zwischen der GK 6 und den GK 1 bis 3 sowie zwischen der GK 5 und den GK 1 bis 3 signifikante Renditeunterschiede. Vor dem Hintergrund der deskriptiven Untersuchung kann dieses Ergebnis dahingehend interpretiert werden, daß Großunternehmen mit mehr als 500 Beschäftigten (GK 5 und 6) signifikant niedrigere Ergebnisse als kleine und mittlere Unternehmen bei „Umsatzrendite", „Wertschöpfungsrentabilität" sowie „Cash-flow" erzielen. Zu berücksichtigen ist dabei jedoch, daß die Ergebnisse bei unternehmensgrößenspezifischen Untersuchungen vom gewählten Indikator abhängen. So zeigt eine Untersuchung der Kreditanstalt für Wiederaufbau[20], daß die Eigenkapitalquote (haftende Eigenmittel in Relation zur Bilanzsumme) bei Unternehmen mit 20-499 Beschäftigten, unabhängig von der Rechtsform, niedriger als bei Unternehmen mit mehr als 500 Beschäftigten ist.

Einfluß von Unternehmensgröße auf Faktoreinsatzkennzahlen

Der Erklärungsgehalt der Unternehmensgröße auf die Faktoreinsatzkennzahlen „Arbeitsproduktivität" und „Kapitalintensität" ist während des gesamten Betrachtungszeitraums nicht signifikant. Diese beiden Größen werden somit zu einem größeren Teil von der Produktionstechnologie einer Branche bestimmt und weniger von Unterschieden in der Produktionstechnologie zwischen den Größenklassen eines Wirtschaftszweigs. Interessant ist jedoch die Veränderung bei der Kapitalintensität, da sich in den letzten vier

---

[20] Vgl. N. Irsch, 1984.

Tab. 22d: Zusammenhang zwischen Unternehmensgröße und Kapitalintensität der Unternehmen im Verarbeitenden Gewerbe (1977-1993)

	SAQ innerhalb	SAQ zwischen	emp F-Wert	Signifik. Niveau	Signifikante Gruppenunterschiede auf Niveau	GK6	GK5	GK4	GK3	GK2
1977	1181621152	190401248	4,608479	1%	GK 5	n.s.				
					GK4	n.s.	n.s.			
					GK3	n.s.	n.s.	n.s.		
					GK2	n.s.	5%	n.s.	n.s.	
					GK1	1%	1%	n.s.	n.s.	n.s.
1978	1299767711	88716207	1,870199	n.s.	GK 5	n.s.				
					GK4	n.s.	n.s.			
					GK3	n.s.	n.s.	n.s.		
					GK2	n.s.	n.s.	n.s.	n.s.	
					GK1	n.s.	n.s.	n.s.	n.s.	n.s.
1979	1357194189	94158437	2,011941	n.s.	GK 5	n.s.				
					GK4	n.s.	n.s.			
					GK3	n.s.	n.s.	n.s.		
					GK2	n.s.	n.s.	n.s.	n.s.	
					GK1	n.s.	n.s.	n.s.	n.s.	n.s.
1980	1849459982	96657887	1,421547	n.s.	GK 5	n.s.				
					GK4	n.s.	n.s.			
					GK3	n.s.	n.s.	n.s.		
					GK2	n.s.	n.s.	n.s.	n.s.	
					GK1	n.s.	n.s.	n.s.	n.s.	n.s.
1981	1696586524	59152683	0,801911	n.s.	GK 5	n.s.				
					GK4	n.s.	n.s.			
					GK3	n.s.	n.s.	n.s.		
					GK2	n.s.	n.s.	n.s.	n.s.	
					GK1	n.s.	n.s.	n.s.	n.s.	n.s.
1982	1503760459	81270145	1,188981	n.s.	GK 5	n.s.				
					GK4	n.s.	n.s.			
					GK3	n.s.	n.s.	n.s.		
					GK2	n.s.	n.s.	n.s.	n.s.	
					GK1	n.s.	n.s.	n.s.	n.s.	n.s.
1983	1463678759	68671424	1,097858	n.s.	GK 5	n.s.				
					GK4	n.s.	n.s.			
					GK3	n.s.	n.s.	n.s.		
					GK2	n.s.	n.s.	n.s.	n.s.	
					GK1	n.s.	n.s.	n.s.	n.s.	n.s.
1984	1438911037	42828046	0,458369	n.s.	GK 5	n.s.				
					GK4	n.s.	n.s.			
					GK3	n.s.	n.s.	n.s.		
					GK2	n.s.	n.s.	n.s.	n.s.	
					GK1	n.s.	n.s.	n.s.	n.s.	n.s.
1985	1623907919	64916586	0,863472	n.s.	GK 5	n.s.				
					GK4	n.s.	n.s.			
					GK3	n.s.	n.s.	n.s.		
					GK2	n.s.	n.s.	n.s.	n.s.	
					GK1	n.s.	n.s.	n.s.	n.s.	n.s.

Quelle: eigene Berechnungen aus Kostenstrukturstatistik, lfd. Jg.

Tab. 22d: Zusammenhang zwischen Unternehmensgröße und Kapitalintensität der Unternehmen im Verarbeitenden Gewerbe (1977-1993)

1986	1283402075	58950632,48	1,028901	n.s.	GK 5	n.s.				
					GK4	n.s.	n.s.			
					GK3	n.s.	n.s.	n.s.		
					GK2	n.s.	n.s.	n.s.	n.s.	
					GK1	n.s.	n.s.	n.s.	n.s.	n.s.
1987	1395100299	81050791	1,220032	n.s.	GK 5	n.s.				
					GK4	n.s.	n.s.			
					GK3	n.s.	n.s.	n.s.		
					GK2	n.s.	n.s.	n.s.	n.s.	
					GK1	n.s.	n.s.	n.s.	n.s.	n.s.
1988	1189022050	67755316	1,219459	n.s.	GK 5	n.s.				
					GK4	n.s.	n.s.			
					GK3	n.s.	n.s.	n.s.		
					GK2	n.s.	n.s.	n.s.	n.s.	
					GK1	n.s.	n.s.	n.s.	n.s.	n.s.
1989	1913609044	236556386	1,903716	n.s.	GK 5	n.s.				
					GK4	n.s.	n.s.			
					GK3	n.s.	n.s.	n.s.		
					GK2	5%	n.s.	n.s.	n.s.	
					GK1	5%	n.s.	n.s.	n.s.	n.s.
1990	6101513954	947639536	4,317679	1%	GK 5	n.s.				
					GK4	n.s.	n.s.			
					GK3	n.s.	5%	n.s.		
					GK2	5%	5%	n.s.	n.s.	
					GK1	5%	n.s.	n.s.	n.s.	n.s.
1991	7633404978	1132052784	4,033827	1%	GK 5	n.s.				
					GK4	n.s.	n.s.			
					GK3	n.s.	n.s.	n.s.		
					GK2	1%	n.s.	n.s.	n.s.	
					GK1	1%	n.s.	n.s.	n.s.	n.s.
1992	946217169	467162558	8,491915	1%	GK 5	n.s.				
					GK4	1%	n.s.			
					GK3	1%	5%	n.s.		
					GK2	1%	5%	n.s.	n.s.	
					GK1	1%	1%	5%	n.s.	n.s.
1993	5009487431	953215498	3,310908	5%	GK 5	n.s.				
					GK4	n.s.	n.s.			
					GK3	5%	5%	n.s.		
					GK2	5%	5%	n.s.	n.s.	
					GK1	1%	1%	n.s.	n.s.	n.s.

Quelle: eigene Berechnungen aus Kostenstrukturstatistik, lfd. Jg.

Tab. 22e: Zusammenhang zwischen Unternehmensgröße und den direkten Personalkosten der Unternehmen im Verarbeitenden Gewerbe (1977-1993)

	SAQ innerhalb	SAQ zwischen	emp. F-Wert	Signifik. Niveau	Signifikante Gruppenunterschiede auf Niveau					
						GK6	GK5	GK4	GK3	GK2
1977	5262729711	1068065635	6,00729	1%	GK 5	n.s.				
					GK4	n.s.	n.s.			
					GK3	5%	n.s.	n.s.		
					GK2	1%	5%	n.s.	n.s.	
					GK1	1%	n.s.	n.s.	n.s.	n.s.
1978	2173091013	682181342	8,601466	1%	GK 5	n.s.				
					GK4	n.s.	n.s.			
					GK3	1%	5%	n.s.		
					GK2	1%	5%	n.s.	n.s.	
					GK1	1%	1%	1%	n.s.	n.s.
1979	2713630058	881075165	9,415867	1%	GK 5	n.s.				
					GK4	n.s.	n.s.			
					GK3	1%	5%	n.s.		
					GK2	1%	5%	n.s.	n.s.	
					GK1	1%	1%	5%	n.s.	n.s.
1980	2559312716	633883078	6,191927	1%	GK 5	n.s.				
					GK4	n.s.	n.s.			
					GK3	5%	5%	n.s.		
					GK2	1%	5%	n.s.	n.s.	
					GK1	1%	1%	n.s.	n.s.	n.s.
1981	3717878553	551290091	3,410459	1%	GK 5	n.s.				
					GK4	n.s.	n.s.			
					GK3	n.s.	n.s.	n.s.		
					GK2	5%	5%	n.s.	n.s.	
					GK1	5%	n.s.	n.s.	n.s.	n.s.
1982	9172898541	886917274	2,243182	n.s.	GK 5	n.s.				
					GK4	n.s.	n.s.			
					GK3	n.s.	n.s.	n.s.		
					GK2	n.s.	n.s.	n.s.	n.s.	
					GK1	5%	n.s.	n.s.	n.s.	n.s.
1983	4414296915513	155431951803	0,823938	n.s.	GK 5	n.s.				
					GK4	n.s.	n.s.			
					GK3	n.s.	n.s.	n.s.		
					GK2	n.s.	n.s.	n.s.	n.s.	
					GK1	n.s.	n.s.	n.s.	n.s.	n.s.
1984	2625517188	656189064	3,848884	1%	GK 5	n.s.				
					GK4	n.s.	n.s.			
					GK3	n.s.	5%	n.s.		
					GK2	1%	5%	n.s.	n.s.	
					GK1	1%	1%	5%	n.s.	n.s.
1985	4636065008	1256315900	5,853331	1%	GK 5	n.s.				
					GK4	5%	n.s.			
					GK3	1%	n.s.	n.s.		
					GK2	1%	5%	n.s.	n.s.	
					GK1	1%	1%	5%	n.s.	n.s.

Quelle: eigene Berechnungen aus Kostenstrukturstatistik, lfd. Jg.

Tab. 22e: Zusammenhang zwischen Unternehmensgröße und den direkten Personalkosten der Unternehmen im Verarbeitenden Gewerbe (1977-1993)

1986	3908845826	1349389823	7,732802	1%	GK 5	n.s.				
					GK4	n.s.	n.s.			
					GK3	1%	n.s.	n.s.		
					GK2	1%	5%	n.s.	n.s.	
					GK1	1%	1%	1%	n.s.	n.s.
1987	12038483095	1764729523	3,078404	5%	GK 5	n.s.				
					GK4	n.s.	n.s.			
					GK3	n.s.	n.s.	n.s.		
					GK2	n.s.	5%	n.s.	n.s.	
					GK1	5%	n.s.	n.s.	n.s.	n.s.
1988	8113512767	1423890869	3,755619	1%	GK 5	n.s.				
					GK4	5%	n.s.			
					GK3	1%	n.s.	n.s.		
					GK2	1%	n.s.	n.s.	n.s.	
					GK1	1%	n.s.	n.s.	n.s.	n.s.
1989	12831778010	2155952848	2,587457	5%	GK 5	n.s.				
					GK4	n.s.	n.s.			
					GK3	n.s.	n.s.	n.s.		
					GK2	5%	5%	n.s.	n.s.	
					GK1	5%	n.s.	n.s.	n.s.	n.s.
1990	14440806828	2947044404	5,673356	1%	GK 5	n.s.				
					GK4	n.s.	n.s.			
					GK3	n.s.	5%	n.s.		
					GK2	1%	5%	n.s.	n.s.	
					GK1	1%	1%	n.s.	n.s.	n.s.
1991	183591157198	12095534393	1,792017	n.s.	GK 5	n.s.				
					GK4	n.s.	n.s.			
					GK3	n.s.	n.s.	n.s.		
					GK2	n.s.	n.s.	n.s.	n.s.	
					GK1	n.s.	n.s.	n.s.	n.s.	n.s.
1992	3952643490	3315559367	14,42772	1%	GK 5	n.s.				
					GK4	1%	5%			
					GK3	1%	1%	n.s.		
					GK2	1%	1%	5%	n.s.	
					GK1	1%	1%	1%	n.s.	n.s.
1993	49418734177	1662830152	0,585471	n.s.	GK 5	n.s.				
					GK4	n.s.	n.s.			
					GK3	n.s.	n.s.	n.s.		
					GK2	n.s.	n.s.	n.s.	n.s.	
					GK1	n.s.	n.s.	n.s.	n.s.	n.s.

Quelle: eigene Berechnungen aus Kostenstrukturstatistik, lfd. Jg.

Tab. 22f: Zusammenhang zwischen Unternehmensgröße und den indirekten Personalkosten der Unternehmen im Verarbeitenden Gewerbe (1977-1993)

	SAQ innerhalb	SAQ zwischen	emp F-Wert	Signifik. Niveau	Signifikante Gruppenunterschiede auf Niveau	GK6	GK5	GK4	GK3	GK2
1977	289595210	119990367	12,2644116	1%	GK 5	n.s.				
					GK4	5%	5%			
					GK3	1%	5%	n.s.		
					GK2	1%	5%	n.s.	n.s.	
					GK1	1%	1%	n.s.	n.s.	n.s.
1978	159846147	93602082	16,044785	1%	GK 5	n.s.				
					GK4	5%	5%			
					GK3	1%	5%	n.s.		
					GK2	1%	1%	5%	n.s.	
					GK1	1%	1%	1%	n.s.	n.s.
1979	237009284	121346080	14,8476729	1%	GK 5	n.s.				
					GK4	1%	n.s.			
					GK3	1%	5%	n.s.		
					GK2	1%	1%	n.s.	n.s.	
					GK1	1%	1%	5%	n.s.	n.s.
1980	517247660	110275165	5,79893294	1%	GK 5	n.s.				
					GK4	n.s.	n.s.			
					GK3	1%	n.s.	n.s.		
					GK2	1%	5%	n.s.	n.s.	
					GK1	1%	n.s.	n.s.	n.s.	n.s.
1981	304547723	88280449	6,66710069	1%	GK 5	n.s.				
					GK4	n.s.	5%			
					GK3	5%	5%	n.s.		
					GK2	1%	1%	n.s.	n.s.	
					GK1	1%	1%	n.s.	n.s.	n.s.
1982	440145841	104574241	5,51208751	1%	GK 5	n.s.				
					GK4	n.s.	n.s.			
					GK3	5%	n.s.	n.s.		
					GK2	1%	5%	n.s.	n.s.	
					GK1	1%	1%	n.s.	n.s.	n.s.
1983	170746849200	6183472175	0,84741387	n.s.	GK 5	n.s.				
					GK4	n.s.	n.s.			
					GK3	n.s.	n.s.	n.s.		
					GK2	n.s.	n.s.	n.s.	n.s.	
					GK1	n.s.	n.s.	n.s.	n.s.	n.s.
1984	259762506	138186421	8,19237126	1%	GK 5	n.s.				
					GK4	5%	5%			
					GK3	1%	5%	n.s.		
					GK2	1%	1%	n.s.	n.s.	
					GK1	1%	1%	1%	n.s.	n.s.
1985	327850063	229220327	15,1019006	1%	GK 5	5%				
					GK4	1%	n.s.			
					GK3	1%	5%	n.s.		
					GK2	1%	1%	n.s.	n.s.	
					GK1	1%	1%	1%	5%	n.s.

Quelle: eigene Berechnungen aus Kostenstrukturstatistik, lfd. Jg.

Tab. 22f: Zusammenhang zwischen Unternehmensgröße und den indirekten Personalkosten der Unternehmen im Verarbeitenden Gewerbe (1977-1993)

1986	374662996	233081865	13,9352801	1%	GK 5	5%				
					GK4	1%	n.s.			
					GK3	1%	5%	n.s.		
					GK2	1%	5%	n.s.	n.s.	
					GK1	1%	1%	1%	n.s.	n.s.
1987	679671994	238572149	7,37122492	1%	GK 5	n.s.				
					GK4	n.s.	n.s.			
					GK3	1%	5%	n.s.		
					GK2	1%	1%	5%	n.s.	
					GK1	1%	1%	1%	n.s.	n.s.
1988	421200669	169935930	8,63395805	1%	GK 5	n.s.				
					GK4	n.s.	5%			
					GK3	1%	5%	n.s.		
					GK2	1%	1%	n.s.	n.s.	
					GK1	1%	1%	1%	n.s.	n.s.
1989	713957582	141580851	3,05388606	5%	GK 5	n.s.				
					GK4	n.s.	n.s.			
					GK3	n.s.	n.s.	n.s.		
					GK2	5%	5%	n.s.	n.s.	
					GK1	1%	1%	1%	n.s.	n.s.
1990	796088527	362628787	12,754368	1%	GK 5	n.s.				
					GK4	5%	n.s.			
					GK3	1%	5%	n.s.		
					GK2	1%	1%	n.s.	n.s.	
					GK1	1%	1%	5%	n.s.	n.s.
1991	7913473936	939215977	3,22825029	5%	GK 5	n.s.				
					GK4	n.s.	n.s.			
					GK3	n.s.	n.s.	n.s.		
					GK2	5%	n.s.	n.s.	n.s.	
					GK1	5%	n.s.	n.s.	n.s.	n.s.
1992	392197382	362300622	15,8888636	1%	GK 5	1%				
					GK4	1%	5%			
					GK3	1%	5%	n.s.		
					GK2	1%	1%	n.s.	n.s.	
					GK1	1%	1%	1%	n.s.	n.s.
1993	2630641226	260542638	1,60447221	n.s.	GK 5	n.s.				
					GK4	n.s.	n.s.			
					GK3	n.s.	n.s.	n.s.		
					GK2	n.s.	n.s.	n.s.	n.s.	
					GK1	5%	n.s.	n.s.	n.s.	n.s.

Quelle: eigene Berechnungen aus Kostenstrukturstatistik, lfd. Jg.

Jahren der Berachtungsperiode ein signifikanter Zusammenhang zwischen Unternehmensgröße und Kapitalintensität einstellte. Gleichzeitig ergaben sich zwischen den Großunternehmen mit mehr als 500 Beschäftigten (GK 5 und 6) sowie den kleinen und mittleren Unternehmen der GK 1 bis 3 signifikante Mittelwertunterschiede hinsichtlich der Kapitalintensität.

Vor dem Hintergrund der deskriptiven Untersuchung kann dieser Befund dahingehend interpretiert werden, daß sich die Kapitalintensität vor allem bei den Großunternehmen in den letzten Jahren erhöht hat. Offensichtlich haben Großunternehmen in bedeutend größerem Umfang ihre Produktion umgestellt, was sich in den deutlich höheren Kapitalkosten und der signifikant höheren Kapitalintensität widerspiegelt.

Der Zusammenhang zwischen Unternehmensgröße und direkten bzw. indirekten Personalkosten ist in der Mehrzahl der Jahre signifikant. Da die Branche jedoch einen weitaus größeren Einfluß ausübt, ist der empirische F-Wert zumeist niedriger als bei der Untersuchung der Wirtschaftszweigezugehörigkeit. In den Jahren eines signifikanten Zusammenhangs sind auch signifikante Gruppenunterschiede erkennbar. In Verbindung mit der deskriptiven Untersuchung, die sowohl bei den direkten als auch bei den indirekten Personalkosten eine höhere Belastung der Großunternehmen zeigte, kann dieser Befund dahingehend interpretiert werden, daß Großunternehmen mit mehr als 500 Beschäftigten zumeist signifikant höhere Personalausgaben je Beschäftigten haben.

2.2.3. Zusammenhang zwischen der Zugehörigkeit zu einer „typischen" Kostenstruktur und der Effizienz der Unternehmen

Nachdem in den beiden vorstehenden Untersuchungen der Zusammenhang zwischen der Unternehmensgröße bzw. der Branchenzugehörigkeit einerseits und der Entwicklung der Unternehmenseffizienz betrachtet wurde, soll im folgenden der Einfluß der Zugehörigkeit zu einer „typischen" Kostenstruktur auf die Effizienz analysiert werden. Hierzu werden die Wirtschaftszweige entsprechend dem bereits diskutierten Zuordnungskriterium einer „materialintensiven", einer „personalintensiven" einer „kapitalintensiven" bzw. einer „sonstigen" Kostenstruktur zugeordnet.

Das Ziel dieser Teiluntersuchung besteht darin, die relative Bedeutung der Variablen „Zugehörigkeit zu einer typischen Kostenstruktur“ in Relation zu den beiden vorstehenden Variablen herauszustellen. Darüber hinaus wird untersucht, inwieweit sich Wirkungsunterschiede zwischen der Zugehörigkeit zu einer der vier Kostenstrukturtypen im Hinblick auf die Effizienzindikatoren erkennen lassen. Das Ergebnis dieser Betrachtung ist zugleich vor dem Hintergrund der Standortdiskussion zu sehen, in der vielfach auf die kostenbedingten Nachteile einzelner Wirtschaftszweige am Standort Deutschland verwiesen wird.

Auf Basis dieser Untersuchung kann somit die Frage beantwortet werden, ob tatsächlich ein Zusammenhang zwischen der Art der Produktionsstrukur - und damit auch der Kostenstruktur - einerseits sowie der Kosteneffizienz andererseits besteht. Weiterhin kann geklärt werden, ob sich die einzelnen Produktionsstrukturen - und damit auch die Kostenstrukturen - hinsichtlich der einzelwirtschaftlichen Effizienz unterscheiden. Da die Untersuchung die gesamte Betrachtungsperiode berücksichtigt, wird zugleich die Veränderung im Zeitablauf berücksichtigt, woraus sich Rückschlüsse auf die individuellen Anpassungsmaßnahmen einzelner Wirtschaftszweige ergeben.

Tab. 23a: Zusammenhang zwischen der Zugehörigkeit zu einer "typischen" Kostenstruktur und der Umsatzrendite der Unternehmen im Verarbeitenden Gewerbe (1977-1993)

Jahr	SAQ innerhalb	SAQ zwischen	empirischer F-Wert	Zusammenhang auf Signifik. Niveau
1977	344	38	1,09	n.s.
1978	281	15	0,53	n.s.
1979	303	11	0,35	n.s.
1980	295	11	0,39	n.s.
1981	217	15	0,70	n.s.
1982	351	29	0,84	n.s.
1983	411	19	0,48	n.s.
1984	284	25	0,88	n.s.
1985	266	25	0,96	n.s.
1986	369	24	0,67	n.s.
1987	316	11	0,37	n.s.
1988	425	39	0,95	n.s.
1989	256	22	0,88	n.s.
1990	159	17	1,01	n.s.
1991	121	17	1,37	n.s.
1992	195	38	1,95	n.s.
1993	376	79	2,11	n.s.

Quelle: eigene Berechnungen aus Kostenstrukturstatistik, lfd. Jg.

Tab. 23b: Zusammenhang zwischen der Zugehörigkeit zu einer "typischen" Kostenstruktur und der Wertschöpfungsrentabilität der Unternehmen im Verarbeitenden Gewerbe (1977-1993)

Jahr	SAQ innerhalb	SAQ zwischen	empirischer F-Wert	Zusammenhang auf Signifik. Niveau
1977	2073	217	1,05	n.s.
1978	1867	64	0,34	n.s.
1979	1604	67	0,42	n.s.
1980	2326	72	0,31	n.s.
1981	1772	60	0,34	n.s.
1982	3254	93	0,30	n.s.
1983	3617	54	0,15	n.s.
1984	2452	84	0,34	n.s.
1985	2510	249	1,03	n.s.
1986	3586	243	0,70	n.s.
1987	2371	55	0,24	n.s.
1988	4500	400	0,92	n.s.
1989	2104	192	0,94	n.s.
1990	1465	108	0,74	n.s.
1991	1030	69	0,67	n.s.
1992	1674	185	1,11	n.s.
1993	3651	533	1,46	n.s.

Quelle: eigene Berechnungen aus Kostenstrukturstatistik, lfd. Jg.

Tab. 23c: Zusammenhang zwischen der Zugehörigkeit zu einer "typischen" Kostenstruktur und dem Cash-flow der Unternehmen im Verarbeitenden Gewerbe (1977-1993)

Jahr	SAQ innerhalb	SAQ zwischen	empirischer F-Wert	Zusammenhang auf Signifik. Niveau
1977	362	30	0,82	n.s.
1978	293	23	0,80	n.s.
1979	335	35	1,04	n.s.
1980	321	43	1,33	n.s.
1981	235	35	1,50	n.s.
1982	472	63	1,38	n.s.
1983	425	52	1,27	n.s.
1984	322	61	1,88	n.s.
1985	339	74	2,25	n.s.
1986	450	82	1,88	n.s.
1987	391	57	1,51	n.s.
1988	510	121	2,45	n.s.
1989	337	79	2,41	n.s.
1990	263	58	2,20	n.s.
1991	156	21	1,35	n.s.
1992	223	33	1,48	n.s.
1993	336	40	1,19	n.s.

Quelle: eigene Berechnungen aus Kostenstrukturstatistik, lfd. Jg.

Tab. 23d: Zusammenhang zwischen der Zugehörigkeit zu einer "typischen" Kostenstruktur und der Arbeitsproduktivität der Unternehmen im Verarbeitenden Gewerbe (1977-1993)

Jahr	SAQ innerhalb	SAQ zwischen	empirischer F-Wert	Zusammenhang auf Signifik. Niveau
1977	147975438379	15236744289	1,03	n.s.
1978	168694674923	15980047405	0,95	n.s.
1979	181553693995	15090627493	0,83	n.s.
1980	181473511180	15097368027	0,83	n.s.
1981	211188611179	18157669249	0,86	n.s.
1982	341792634186	22569966241	0,68	n.s.
1983	457392028365	29962073815	0,68	n.s.
1984	522472067489	40905348703	0,78	n.s.
1985	563693478254	37010108221	0,68	n.s.
1986	685773290322	43814383687	0,66	n.s.
1987	792358020870	53589752985	0,70	n.s.
1988	878685684005	55435895776	0,65	n.s.
1989	1051304174567	73383110298	0,72	n.s.
1990	1238423368779	81259448022	0,66	n.s.
1991	1497356636154	103318750411	0,69	n.s.
1992	1439826164394	109472182892	0,76	n.s.
1993	1620164912041	124816851076	0,77	n.s.

Quelle: eigene Berechnungen aus Kostenstrukturstatistik, lfd. Jg.

Tab. 23e: Zusammenhang zwischen der Zugehörigkeit zu einer "typischen" Kostenstruktur und der Kapitalintensität der Unternehmen im Verarbeitenden Gewerbe (1977-1993)

Jahr	SAQ innerhalb	SAQ zwischen	empirischer F-Wert	Zusammenhang auf Signifik. Niveau
1977	888364334	24889092	0,28	n.s.
1978	770114698	26360297	0,34	n.s.
1979	972193202	58924911	0,61	n.s.
1980	1035514018	58205707	0,56	n.s.
1981	1209690976	83126283	0,69	n.s.
1982	1474148268	22679542	0,16	n.s.
1983	1739935316	35477644	0,21	n.s.
1984	1893921561	43932042	0,23	n.s.
1985	2095079423	26618089	0,13	n.s.
1986	2128110856	39832196	0,19	n.s.
1987	2480033341	70423490	0,29	n.s.
1988	2586811134	89933579	0,36	n.s.
1989	2035916111	259356861	1,32	n.s.
1990	4188920540	421676622	1,01	n.s.
1991	3898166499	340553031	0,87	n.s.
1992	3364423196	43398648	0,13	n.s.
1993	3292849519	18200113	0,06	n.s.

Quelle: eigene Berechnungen aus Kostenstrukturstatistik, lfd. Jg.

Tab. 23f: Zusammenhang zwischen der Zugehörigkeit zu einer "typischen" Kostenstruktur und der direkten Personalkosten der Unternehmen im Verarbeitenden Gewerbe (1977-1993)

Jahr	SAQ innerhalb	SAQ zwischen	empirischer F-Wert	Zusammenhang auf Signifik. Niveau
1977	888364334	24889092	0,28	n.s.
1978	770114698	26360297	0,34	n.s.
1979	972193202	58924911	0,61	n.s.
1980	1035514018	58205707	0,56	n.s.
1981	1209890976	83126283	0,69	n.s.
1982	1474148268	22679542	0,16	n.s.
1983	1739935316	35477644	0,21	n.s.
1984	1893921561	43932042	0,23	n.s.
1985	2095079423	26618089	0,13	n.s.
1986	2128110856	39832196	0,19	n.s.
1987	2480033341	70423490	0,29	n.s.
1988	2586811134	89933579	0,36	n.s.
1989	2035916111	259356861	1,32	n.s.
1990	4188920540	421676622	1,01	n.s.
1991	3898166499	340553031	0,87	n.s.
1992	3364423196	43398648	0,13	n.s.
1993	3292849519	18200113	0,06	n.s.

Quelle: eigene Berechnungen aus Kostenstrukturstatistik, lfd. Jg.

Tab. 23g: Zusammenhang zwischen der Zugehörigkeit zu einer "typischen" Kostenstruktur und der indirekten Personalkosten der Unternehmen im Verarbeitenden Gewerbe (1977-1993)

Jahr	SAQ innerhalb	SAQ zwischen	emp. F-Wert	Zusammenhang auf Niveau
1977	86796443	1903776	0,22	n.s.
1978	79256546	2680145	0,34	n.s.
1979	96952788	4512654	0,47	n.s.
1980	94039614	3630888	0,39	n.s.
1981	164861590	5175279	0,31	n.s.
1982	149686126	10576929	0,73	n.s.
1983	156870894	11448428	0,75	n.s.
1984	177589396	19153990	1,08	n.s.
1985	189749968	19640229	1,07	n.s.
1986	227839423	17947536	0,81	n.s.
1987	218766449	14754899	0,70	n.s.
1988	227673953	16674441	0,76	n.s.
1989	177415084	31623917	1,84	n.s.
1990	286600452	29144980	1,02	n.s.
1991	389667288	20035902	0,51	n.s.
1992	401778156	16178831	0,40	n.s.
1993	349307162	29755463	0,85	n.s.

Quelle: eigene Berechnungen aus Kostenstrukturstatistik, lfd. Jg.

Die Ergebnisse der Tabellen 23 zeigen anhand der niedrigen empirischen F-Werte, daß der Zusammenhang zwischen der Zugehörigkeit zu einer „typischen“ Kostenstruktur sowie der Höhe und Entwicklung der Effizienzindikatoren während des gesamten Betrachtungszeitraums nicht signifikant ist. Dabei verdeutlicht die Aufspaltung der Gesamtabweichung in eine erklärte Komponente $SAQ_{zwischen}$ und eine unerklärte Komponente $SAQ_{innerhalb}$, daß die jeweilige abhängige Variable vor allem durch unkontrollierbare Umwelteinflüsse beeinflußt wird. Angesichts der vorstehenden Ausführungen dürften hierzu insbesondere die „Branchenzugehörigkeit“ sowie die „Unternehmensgröße“ zähle.

Angesichts dieses Ergebnisses überrascht es nicht, daß eine Analyse der Wirkungsunterschiede der einzelnen Gruppen auf die Höhe und Entwicklung der Effizienzindikatoren ebenfalls keine statistisch gesicherten Ergebnisse erkennen läßt. Während des gesamten Untersuchungszeitraums differierte keine der Gruppen von einer anderen hinsichtlich der Ausprägung des jeweiligen Effizienzindikators[21]. Vor dem Hintergrund der Standortdiskussion ist dieser Befund insofern überraschend, da in diesem Zusammenhang vielfach darauf verwiesen werden, daß bestimmte Produktionsstrukturen in besonderem Maße insbesondere durch die deutlich gestiegenen Nominallöhne belastet werden.

---

[21] Da die Ergebnisse der Gruppenunterschiede nicht signifikant sind, wird auf eine Darstellung verzichtet.

5. TEIL: ZUSAMMENFASSUNG

Mit der vorliegenden Untersuchung wurden zwei Ziele verfolgt: Erstens sollte die Entwicklung der industriellen Kostenstrukturen im Verarbeitenden Gewerbe der Bundesrepublik Deutschland zwischen 1977 und 1993 nachgezeichnet werden. Zweitens sollten Hinweise auf mögliche unternehmensinterne und unternehmensexterne Ursachen zur Erklärung dieser Entwicklungen gegeben werden.

Als Abgrenzung zu den bislang - vorzugsweise aus dem Gebiet der Kostenrechnung - erschienen Abhandlungen zum Thema „Kostenstruktur" zielt die vorliegende Untersuchung darauf ab, möglichst allgemeine branchen- und unternehmensgrößenübergreifende Entwicklungen der Kostenartenstruktur aufzuzeigen. Angesichts der fehlenden Repräsentativität wurde dabei nicht auf unternehmensinterne Daten zurückgegriffen. Als Basis dienten ausschließlich die öffentlich verfügbaren Daten der amtlichen Kostenstrukturerhebung. Diese Erhebung erwies sich für die vorliegende Untersuchung als besonders geeignet, da sie sämtliche Anforderungen hinsichtlich Disaggregation und Repräsentativität erfüllt und aufgrund der Tiefengliederung detaillierte Kostenanalysen zuläßt.

Im Rahmen der methodischen Erörterungen wurde zunächst festgestellt, daß die „Kostendefinition" der amtlichen Statistik nicht auf den Güterverbrauch, sondern eher auf die Ausgabenwirksamkeit abzielt, so daß der zugrundeliegende Kostenbegriff der pagatorischen Ausrichtung recht nahe kommt. Anschließend erfolgte eine Abgrenzung des statistischen Strukturbegriffs von der ökonometrischen Betrachtungsweise. Nach diesen theoretischen Abgrenzungen wurde eine Operationalisieung der Kostengesamtheit sowie eine Strukturierung der Kostenarten im Rahmen der vorliegenden Untersuchung vorgenommen. Um Aussagen über das mögliche Verhalten der Kosten im Rahmen neuer Produktions- und Organisationsstrukturen treffen zu können, wurde eine - von der amtlichen Gliederung abweichende - faktororientierte Einteilung der Kostenarten vorgenommen.

Im 2. Kapitel des zweiten Untersuchungsteils erfolgte eine Gliederung der vielfältigen kostenstrukturbestimmenden Einflußgrößen in unternehmensinterne und unternehmensexterne Determinanten. Dabei wurde ausführlich auf die Ausgestaltung der „neuen Technologien" eingegangen. Aussagen zur Veränderung der innerbetrieblichen Kostenstrukturen wurden anschließend daraus abgeleitet. Insgesamt konnte festgestellt werden, daß die Ausgestaltung dieser neuen Technologien darauf hindeuten, daß die „Personalkosten" gemessen an den Gesamtkosten an Bedeutung verloren haben dürften, wohingegen bei den „Kapitalkosten" ein Bedeutungsgewinn zu erwarten ist.

Bei der Analyse der externen Determinanten wurde zunächst untersucht, wie sich die relativen Faktorpreise der Einsatzfaktoren „Arbeit", „Kapital" und „Energie" in der Betrachtungsperiode entwickelt haben und welche Anpassungsreaktionen der Unternehmen - verstanden als Faktoreinsatz - erfolgten. In der Summe ist aus gesamtwirtschaftlicher Sicht ein tendenzieller Bedeutungsgewinn der Personalkosten zu erwarten, der durch stärkere Schwankungen der Materialkosten überlagert gewesen sein sollte. Abschließend wurde im Rahmen der exogenen Faktoren der Einfluß von Konjunktur und Reagibilität der einzelnen Kostenarten auf die Kostenstruktur untersucht. Dabei zeigte sich, daß in konjunkturellen Schwächephasen nicht alle Aufwendungen in gleichem Maße an die rückläufigen Erträge angepaßt werden können. Institutionelle Abbauhemmnisse verleihen insbesondere den „Personalkosten" und den „Kapitalkosten" einen fixen Charakter, so daß diese beiden Kostenarten in einem Konjunkturabschwung im Rahmen der Kostenstruktur an Bedeutung gewinnen dürften. Insgesamt zeigte die Untersuchung der möglichen kostenstrukturbestimmenden Einflußfaktoren, daß unternehmensexterne und unternehmensinterne Einflußgrößen entgegenlaufende Tendenzaussagen beinhalten.

Im 3. Kapitel wurde der Frage nachgegangen, wie die Entwicklungen der Kostenstrukturen aus Sicht der Unternehmen in den vergangenen Jahren zu beurteilen sind. Dabei zeigten die Ergebnisse der theoretischen und empirischen Zielforschung übereinstimmend, daß das Gewinnstreben trotz einer Relativierung in den vergangenen Jahren noch immer ein zentrales Unternehmensziel darstellt. Im Rahmen der empirischen Untersuchung soll daher neben der Kostenstrukturentwicklung analysiert werden, wie sich die Kosteneffizienz der Unternehmen verändert hat und welche Bedeutung der Kostenstrukturentwicklung in diesem Zusammenhang beikommt. Nach verschiedenen methodischen Erörterungen erfolgte im 4. Teil die eigentliche empirische Analyse.

Die deskriptive Untersuchung hat gezeigt, daß auf der Ebene des Verarbeitenden Gewerbes zwischen 1977 und 1993 keine gravierenden Änderungen der Kostenstruktur aufgetreten sind. Dabei ist die Bedeutung der Kostenartenhauptgruppe „Materialkosten und Kosten für bezogene Leistungen“ bis zur Mitte der achtziger Jahre gestiegen, während die Anteilswerte der „Personalkosten“ in dieser Zeit rückläufig waren. In der zweiten Hälfte der Betrachtungsperiode verlief die Entwicklung der Anteilswerte entgegengesetzt. Diese Entwicklungslinie bestätigt insofern den überragenden Einfluß der externen Bestimmungsdeterminanten. Überraschend ist dieser Befund insofern, daß der Anteil der Personalkosten vergleichsweise gering gestiegen ist. Vor dem Hintergrund der Standortdiskussion läßt sich hieraus folgendes Ergebnis ableiten: Die Unternehmen haben sich in der Betrachtungsperiode im "klassischen" Sinne höchst rational verhalten. Die geringfügigen Strukturveränderungen weisen darauf hin, daß und Faktoreinsatzmengen gegenläufig entwickelt haben. Mit anderen Worten heißt diws, daß der Faktor, der sich relativ verteuert hat am stärksten substituiert wurde. Insofern bestätigt diese Untersuchung das Argument, daß der hohe Anstieg der Nominallöhne als wesentliche Ursache der Arbeitslosigkeit zu sehen ist.

Bemerkenswert sind die gestiegenen Anteilswerte der „Kapitalkosten“ sowie der Sammelposition „sonstige Kosten“. Aus gesamtwirtschaftlicher Sicht war diese Entwicklung nicht zu erwarten. Insofern dürften die Unternehmen gerade in den letzten Jahren der Betrachtungsperiode verschiedene interne Anpassungen vorgenommen haben. Diesen Befund bestätigt auch die Komponentenanalyse. Aufgrund der überragenden Bedeutung des Quoteneffekts bei den Kapitalkosten und den sonstigen Kosten kann ausgeschlossen werden, daß der Anstieg der Anteilswerte für Kapitalkosten bzw. für die sonstigen Kosten allein darauf zurückzuführen ist, daß kapitalintensive Wirtschaftszweige bzw. Wirtschaftszweige mit hohem Anteil an sonstigen Kosten an Bedeutung gewonnen haben. Wegen der geringen Bedeutung des Wachstumseffekts darf vielmehr auf Verhaltensänderungen der Unternehmen geschlossen werden.

Bei der Analyse der ursächlichen Bestimmungsgründe, die dieser Entwicklung zugrundelagen, konnten folgende Ergebnisse ermittelt werden:

Als Ergebnis der Zusammenhangsanalyse zwischen Branchenzugehörigkeit und Kostenstrukturentwicklung zeigt sich, daß die Wirtschaftszweigezugehörigkeit in den vergangenen Jahren einen Einfluß auf die Entwicklung der Kostenstrukturen besaß. Gleichzeitig war zu erkennen, daß exogene Einflüsse nicht in gleichem Maße auf alle Hauptgruppen einwirken und strukturelle Anpassungsmaßnahmen nicht von den Unternehmen aller Wirtschaftszweige vorgenommen wurden.

Der im deskriptiven Teil bereits zu erkennende unsystematische Zusammenhang zwischen der Entwicklung der Kostenstrukturen und dem Einfluß der Konjunktur bestätigte sich im analytischen Teil. Eine Bestätigung der These, daß institutionelle Abbauhemmnisse zu einem Bedeutungsgewinn der Personalkosten und Kapitalkosten in Zeiten einer gesamtwirtschaftlichen Wachstumsschwäche führen, hat sich nur bei letzterer Kostenartenhauptgruppe bestätigt.

Bei der Zusammenhangsanalyse zwischen Zugehörigkeit zu einer „typischen“ Kostenstruktur und Kostenstrukturentwicklung konnte gezeigt werden, daß die Kostenstrukturen sich auch auf der Ebene der Wirtschaftszweige nicht dramatisch veränderten. Die gewählte Klasseneinteilung blieb während der gesamten Betachtungsperiode bestehen. Allerdings konnte bei allen Kostenartenhauptgruppen eine Nivellierung der Bedeutung zwischen den Wirtschaftszweigen festgestellt werden. Die Unternehmen des Verarbeitenden Gewerbes haben ihre „spezifische Lastigkeit“ reduziert. Dabei ging die Tendenz insbesondere in den letzten Jahren dahin, daß die (fixen) Personal- und Kapitalkosten an Bedeutung gewinnen, was zu einer tendenziellen Verlagerung der Unternehmensrisiken von den Beschaffungsmärkten hin zum Beschäftigungsrisiko geführt hat. Insofern bestätigt die übergreifende Betrachtung der vorliegenden Untersuchung die einzelwirtschaftlichen Analysen, daß die Kostenstrukturen der Unternehmen fixkostenlastiger geworden sind.

Im Rahmen der Untersuchung der Kosteneffizienz stellte sich heraus, daß der Zusammenhang zwischen Unternehmensgröße und den untersuchten Rentabilitätskennzahlen negativ und im Untersuchungszeitraum stabil ist. Dieses Ergebnis wurde für das Verarbeitende Gewerbe deskriptiv aber auch bei einer Disaggregation auf Branchenebene analytisch ermittelt. Insgesamt ist der Einfluß der Unternehmensgröße und auch der Branchenzugehörigkeit als hoch einzuschätzen. Der negative Zusammenhang zwischen Unternehmensgröße und Effizienz wird von verschiedenen Untersuchungen bestätigt[1]. In der Regel wird der negative Unternehmensgrößen-Rentabilitäts-Zusammenhang auf X-Ineffizienzen zurückgeführt, ohne dafür überzeugende empirische Belege anzuführen. Relativierend sei jedoch erwähnt, daß international verschiedene Studien zu diesem Thema existieren, die entweder einen negativen[2] oder einen positiven[3] oder keinen[4] signifikanten Zusammenhang zwischen Rendite und Unternehmensgröße festgestellt haben. Zumeist sind diese Unterschiede auf methodische und periodische Abgrenzungsprobleme zurückzuführen.

Demgegenüber konnte die Untersuchung zwischen Kostenstruktur und Kostenstrukturentwicklung einerseits und der Entwicklung der Kosteneffizienz andererseits keinen eindeutigen Zusammenhang erkennen. Auch zwischen den Gruppen zeigten sich keine Wirkungsunterschiede. Im Ergebnis kann daraus geschlossen werden, daß die Unternehmen in den vergangenen Jahren verschiedene innerbetriebliche Reorganisationsmaßnahmen vorgenommen haben dürften, welche sich in der Kostenstruktur bereits niedergeschlagen haben. „Grundsätzlich" effizienter sind sie jedoch noch nicht geworden, es wirken noch immer die wichtigen „klassischen" Einflußfaktoren auf die Rentabilität der Unternehmen.

---

[1] Vgl. Neumann, M., Böbel, I., Haid, A., 1979, S. 227-242; Ifo, 1983.

[2] Vgl. z.B. Jaoqemin, A.P., Cardon de Lichtbuer, 1973, S. 393-408.

[3] Vgl. z.B. Hall, M., L.W. Weiss, 1967, S. 319-330.

[4] Vgl. z.B. G. Whittington, 1980, S. 335-352.

LITERATURVERZEICHNIS

Acs, Z., Audretsch, D.B.,
Innovation and Firm Size, Discussion paper, FS IV 98-13, Wissenschaftszentrum Berlin, 1989.

Adler, U.
Arbeit und Technik in der Bekleidungsindustrie, Frankfurt u.a., 1990.

Agarwal, J. P., Gubitz, A. und Nunnenkamp, P.
Foreign direct investment in developing countries, Tübingen, 1991.

Åkerman, J.
Theory of Industrialism. Causal Analysis and Economic Plans, Lund, 1960.

Aiginger, K. und G. Tichy
Die Größe der Kleinen, Wien, 1984. Aktionsgemeinschaft Rationeller Verkehr: Verkehrswege als Standortfaktor, Frankfurt am Main, 1988.

Albach, H.
Kosten, Transaktionen und externe Effekte im betrieblichen Rechnungswesen, in: ZfB 58. Jg., 11/1988, S. 1143-1169.

Albach, H.
Zur Theorie des wachsenden Unternehmens, in: Theorien des einzelwirtschaftlichen und des gesamtwirtschaftlichen Wachs-tums, W. Krelle (Hrsg.), Berlin, 1965, S. 9-97.

Albach, H.
Forschung und Wachstum, in: Die Aussprache, 1965, S. 149-155.

Albach, Horst
Europäischer Binnenmarkt 1993 und Wettbewerbsfähigkeit des europäischen Unternehmers, in: Zeitschrift für Betriebswirtschaft, 2/1992, S. 123-136.

Albach, Horst
Steuersystem und Investitionspolitik, Wiesbaden, 1970.

Andreae, K.A.
Der indurstrielle Mittelstand in der Wettbewerbsordnung, Köln, 1962.

Ansari, A., Modarress, B.
Just-in-Time Purchasing, New York, 1990.

Anselstetter, R.
Betriebswirtschaftliche Nutzeffekte der Datenverarbeitung - Anhaltspunkte für Nutzen-Kosten-Schätzungen, Berlin u.a., 1984.

Arnold, U.
Global sourcing - an indispensable element in worldwide competition, in: Management international review, 4/1989, S. 14-28.

Artus, J. R.
The Disequilibrium Real Wage Hypothesis: An Empirical Evaluation, IMF Staff Papers, Vol. 31, 1984, S. 249-302.

Atteslander, P.
Methoden der empirischen Sozialforschung, Berlin, 1969.

Ausschuß für Wirtschaftliche Fertigung e.V. (AWF)
Integrierter EDV-Einsatz in der Produktion, CIM - Computer Integrated Manufacturing, Eschborn, 1985.

Baberg, Th.
Rationalisierung in der Arbeitsplanung unter Berücksichtigung dynamischer Unternehmensveränderungen und der Auswirkungen auf die Fertigungskosten, Diss. TH Aachen, 1980.

Backhaus, K. et al.
Multivariate Analysemethoden, Berlin u.a., 1990.

Backhaus, K.
Investitionsgütermarketing, München, 1992.

Backhaus, Klaus
Strategien auf sich verändernden Weltmärkten, in: Die Betriebswirtschaft, 4/1989, S. 465-487.

Baily, M. N.
The Productivity Growth Slowdown and Capital Accumulation, in: The American Economic Review, Papers and Proceedings, Vol. 71, 1981, S. 326-331.

Bain, J. S.
Industrial Organization, New York, London, Sydney, 1968.

Bamberg, G. und Baur, F.
Statistik, München u.a., 1986.

Bangemann, M.
Produktionsstandort Deutschland auf dem Prüfstand, Herford, 1988.

Bär, K.
Wie Qualitätskosten zum Führungsinstrument werden, in: IO Management Zeitschrift, 11/1985, S. 492-494.

Barnard, Ch. J.
The Functions of the Executive, Cambridge/Mass., 1960.

Bartels, W.
Strukturbedingte Kapazitätsanpassung, in: Kapazitätsrisiken und Unternehmenspolititk, J. Funk et al. (Hrsg.), ZfbF-Sonderheft, Nr. 18, 1984, S. 32-64.

Barth, K.
Die Höhe der deutschen Unternehmensbesteuerung im politischen Meinungsstreit, in: Betriebsberater, 18/1989, S. 1237-1241.
Basedow, J.
Deregulierungspolitik und Deregulierungspflichten: vom Zwang zur Marktöffnung in der EG, in: Staatswissenschaften und Staatspraxis, 2/1991, S. 151-169.
Bauer, H.H.
Martstagnation als Herausforderung für das Marketing, in: ZfB, 58. Jg., 10/1988, S. 1052-1071.
Baumgart, Egon R.
Zur Entwicklung der Altersstruktur des Anlagevermögens in der Industrie der Bundesrepublik Deutschland, in: Joachim Frohn, Reiner Stäglin (Hrsg.), Empirische Wirtschaftsforschung. Fest-schrift für Rolf Krengel, Berlin, 1980, S. 77-92.
Baur, R., Wolff, H. und Wordelmann, P.
Herausforderungen des europäischen Binnenmarktes für das Bildungssystem der Bundesrepublik Deutschland, Bad Honnef, 1991.
BDI (hrsg.)
Empfehlungen zur Kosten- und Leistungsrechnung, 3. Aufl., Köln, 1991.
Becker, G. S.
Human Capital, London, 1964.
Behnke, H.-J.
Kapitalbesatz und Kostenstruktur der Winzergenossenschaften in Abhängigkeit von Betriebsgröße und Vermarktungsstufe, Frank-furt, 1961.
Behrens, K. C.
Allgemeine Standortbestimmungslehre, Köln, Opladen, 1961.
Berger, R. (Hrsg.)
Handbuch Europa '92: Strategien für unternehmerische Erfolge im Gemeinsamen Markt, Düsseldorf, 1991.
Bergner, H.
Der Ersatz fixer Kosten durch variable Kosten, in: ZfbF, 1967, S. 141-162.
Berkhoff, H., Blumenthal, P.
Kostenrechnung und Kalkulation für Software, in: ZfB, 4/1983, S. 407-419.
Berliner C. und Brimson, J.A.
Cost Management for Today's Advanced Manufacturing Environment - The CAM-I Conceptual Design, Boston (Mass.), 1988.

Beuerlein, I.
Neuberechnung der Indizes der Außenhandelspreise auf Basis 1991, in: Wirtschaft und Statistik, 3/1995, S. 207-214.
Bey, I. (Hrsg.),
CIM-Fachmann, Band 1-17, Berlin u.a., 1990.
Beyfuß, J. und Kitterer, H.-J.
Deutsche Direktinvestitionen im Ausland, in: Beiträge zur Wirtschafts- und Sozialpolitik, 5/1990.
Beyfuß, J.
Ausländische Direktinvestitionen in Deutschland, in: Beiträge zur Wirtschafts- und Sozialpolitik, 10/1992.
Bieker, R.
Entwicklung von Wettbewerbsvorteilen für Technologie-Unternehmen - untersucht am Beispiel der Unternehmens-neugründung, Frankfurt a.M. u.a., 1989.
Bierich, M.
Fertigungsstandorte im internationalen Vergleich, in: Schmalenbachs Zeit schrift für betriebswirtschaftliche Forschung, 9/1988, S. 824-843.
Bjelicic, B.
Internationaler Unternehmenswettbewerb im gewerblichen Güterverkehr, München, 1990.
Blair, J. M
Economic Concentration. Structure, Behavior and Public Policy, New York, 1972.
Blazejczak, J.
Schätzung von Faktornachfragefunktionen, in: Deutsches Institut für Wirtschaftsforschung (DIW), Abschwächung der Wachs-tumsimpulse. Materialband 1 zur Strukturberichterstattung 1980, Berlin, 1981, S. 173-232.
Blazejczak, J. und Voigt, U.
Bedeutung der Verkehrsinfrastruktur für den Produktionsprozeß, in: Vierteljahrshefte zur Wirtschaftsforschung, 3/1985, S. 310-320.
Blazejczak, J.
Umweltschutz und Industriestandort: der Einfluß umweltbezogener Standortfaktoren auf Investitions-entscheidungen, Berlin, 1993.
Blazejczak, J.
Umweltschutz und Standortqualität in der Bundesrepublik Deutschland, in: Wochenbericht/Deutsches Institut für Wirtschaftsforschung, 16/1993, S. 199-206.

Bleicher, K.
Führungsphilosophien als internationaler Wettbewerbsfaktor, Darmstadt, 1991.
Bleicher, K.
Managementphilosophien als internationaler Wettbewerbsfaktor, in: Der Niedergang des US-Management-Paradigmas hrsg. von Ulrich Steger, Düsseldorf, 1993.
Blossfeld, H.-P.
Is the German dual system a model for a medern vocational training system?, San Domenico, 1991.
Blümich/Brandis
EStG.KStG.GewStG, Kommentar Bd. 1, München, 1993.
Bombach, G.
Der Strukturbegriff in der Ökonomie, in: F. Neumark (Hrsg.): Strukturwandlungen einer wachsenden Wirtschaft, Schriften des Vereins für Socialpolitik, N.F. Bd. 30/I, Berlin, 1964.
Bongaerts, J. C. und Heinrichs, D.
Deutsche Umweltschutzgesetze und Umweltschutzinvestitionen des produzierenden Gewerbes, in: Konjunkturpolitik, 3/1986, S. 151-163.
Börnecke, G.
Flexibilisierung heißt Automatisierung, in: VDI-Z 127, 17/1985, S. 657-661.
Bortz, J.
Lehrbuch der empirischen Forschung, Berlin u.a., 1984.
Boss, A.
Unternehmensbesteuerung und Standortqualität: ein internationaler Vergleich. Institut für Weltwirtschaft, Kieler Diskussions-beiträge, 145/146. November 1988.
Braatz, U.
Umweltschutz in der EG: Fortschritte trotz Schneckentempo, in: Elektrizitätswirtschaft, 1987 Nr. 5, S. 169-171.
Brander, H., Glaab, H., Frank-Bosch, B. und Kraßnig, P.
Methode der Kostenstrukturerhebung im Produzierenden Gewerbe, in: Wirtschaft und Statistik, Heft 11, 1977, S. 689-694.
Brede, H.
Bestimmungsfaktoren industrieller Standorte, Berlin, 1971.
Briel, G. et al.
Strategische Maßnahmen zur Sicherung der Adaptionsfähigkeit vorhandener Betriebe, in: ZfB- Ergänzungsheft, 1/1986, S. 65-98.

Brimson J.A.
Technology Accounting, in: Management Accounting, 70. Jg., 3/1989, S. 47-53.
Bröll, T.
Rechnerunterstützung in Entwicklung, Konstruktion und Produktion - Auswirkungen auf Kostenstrukturen und Kosten-rechnungssysteme, Controlling-Forschungsbericht, hrsg.v. P. Horvath, 2/1986, Stuttgart, 1986.
Brunner, F.J.
Höhere Unternehmensgewinn dank „Totalem Qualitätssystem", in: IO Management Zeitschrift, 1/1988, S. 41-44.
Brunton, N.M.
Evaluation of Overhead Allocations, in: Management Accounting, 70. Jg., 7/1988, S. 22-26.
Buckley, P. J., Pass, L. und Prescott, K.
Servicing international markets: competitive strategies of firms, Oxford, 1992.
Buchner, R.
Finanzwirtschaftliche Statistik und Kennzahlenrechnung, München, 1985.
Budde, H.-J.
Bedeutung der Energiepreise für den Industriestandort Deutschland, in: Energiewirtschaftliche Tagesfragen, 1993 Heft 9, S. 590-596.
Bundesminister der Finanzen
Maßnahmen zur Verbesserung der steuerlichen Rahmenbedingungen für die Unternehmen und zur Sicher-ung des Wirtschaftsstandorts Deutschland, abgedruckt in: Bundestagsdrucksache 1989
Jahreswirtschaftsbericht 1989 der Bundesregierung (Bundestags Drucksache 11/3917 vom 25.1.1989).
Bundesverband der Deutschen Industrie e.V.
Deutsche Direktinvestitionen im Ausland, Köln, 1990.
Bundesminister für Wirtschaft (Hrsg.)
Unternehmensgrößenstatistik 1985 - Daten und Fakten, Bonn, 1986.
Bundesministerium für Wirtschaft (BMWi)
Energiedaten '95: Nationale und internationale Entwicklung, Bonn, 1995.
Bureau of Economic Analysis
Fixed Nonresidential Business and Residential Capital in the United States, 1925-75, Washington, 1976.

Burkhardt, R., Sieger, H.
Automobilindustrie - Ein Kampf ums nackte Überleben, in: Industriemagazin, 9/1991, S. 20-28.
Burkhardt, R.
Ein neues Marketing-Gefühl - Investitionsgüter-Studie, in: Industriemagazin, Nr. 9, 1992, S. 19-34.
Burn, G.R.
Quality Function Deployment, in Dale, B.G. u.a. (Hrsg.): Managing Quality, New York u.a., S. 66-88.
Busch, B.
Staatliche Genehmigungsverfahren als Investitionshemmnis? (Beiträge zur Wirtschafts- und Sozialpolitik), Köln, 1990.
Büscher, R. und Homann, J.
Standortdiskussion: Altes Thema mit neuer Brisanz, in: Wirtschaftsdienst, 5/1989, S. 236-240.
Cardaun, U.
Durchlaufzeiten radikal kürzen. FFS als Stärkungsmittel für die Konkurrenzfähigkeit, in: NC-Praxis, 5/1985, S. 72-78.
Clemens, R. und Wollrab, H.
Zur Entwicklung der Personal- und Personalnebenkosten, Beiträge zur Mittelstandsforschung Heft 76, Göttingen, 1981.
Clement, W. (Hrsg.)
Konzept und Kritik des Humankapitaleinsatzes, in: Schriften des Vereins für Socialpolitik, N.F. Bd. 113, Berlin, 1981.
Coenenberg, A.G. und Fischer, Th.M.
Prozeßkostenrechnung - Strategische Neuorientierung in der Kostenrechnung, in: DB, 51. Jg., 1/1991, S. 21-38.
Coenenberg, A.G.
Kostenrechnung und Kostenanalyse, Landsberg a.Lech, 1992.
Cooper, A. C.
The Founding of Technologically-Based Firms, Milwaukee, 1971, S. 35.
Cooper. R.
You need a New Cost System When..., in: HBR, Jg. 1989, Heft 1, S. 77-82.
Cybert, R. M. und March, J. G.
A Behavioral Theory of the Firm, Englewood Cliffs, 1963.
Däubler, W.
Das Arbeitsrecht 1, Hamburg, 1989.
Danzer, H.
Quality-Denken stärkt die Schlagkraft des Unternehmens, Köln, 1990.

Daube, K.
CIM-orientierte Kostenrechnung, Berlin, 1993.
Davids, P. und Lange, M.
Die Großfeuerungsanlagen-Verordnung, Technischer Kommentar, Düsseldorf, 1984.
De Meyer, A. und K. Ferdows
Removing the Barriers in Manufacturing - The 1990 European Manufacturing Futures Survey, in: European Management Journal, 9.Jg., Nr. 1, März 1991, S. 22-29.
De Meyer, A.
Fertigung als Waffe auf den Weltmärkten, in: Harvard Manager, 9. Jg., 2/1987, S. 15-18.
Deis, S. M.
Die Dauer von Genehmigungsverfahren für Industrieanlagen in Deutschland, in: Betriebliches Umweltmanagement(Zeitschrift für Betriebswirtschaft: Ergänzungsheft), Wiesbaden, 1993.
Demiral, S.
Pollution control and the pattern of trade: Germany and the United States, Dissertation der Universität New York 1982, New York, 1990.
Deutsche Bundesbank (1987a)
Die Saisonbereinigung als Hilfsmittel der Wirtschaftsbeobachtung, in: Deutsche Bundesbank, Monatsbericht Oktober 1987.
Deutsche Bundesbank, MdB April 1989
Aktualisierung der Außenwertberechnung für die D-Mark und fremde Währungen, S. 44 ff.
Deutsche Bundesbank, MdB Januar 1985,
Neuberechnung des Außenwertes der D-Mark und fremder Währungen,S. 40 ff.
Deutsche Bundesbank, MdB November 1993
Entwicklung und Bestimmungsfaktoren des Außenwerts der D-Mark, S. 41 ff.
Deutsche Bundesbank
Saisonbereinigte Wirtschaftszahlen, August 1994.
Deutsche Bundesbank (1984a)
Der Aktienmarkt in der Bundesrepublik Deutschland und seine Entwicklungsmöglichkeiten, in: Monatsbericht 36 (1984) 4, S. 12-21.
Deutsche Bundesbank
Die Belastung mit Sozialabgaben seit Beginn der siebziger Jahre, in Monatsberichte der Deutschen Bundesbank, 1/1986, S. 17-25.

Deutscher Juristentag
Welche Maßnahmen empfehlen sich, insbesondere im Gesellschafts- und Kapitalmarktrecht, um die Eigenkapitalausstattung der Unternehmen langfristig zu verbessern?, Diskussion und Beschlüsse der Abteilung Wirtschaftsrecht, in: Verhandlungen des fünfundfünfzigsten Deutschen Juristentages Hamburg 1984, Hrsg. Ständige Deputation des Deutschen Juristentages, Bd. 2, Sitzungsberichte, München, 1984, K. 74-224.

Deutsche Gesellschaft für Personalführung e.V.
Personalzusatzaufwand, System zur Inhaltsbestimmung und Gliederung, Freiburg, 1980.

Dichmann, W. und Hickel, R.
Zur Deregulierung des Arbeitsmarkts, Köln, 1989.

Dichtl, E.
Innovationsfähigkeit, Auslandsorientierung und strategisches Profil als Determinanten der Wettbewerbsfähigkeit, in: Marketing, 2/1986, S. 103-113.

Diebel, A. et al.
Baustein des operativen Qualitätscontrolling - Qualitätskostenrechnung, in: Qualitätscontrolling, P. Horvath (Hrsg.), Stuttgart, 1990, S. 115-171.

Dinter, H.-J.
Zum Tempo von Strukturwandlungen, in: Mitteilungen des Institus für Arbeitsmarkt- und Berufsforschung, Nr. 6, 1969, S. 447 ff.

Dobschütz, L.v., Prautsch, W.
Hohe DV-Kosten: Immer ein schlechtes Zeichen?, in: Harvard Manager, 1/1992, S. 118-125.

Donges, J. B., Schmidt, K. D. et al.
Mehr Strukturwandel für Wachstum und Beschäftigung, Kieler Studien Nr. 216, Tübingen, 1988.

Döpke, U.
Strategisches Marketing Controllership, Frankfurt u.a., 1986.

Dörner, P.
Problemlösen als Informationsverarbeitung, Stuttgart, 1987.

Dowd, C.
Measuring and Tracking the Cost of Quality, in: Chase, R.L. (Hrsg.), Total Quality Management - An IFS Executive Briefing, Berlin, 1988, S. 37-41.

Dresdner International Research Institute
DM Bonds Struktur und Usancen, Frankfurt a.M., 1994.

Dücker, R.
Standortwahl von Auslandsinvestitionen aus steuerlicher Sicht, in: Recht der internationalen Wirtschaft, 9/1986, S. 713-720.
Dunn jr., E.S.
The development of the U.S. urban system. Volume I, Concepts, structures, regional shifts, Baltimore u.a., 1980.
Dunning, J. H.
Trade and Foreign-Owned Production in Services: Some Conceptual and Theoretical Issues, in: Herbert Giersch (Hrsg.): Services in World Economic Growth, Tübingen, 1989.
Eberbach, W.H.
Arbeitsrecht, München, 1984.
Eckardstein, D. v., Langemeyer, W.
Betriebliche Beschäftigungspolitik, in: Handwörterbuch des Personalwesens, E. Gaugler, W. Weber (Hrsg.), Stuttgart, 1992, Sp. 572-583.
Economic Research Institute
Economic Planning Agency, Non-Residential Business Capital Stock in Japan. Concept and Methodology, Tokio, 1980.
Edwards, C. D.
Maintaining Competition. Requisites of a Governmental Policy, New York, Toronto, London, 1964.
Edwards, C. D.
The Significance of Conglomerate Concentration in Modern Economics, in: Die Konzentration in der Wirtschaft, Schriften des Vereins für Socialpolitik, N.F. Bd. 20/I, hrsg. von H. Arndt, 1971, Berlin, S. 137 f.
Eichhorn, W.
Die Begriffe Modell und Theorie in der Wirtschaftswissenschaft, in: Wissenschaftstheoretische Grundfragen der Wirtschaftswissenschaften, H. Raffée et al. (Hrsg.), München, 1979, S. 60-104.
Eidenmüller, B.
Die Produktion als Wettbewerbsfaktor - Herausforderungen an das Produktionsmanagement, Köln, 1991.
Emore J.R. und J.A. Ness
The Slow Pace of Meaningful Change in Cost Systems, in: Journal of Cost Management, 4. Jg., Winter 1991, S. 36-45.
Engelen-Kefer, I.
Kurzarbeit, in: Handwörterbuch des Personalwesens, E. Gaugler, W. Weber (Hrsg.), Stuttgart, 1992, Sp. 1191-1202.

Engelhardt, W.-H., Schütz, P.
Total Quality Management, in: WiSt, 8/1991, S. 394-399.
Enke, H. et al.
Struktur, Konjunktur und Wirtschaftswachstum, Tübingen, 1984.
Erber, G. und Haid, A.
Totale Faktorproduktivität in der Bundesrepublik Deutschland, in: Jahrbücher für Nationalökonomie und Statistik, November 1992, S. 385-411.
Erkes, K. et al.
Flexible Fertigung - Fachgebiete in Jahresübersichten, in: VDI-Zeitung, 9/1988, S. 62-79.
Esser, K.
Standortfaktor Unternehmensbesteuerung: Notwendigkeit und Möglichkeiten einer Verbesserung, in: Schmalenbachs Zeitschrift für betriebswirtschaftliche Forschung, 2/1990, S. 157-192.
Esteban-Marquillas, J.M.
A reinterpretation of shift share analysis, in: Regional an Urban Economics, Vol. 2, No.3., 1972.
Everling, O.
Zum Stand der neueren Finanzierungstheorie, in: Der langfristige Kredit, Heft 21 und 22, S. 686-690.
Fandel, G., Francois, P.
Just-in-Time-Produktion und -Beschaffung, in: ZfB, 59. Jg., 5/1989, S. 531-544.
Faust, K.
Technologische Wettbewerbsposition im Licht der Ifo-Patentstatistik, in: Ifo-Schnelldienst, 32/1992, S. 11-20.
Feldstein, M. und Summers, L.
Is the Rate of Profit Falling?, in: Brookings Papers on Economic Activity, 1977, Nr. 1, S. 211-227.
Fels, G. und Neu, A. D.
Reform der Kohlepolitik als Beitrag zur Sicherung der Energieversorgung. Institut für Weltwirtschaft, Kieler Diskussions-beiträge, 72, Sept. 1980.
Fels, G. und Schmidt, K. D.
Die deutsche Wirtschaft im Strukturwandel, Kieler Studien, 166, Tübingen 1981.
Fels, G. (Hrsg.)
Standort D: Bildung: Mangel an Fachkräften - Überfluß an Akademikern, Köln, 1993(a).

Fels, G. (Hrsg.)
Standortfaktor Bewegungsfreiheit, Köln, 1993 (b).
Fels, G.
Wirtschaftsstandort Deutschland, in Energiewirtschaftliche Tagesfragen, Heft 7, 1993, S. 437-443.
Fischer, L.
Besteuerungsprobleme der betrieblichen Innovation im internationalen Vergleich und ihr Einfluß auf die Wettbewerbs-fähigkeit deutscher Unternehmen, in: Innovation und Wett-bewerbsfähigkeit hrsg. von Erwin Dichtl, Wiesbaden, 1987.
Fischer, Th.M.
Kostenmanagement Strategischer Erfolgsfaktoren, München, 1992.
Flassbeck, H.
Die Standortqualität der Bundesrepublik Deutschland, in: Konjunkturpolitik, 5/6, 1988, S. 255-267.
Flassbeck, H.
Saldo der Direktinvestitionen, in: Wochenbericht/Deutsches Insitut für Wirtschaftsforschung, 14/1992, S. 170-173.
Flassbeck, H.
Theoretische Aspekte der Messung von Wettbewerbsfähigkeit, in: Vierteljahrshefte zur Wirtschaftsforschung, 1/2, 1992, S. 5-26.
Franz, K.-P.
Ansatz kalkulatorischer Kosten, in: Handbuch Kostenrechnung, W. Männel (Hrsg.), Wiesbaden, 1992, S. 423-435.
Freidank, C.-C.
Kostenrechnung - Einführung in die begrifflichen, theoretischen, verrechnungstechnischen sowie planungs- und kontrollorien-tierten Grundlagen des innerbetrieblichen Rechnungswesen, München, Wien, 1991.
Friede-Mohr, C.
Die Entwicklung der Personalkosten, Dissertation der Universität Bonn, Bonn, 1987.
Fritsch, U.
Die Eigenkapitallücke in der Bundesrepublik, Köln, 1981.
Fröhlich, W.D., Becker, J.
Forschungsstatistik, Bonn, 1972.
Fröhling, O., Weis, E.
Thesen zum Kostenmanagement in den 90er Jahren, in: Control-ling, 1992, S. 134-141.

Fröhling, O., Wullenkord, A.
Qualitätskostenmanagement als Herausforderung an das Control-ling, in: Kostenrechnungspraxis, 8/1991, S. 171-178.
Fuchs, W.
Die Transaktionskosten-Theorie und ihre Anwendung auf die Ausgliederung von Verwaltungsfunktionen aus industriellen Unternehmen, Ladenburg, 1994.
Fuest, W. und Kroker, R.
Internationaler Unternehmenssteuervergleich nach Verarbschied-ung des Standortsicherungsgesetzes, in iw-trends, 3/1993, S. 61-68.
Fuest, W. und Kroker, R.
Irrtümer in der aktuellen Steuerdiskussion, Beiträge zur Wirtschafts- und Sozialpolitik, 149, Köln, 1987.
Füller, H.A.
Integrierte Qualitätssicherung in: REFA - Arbeitskreis Industrial Engineering (Hrsg.): IE- Offensive „Logistik und Produktivität", Deutsches IE-Jahrbuch 1991, Darmstadt, 1991, S. 12/1-12/7.
Fürst, G.
„Was ist Menge, was ist Preis? Probleme der Deflationierung von Werten", in: Allgemeines Statistische Archiv, Vol. 55, Nr. 1/1971, S. 10-22.
Funke, S.
Fixkosten und Beschäftigungsrisiko, München, 1995.
Gabler
Gabler Wirtschafts-Lexikon, Wiesbaden, 1988.
Gantzel, K.J.
Wesen und Begriff der mittelständischen Unternehmung, Köln u.a., 1962.
Gaydoul, P.
Controlling in der deutschen Unternehmenspraxis, Darmstadt, 1980.
Geitner, U.W.
CIM-Handbuch, Braunschweig, 1987.
Geiser, J.
Zum Investitionsverhalten mittelständischer Industriebetriebe, Beiträge zur Mittelstandsforschung, Heft 70, 1983.
Genschow, H.
Werkzeugbedarf und Werkzeugspeicherung bei automatischer Fertigung, in:VDI-Z, Zeitschrift des Vereins deutscher Ingenieure für Maschinenbau und Metallbearbeitung, Band 125, 18/1983, S. 693-697.

Gerfin, H.
Ausmaß und Wirkung der Lohndrift, in: Arndt, Helmut (Hrsg.): Lohnpolitik und Einkommensverteilung, Schriften des Vereins für Socialpolitik, N.F. Bd. 51, Berlin, 1969.
Gerstenberger, W.
Die Ifo-Patentstatistik als Instrument der Wettbewerbsanalyse und der Technikfrüherkennung, in: Ifo-Schnelldienst, 27/1988, S. 3-11.
Giebel, U.
Unternehmensgröße und Belastungen durch Sozialleistungen, in: Wirtschaftsdienst, 1985 Bd. 65, S. 244-252.
Giersch, H. und Schmidt, H.
Offene Märkte für Beteiligungskapital: USA-Großbritannien-Bundesrepublik Deutschland, Hrsg. Vorstand der Baden-Württembergischen Wertpapierbörse zu Stuttgart, Stuttgart, 1986.
Gitter, W.
Arbeitsrecht, Heidelberg, 1991.
Glaab, H.
Untersuchungen zur Einführung fachlicher Unternehmensteile als statistische Einheit im Bergbau und Verarbeitenden Gewerbe, in: Wirtschaft und Statistik, Heft 10, 1983, S.770-782.
Glaser, H. et al.
PPS, Grundlagen - Konzepte - Anwendungen, Wiesbaden, 1991.
Goldberg, J.
Die deutsche Bauwirtschaft nach der Strukturkrise. Eine Bestandsaufnahme an der Schwelle des EG-Binnenmarktes, PIW Bremen, 1991.
Görgel, U.B.
Computer Integrated Manufacturing und Wettbewerbsstrategie, Neue betriebswirtschaftliche Forschung, Bd. 87, Wiesbaden, 1992.
Görzig, B.
Zeitreihen des Anlagevermögens in Industriezweigen nach Beschäftigtengrößenklassen. Beiträge zur Strukturforschung. Deutsches Institut für Wirtschaftsforschung (DIW), Heft 123, Berlin, 1991.
Greenhalgh, L. et al.
Determinants of Work Force Reduction Strategies in Declining Organizations, in: Academy of Management Review, 13 Jg., 1988, S. 241-254.
Gries, T. und Hentschel, C.
Internationale Wettbewerbsfähigkeit- was ist das? in: Wirtschaftsdienst, 1994/ VIII, S. 416-422.

Gross G.H.
Neue Rolle des Rechnungswesens, Erfahrungen aus der Krise, in: Rationalisierung 1976.
Gross, W.
Arbeitsrecht 1, Wiesbaden, 1986.
Gruber, H.
Grenzen der Plankostenrechnung für mittelfristige Planungs- und Entscheidungsrechnungen, in: A.-W. Scheer (Hrsg.): Rechnungswesen und EDV, 10. Saarbrücker Arbeitstagung 1989, Heidelberg 1989, S. 106-129.
Günther, T.
Erfolg durch strategisches Controlling, München, 1991.
Gurley, John G., Shaw Edwards S.
Financial Aspects of Economic Development, in: American Economic Review, Vol. 45, 1955, S. 515-538.
Gutenberg, Erich
Rückblick, in: Zeitschrift für Betriebswirtschaft, 54/1984, S. 1151-1168.
Haberstock, L.
Kostenrechnung Bd. 1, Wiesbaden 1987.

Hackstein, R., Esser, U.
Stand und Trends auf dem Weg zu CIM - Ergebnisse einer Expertenbefragung, in: H. Wildemann (Hrsg.), Gestaltung CIM-fähiger Unternehmen am Industriestandort Bundesrepublik Deutschland, München, 1990, S. 15-42.
Hahn, D.
Produktionsprozeßplanung, -steuerung und -kontrolle, in: Hahn, D. (Hrsg.): Produktionswirtschaft - Controlling industrieller Produkt-ion, Bd. 2, Heidelberg, 1989.
Haist, F., Fromm, H.-J.
Qualität im Unternehmen - Prinzipien, Methoden, Techniken, München, Wien, 1989.
Hall, M., Weiss, L.W.
Firm Size and Profitability, in: Review of Economics and Statistics, Vol. 49, 1967, S. 319-330.
Hall, R.L. und C.J. Hitch
Price Theory and Business Behaviour, in: Oxford Studies in the Price Mechanism, hrsg. von Thomas Wilson und P.W.S. Andrews, Oxford, 1966, S. 107-138.

Hall, R. E. und Jorgenson, D. W.
Tax Policy and Investment Behaivor, in: The American Economic Review, Vol. 57, 1967, S. 391-414.
Hamer, E. und Schierbaum, W.
Personalzusatzkosten - der unsichtbare Lohn, Bonn, 1991.
Hamer, E.
Der zweite Lohn: Nachteil im Wettbewerb, Kiel, 1993.
Harder, E.
Das immissionsrechtliche Genehmigungsverfahren: eine bürokratische Investitionshemmnis?, Melle, 1987.
Harders, W.
Folgekosten der Sozialgesetze: eine Analyse der direkten und indirekten Zusatzlast, Göttingen, 1988.
Harris, M. und Raviv, A.
The Theory of Capital Structure, in: Journal of Finance, Vol. 46, 1991, S. 297-355.
Hartwig, H.
Naturwissenschaftliche und sozialwissenschaftliche Statistik, in: Zeitschrift für die gesamte Staatswissenschaft, 1956, S. 252-266.
Hauser, J.R., Clausing, D.
Wenn die Stimme des Kunden bis in die Produktion vordringen soll, in: Harvard Manager, 4/1988, S. 57-70.
Hax, H.
Überkapazitäten als betriebswirtschaftliches Problem, in: Kapazitätsrisiken und Unternehmenspolitik, J. Funk et al. (Hrsg.), ZfbF-Sonderheft, Nr. 18, 1984, S. 22-31.
Hector, P.
Regulierungen am Arbeitsmarkt, Frankfurt am Main, 1988.
Heinen, E.
Das Zielsystem der Unternehmung, Wiesbaden, 1966.
Heimann, J.
Neuberechnung des Außenhandelsvolumens und der Außenhandelsindizes auf Basis 1980, in: Wirtschaft und Statistik, 2/1984, S. 155-170.
Heinen, E. (1978a)
Industriebetriebslehre, Entscheidungen im Industriebetrieb, Wiesbaden, 1978.
Heinen, E.
Der entscheidungsorientierte Ansatz in der Betriebswirtschafts-lehre, in: ZfB 41/1971, S. 429-444.

Heinen, E.
Grundlagen der betriebswirtschaftlichen Entscheidungen. Das Zielsystem der Unternehmung, 2. Aufl., Wiesbaden, 1971.
Heinen, E.
Konzentration und Kosten, in: Die Konzentration in der Wirtschaft, Schriften des Vereins für Socialpolitik (Gesellschaft für Wirtschafts- und Sozialwissenschaften), N.F. Bd. 20/I, hrsg. von H. Arndt, Berlin, 1971.
Heinen, E.
Ziele und Zielsysteme in der Unternehmung, in: Handwörterbuch der Wirtschaftswissenschaft, hrsg. von Willi Albers u.a., Bd. 9, Stuttgart u.a., 1982, S. 616-623.
Heinrich, M., Adenau, J.
Bei der CIM-Einführung gibt es viele versteckte Investitionen, in: Computerwoche, 4/1992, S. 15-16.
Heinsch, B.
Der Einfluß des öffentlichen Inputs Verkehrsinfrastruktur auf die Wettbewerbsfähigkeit einer Volkswirtschaft, Frankfurt am Main, 1986.
Helberg, P.
PPS als CIM-Baustein, Berlin, 1987.
Held, A.
Deregulierung in Deutschland, in: Wirtschaftsdienst, 4/1993, S. 215-220.
Hemmer, E.
Sozialplanpraxis in der Bundesrepublik Deutschland, Köln, 1988.
Hendricks, J. A.
Applying Cost Accounting to Factory Automation, in: Management Accounting, 70. Jg., 12/1988, S. 24-30.
Hensel, R. und Reuschel, H.-D.
Hochschulqualifikation im Umbruch und als Standortfaktor, in: Regionale Arbeitsmärkte und Arbeitsmarktpolitik in den neuen Bundesländern hrsg. von Manfred Kaiser, Nürnberg, 1993.
Henzler, H.
Kritische Würdigung der Debatte um den Wirtschaftsstandort Deutschland, in: Zeitschrift für Betriebswirtschaft, 1/1993, S. 5-21.
Herdzina, K.
Wirtschaftliches Wachstum, Strukturwandel und Wettbewerb, Berlin,1981.
Herten, S.
Löhne und wirtschaftliche Entwicklung in der Standortdebatte, Diskussionsbeitrag der Freie Universität Berlin, Berlin, 1992.

Herzog, E.
Stand und Entwicklungstendenzen des innerbetrieblichen Rechnungswesens in den USA, in: A.-W. Scheer (Hrsg.) Rechnungswesen und EDV - 10. Saarbrücker Arbeitstagung 1989, Heidelberg, 1989, S. 313-326.

Hight, Joseph E.
Productivity comparisons: the US, Germany, Japan and the UK, in: International productivity journal, 1/1993, S. 57-65.

Hilpert, H. G.
Marktstrategien deutscher und japanischer Unternehmen in der asiatisch-pazifischen Region, München, 1992.

Hindin, E.M., Morency, J.
The Branche-Office Balancing Act, in: Data Communications, 6/1994, S. 60-66.

Hocks, P. und Pfeifer, H.-P.
Innovationsschutz als maßgeblicher Faktor für die Wettbewerbsfähigkeit eines modernen Industriestaates,in: Gewerb-licher Rechtsschutz und Urheberrecht, 12/1985, S. 805-808.

Hoffmann, L.
WirtschaftsstandortDeutschland: Wettbewerbsfähigkeitsindika-toren und Standortfaktoren im internationalen Vergleich, in: Energiewirtschaftliche Tagesfragen, 6/1993, S. 371-375.

Hofmann, R. (1992a)
Just-in-time für die schlanke Produktion,in: VDI-Nachrichten, 1992, Nr. 41, S. 50.

Hofmann, R.
Bilanzkennzahlen, Wiesbaden, 1977.

Höhn, S.
Materialwirtschaft als Teil der Unternehmensstrategie, in: ZfbF, 34. Jg., 1/1982, S. 52-66.

Holz, B.
Neue Wertmaßstäbe zur Wirtschaftlichkeitsbeurteilung von Fertigungseinheiten, in: ZfB- Ergänzungsheft, 1/1986, S. 199-212.

Homburg, C.
Das industrielle Beschaffungsverhalten in Deutschland, in: Beschaffung aktuell, 3/1994, S. 9-13.

Horngren, C. T. und Foster, G.
Cost Accounting - A Managerial Emphasis, Englewood Cliffs (NJ), 1991.

Hummel, S., Männel, W.
Kostenrechnung, Bd. 1, Wiesbaden, 1986.

Hummel, S.
Kosten, relevante, in: Handwörterbuch des Rechnungswesens, Kosiol, E. et al. (Hrsg.), 1981, Sp. 968-974.
Hummel, S., Männel, W.
Kostenrechnung 1. Grundlagen, Aufbau und Anwendung, 1982.
IHK Hannover-Hildesheim.
Schnellere und kalkulierbare Genehmigungsverfahren: feste Entscheidungsfristen sind ein Standortvorteil, Hannover, 1988.
Ifo-Institut für Wirtschaftsforschung
Analyse der strukturellen Entwicklung der deutschen Wirtschaft. Strukturberichterstattung, 1980, Methodenband, Berlin, 1981.
Irsch, N.
Kostenfunktion, Wettbewerb und Marktverhalten, Frankfurt a. M., 1982.
Jahn-Thielicke, B.
Kommunikationstechnische Infrastruktur, in: IPW-Forschungshefte, 3/1990.
Janeba, E.
Deutsche Unternehmenssteuerreform und internationale Wettbewerbsfähigkeit, in: Wirtschaftsdienst, 2/1993, S. 86-89.
Jaquemin, A.P. et al.
Size Structure, Stability and Performance of the Largest British and EEC firms, in: European Economic Review, 4/1973, S. 393-408.
Jarchow, B., Rühmann, K.
Monetäre Außenwirtschaftstheorie, Stuttgart, 1991.
Juesten, W., Villiez, C. v.
Cash-flow und Unternehmensbeurteilung, Berlin, 1992.
Johnson, Th.H., Kaplan, R.S.
Relevance Lost - The Rise and Fall of Management Accounting, Boston (Mass.), 1987.
Johnston, J
Statistical Cost Analysis, New York, 1969.
Jungnickel, R.
Neue Trends der internationalen Direktinvestitionen, in Wirtschaftsdienst, 6/1993, S. 317-324.
Kaiser, J.
Zur Verfügbarkeit von Daten der Kostenstrukturstatistiken des Statistischen Bundesamtes, in: Wirtschaft und Statistik, 12/1986, S. 986-994.

Kaiser, M. und Werner, H.
Arbeitskosten im verarbeitenden Gewerbe in den Ländern der Europäischen Gemeinschaft, in: Mitteilungen aus der Arbeits-markt- und Berufsforschung, 1/1989, S. 44-74.

Kaiser, K.
Kosten- und Leistungsrechnung bei automatisierter Produktion, Bochumer Beiträge zur Unternehmensführung und Unternehmensforschung, H. Besters u.a. (Hrsg.), Bd. 37, Wiesbaden, 1991.

Kaluza, B.
Kosten- und Erlösrechnung bei neuen Technologien, in: Systemmanagment und Managementsysteme, P. Milling (Hrsg.), Berlin, 1991, S. 157-190.

Kaluza, B.
Entscheidungsprozesse und empirische Zielforschung in Versicherungsunternehmen, Karlsruhe, 1979.

Kaplan, R.S. und Johnson, Th.
Relevance Lost. The Rise and Fall of Management Accounting, Boston, 1987.

Kaplan, R.S.
CIM-Investitionene sind keine Glaubensfrage, in: Harvard manager, Nr. 3 1986, S. 78-85.

Kaufer, E.
Konzentration und Fusionskontrolle, Walter Eucken Institut, Wirtschaftswissenschaftliche und wirtschaftsrechtliche ntersuchungen, Bd. 11, Tübingen, 1977.

Kaufer, E.
Industrieökonomie. Eine Einführung in die Wettbewerbstheorie, München, 1980.

Keller, A.Z. et al.
Product Reliability, in: Dale, B.G. et al. (Hrsg.): Managing Quality, New York u.a., S. 100-117.

Kendrick, J. W.
International comparisons of productivity trends and levels, in: Atlantic conomic journal, 3/1990, S. 42-54.

Kesberg, H.
Regionale Kosteneffekte durch Maßnahmen zur Rauchgasentschwefelung (GFAVO) an Kraftwerken der öffentlichen Versorgung, in: Zeitschrift für Umweltpolitik & Umweltrecht, 1/1989, S. 25-41.

Kieser, A. und Kubicek, H.
Organisation, Berlin u.a., 1983.

Kilger, W.
Flexible Plankostenrechnung und Deckungsbeitragsrechnung, Wiesbaden, 1993.
Kilger, W.
Einführung in die Kostenrechnung, Wiesbaden, 1980.
Kirsch, W.
Über den Sinn der empirischen Forschung in der angewandten Betriebswirtschaftslehre, in: Der praktische Nutzen empirischer Forschung, E. Witte (Hrsg.), Tübingen, 1981, S. 189-232.
Kirsch, W. und Gabele, E.
Ziele in Handelsbetrieben, in: Handwörterbuch der Absatzwirtschaft, hrsg. von Bruno Tietz, Stuttgart, 1974, Sp. 2334-2352.
Kirsch, W.
Einführung in die Theorie der Entscheidungsprozesse, Band III, Wiesbaden, 1977.
Kistner, K.-P., Steven, M.
Neuere Entwicklungen in Produktionsplanung und Fertigungstechnik, in: WiST, 1/1991, S. 11-17.
Kitterer, W.
Kosten der Bürokratieüberwälzung, Neumünster, 1989.
Klein, F.
Die nationale Besteuerung als Faktor des internationalen Wettbewerbs: ein Plädoyer für eine Harmonisierung des Unternehmenssteuerrechts, in: Steuer und Wirtschaft, 4/1990, S. 390-396.
Klodt, H., Schmidt, K.-D. et al.
Weltwirtschaftlicher Strukturwandel und Standortwettbewerb, Tübingen, 1989.
Klodt, H.
Produktivitätsschwäche in der deutschen Wirtschaft, Tübingen, 1984.
Kloock, J., Sieben, G., Schildbach, T.
Kosten- und Leistungsrechnung, Düsseldorf, 1981.
Knauer, P.
Neue Ansätze der Abstimmung des logistischen Prozesses an neue Produktionstechnologien, in: Wachstum und Rationalisierung durch Logistik, Band 2, Bundesvereinigung Logistik e.V. (Hrsg.), Berlin, 1985, S. 686-705.
Knobbe-Keuk, B.
Möglichkeiten und Grenzen einer Unternehmenssteuerreform, DB 1989, S.1303.

Knorring, E. v.
Lohn- und Beschäftigtenstruktur. Eine empirische Analyse für den industriellen Sektor der Bundesrepublik Deutschland im Zeitraum 1950-1974, Berlin, 1978.

Knorring, E.v.
Die statistische Ermittlung von Strukturfaktoren. Einige kritische Anmerkungen, in: Jahrbücher für Nationalökonomie und Statistik, Bd. 193, 1978, S. 558-563.

Koch, H.
Zur Frage des pagatorischen Kostenbegriffs, Bemerkungen zum Beitrag von K. Engelmann: „Einwendungen gegen den paga-torischen Kosten- begriff", in: ZfB, 29. Jg., 1959, S. 8-16.

Koch, H.
Grundprobleme der Kostenrechnung, Köln und Opladen, 1966.

Koch, H.
Zur Diskussion über den Kostenbegriff, ZfbF, N.F., 10. Jg., 1958, S. 355-399.

Koffler, J.R.
Neuere Systeme zur Produktionsplanung und -steuerung, München, 1987.

Köglmayr, H.-G.
Die Auslandsorientierung von Managern als strategischer Erfolgsfaktor, Dissertation Universität Mannheim 1989, Berlin, 1990.

König, W. u.a.
Energiekosten bei energieintensiven Chemieprodukten, in: Chemische Industrie, 1984 Nr. 2, S. 69-73.

Körber-Weik, M.
Konjunkturdiagnose und Konjunkturmessung. Eine Untersuchung der Adäquationsprobleme, Tübingen, 1983.

Korth, M.
Reformgedanken zur Unternehmensbesteuerung, Stbg 1990, S. 126.

Kosiol, E.
Kritische Analyse der Wesensmerkmale des Kostenbegriffs, in Betriebsökonomisierung durch Kostenanalyse, Absatz-rationalisierung und Nachwuchserziehung, Festschrift für Rudolf Seyffert zu seinem 65. Geburtstag, E. Kosiol und F. Schlieper (Hrsg.), Köln und Opladen, 1958, S. 7-37.

Kosiol, E.
Buchhaltung und Bilanz, Berlin, 1967.

Kosiol, E.
Erkenntnisgegenstand und methodologischer Standort der Betriebswirtschaftslehre, in: ZfB, 1961, S. 129-136.
Kosiol, E.
Kostenrechnung der Unternehmung, Wiesbaden, 1979.
Kotabe, M.
Global sourcing strategies by Wuropean and Japanese multinational firms, Dissertation der Michigan State University, Lansing Mich., 1987.
Kotabe, M. und Cox, E. P.
Assessment of shifting global competitiveness, in: Business horizons, 1/1993, S. 57-64.
Krakowski, M.
Deregulierung in den Ausnahmebereichen des GWB, in: Wirtschaftsdienst, 2/1988, S. 90-97.
Krallmann, H.
CIM zur Verbesserung der internationalen Wettbewerbsfähigkeit, in: Innovation und Wettbewerbsfähigkeit hrsg. v. E. Dichtl, Wies-baden, 1987.
Krayer, A.
Kostenstruktur, Wirtschaftlichkeit und Einkommensverhältnisse in Weinbaubetrieben unter verschiedenen Standortbedingungen, Mannheim, 1959.
Kreikebaum, H.
Ausgewählte Aspekte des betrieblichen Zielbildungsprozesses aus der Sicht zweier neuer Veröffentlichungen, in ZfbF, NF, 41. Jg., 1977, S. 448-458.
Kreikebaum, H.
Small Business Management in den USA. Mögliche Konsequenzen für die Theorie und Praxis der Unternehmens-führung mittelständischer Unternehmen, in: Albach, H., Held, T. (Hrsg.): Betriebswirtschaftslehre mittelständischer Unternehmen, Stutgart, 1984, S. 645-659.
Krelle, W.
Volkswirtschaftliche Gesamtrechnung einschließlich input-output-Analyse mit Zahlen für die Bundesrepublik Deutschland, Berlin, 1967.
Krengel, R.
Strukturwandel im Bereich der Produktionsfaktoren, in: Allgemeines statistisches Archiv, 61. Bd., 1977, S. 31 ff.
Krist, H.
Bestimmungsgründe industrieller Direktinvestitionen, Berlin, 1985.

Kubicek, H.,
Heuristische Bezugsrahmen und heuristisch angelegte Forschungsdesigns als Element einer Konstruktionsstrategie empirischer Forschung, in: Empirische und handlungstheoretische Forschungskonzeptionen in der Betriebswirtschaftslehre, R. Köhler (Hrsg.), Stuttgart, 1977, S. 3-36.

Kübler, F.
Unternehmensstruktur und Kapitalmarktfunktion - Überlegungen zur Krise der Aktiengesellschaft, in: AG 26 (1981), S. 5-13.

Kübler, F.
Unternehmensstruktur und Kapitalmarktfunktion - Überlegungen zur Krise der Aktiengesellschaft, in: AG 26 (1981), S. 5-13.

Kuhlmann, J.
Das betriebliche Zielsystem, Studienskripten zur Betriebswirtschaftslehre, Reihe I: Grundlagen, hrsg. von Wolfgang Leiderer, Bd. 2, München 1976.

Külp, B.
Die „wage drift" im Lichte der modernen Lohntheorie, in: Konjunkturpolitik, 1963, S. 166 ff.

Külp, B.
Lohnbildung im Wechselspiel zwischen politischen und wirtschaftlichen Kräften, Berlin, 1965.

Külp, B.
Streik und Streikdrohung, Berlin, 1969.

Kunze, J.
Die Kostenstruktur des westdeutschen Braugewerbes, Münster, 1964.

Kurz, R.
Umweltschutz, Innovation und internationale Wettbewerbs-fähigkeit, in: Dezentrale Entscheidungsfindung bei externen Effekten (hrsg. von Adolf Wagner), Tübingen, 1993.

Küting, K.
Unternehmerische Wachstumspolitik, Berlin, 1980.

Laaser, C.-F.
Wettbewerb im Verkehrswesen, Dissertation der Universität Kiel 1990, Tübingen, 1991.

Lackes, R.
Das Kanban-System zur Materialflußsteuerung, in: Das Wirtschaftsstudium, 1/1990, S. 23-26.

Lancaster, K.
Moderne Mikroökonomie, Frankfurt-New York, 1987.

Lang, G.
EG-Strompreise 1992 im Vergleich, in: Energiewirtschaftliche Tagesfragen, 1992 Heft 10, S. 693-697.

Lang, J.
Reform der Unternehmensbesteuerung auf dem Weg zum europäischen Binnenmarkt und zur deutschen Einheit, in: Steuer und Wirtschaft 1990 Nr. 2, S. 107-129.

Laßmann, G.
Aktuelle Probleme der Kosten- und Erlösrechnung bei weitgehend automatisierter Serienfertigung, in: Siebente Wolfsburger Fachgespräche vom 25. und 26. Mai 1984 - Dialog zwischen Wissenschaft und Praxis über aktuelle Fragen des Finanzmanagements, S. 3-39.

Laßmann, G.
Besonderheiten der Ermittlung des Periodenerfolges beim Einsatz von automatisierten Produktionssystemen in Industrieunternehmen, in: Unternehmenserfolg, Planung - Ermittlung - Kontrolle, M Domsch et al. (Hrsg.), Wiesbaden, 1988, S. 223-234.

Laux, H.
Anreizsysteme bei unsicheren Erwartungen, in: ZfbF, 24. Jg. 1972, S. 784-803.

Lee, J.Y.
Managerial Accounting - Changes for the 1990s, Reading (Mass.), 1987.

Lehnert, G.
Die Lohnstruktur der schweizerischen Industrie 1946-1965, in: Jahrbuch für Sozialwissenschaften, Bd. 19, 1968, S. 122-162.

Leibfritz, W. und Parsche, R.
Steuerbelastung der Unternehmen der deutschen Werkzeugmaschinenindustrie im internationalen Vergleich. Ifo-Studien zur Finanzpolitik, 46, München, 1988.

Leibfritz, W.
Geplante Unternehmenssteuerreform: Gefahr der Zielverfehlung, in: Ifo-Schnelldienst, 8/1993, S. 3-7.

Lenel, H. O.
Ursachen der Konzentration unter besonderer Berücksichtigung der deutschen Verhältnisse, Walter Eucken Institut, Wirtschaftswissenschaftliche und wirtschaftsrechtliche Untersuchungen, Bd. 2, 1968, Tübingen.

Lenel, H. O.
Externes Unternehmenswachstum als Problem der Wettbewerbspolitik, in: Wettbewerb als Aufgabe - Nach 10 Jahren Gesetz gegen Wettbewerbsbeschränkungen, hrsg. von E.-J. Mestmäcker, Bad Homburg v.d.H., Berlin, Zürich, 1968.
Lenske, W. (Hrsg.)
Qualified in Germany: ein Standortvorteil für die Bundesrepublik Deutschland, Köln, 1988.
Liebowitz, S.J.
What do Price-Cost Margins measure?, in: Journal of Law and Economics. Vol. 25, 1982, S. 291-304.
Liefermann-Keil, E.
Ökonomische Theorie der Sozialpolitik, Berlin u.a., 1961.
Liessmann, K.
Bestimmungsfaktoren und Varianten der Controller-Organisation, in: E. Mayer (Hrsg.), Handbuch Controlling, 1990, S. 511-534.
Limbach, M.
Planung der Personalanpassung, Köln, 1987.
Linhardt, H.
Angriff und Abwehr im Kampf um die Betriebswirtschaftslehre, Betriebswirtschaftliche Schriften, Bd. 11, Berlin, 1963.
Link, F. J.
Produktivität und Lohnstückkosten im internationlen Vergleich, in: iw-trends/ Institut der deutschen Wirtschaft, 3/1994, S. 5-17.
Lipp, E.-M.
Lohnnebenkosten und Beschäftigung, in: Beschäftigungsprobleme hochentwickelter Volkswirtschaften (hrsg. von Harald Scherf), Berlin, 1989.
Lippe, P.M. v.d.
Wirtschaftsstatistik, Stuttgart, 1990.
Löbbe, K., Walter, J. und Wenke, M.
Umwelschutz und Industriestandort, in: Zeitschrift für angewandte Umweltforschung, 2/1993, S. 245-256.
Loistl, O.
Zur neueren Entwicklung der Finanzierungstheorie, in: Die Betriebswirtschaft, 50. Jhrg., Heft 1, S. 47-84.
Lorz, J. O.
Direktinvestitionen des verarbeitenden Gewerbes in Industrieländer, in: Die Weltwirtschaft, 2/1993, S. 149-166.
Lücke, W.
Betriebs- und Unternehmensgröße, Stuttgart, 1967.

Lützel, H.
Altersaufbau des Anlagevermögens, in: Wirtschaft und Statistik, 1976, Heft 4, S. 217-221.
Lützel, H.
Berechnung der gesamtwirtschaftlichen „Arbeitsproduktivität" mit Hilfe der Daten der Volkswirtschaftlichen Gesamtrechnung, in: Neuere Methoden der Produktivitätsmessung, R. Krengel (Hrsg.), Göttingen, 1973, S. 33-52.
Lützel, H.
Das reproduzierbare Anlagevermögen in Preisen von 1962, in: Wirtschaft und Statistik, 10/1971, S. 593-604.
Luhmann, N.
Funktionen und Folgen formaler Organisationen, Berlin, 1964.
Machlup, F.
Structure and Structural Change: Weaselwords and Jargon, in: Zeitschrift für Nationalökonomie, Bd. 18, 1958, S. 280-298.
Männel, W. (1990a)
Kostenrechnung für anlageintensive Produktionsstrukturen, in: Kostenrechnungspraxis, 34 Jg., 2/1990, S. 134-135.
Männel, W.,
Anlagencontrolling, in: ZfB-Ergänzungsheft, 3/1991, S. 193-216.
Männel, W.
Handbuch Kostenrechnung, Wiesbaden, 1992.
Männel, W.
Kostenrechnung als Instrument der Unternehmensführung, in: Scheer, A.- W. (Hrsg.): Grenzplankostenrechnung - Stand und aktuelle Probleme, Wiesbaden, 1988, S. 13-29.
Marbach, F.
Theorie des Mittelstandes, Bern, 1942.
March, J. G.und Simon, H. A.
Organizations, New York-London-Sydney, 1958.
Marwede, E.
Die Abgrenzungsproblematik mittelständischer Unternehmen, Volkswirtschaftliche Diskussionsreihe, Institut für Volkswirtschaftslehr der Universität Augsburg, Beitrag Nr. 20, 1983.
Mauer, D. C. und Senbet, L. W.
The effect of the secondary market on the pricing of initial public offerings: Theory and evidence, in: JFQA 27 (1992), S. 55-79.
Mayer, R
Prozeßkostenrechnung, in: Kostenrechnungspraxis, 34. Jg., 2/1990, S. 74- 75.

Mayntz, R.
Soziologie der öffentlichen Verwaltung. 3. Aufl., 1985, Heidel-berg.

McGuire, P.
Spin-Off Products and Services: The Commercialization of Internally Supported Resources, New York, 1976, S. 25.

Mcilhattan, R.
How Cost Management Systems can Support the JIT Philosophy, in: Management Accounting, 69. Jg., 9/1987, S. 20-26.

MCMillan, Ch. J.
The Japanese Industrial System, Berlin u.a., 1985.

Meffert, H.
Strategische Planungskonzepte in stagnierenden und gesättigten Märkten, in: DB, 2/1985, S. 193-209.

Meffert, H. und Bolz, J.
Golbale Wettbewerbsstrategien und länderübergreifende Inte-gration, Münster, 1992.

Mellerowicz, K.
Kosten und Kostenrechnung, Bd. 1: Theorie der Kosten, Berlin, 1963

Mellwig, M.
Investition und Besteuerung, Wiesbaden, 1985.

Menges, G.
Die Statistik, Wiesbaden, 1982.

Menges, G.
Die ökonometrische Struktur und die Frage ihrer Konstanz, in: F. Neumark (Hrsg.): Strukturwandlungen einer wachsenden Wirt-schaft, Schriften des Vereins für Socialpolitik, N.F. Bd. 30/I, Ber-lin, 1964.

Menrad, S.
Kosten und Leistungen, in: Handwörterbuch des Rechnungswesens, E. Kosiol (Hrsg.), Stuttgart, 1970, S. 870-879.

Mesina, M. et al.
CIM-Einführung - Rationalisierungen durch die Anschaffung und Integration von CA-Komponenten, Ehningen bei Böblingen, 1990.

Meyer-Cording, U.
Belebung des Kapitalmarktes durch neue Möglichkeiten der Zertifizierung, in: BB 37 (1982), S. 896-899.

Meyer-Krahmer, F.
Technologischer Leistungsstand der deutschen Wirtschaft im internationalen Vergleich, in: Bilanz und Perspektiven der deutschen Forschungs- und Technologiepolitik (BDI-Drucksache:246), Köln, 1991, S. 11-42.

Miller J.G. und Vollman, T. .E.
The Hidden Factory, in: Harvard Business Review, 63. Jg., 5/1985, S. 142-150.
Miller, J.A.
Designing and Implementing a New Cost Management System, in: Journal of Cost Management, 5. Jg., Winter 1992, S. 41-53.
Moore, M. O.
Determinants of German manufacturing direct investment: 1980-1988, in: Weltwirtschaftliches Archiv, 1/1993, S. 120-138.
Morse, W.J., Poston, K.M.
Accounting for Quality Costs in CIM, in: Brinker, B.J. (Hrsg.): Emerging Practices in Cost Management, Boston (Mass.), 1990, S. 369-375.
Motta, M. und Thisse, J. F.
Minimum quality standard as an environmental policy, Milano, 1993.
Müller, H.D., Schmid, A.
Arbeit, Betrieb und neue Technologien, Köln, 1989.
Müller, H.W.
Quality Engineering, in: Zink, K.J. (Hrsg,): Qualität als Managementaufgabe, Landsberg a.L.,1989, S. 263-285.
Müller, S.
Die Psyche des Managers als Determinante des Exporterfolges, Dissertation der Universität Mannheim 1991, Stuttgart, 1991.
Murata, K., Tajima, M.
Rationalisierung, Flexibilisierung und Mechatronisierung der Produktion in japanischen Unternehmen, in: Integration und Flexibilität, D.Adam (Hrsg.), Wiesbaden, 1990, S. 249-268.
Nakamura, S.
Productivity and factor prices as sources of differences in production costs between Germany, Japan and the US, in: The economic studies quarterly, 1/1989, S. 75-89.
Napp, H.-G. und Rahmann, B.
Probleme eines internationalen Vergleichs der steuerlichen Belastung von Unternehmen, in: WSI-Mitteilungen, 6/1989, S. 303-315.
Neckermann, G. et al.
Die feinkeramische Industrie - ein Branchenbild. Beiträge zur Strukturforschung, Deutsches Institut für Wirtschaftsforschung (Hrsg.), Heft 131, Berlin, 1992.

Neckermann, G. et al.
Die Glasindustrie - ein Branchenbild. Beiträge zur Strukturforschung, Deutsches Institut für Wirtschaftsforschung (Hrsg.), Heft 95, Berlin, 1987.

Neef, A. und Thomas, J.
International compaisons of productivity and unit labor cost trends in manufacturing, in: Monthly labor review, 12/1988, S. 27-33.

Neubäumer, R.
Betriebliche Ausbildung "über Bedarf", in: Jahrbuch für Sozialwissenschaft, 1/1993, S. 104-131.

Neubauer, W.
Komponentenanalyse: ein deskriptives Pendant zur stochastischen Kausalanalyse, Frankfurt a.M., 1990.

Neumann, M. et al.
A Profitability Risk and Market Structure in West German Industries, in: Journal of Industrial Economics, Vol. 27, 1979, S. 227-242.

Nicoletti, G. und Reichlin, L.
Trends and cycles in labour productivity in the major OECD countries, Paris, 1993.

Niehans, J.
Strukturwandlungen als Wachstumsprobleme, in: Strukturwandlungen einer wachsenden Wirtschaft, Fritz Neumark (Hrsg.), Schriften des Vereins für Socialpolitik, N.F., Bd. 30/I, Berlin, 1964, S. 10 ff.

Niemand, S. et al.
Bausteine des strategischen Qualitätscontrolling:FMEA, in: Horvarth, P. et al. (Hrsg.), Qualitätscontrolling, Stuttgart, 1990, S. 63-113.

Oberender, P.
Die Zielfunktion eines Unternehmens - Kritische Bemerkunungen zu Untersuchungen des Institutes für Industrieforschung und betriebliches Rechnungswesen der Universität München, in: ZfB, 44/1974, S. 208-212.

Oechsler, W.A.
Betriebliche Flexibilität in einem starren Arbeitsrecht?, in DBW, 1993, S.709-714.

Oesterheld, W. und Wortmann, M.
Bundesdeutsche Unternehmen im Ausland, Berlin, 1987.

Oettle, K.
Unternehmerische Finanzpolitik. Elemente einer Theorie der Finanzpolitik industrieller Unternehmungen, Stuttgart, 1966.

Ohmae, K.
Die neue Logik der Weltwirtschaft: Zukunftsstrategien der internationalen Konzerne, Hamburg, 1992.
o.V.
in: Frankfurter allgemeine Zeitung, 6. März 1996 Nr. 56, S. 15.
o.V.
International gegen Stickoxide, in: Energie Spektrum, 1989 Nr. 2, S. 6.
o.V.
Weniger Stickoxide aus Kraftwerken, in: Stromthemen, 1988 Nr. 5, S. 1.
o. V.
in: Frankfurter Allgemeine Zeitung, Nr. 98 vom 27.4.1992, S. 17.
o. V.
in: Süddeutsche Zeitung, Nr. 172 vom 28.7.1992, S. 21.
Oligmüller, P.
Internalisierung externer Effekte bei der Stromerzeugung, in: VIK-Mitteilungen, 1/1993, S. 2 ff.
Oppenländer, K.H.
Wie sieht die Zukunft für kleine und mittlere Unternehmen aus?, in: Internationales Gewerbearchiv, 33. Jg., 1985, S. 217-227.
Orlowski, D.
Die internationale Wettbewerbsfähigkeit einer Volkswirtschaft, Göttingen,,1982.
Ott, A. E.
Strukturwandel und Strukturpolitik. Einleitungsreferat zur Generaldiskussion, in: G. Bombach et al. (Hrsg.): Probleme des Strukturwandels und der Strukturpolitik,Tübingen, 1977, S. 549 ff.
Pedell, K.L.
Produktivitätsveränderung und Ergebnisanalyse, in: ZfbF 12/1985, S. 1077-1098.
Perillieux, R.
Der Zeitfaktor im strategischen Technologiemanagement, Berlin, 1987.
Pernicky, R.
Schneller werden, in: Little, A.D., (Hrsg.): Management als Hochleistungsorganisation, Wiesbaden, 1989, S. 61-71.
Perridon, L., Steiner, M.
Finanzwirtschaft der Unternehmung, München, 1986.
Peters, H.-R.
Sektorale Strukturpolitik und Mesoökonomik, in: Wirtschaftswissenschaftliches Studium, 7. Jg., 1978, S. 261 ff.

Phohl, H.-Chr.
Strategische Kontrolle, in: Henzler, H.A. (Hrsg.), Handbuch strategische Führung, Wiesbaden, 1988, S. 801-824.
Pierer, H. v.
Die mittel- und langfristige Steigerung des Gewinns bleibt das entscheidende Unternehmensziel,in: FAZ, Nr. 156, 8.7.1996.
Platt, J.
Kostenanalyse bei flexibel automatisierten Fertigungssystemen, Passau 1987.
Plaut, H.-G. et al.
Grenzplankostenrechnung und Einzelkostenrechnung, in: Kostenrechnungspraxis, 1988, S. 9-15.
Pleschak, F.
Flexible Automation, Wirtschaftliche Gestaltung und Einsatzvorbereitung, Zürich, 1988.
Popper, K.
Auf der Suche nach einer besseren Welt, München, 1984.
Porter, M.E.
Wettbewerbsvorteile - Spitzenleistungen erreichen und behaupten, Frankfurt a.M. u.a., 1986.
Porter, M. E. (Hrsg.)
Globaler Wettberwerb: Strategien der neuen Internationalisierung, Wiesbaden, 1989.
Poutsma, E.
Kontrolle in Kleinbetrieben und die Perspektiven flexibler Spezialisierung, in: Manz T. (Hrsg.), 1991, S. 102-106.
Preising, M.
Mobile Meßdatenerfassung in der Werkstatt mit Kleinrechnersystemen, in: gfmt (Hrsg.): Qualitätssicherung in der Fabrik der Zukunft, München, 1985, S. 307-333.
Preißl, B.
Internationale Standortwahl und nationale Fernmeldepolitik (Diskussionsbeiträge zur Telekommunikationsforschung), Bad Honnef, 1988.
Preuße, H. G.
Der Beitrag ausländischen Risikokapitals zur wirtschaftlichen Transformation in den neuen Bundesländern, in: Zeitschrift für Wirtschaftspolitik, 1991, S. 219.
Priore, M.J., Sabel, Ch.F.
The Second Industrial Divide: Possibilities für Prosperity, New York, 1984.

Raas, F.
Auswirkungen neuer Produktionstechnologien auf betriebliches Rechnungswesen und operatives Controlling, Diss. (St. Gallen), Bamberg, 1989.

Raffee, H., Förster, F. und Krupp, W.
Marketing und unternehmerische Ökologieorientierung. Eine empirische Studie. Arbeitspapier Nr. 63 des Institutes für Marke-ting der Universität Mannheim, Mannheim, 1988.

Raffée, H.
Grundprobleme der Betriebswirtschaftslehre, Betriebswirt-schaftslehre im Grundstudium der Wirtschaftswissenschaften, Bd. 1, Göttingen, 1974.

Rayner, B.C.P.
Accountings for Change in thel Electronics Industry, in: Electronic Business, Oktober 1987, S. 118-123.

Redl, F.
Wirtschaftsstruktur und wirtschaftliches Wachstum, in: Zeitschrift für Nationalökonomie, Bd. 23, 1963/1964, S. 189 ff.

Reiß, M. und Corsten, H.
Gestaltungsdomänen des Kostenmanagements, in: W. Männel (Hrsg.) Handbuch Kostenrechnung, Wiesbaden, 1992, S. 1478-1491.

Reiß, M. und Corsten, H.
Grundlagen des betriebswirtschaftlichen Kostenmanagements, in: Wirtschaftswissenschaftliches Studium (Wist),19. Jg., 1990, S. 390-396.

Ressing, W.
Die CO-2-, Energiesteuer: Chance oder Risiko für die Wettbewerbsfähigkeit der deutschen Wirtschaft?, in: Energiewirtschaftliche Tagesfragen, 5/1993, S. 299-306.

Reuter, E.
Auslandsinvestitionen zur Marktanteilssicherung und zur Sicherung des Produktionsstandortes Bundesrepublik Deutschland, in: Schmalenbachs Zeitschrift für betriebswirt-schaftliche Forschung, 10/1990, S. 819-829.

Rheinisch-Westfälisches Institut für Wirtschaftsforschung (Hrsg.)
Analyse der strukturellen Entwicklungen der deutschen Wirtschaft Bd. 1, RWI-Strukturberichterstattung 1987, Essen, 1987.

Richter, R. et al.
Makroökonomik, Berlin u.a., 1973.

Richter, R.
Volkswirtschaftliche Gesamtrechnung, volkswirtschaftliche Finanzierungsrechnung, Zahlungsbilanz. Ein Grundriß, Wies-baden, 1966.
Riebel, P.
Überlegungen zur Integration von Unternehmensplanung und Unternehmensrechnung, in: Zeitschrift für Betriebswirtschaft, 1987 Heft 12, S. 1154-1168.
Riedinger, P.
Trotz Flexibilität mehr Produktivität im Unternehmen, in: Controlling, Handelsblatt Serie 85, o.O., o.J., S. 10-11.
Rieger, W.
Einführung in die Privatwirtschaftslehre, Nürnberg, 1928.
Ritter, W.
Steuerrechtliche Rahmenbedingungen für den Wirtschaftsstandort Deutschland, in: Betriebs-Berater, 5/1993, S. 297-304.
Ritter, W.
Reform der Unternehmensbesteuerung aus betriebswirtschaftlicher Sicht, STuW 1989, S. 319
Roller, G.
Die Kostenstruktur der westdeutschen Obst- und Süßmostgetränkeindustrie, Trier, 1961.
Rose, J., Sharman, G.
The Redesign of Logistics, in: The McKinsey Quarterly, Winter 1989, S. 29-43.
Rose, M.
Strategieorientierte Reform der Unternehmensbesteuerung, StVj 1990, S. 1.
Röthing, P.
Bürokratiebelastungen der Wirtschaft: eine empirische Studie, Eschborn, 1989.
Rothschild, K.W.
Groß- und Kleinbetriebe: Einige Argumente und Tatsachen, in: G. Bombach u.a. (Hrsg.), Probleme der Wettbewerbstheorie und -politik, Schriftenreihe des Wirtschaftswissenschaftlichen Seminars Ottobeuren, Band 5, Tübingen, 1976, S. 93-129.
Roxin, J.
Internationale Wettbewerbsanalyse und Wettbewerbsstrategie, Wiesbaden, 1992.

Rüthers, B.
Tarifautonomie - Umbruch oder Ende?, in: Lammert, Norbert (Hrsg.): Wirtschaft in der Gesellschaft, München-Wien, 1978.
Rudolph, B.
Unternehmensfinanzierung in der Betriebswirtschaftslehre, in: Der langfristiges Kredit, Heft 22 und 23, S. 688-691.
Sachs, J.
Real Wages and Unemployment in the OECD Countries, Brookings Papers on Economic Activity, Vol. 14, 1983, S. 255-289.
Sachs, L.
Angewandte Statistik, Berlin u.a., 1978.
Sachverständigenrat
Wachstum und Währung, Jahresgutachten 1978/79, Stuttgart und Mainz, 1978.
Sachverständigenrat
Herausforderung von Außen, Jahresgutachten 1979/80, Stuttgart und Mainz 1979.
Sachverständigenrat
Stabilisierung ohne Stagnation, Jahresgutachten 1965/66, Stuttgart, 1965.
Sachverständigenrat
Gegen Pessimismus, Jahresgutachten 1982/1983, Stuttgart und Mainz, 1982
Sachverständigenrat
Chancen für einen langen Aufschwung, Jahresgutachten 1984/85, Stuttgart und Mainz, 1984.
Sachverständigenrat
Auf dem Weg zur wirtschaftlichen Einheit Deutschlands. Jahresgutachten 1990/1991, Stuttgart, 1990.
Sachverständigenrat
Vorrang für die Wachstumspolitik. Jahresgutachten 1987/88, Stuttgart und Mainz, 1987.
Sackett, P.J., Cooper, D.J.
Betriebsmittelorganisation für die flexible Fertigung, in wt -Zeitschrift für die industrielle Fertigung, 3/1985, S. 182-186.
Sangmeister, H.
Soziale Indikatoren, in: Lexikon der Politik Bd. 2, D. Nohlen et al. (Hrsg.), 1994, S. 422-426.
Sauer, H.-D.
Personalzusatzkosten: Neue Abgrenzung, in: Die Bank, 7/1995, S. 439-441.

Schäfer, H.
Logistik in der Automobilindustrie - Ein wesentlicher Beitrag zum Unternehmenserfolg,in:Henzler, H.A. (Hrsg.), Handbuch Strate-gische Führung, Wiesbaden, 1988, S. 643-661.
Scheer, A.-W.
CIM - Der computergesteuerte Industriebetrieb, Berlin u.a., 1987.
Scheer, A.-W
(Band-Hrsg.): CIM-Strategie als Teil der Unternehmensstrategie, in: Bey,I. (Hrsg.): CIM-Fachmann, Band 2, Berlin u.a., 1990.
Schelbert-Syfrig, H., Inderbitzin, W.
Internationale Wettbewerbsfähigkeit, Diessenhofen, 1982.
Schlaffke, W. (Hrsg.)
Weiterbildung - Säule der Unternehmensentwicklung, Köln, 1992.
Schleiter, M.
Steuersystem und Unternehmenspolitik: Theorie und empirische Ergebnisse zum Einfluß des Steuersystems auf die Investitions-entscheidungen deutscher Industrieaktiengesellschaften, Köln, 1985.
Schlote, S., Kowalewsky, R.
Flexible Fabrik, in: Wirtschaftswoche, 45. Jg., Nr. 38, S. 52-64.
Schlotfeldt, W.
Personalanpassungsmaßnahmen an veränderte Nachfragesitua-tionen und reduzierte Kapazitätsauslastung, in: Kapazitätsrisiken und Unternehmenspolitik, J Funke et al. (Hrsg.), ZfbF-Sonderheft, Nr. 18, 1984, S. 65-73.
Schmalenbach, E.
Kostenrechnung und Preispolitik, Köln und Opladen, 1963.
Schmid, G. und Schömann, K.
Wage policy in the new Germany, in: Challenge, 1/1993, S. 48-51.
Schmidberger, J.
Volkswirtschaftliche Kosten, in: Handbuch Kostenrechnung , W. Männel (Hrsg.), Wiesbaden, 1992, S. 436-445.
Schmidt, H.
Handel mit KG-Anteilen?, in: Cash 3 (1985) 4, S. 40-41.
Schmidt, H.
Mehr Unternehmen an die Börse durch differenzierte Markt-organisation, in: Jahresbericht der Hanseatischen Wertpapierbörse Hamburg, 1981, S. 4-17.
Schmidt, H.
Special market segments for small company shares: Capital rising mechanism and exit route for investors in new technology based firms.

Brussels and Luxembourg: Office for Offical Publications of the European Communities, 1984.

Schmidt, H.
Vorteile und Nachteile eines integrierten Zirkulationsmarktes für Wertpapiere gegenüber einem gespaltenen Effektenmarkt, Nr. 30 der Reihe Wettbewerb - Rechtsangleichung. Hrsg. Kommission der Europäischen Gemeinschaften, Brüssel und Luxemburg, 1977.

Schmidt, H.
Wertpapierbörsen, München, 1988.

Schmidt, K.-J.
Just-in-Time-Grundlagen, in: ders. (Hrsg.): Handbuch Logistik und Produktionsmanagement, Landsberg a.L., 1988.

Schmidt, K.-J.
Logistik, Zukunftsperspektiven - Strategien jetzt entwickeln, in: Gabler's Magazin, o.Jg., 7/1989, S. 22-25.

Schmidt, K.-D. et al.
Im Anpassungsprozeß zurückgeworfen: Die deutsche Wirtschaft vor neuen Herausforderungen, Tübingen, 1984.

Schmidt, K.-D.
Kapazitätsauslastung, Kapitalnutzungspreise und Produktivität: ein Beitrag zur Erklärung der Wachstumsschwäche, in: Wirtschaftspolitische Antworten auf die Stagnation (hrsg. von Horst Tomann), Berlin, 1986.

Schmidt, R. H. 1981(a)
Ein neo-institutionalistischer Ansatz zur Finanzierungstheorie, in: Unternehmensführung aus finanz- und bankwirtschaftlicher Sicht, Hrsg. E. Rühli und J.P. Thommen, Stuttgart, 1981, S. 135-154.

Schmidt, R. H. 1981(b)
Grundformen der Finanzierung, in: Kredit und Kapital, 14/1981, S. 186-221.

Schmoll A.
Kostenorientierte Unternehmensführung im Mittelbetrieb, in: Internationales Gewerbearchiv 1977, S. 155-167.

Schneider, D.
Allgemeine Betriebswirtschaftslehre, München u.a., 1987.

Schneider, D. 1987(a)
Messung des Eigenkapitals als Risikokapital, in: Der Betrieb, 40/1987, S. 185-191.

Schneider, D. 1987(b)
Mindestnormen zur Eigenkapitalausstattung als Beispiele unbegründeter Kapitalmarktregulierung?in: Kapitalmarkt und Finanzierung, Hrsg. D. Schneider, Berlin, 1987, S. 85-108.
Schneider, D.
Geschichte betriebswirtschaftlicher Theorie, München-Wien, 1981.
Schneider, D.
Investition, Finanzierung und Besteuerung, Wiesbaden, 1990.
Schneider, D.
Lücken in der Begründung einer "Eigenkapitallücke" in: Der Betrieb, 39/1986, S. 2293-2298.
Schneider, D.
Reform der Unternehmensbesteuerung aus betriebswirtschaftlicher Sicht, STuW 1989, S. 328.
Schneider, D.
Wider leichtfertige Steuerbelastungsverleiche, in: Die Wirtschaftsprüfung, 10/1988, S. 281-291.
Schneider, D. J. G.
Ziele und Mittel der Betriebswirtschaftslehre, Studienreihe Betrieb und Markt, hrsg. von Karl Christian Behrens, Bd. 22, Wiesbaden 1978.
Schnell, R., Hill, P. B. und Esser, E.
Methoden der empirischen Sozialforschung, München, 1988.
Schröder, C.
Industrielle Arbeitskosten im internationalen Vergleich 1970-1993, in: iw-trends, 2/1994, S. 57-66.
Schuchard-Ficher, C. et al.
Multivariate Analysemethoden, Berlin u.a., 1980.
Schuh, G. et al.
Produktion bestimmt Wettbewerbsfähigkeit, in: io Management Zeitschrift 59, 6/1990, S. 27-29.
Schultz-Wild, R. et al.
An der Schwelle zu CIM, Eschborn u.a., 1989.
Schumacher, D.
Gefährdet die Lohnkostenentwicklung die Wettbewerbsfähigkeit der Bundesrepublik Deutschland?, in: Wochenbericht/ Deutsches Institut für Wirtschaftsforschung, 11/1992, S. 121-124.
Schütz, W.
Die Beziehung zwischen Wachstum und Kostenstruktur in Industriebetrieben, Berlin, 1969.
Schweitzer, M.
Industriebetriebslehre, München, 1990.

Schweitzer, M.
Grundwissen der Ökonomik, in: Betriebswirtschaftslehre, hrsg. von Franz Xaver Bea u.a., Stuttgart und New York, 1985.
Shepherd, W.G.
The Economics of Industrial Organization, Englewood Cliffs, 1979.
Siebenhorn, H.
CIM - Rechnerintegrierte Fertigung, in ZWF 79, 3/1984, S. 127-132.
Siegwart, H., Raas, F.
Anpassung der Kosten- und Leistungsrechnung an moderne Fertigungstechnologien, in: Kostenrechnungspraxis, 1/1989, S. 7-14.
Siegwart, H., Raas, F.
CIM-orientiertes Rechnungswesen - Bausteine zu einem System Controlling. Stuttgart u.a., 1991.
Silva, R.
Qualitätssicherung als Querschnittsfunktionen, in: Schmidt, K.-J. (Hrsg.), Handbuch Logistik und Produktionsmanagement, Lands-berg a.L., 1988, Kap. 2.1.2., S. 1-18.
Simon, H.A.
Rational Decisionmaking in Business Organizations, American Economic Review 69 (4), 1979, S. 493-513.
Simon, H.
"Hidden champions": Speerspitze der deutschen Wirtschaft, in: Zeitschrift für Betriebswirtschaft, 9/1990, S. 875-890.
Sobotschinski, A.
Die Neuordnung des Produzierenden Gewerbes, in: Wirtschaft und Statistik, Heft 7, 1976, S. 405-412.
Söllner, A.
Grundriß des Arbeitsrechts, München, 1990.
Soltwedel, R. et al.
Deregulierungspotentiale in der Bundesrepublik, Tübingen, 1986.
Soltwedel, R. et al.
Zur staatlichen Marktregulierung in der Bundesrepublik, Kiel, 1987.
Soltwedel, R.
Regulierungen auf dem Arbeitsmarkt der Bundesrepublik, Tübingen, 1990.
Soom, E.
Die neue Produktionsphilosophie: Just-in-Time-Production, 1. Teil, in: IO Management Zeitschrift, 55. Jg., 9/1986, S. 362-365.

Späth, L.
Die Zusammenarbeit von Wirtschaft und Hochschule als Voraussetzung internationaler Wettbewerbsfähigkeit, in: Wissen-schaft und Forschung, 1991, S. 71-85.

Spies, R.
Unternehmensgröße, Kosteneffizienz und Marktstruktur - Empi-rische Untersuchung anhand der Kostenstrukturerhebung des Verarbeitenden Gewerbes 1977-1983. (Diss. Augsburg), Augs-burg, 1988.

Spinnarke, J.
Arbeitsschutzrecht, in: Handwörterbuch des Personalwesens, E. Gaugler, W. Weber (Hrsg.), Stuttgart, 1992, Sp. 339-350.

Staehle, W.H.
Kennzahlen und Kennzahlensysteme als Mittel zur Organisation und Führung von Unternehmungen, Wiesbaden, 1969.

Statistisches Amt der Europäischen Gemeinschaften
Arbeitskosten: Erhebung 1988, Luxembourg, 1991.

Statistisches Bundesamt
Produktion im Produzierenden Gewerbe 1980, in: Wirtschaft und Statistik, 2/1981, S. 109-116.

Statistisches Bundesamt
Fachserie 4, Produzierendes Gewerbe, Reihe 4.2.1., Beschäftigte, Umsatz und Investitionen im Bergbau und im Verarbeitenden Gewerbe, Stuttgart und Mainz, verschiedene Jahrgänge.

Statistisches Bundesamt
Fachserie 9: Geld und Kredit, Reihe 2: Aktienmärkte.

Steinbach, W.
Erfassen und Beurteilen von Qualitätskosten - Ein Beitrag zur Verbesserung der Wirtschaftlichkeit der Fertigung und Qualitätssicherung, Fortschritt-Berichte VDI, Reihe 2: Betriebstechnik, Nr. 98, Düsseldorf, 1985.

Steinecke, H.
Kostenrechnung - wohin?, in: KRP 1/1985, S. 13-18.

Steinhilper, R.
Flexible Fertigungssysteme in der Praxis, in: tz - für Metallbearbeitung, 8/1985, S. 37-45.

Steudel, M.
Wirtschaftlichkeitsaspekte beim Einsatz von CAD/CAM-Systemen, in: Horvarth, P. (Hrsg.): Wirtschaftlichkeit neuer Produktions- und Informationstechnologien, Stuttgart, 1988, S. 249-280.

Steven, M.
Hierarchische Produktionsplanung für flexible Fertigungssysteme, in: ZfbF, 41. Jg. (1989), S. 1029-1047.

Stobbe, A.
Volkswirtschaftliches Rechnungswesen, Berlin u.a., 1976.

Stober, R. (Hrsg.)
Deregulierung im Wirtschafts- und Umweltrecht, Köln, 1990.

Stock, G.
Beitrag der Kartei im Produzierenden Gewerbe zur Demographie von Unternehmen und Betrieben, in: Wirtschaft und Statistik, Heft 11, 1987, S. 858-864.

Stock, G.
Kostenstrukturerhebung im Bergbau und im Verarbeitenden Gewerbe, in: Wirtschaft und Statistik, Heft 9, 1983, S. 678-686.

Stockert, A.
Wirkungen von Rechtsnormen auf Personalanpassungen, Stuttgart, 1987.

Stopford, J. M.
Offensive and defensive Responses by European multinationals to a world of trade blocs, Paris, 1992.

Süchting, J.
Finanzmanagement, Wiesbaden, 1989.

Swoboda, P.
Betriebliche Finanzierung, Heidelberg, 1991.

Szenzenstein, J.
Zur Neuberechnung der Außenhandelspreisindizes auf Basis 1985, in: Wirtschaft und Statistik, 6/1989, S. 384-391.

Tengler, H.
Die Sheft-Analyse als Instrument der Regionalforschung, Stuttgart, 1989.

Thalheim, K.C.
Aufriß einer volkswirtschaftlichen Strukturlehre, in: Abteilung für Osteuropäische Wirtschaft des Osteuropa-Instituts an dem Institut für Weltwirtschaft der Freien Universität Berlin (Hrsg.): Beiträge zur Wirtschaftspolitik und Wirtschaftsordnung, Berlin, 1965, S. 35 ff.

Theis, E.
Akkordlohn, in: Handwörterbuch des Personalwesens, E. Gaugler, W. Weber (Hrsg.), Stuttgart, 1992, Sp. 10-18.

Thoben, C.
Den Wirtschaftsstandort Deutschland stärken, in: Die politische Meinung, März 1993, S. 4-10.

Tichy, G.
Renaissance der Klein- und Mittelunternehmungen?, in: Manz, Th. (Hrsg.), 1991, S. 18-29.
Timmermann, V.
Methoden und Instrumente der empirischen Strukturberichterstattung, in: Strukturberichterstattung der Wirt-schaftsforschungsinstitute. Analyse und Diskussion, B. Gahlen (Hrsg.), Tübingen, 1982.
Tinnefeld, F.-J.
Die Möglichkeiten der Messung des Wachstums der Unternehmung, Münster, 1965.
Tüchelmann, Y.
Geringere Produktionsdurchlaufzeiten, in: Industrie-Anzeiger 109, 19/1987, S. 32-36.
Tuchfeldt, E.
Soziale Indikatoren: Ansätze und kontroverse Fragen, in: Hamburger Jahrbuch für Wirtschafts- und Gesellschaftspolitik 1976, S. 63-85.
Übele, H.
Verbreitungsgrad und Entwicklungsstand des Controlling in der deutschen Industrie, Köln, 1981.
Uhlmann, L.
Zur Ertragslage der Industrieunternehmen, in: ifo-Schnelldienst 6/1987, S. 3-9.
Ulrich, H. und G.J.B. Probst
Die Werthaltungen schweizerischer Führungskräfte, Bern-Stuttgart, 1982.
Ulrich, P., Hill, W.
Wissenschaftstheoretische Grundlagen der Betriebs-wirtschaftslehre, in: Wissenschaftstheoretische Grundfragen der Wirtschaftswissenschaften, H. Raffée et al. (Hrsg.), München, 1979, S. 161-190.
Vogt, H.-P.
Vom CAD zu CIM - ein Markt im Wandel, in: VDI-Z, Bd. 127, 1985, S. 653-656.
von Bardeleben, R., Beicht, U. und Stockmann, R.
Kosten und Nutzen der betrieblichen Berufsausbildung, Berlin, 1991.
von Pfeil, E.
German direct investments in the United States, Greenwich Conn., 1985.
Voss, G.
Umweltschutzausgaben im internationalen Vergleich, in: iw-trends/ Institut der deutschen Wirtschaft, 2/1994, S. 49-56.

Voß, H.
Internationale Wettbewerbsstrategien: Wettbewerbsstrategien international,tätiger Unternehmen vor dem Hintergrund verän-derter Umweltbedingungen, Dissertation der Universität Bayreuth 1988, Bayreuth, 1989.

Wagner, A.
Die Wachstumszyklen in der Bundesrepublik Deutschland. Eine komparativ-dynamische Komponentenanalyse für die Jahre 1951-1970, Tübingen, 1972.

Wagner, J. und Schnabel, C.
Determinants of German foreign direct investment, Diskussions-papiere des Fachbereichs Wirtschaftswissenschaften der Universi-tät Hannover, Hannover, 1992.

Wagner, J. und Lorenz, W.
An international comparison of the rates of return of human capital, in: Research on economic inequality, 1992, S. 115-131.

Waldmann, O.
Managementaufgabe CIM/CAI, Erfolgsfaktor für entscheidende und verteidigungsfähige Wettbewerbsvorteile, Köln, 1990.

Walter, J.
Zur gegenwärtigen Außenhandelsstatistik vor dem Hintergrund ihrer geschichtlichen Entwicklung, in: Wirtschaft und Statistik, 3/1995, S. 201-206.

Walter, R.
Zur Neuberechnung der Außenhandelspreisindizes auf Basis 1980, in: Wirtschaft und Statistik, 9/1993, S. 688 ff.

Wanik, B.
Ansätze einer betriebswirtschaftlichen Lohntheorie, in: ZfB, Nr. 5, 51. Jg., 1981, S. 496-522.

Wank, R.
Kündigung und Kündigungsschutz, in: Handwörterbuch des Personalwesens, E. Gaugler, W. Weber (Hrsg.), Stuttgart, 1992, Sp. 1180-1191.

Weber, H.K.
Fixe und variable Kosten, Göttingen, 1972

Weber, J.
Logistikkostenrechnung, Berlin u.a., 1987.

Weber, J.
Einführung in das Rechnungswesen II - Kostenrechnung, Stuttgart, 1990.

Weilemann, P.
Management Accoounting und neue Technologien, in: Handbuch Kostenrechnung, W. Männel (Hrsg.), Wiesbaden, 1992, S. 799-809.
Welge, M., Hüttemann, H.H.
Erfolgreiche Unternehmensführung in schrumpfenden Branchen, Stuttgart, 1993.
Westerhoff, H.-D.
Anmerkungen zur Standortdiskussion in der Bundesrepublik Deutschland, in: Orientierungen zur Wirtschafts- und Gesellschaftspolitik, März 1992, S. 47-52.
Westerhoff, H.-D.
Der Faktor Arbeit als internationales Standortkriterium, Diskussionsbeiträge aus dem Fachbereich Wirtschaftswissenschaften, Essen 1991.
Westerhoff, H.-D.
Unternehmenssteuern: Ein internationaler Standortfaktor, in: Orientierungen zur Wirtschafts- und Gesellschaftspolitik, 1/1991, S. 53-61.
Whitington, G.
The Profitability and Size of United Kingdom Companies 1968-74, in: Journal of Industrial Economics, Vol. 28, 1980, S. 335-352.
Wiendahl, H.-P.(Band-Hrsg.)
Analyse und Neuordnung der Fabrik, in: Bey, I. (Hrsg.): CIM-Fachmann, Köln, 1991.
Wildemann, H. (1986c)
Strategische Investitionsplanung für CAD/CAM, Stuttgart, 1986.
Wildemann, H. (1988)
Produktionssynchrone Beschaffung - Einführungsleitfaden, Mün-chen, 1988.
Wildemann, H. (1988a)
Die modulare Fabrik - Kundennahe Produktion durch Fertigungs-segmentierung, München, 1988.
Wildemann, H. (1989a)
Reorganisation der Logistik in einer Fabrik mit Zukunft, in: ders. (Hrsg.): Fabrikplanung, Neue Wege aufgezeigt von Experten aus Wissenschaft und Praxis, Frankfurt a.M., 1989, S. 147-165.
Wildemann, H. (1990a)
Die Fabrik als Labor, in: ZfB, 7/1990, S. 611-630.
Wildemann, H. (1991)
Integrationslücken und Integrationspfade für CIM, in: DB, 4/1991, S. 413-434.

Wildemann, H.(1986a)
Just-in-Time-Lösungskonzepte in Deutschland, in: Harvard Manager, 8. Jg., 1/1986, S. 36-48.

Wildemann, H.
Investitionsplanung und Wirtschaftlichkeitsrechnung für flexible Fertigungssysteme, (FFS), Stuttgart, 1987.

Wildemann, H.
Produktionssteuerung nach japanischen Kanban-Prinzipien, in: WiSt, 11/1983, S. 582-584.

Wildemann, H.
Qualität steigern - Kosten senken Aufgaben einer wirksamen Qualitätspolitik, in: Wildemann, H. (Hrsg.): Rechnergestützte Informationssysteme in der Qualitätssicherung - CAD, München, 1984, S. 5-16.

Willeke, F.-U.
Wettbewerbspolitik, Tübingen, 1980.

Wißler, K.
Spanende Werkzeuge in flexiblen Fertigungssystemen, in: tz - für Metallbearbeitung, 1985, S. 86-91.

Witte, E.
Methodik der empirischen Organisationsforschung, in: HWO, E. Grochla (Hrsg.), Stuttgart, 1980, Sp. 592-613.

Witte, E.
Das Einflußsystem der Unternehmung in den Jahren 1976 bis 1981. Empirische Befunde im Vergleich, in: ZfbF 34/1982, S. 416-434.

Witte, E.
Der Einfluß der Anteilseigner auf die Unternehmenspolitik, in: ZfB 8/51/1981, S. 733-779.

Witte, E.
Der Einfluß der Arbeitnehmer auf die Unternehmenspolitik. Eine empirische Untersuchung, in: Die Betriebswirtschaft 4/40/1980, S. 541-559.

Witte, E.
Die Unabhängigkeit des Vorstandes im Einflußsystem der Unternehmung, in: ZfbF 4/33/1981, S. 273-296.

Wittstock, M.
Die Auswirkungen neuer Informations- und Kommunikationstechnologien auf mittelständische Unternehmen, Schriften zur Mittelstandsforschung, hrsg. von Institut für Mittelstandsforschung, Nr. 21 NF, Stuttgart, 1987.

Wohlers, E.
Internationale Wettbewerbsfähigkeit, Wechselkurse und Außenhandel: einige Anmerkungen zur gegenwärtigen Diskussion in der Bundesrepublik, in: Hamburger Jahrbuch für Wirtschafts- und Gesellschaftspolitik, 1988, S. 27-40.

Wolfsteiner, M.
Einfluß der Robotertechnik auf die Beschäftigung und Tätigkeiten, in: Mitteilungen aus der Arbeitsmarkt- und Berufsforschung 16, 1983, S. 167-176.

Woll, A.
Allgemeine Volkswirtschaftslehre, München, 1976.

Womack, J.P., Jones, D.T., Ross, D.
The machine that changed the World, New York, 1990.

Zahn, E.
Das Wachstum industrieller Unternehmen, Wiesbaden, 1971.

Zäpfel, G.
Produktionswirtschaft, Berlin, 1982.

Zäpfel, G.
Strategisches Produktions-Management, Berlin u.a., 1989.

Zaß, M.
Sekundärmärkte in Aktien und Anleihen, in: Handbuch des internationalen Bankgeschäftes, Hrsg. E. Büschgen und K. Richolt, Wiesbaden, 1989, S. 267-293.

Zeh, K.-P., Eberhardt, H.
Simulationsgestützte Planung einer flexiblen Fertigungsanlage, 5/1984, S. 11-17.

Zentralverband der Elektrotechnischen Industrie e.V.
Personalzusatzaufwand, Auszug aus dem „ZVEI-Leitfaden für die betriebswirtschaftliche Definition des Personalzusatzaufwands, Frankfurt a.M., 1979

Zeppernick, R.
Die Diskussion um die Standortqualität der Bundesrepublik Deutschland, in: Wirtschaftsdienst, Heft 1, 1990, S. 51-56.

Zerche, J.
Arbeitsökonomik, Berlin-New York, 1979.

Ziervogel, H. und Golhlke, H.-J.
Wettbewerbsstellung energieintensiver Produktionen in der Bundesrepublik Deutschland, München, 1987.

Zink, K.J.(1989a)
Qualität als Herausforderung, in: ders. (Hrsg.): Qualität als Managementaufgabe Total Quality Management, Landsberg a.L., 1989, S. 9-46.
Zons, K.-H.
Rechnereinsatz in der Arbeitsvorbereitung (CAP), in RKW (Hrsg.): EDV-Einsatz, 1983, Vortrag 2, S. 1-21.
Zuleger, T.
Lohnstückkosten als Faktor für den Standort Deutschland, in: Arbeit und Sozialpolitik, 9-10/1993, S. 13-19.
Zwer, R.
Internationale Wirtschafts- und Sozialstatistik, München 1986.

Hans-Joachim Schubert

Planung und Steuerung von Veränderungen in Organisationen

Frankfurt/M., Berlin, Bern, New York, Paris, Wien, 1998.
XII, 290 S., zahlr. Abb., 13 Tab.
ISBN 3-631-32470-7 · br. DM 89.–*

Die Frage, wie Veränderungsprozesse zu behandeln sind, d.h. Planung, Initiierung, Ausweitung und schließlich Stabilisierung von Änderungen in einer Organisation, umschreibt das zentrale Anliegen der Arbeit. Über eine Bewertung vorhandener Ansätze und die verstärkte Beschäftigung mit verhaltenswissenschaftlichen Grundlagen in Zusammenhang mit der Durchführung organisatorischer Veränderungsprozesse wurde versucht, ein integratives Konzept zur Steuerung von Veränderungen zu entwickeln, das als Rahmen für die konkrete Ausgestaltung dienen soll. Fragen der Evaluation von Veränderungsmaßnahmen in Organisationen bilden zusammen mit der Darstellung von Ergebnissen aus einer eigenen Studie zur Evaluation von Organisationsentwicklungsmaßnahmen in Werkstätten für Behinderte den zweiten Schwerpunkt der Arbeit.

Aus dem Inhalt: Veränderungsmanagement · Grundlegende Gestaltungsprinzipien zur Planung und Steuerung umfassender Veränderungen in Organisationen · Organisationsentwicklungskonzept · Strategisches Management · Japanisches Management kontinuierlicher Veränderungsprozesse · Integration entsprechender verhaltenswissenschaftlicher Aspekte

Frankfurt/M · Berlin · Bern · New York · Paris · Wien
Auslieferung: Verlag Peter Lang AG
Jupiterstr. 15, CH-3000 Bern 15
Telefax (004131) 9402131
*inklusive Mehrwertsteuer
Preisänderungen vorbehalten

Printed by
CPI books GmbH, Leck

Kolibri 360 GmbH
Ferdinand-Jühlke-Straße 7
99095 Erfurt, Deutschland
produktsicherheit@kolibri360.de